普通高等教育"十一五"国家级规划教材

重点大学软件工程规划系列教材

软件项目管理（第2版）

覃征 徐文华 韩毅 唐晶 等 编著

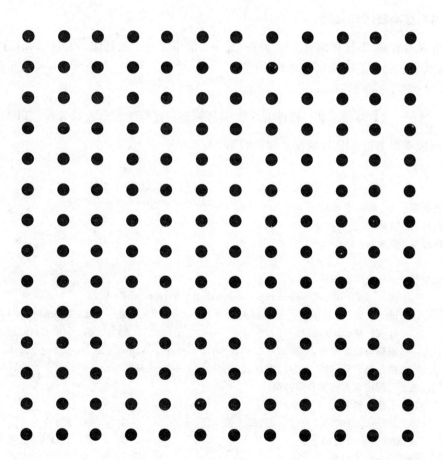

清华大学出版社
北京

内 容 简 介

软件项目管理是软件工程和项目管理的交叉学科,是项目管理的原理和方法在软件工程领域的应用。本书分为基础篇、管理篇和实践篇。基础篇介绍了软件产业和软件项目管理导论,使读者从整体上了解软件项目管理的产生背景和概貌。管理篇以项目管理知识体系(PMBOK)为核心,围绕着软件项目的开发全过程,从软件项目需求管理、软件项目成本管理、软件项目进度管理、软件项目风险管理、软件项目配置管理、软件项目资源管理、软件项目质量管理等方面对软件项目中的管理问题进行探讨。实践篇将需求管理、成本管理、进度管理、风险管理、配置管理、资源管理和质量管理等相对独立的领域融合在软件过程框架中,介绍了在软件项目实践中如何集中使用相关理论和技术。其中包括 Rational 统一过程、敏捷软件开发和 6σ 软件开发。

本书可作为高等学校信息、软件、计算机科学与技术等专业的学生的教材,也可供从事软件项目管理工作的人员参考。

本书封面贴有清华大学出版社防伪标签,无标签者不得销售。
版权所有,侵权必究。举报: 010-62782989, beiqinquan@tup.tsinghua.edu.cn。

图书在版编目(CIP)数据

软件项目管理/覃征等编著. —2 版. —北京: 清华大学出版社,2009.10(2021.12 重印)
(重点大学软件工程规划系列教材)
ISBN 978-7-302-20948-5

Ⅰ. 软… Ⅱ. 覃… Ⅲ. 软件开发—项目管理—高等学校—教材 Ⅳ. TP311.52

中国版本图书馆 CIP 数据核字(2009)第 163755 号

责任编辑: 丁　岭　李玮琪
责任校对: 时翠兰
责任印制: 曹婉颖

出版发行: 清华大学出版社
网　　址: http://www.tup.com.cn, http://www.wqbook.com
地　　址: 北京清华大学学研大厦 A 座
邮　　编: 100084
社 总 机: 010-62770175
邮　　购: 010-83470235
投稿与读者服务: 010-62776969, c-service@tup.tsinghua.edu.cn
质 量 反 馈: 010-62772015, zhiliang@tup.tsinghua.edu.cn

印 装 者: 三河市龙大印装有限公司
经　　销: 全国新华书店
开　　本: 185mm×260mm　　印　张: 27　　字　数: 662 千字
版　　次: 2009 年 10 月第 2 版　　印　次: 2021 年 12 月第 15 次印刷
印　　数: 33001~34500
定　　价: 69.00 元

产品编号: 029438-02

第 2 版前言

软件及信息产业的发展将带动传统产业的发展与改造,促进国民经济持续、健康地发展,增强国际竞争力。因而,软件产业快速、良性的发展具有重要意义。早在 2001 年,我国政府就明确提出"力争在 2010 年使我国软件产业的研究开发和生产能力达到或接近国际先进水平"。2009 年国务院通过的《电子信息产业调整振兴规划》更是把"提高软件产业自主发展能力"确定为振兴我国电子信息产业的三大重点任务之一。

20 世纪 60 年代,软件和硬件之间的发展的不平衡导致的软件危机的产生,也是软件产业面临的一个亟待解决的难题,随着科学的进步和软件开发技术的逐步成熟,管理在软件产业中的地位突显出来,变得越来越重要,学者们提出了用工业界工程化的思想,即软件工程的思想去解决软件发展中的一些问题。同样,针对软件产业中的管理问题,采用了工程中项目管理的思想,由此促使了软件项目管理学科的出现。

软件项目管理是软件工程和项目管理的交叉学科,是项目管理的原理和方法在软件工程领域的应用。与一般的工程项目相比,软件项目有其特殊性,主要体现在软件产品的抽象性上。因此,软件项目管理的难度要比一般的工程项目管理的难度大。

自第 1 版付印以来,软件项目管理思想和方法有了一些新的发展;作者对软件项目管理的认识也更加深入;教学过程中也得到一些有价值的反馈信息。为了全面反映软件项目管理的发展,作者对第 1 版的结构和内容作了较大篇幅的调整与更新,完成了本书第 2 版。

第 2 版分为基础篇、管理篇和实践篇。将第 1 版的第 1 章、第 8 章整合为基础篇,介绍了软件产业和软件项目管理导论,使读者从整体上了解软件项目管理的产生背景和概貌。管理篇以项目管理知识体系(PMBOK)为核心,围绕着软件项目的开发全过程,从软件项目需求管理、软件项目成本管理、软件项目进度管理、软件项目风险管理、软件项目配置管理、软件项目资源管理、软件项目质量管理等方面对软件项目中的管理问题进行探讨。其中,第 1 版的第 3 章拆分为软件项目成本管理和软件项目进度管理两章;第 1 版第 6 章的 CMM 进化为第 2 版第 8 章的 CMMI。实践篇将需求管理、成本管理、进度管理、风险管理、配置管理、资源管理和质量管理等相对独立的领域融合在软件过程框架中，介绍了在软件项目实践中如何集中使用相关理论和技术。其中包括 Rational 统一过程、敏捷软件开发和 6σ 软件开发。对第 1 版的大部分内容，结合技术的最新发展也进行了全面的更新。

丰富的案例故事和案例分析也是第 2 版的一个特色。管理篇的每章都通过一个案例故事引出本章主要内容，并将案例故事的解析穿插在理论介绍中，理论结合实践。全书的每一章都包含多个完整的案例分析，有正面的成功案例，也有反面的失败案例。通过案例分析，强化每一章的理论知识，吸取经验，反思教训。

在本书的编写过程中，得到了清华大学信息学院、软件学院、计算机科学与技术系、西安交通大学计算机科学与技术系、电子商务研究所、计算机软件研究所许多教师的支持和指教；同时也得到了清华大学出版社的大力支持。我们在此表示衷心的感谢。本书的编写参考了大量的文献和互联网资源，我们对所有这些文献著作者和网站版权所有者表示真诚的谢意。

本书由覃征教授确定研究内容和整体结构并审核，第一、二篇由唐晶编写，第三篇由徐文华编写并统稿，韩毅博士也参加了本书的编写与审核工作。

由于水平有限，加之软件产业的发展非常迅速，书中难免有疏漏和不妥之处，敬请读者批评指正。

编者

2009 年 6 月于清华园

第 1 版前言

  软件及信息产业的发展将带动传统产业的发展与改造,促进国民经济持续、健康的发展,增强国际竞争力。因而,软件产业快速、良性的发展具有重要意义。我国政府就明确提出"力争在 2010 年使我国软件产业的研究开发和生产能力达到或接近国际先进水平"。

  20 世纪 60 年代,软件和硬件之间的不平衡发展导致的软件危机是软件产业面临的第一个难题。直到现在,类似的问题仍然存在。美国政府统计署的数据显示:全球最大的软件消费商——美国军方,每年要花费数十亿美元购买软件,而在其所购买的软件中,可直接使用的只占 2%,另外 3% 需要做一些修改,其余 95% 都成了垃圾。在技术相对成熟的现在,管理在软件产业中的地位变得越来越重要,但也成为导致许多软件项目失败的主要因素。针对当年的软件危机,学者们提出了用工业界工程化的思想,即软件工程去应对。同样,针对软件产业中的管理问题,可以采用工程中项目管理的思想,由此促使了软件项目管理学科的出现。

  软件项目管理是软件工程和项目管理的交叉学科,是项目管理的原理和方法在软件工程领域的应用。与一般的工程项目相比,软件项目有其特殊性,主要体现在软件产品的抽象性上。因此,软件项目管理的难度要比一般的工程项目管理的难度大。

  本书系统地讲述了软件项目管理的基本概念、基本原理及基本方法,围绕软件项目的开发过程,从软件项目需求管理、软件项目估算与进度管理、软件项目配置管理、软件项目风险管理、软件项目质量管理、软件项目资源管理六个方面对软件项目中的管理问题进行了探讨,旨在为相关人员提供一些基础参考,促进我国软件产业的快速发展。

  在本书的编写过程中,得到了清华大学信息学院、软件学院、计算机科学与技术系、西安交通大学计算机科学与技术系、电子商务研究所、计算机软件研究所许多教师的支持和指教。同时也得到了清华大学出版社的大力支持。我们在此表示衷心的感谢。本书的编写参考了大量的文献和互联网资源,我们对所有这些文献著作者和网站版权所有者表示真诚的谢意。

  本书由覃征教授确定研究内容和整体结构,第1章、第2章、第3章、第4章由杨利英编写,第5章、第6章由高勇民编写,第7章、第8章由贺升平编写,第9章由韩毅编写。

  由于水平有限,加之软件产业的发展非常迅速,书中难免有疏漏和不妥之处,敬请读者批评指正。

编者

目录

第一篇 基 础 篇

第1章 软件项目管理导论 ... 3
- 1.1 软件市场 ... 3
  - 1.1.1 软件商品特征 ... 3
  - 1.1.2 软件的成本 ... 4
  - 1.1.3 软件的定价 ... 4
  - 1.1.4 软件市场的垄断现象 ... 4
  - 1.1.5 软件市场的发展现状 ... 5
- 1.2 软件产业 ... 6
  - 1.2.1 软件产业的特点 ... 6
  - 1.2.2 软件产业在国民经济中的地位 ... 7
  - 1.2.3 国外软件产业发展策略 ... 8
  - 1.2.4 资料：印度新经济产业 ... 9
  - 1.2.5 对我国软件产业发展策略的认识 ... 13
- 1.3 软件工程 ... 15
  - 1.3.1 软件工程定义 ... 15
  - 1.3.2 软件工程框架 ... 16
  - 1.3.3 软件工程模型 ... 19
- 1.4 项目管理框架 ... 21
  - 1.4.1 项目与项目管理 ... 21
  - 1.4.2 项目管理知识体系 ... 26
  - 1.4.3 项目管理学科的发展 ... 28
- 1.5 软件项目管理 ... 30
  - 1.5.1 软件项目产品的特点 ... 30
  - 1.5.2 软件项目失控的原因 ... 31
  - 1.5.3 软件项目管理的内容 ... 34
- 1.6 小结 ... 36

第二篇 管 理 篇

第2章 软件项目需求管理 ……………………………………………………………… 39

案例故事 ………………………………………………………………………………… 39

2.1 需求工程 …………………………………………………………………………… 40
2.1.1 软件需求概念 ……………………………………………………………… 40
2.1.2 软件需求层次 ……………………………………………………………… 40
2.1.3 软件需求质量评价 ………………………………………………………… 42
2.1.4 需求工程发展历程 ………………………………………………………… 44
2.1.5 需求工程研究内容 ………………………………………………………… 45

2.2 需求开发 …………………………………………………………………………… 47
2.2.1 需求开发活动 ……………………………………………………………… 47
2.2.2 需求获取 …………………………………………………………………… 47
2.2.3 需求分析 …………………………………………………………………… 51
2.2.4 编写需求文档 ……………………………………………………………… 52
2.2.5 需求验证 …………………………………………………………………… 54
2.2.6 案例：某公司"船代"项目的需求开发 ………………………………… 57

2.3 需求管理 …………………………………………………………………………… 59
2.3.1 需求管理的必要性 ………………………………………………………… 59
2.3.2 需求管理的困难性 ………………………………………………………… 61
2.3.3 需求管理的目标和原则 …………………………………………………… 61
2.3.4 需求管理活动 ……………………………………………………………… 63
2.3.5 需求变更管理 ……………………………………………………………… 64
2.3.6 需求状态 …………………………………………………………………… 68
2.3.7 需求文档版本控制 ………………………………………………………… 70
2.3.8 需求跟踪 …………………………………………………………………… 71
2.3.9 案例：需求变更的代价 …………………………………………………… 74

2.4 案例故事解析 ……………………………………………………………………… 76
2.4.1 需求开发的注意事项 ……………………………………………………… 76
2.4.2 需求管理的注意事项 ……………………………………………………… 77

2.5 小结 ………………………………………………………………………………… 78

第3章 软件项目成本管理 …………………………………………………………… 79

案例故事 ………………………………………………………………………………… 79

3.1 概述 ………………………………………………………………………………… 79
3.1.1 成本 ………………………………………………………………………… 80
3.1.2 成本管理 …………………………………………………………………… 80
3.1.3 成本估算的时机 …………………………………………………………… 81

3.2 软件项目规模估算 ·· 83
3.2.1 WBS ·· 83
3.2.2 LOC 估计 ·· 83
3.2.3 FP 估计 ·· 84
3.2.4 PERT 估计 ·· 85
3.3 软件项目成本估算 ·· 86
3.3.1 软件生产率估算 ·· 86
3.3.2 软件项目成本估算方法 ·· 87
3.3.3 软件项目成本估算模型 ·· 92
3.3.4 软件项目成本估算步骤 ·· 103
3.3.5 软件项目成本预算制订 ·· 106
3.3.6 案例：过分乐观的估算 ·· 106
3.4 软件项目成本监控 ·· 107
3.4.1 成本管理常见问题 ·· 107
3.4.2 软件项目成本监控要素 ·· 108
3.4.3 赢得值分析法 ·· 108
3.4.4 案例：某项目第 4 月度成本控制状态报告 ·· 111
3.5 案例：精确到螺丝钉的成本控制 ·· 112
3.6 案例故事解析 ·· 112
3.7 小结 ·· 114

第 4 章 软件项目进度管理 ·· 115
案例故事 ·· 115
4.1 概述 ·· 116
4.1.1 时间管理原则 ·· 116
4.1.2 时间管理技巧 ·· 118
4.1.3 软件项目进度管理内容 ·· 119
4.1.4 项目活动定义 ·· 120
4.2 项目活动排序和历时估计 ·· 120
4.2.1 确定活动顺序 ·· 120
4.2.2 网络图 ·· 120
4.2.3 甘特图 ·· 124
4.2.4 项目历时估计 ·· 124
4.2.5 案例：应用 PERT 估算项目历时 ·· 125
4.3 制订项目计划 ·· 127
4.4 项目进度监控 ·· 129
4.5 案例：某软件研发的项目计划和进度控制 ·· 131
4.6 案例故事解析 ·· 135
4.7 小结 ·· 136

第 5 章 软件项目风险管理 … 138

案例故事 … 138
- 5.1 概述 … 139
  - 5.1.1 风险 … 139
  - 5.1.2 软件风险 … 140
  - 5.1.3 软件项目风险管理 … 140
  - 5.1.4 软件项目风险管理的意义 … 141
- 5.2 风险识别 … 142
  - 5.2.1 风险识别依据 … 142
  - 5.2.2 常见软件风险 … 142
  - 5.2.3 风险识别过程 … 143
  - 5.2.4 风险识别方法与技术 … 144
  - 5.2.5 案例：英达公司用 TOP10 法识别项目风险 … 146
- 5.3 风险分析 … 147
  - 5.3.1 风险分析过程 … 147
  - 5.3.2 风险分析技巧与工具 … 150
  - 5.3.3 风险分析的成果 … 152
- 5.4 风险跟踪与应对 … 152
  - 5.4.1 风险跟踪的目标和依据 … 153
  - 5.4.2 风险跟踪的成果 … 153
  - 5.4.3 风险跟踪的过程 … 153
  - 5.4.4 风险应对策略 … 155
  - 5.4.5 风险应对过程 … 156
  - 5.4.6 案例：金融行业使用容灾系统有效应对突发事件 … 157
- 5.5 风险管理验证 … 159
- 5.6 案例：风险管理保障奥运场馆建设 … 160
- 5.7 案例故事解析 … 161
- 5.8 小结 … 163

第 6 章 软件项目配置管理 … 164

案例故事 … 164
- 6.1 概述 … 165
  - 6.1.1 基本概念 … 165
  - 6.1.2 软件配置管理定义 … 167
  - 6.1.3 软件配置管理过程 … 168
  - 6.1.4 软件配置管理过程活动 … 169
- 6.2 配置管理策划 … 169
  - 6.2.1 软件配置管理组织 … 169

         6.2.2 软件配置管理职责 ··· 171
         6.2.3 软件配置管理文件体系 ·· 172
         6.2.4 配置管理计划的大纲 ·· 173
   6.3 配置管理功能 ··· 175
         6.3.1 配置标识 ··· 175
         6.3.2 版本控制 ··· 177
         6.3.3 变更管理 ··· 178
         6.3.4 配置状态报告 ··· 181
         6.3.5 案例：Kevin 团队使用配置管理加快开发速度 ················· 182
   6.4 配置审核 ··· 184
         6.4.1 配置审核概念 ··· 184
         6.4.2 配置审核内容 ··· 184
         6.4.3 配置审核的种类 ··· 185
         6.4.4 软件交付 ··· 186
         6.4.5 软件配置管理的功能表 ·· 186
   6.5 基于构件的配置管理 ··· 187
         6.5.1 软件复用 ··· 187
         6.5.2 软件构件技术 ··· 188
         6.5.3 基于构件的版本管理 ·· 190
         6.5.4 基于构件的配置管理 ·· 192
         6.5.5 案例：河电集团某研究所的系统集成 ····························· 194
   6.6 案例故事解析 ··· 196
   6.7 小结 ··· 198

第 7 章 软件项目资源管理 ··· 199
   案例故事 ··· 199
   7.1 人力资源管理 ··· 199
         7.1.1 人力资源管理概念 ·· 200
         7.1.2 人力资源分析与策划 ·· 201
         7.1.3 人力资源的获取 ··· 204
         7.1.4 团队组织和分工 ··· 205
         7.1.5 团队建设 ··· 208
         7.1.6 人力资源评估 ··· 210
         7.1.7 案例：诺基亚如何建设优秀团队 ····································· 211
   7.2 软件资源管理 ··· 213
         7.2.1 软件资源基本概念 ·· 213
         7.2.2 软件资源的复用方式 ·· 213
         7.2.3 软件复用的粒度 ··· 214
         7.2.4 可复用软件资源的管理 ·· 215
         7.2.5 CASE 工具及其管理 ··· 217

7.3 硬件资源管理 …… 219
   7.3.1 硬件资源管理概念 …… 219
   7.3.2 硬件设备的经济管理 …… 219
   7.3.3 硬件设备的技术管理 …… 220
7.4 案例故事解析 …… 221
7.5 小结 …… 222

第 8 章 软件项目质量管理 …… 224

案例故事 …… 224
8.1 质量管理的概念 …… 224
   8.1.1 软件质量 …… 224
   8.1.2 软件产品质量与过程质量 …… 226
   8.1.3 软件质量保证 …… 227
8.2 软件评审 …… 227
8.3 软件测试 …… 229
   8.3.1 软件测试的概念 …… 229
   8.3.2 软件测试类型 …… 230
   8.3.3 测试的原则 …… 234
   8.3.4 测试计划 …… 235
   8.3.5 测试用例的开发 …… 236
   8.3.6 测试的执行与报告 …… 237
   8.3.7 案例：微软的软件测试技术 …… 237
8.4 软件缺陷跟踪 …… 239
8.5 软件缺陷预防 …… 240
   8.5.1 问题的提出 …… 240
   8.5.2 缺陷预防的原则 …… 240
   8.5.3 缺陷预防的步骤 …… 241
8.6 ISO 9000:2000 质量认证体系 …… 243
   8.6.1 ISO 9000 的概念 …… 243
   8.6.2 ISO 9000 标准的 8 项质量管理原则 …… 245
   8.6.3 获得 ISO 9000 认证的条件和程序 …… 246
8.7 能力成熟度集成模型 CMMI …… 247
   8.7.1 CMM 的提出 …… 247
   8.7.2 CMM 的基本内容 …… 248
   8.7.3 从 CMM 到 CMMI …… 250
   8.7.4 CMMI 的表示 …… 251
   8.7.5 CMMI 过程的可视性 …… 257
   8.7.6 CMMI 的实施 …… 258
   8.7.7 CMMI 的评估 …… 260

| 8.8 | 案例故事解析 | 263 |
| 8.9 | 小结 | 263 |

第三篇 实 践 篇

第 9 章 Rational 统一过程 267

- 9.1 什么是 Rational 统一过程 267
- 9.2 核心概念 269
  - 9.2.1 架构 269
  - 9.2.2 工作流程 270
  - 9.2.3 角色 274
  - 9.2.4 活动 274
  - 9.2.5 步骤 275
  - 9.2.6 工件 275
- 9.3 6 个最佳实践 277
  - 9.3.1 迭代式的软件开发 278
  - 9.3.2 需求管理 279
  - 9.3.3 使用基于构件的架构,以架构为中心的过程 281
  - 9.3.4 可视化软件建模 281
  - 9.3.5 验证软件质量 282
  - 9.3.6 控制软件变更 282
  - 9.3.7 案例:利用视图和用例来捕获和描述需求 282
- 9.4 RUP 的二维结构 286
  - 9.4.1 动态结构:阶段和迭代时间轴 287
  - 9.4.2 静态结构:工作流程轴 295
- 9.5 核心工作流程 296
  - 9.5.1 业务建模工作流程 296
  - 9.5.2 需求工作流程 297
  - 9.5.3 分析和设计工作流程 299
  - 9.5.4 实现工作流程 300
  - 9.5.5 测试工作流程 302
  - 9.5.6 部署工作流程 304
  - 9.5.7 配置和变更管理工作流程 306
  - 9.5.8 项目管理工作流程 306
  - 9.5.9 环境工作流程 308
- 9.6 小结 309

第 10 章 敏捷软件开发 311

- 10.1 敏捷软件开发的诞生 311

10.2 敏捷软件开发宣言 ·································· 313
10.3 敏捷宣言遵循的原则 ·································· 315
10.4 对比其他的方法 ·································· 317
10.5 敏捷软件开发的适用性 ·································· 318
10.6 极限编程概述 ·································· 318
    10.6.1 价值观 ·································· 319
    10.6.2 原则 ·································· 319
    10.6.3 行为 ·································· 320
    10.6.4 实践 ·································· 320
    10.6.5 极限编程小结 ·································· 327
10.7 Scrum ·································· 327
    10.7.1 一个简单的框架 ·································· 328
    10.7.2 Scrum 过程 ·································· 328
    10.7.3 3 个角色 ·································· 329
    10.7.4 3 项活动 ·································· 330
    10.7.5 3 种工具 ·································· 331
    10.7.6 自适应的项目管理 ·································· 333
    10.7.7 Scrum 较传统开发模型的优点 ·································· 334
    10.7.8 案例：Scrum 在开发中的应用 ·································· 334
10.8 小结 ·································· 337

第 11 章 将 6σ 管理引入软件开发 ·································· 339

11.1 6σ 的故事 ·································· 339
11.2 6σ 理论基础 ·································· 341
    11.2.1 平均值屏蔽了问题，波动成了焦点 ·································· 341
    11.2.2 "波动"问题的数学描述 ·································· 343
    11.2.3 6σ 的数学含义 ·································· 345
    11.2.4 其他术语 ·································· 348
11.3 6σ 管理 ·································· 349
11.4 使用 6σ 改善软件开发过程 ·································· 352
    11.4.1 项目启动和问题定义阶段 ·································· 353
    11.4.2 系统分析 ·································· 354
    11.4.3 系统设计 ·································· 356
    11.4.4 构造 ·································· 356
    11.4.5 测试和质量保证 ·································· 356
    11.4.6 交付和维护 ·································· 357
11.5 案例：如何实施 DMAIC 过程 ·································· 358
    11.5.1 定义阶段 ·································· 358

    11.5.2 度量阶段 …… 363
    11.5.3 分析阶段 …… 367
    11.5.4 改进阶段 …… 370
    11.5.5 控制阶段 …… 372
  11.6 小结 …… 373

附录 A 可行性分析报告 …… 374

附录 B 需求规格说明书 …… 377

附录 C 项目开发计划 …… 379

附录 D 概要设计说明书 …… 381

附录 E 详细设计说明书 …… 383

附录 F 用户操作手册 …… 384

附录 G 测试计划 …… 387

附录 H 测试分析报告 …… 389

附录 I 程序维护手册 …… 391

附录 J 项目总结报告 …… 396

附录 K ISO 9001:2000 标准的内容 …… 397

参考文献 …… 409

第一篇
基　础　篇

　　项目管理是管理科学的重要分支,20世纪30年代在大型项目实际需要的驱动下产生。它是在一个确定的时间范围内,为了完成一个既定的目标,通过特殊形式的临时性组织运行机制,经有效的计划、组织、领导和控制,充分利用既定有限资源的一种系统管理方法。软件项目管理是以软件为产品的项目管理科学。这一部分将主要介绍软件工程、软件项目管理的基本概念,以及美国项目管理学会PMI开发的一套项目管理知识体系PMBOK。

第一篇

基础篇

软件项目管理导论

1.1 软件市场

软件产业是一个正在蓬勃发展的新兴产业,但是用传统的经济学理论来分析软件商品市场,则可发现许多现象用传统观点难以解释,其中根本的原因在于软件生产的特殊性导致了作为商品销售的软件与传统经济学中分析的实物商品存在显著的不同。本节基于对软件商品特点的经济学分析,介绍软件市场的特点。

1.1.1 软件商品特征

作为商品,软件同样具有一般商品本质的特性:价值和使用价值。但是软件产品是无形的,没有物理属性。这种本质上的不同,使软件与传统经济学中分析的实物商品有所不同。软件商品特定的性质包括3个基本方面:无形性、无损耗性和易复制性。

1. 无形性

软件本身是为了实现某一功能而编制的代码,是建立在知识、经验和智慧基础上的具有独创性的产物,是用程序语言表达出来的特定逻辑思维,它类同于一般工程图纸设计等知识资产。从本质上看,软件商品销售的并非实物,而是记录于载体(磁盘、光盘或硬盘存储器等)之中的数字信息,或者说知识成果,它的内容是无形的。磁盘、光盘等实物介质是软件的载体,只具有很小的价值。

2. 无损耗性

软件本身是无形的,因而不会有物理的损耗。消费者不会对同一种软件产品重复购买,这使得软件厂商必须设法有效地对已出售软件的使用范围、次数及复制权限进行限制,否则就会失去市场。另外,购买者也有可能将软件出借或出租,使软件在局部范围倾向成为一种公共产品。这将使软件厂商的利益受到损害。为此,软件厂商往往采用频繁升级的营销策略,尽可能缩短产品的升级周期,以销售更多的产品。

3. 易复制性

作为商品,软件可以很方便地通过复制、存储和传输,扩大产量,快速分销,迅速形成规模化市场。在最初开发的固定成本投入之后,软件生产的边际成本几乎为零,因此对软件商来说不存在生产能力的限制,可以达到无限生产的水平。

1.1.2 软件的成本

在传统的经济学理论中产品的总成本是由固定成本和可变成本所组成的。固定成本是指不会随着生产的产量变动而变动的成本,如厂房、机器和研究开发费等。可变成本是随着产量变化的成本,是生产每一件产品所需的原材料和劳动力成本,因此生产 n 件产品的变动成本是生产 1 件产品的 n 倍。

软件生产的成本与传统产品截然不同。前面说到软件具有可复制性,生产、复制软件的变动成本十分低廉,相对于开发软件的固定费用可以忽略不记,故可以认为软件大批量生产的成本只含有固定成本。

1.1.3 软件的定价

传统商品的定价遵循边际定价原则。边际成本是指单位产品产量增加引起总成本的增加量。但由于软件商品的特点,第一份软件产品的成本非常高,而此后产品的边际成本甚至可以接近于零。

因此,软件商品无法遵循传统商品定价的原则。否则,人们会认为软件应该是价格非常低的,因为再生产几乎不需要什么成本,任何价格都足以使销售商收回它的成本。而事实上,软件作为知识密集产品的价值成本,其构成特点是:边际成本低,高劳动力成本,高附加值。特别在需求水平较低时,软件的平均成本相当昂贵。

从现实情况看,软件的定价呈现出较大的波动性和差异性。一些处于竞争中或是在市场培育中的软件,往往价格较低,甚至进行捆绑销售;而具有较强市场支配能力的软件则可以选择较高的价格,获取高额的垄断利润。在利益动机的驱使下,软件厂商都希望形成自己的垄断地位。

1.1.4 软件市场的垄断现象

目前软件市场的垄断现象相当普遍,具体表现有以下几点。

1. 低端支撑软件系统的垄断特征日益突出

低层支撑软件产品站稳市场并迅速成为主流产品时,可以形成软件产业的事实标准。一旦成为标准,则该产品在市场上不再遵守价高少买、价低多买的需求规律。新的需求规律是:销售量越多,价格越高,或者说是"边际收益递增"。这一特点,尤其表现在系统级软件,如操作系统和数据库软件。

2. 固定成本形成的价格效应

软件成本主要在于开发投入的前期固定成本。当某种软件形成一定规模后,后来的软件企业想进入同样的市场难度非常大。后进市场的企业面临较大的风险,原因有二:其一是若研发不成功,竞争不成功,以往所投的成本自然无法挽回;其二是由于软件的边际生产成本接近零,垄断企业可以为了打击竞争对手,把其产品价格降至接近于零。这就导致了软件市场的竞争完全成为实力和财力的比拼。

3. 软件产业的"先入为主"现象

"先入为主"现象在软件市场上有明显的表现。一旦某个软件在市场上拥有绝对优势的市场份额,它的产品将形成一种事实标准,而人们经过长期的使用,也习惯于接受这一产品,使得这种状态被改变的可能性更低。率先发展起来的技术通常可以发挥其先占市场的优势,利用规模效益导致产品的单位成本降低,同时产品的普遍流行也导致对其学习效应的不断提高。此外,还存在其他厂商采取相似或兼容技术而产生的协调效应等,使之易于实现自我增强的良性循环,并在竞争中胜过对手。

1.1.5 软件市场的发展现状

1. 国际软件市场

自20世纪80年代以来,世界软件销售额正以每年17%的速度增长。美国在世界软件市场中处于无可争议的领先地位,其次是日本和欧盟。以微软公司为代表的美国软件行业,在系统软件、支撑软件和应用软件等方面称霸世界,引领着世界软件技术和市场的发展方向。应用面最广的系统软件和支撑软件领域,基本被几家大型公司所垄断,国际标准化组织也据此定出了不同的标准,如微软公司的Windows操作系统、甲骨文公司的Oracle数据库及谷歌公司的搜索引擎等。在工具类软件领域中,国外软件以其性能超群、界面友好、使用方便而独占鳌头,风靡世界。

2. 国内软件市场

我国软件开发从20世纪50年代末开始,基本与世界同步。20世纪80年代初国家科委几乎与印度同步启动了振兴软件产业的举措,并与美国合作,分别在北京大学和复旦大学培养200名主修软件工程的研究生,建立两地软件实验室,以带动整个软件产业的发展。可惜的是,这一战略未能坚持下去,从而在全球软件发展最快的十多年中,中国软件业丢失了一个大好时机,而印度却已成为当今世界上最可靠、最著名的软件供应国之一。目前,国产软件除了财务、排版和教育等专用软件领域尚有所作为之外,包括系统软件及比较重要的通用软件在内的软件业主体均已被国外公司垄断。国产字处理软件WPS基本上被微软Office办公套件取代;汉字DOS操作系统,全部销声匿迹;微软的Windows基本上已成为国内市场上唯一的操作系统;曾被冠以"民族软件业的新旗帜"的中文平台,在中文Windows 95发布后已基本失去生存之地。

近十年来,我国政府高度重视软件产业的发展,但我国软件产业的销售额,尚不到世界软件市场的 1%,其中,国产软件的市场份额仅占 1/3。虽然我国软件业形势严峻,但已经表现出了一个较好的发展势头。目前,我国软件企业约有 5000 家,其中国有企业占 30%,私营企业约占 60%,合资、合营、合作企业约占 10%。虽然我国软件企业的规模不大(其中 500~1000 人以上的企业只有十多家,约有 10% 的企业有 100~200 人的规模,绝大多数企业的规模在 100 人以下),但已经基本形成了以几个软件基地为代表的、以典型骨干企业为首的带动一大批中小软件公司发展的软件企业群体。他们以市场为导向,以科研院所、大专院校为依托、以产品销售及售后服务为主业务,使国有软件产业正在成为增长最快的产业之一。

1.2 软件产业

1.2.1 软件产业的特点

软件产业是随着计算机产业的出现而产生的。最初的软件产业主要开发和生产计算机操作软件,用于设定命令计算机完成基本运算和统计工作。随着计算机产业的发展,软件产业也随着日益广泛的应用需求而迅猛发展。时至今日,软件产业在全球范围内已形成了巨大的规模,行业规范化和标准化进程也十分迅速,这就使得当今软件产业具有了如下的一些特点。

1. 软件市场容量巨大

由于软件产品属于计算机产品的配套产品,因此当计算机技术与产品被广泛地应用于社会中时,软件产品的市场空间就变得广阔。据了解,目前全球应用计算机技术与软件产品的领域已占全社会相关领域的 90% 以上,而且在每一个领域中,计算机与软件产品的应用空间也极为巨大。另一方面,计算机产品是硬件产品,其发展受到诸多客观物质条件的限制,而软件产品则有更为强大的扩展能力。从市场角度看,软件产业的容量比计算机硬件容量更为广阔和巨大。

2. 软件企业成长迅猛

据统计,全球目前的软件开发及生产企业已逾 10 万家,这批企业大多都是 20 世纪 80 年代中后期及 90 年代初创建的。在信息产业飞速发展的今天,这些企业的成长极为迅速。以全球最大的微软公司为例,这家 1975 年创建的软件开发企业在短短 13 年时间内资产总值已跃居全球最大的企业之首,其总裁比尔·盖茨也因此而成为全球首富。一般而言,当今比较成功的软件企业都是依靠一套或几套成功的知名软件产品打入市场,一旦被行业内硬件制造商和用户接受,则该产品就会以极快的速度在全球市场中被采用。由此软件制造开发商能够迅速取得巨大市场效益,并有足够的实力去开发下一代新产品。这种滚雪球式的发展速度在当今只有资本市场可以与之匹敌。

3. 软件产品品种繁多

当今的软件产品,因其应用范围越来越广,其分类也日益多样化,这也是软件产业规模化、规范化发展的重要标志之一。目前,全球软件产品大致可分为:操作系统软件、财务及商务管理软件、网络应用软件、教育软件、游戏软件、工具软件和行业专业软件等7大类。在国外,以智能化为目标的智能软件也逐渐兴起,并成为未来时代的软件产业发展的主要方向之一。上述7大主要软件产品领域,每一类软件产品市场空间均以计算机、通信和网络化产业市场为基础。

4. 软件行业竞争激烈

在软件行业,国际竞争主要表现为技术与资本优势的争夺。拥有技术特色的开发企业通常能在某领域内形成优势,但同时拥有技术和资本优势的软件企业才有能力在众多领域中形成优势。近年来,这一特点在操作系统软件领域和网络软件领域中表现得尤为明显。在操作系统软件领域,以美国微软公司为首的几家大型软件企业集团已基本垄断了该领域,其标准化和规范化工作在这个领域完成得最快。而在网络软件领域,微软公司通过收购、联合等资本运营战略也显示了其霸主地位。而在教育、游戏、财务及商务管理、工具软件等领域,则是群雄并起的格局。这一情况表明,软件行业的竞争是十分激烈的,要想在这一领域有所作为,则必须联合各方面优势力量,才能在激烈竞争中崛起。

5. 行业发展日新月异

软件行业是随计算机产业发展而产生的,因此它对计算机产业的技术依赖性也比较强。一种新的硬件产品一旦问世并普及,必然要有性能相适应的软件产品与之配套。因此,在计算机性能不断提高的今天,软件产品的更新和提升速度是以年甚至是季度为计算单位的。一个软件企业,只有与国际接轨,紧跟产业的技术潮流,对自己的产品不断推陈出新才能立于不败之地。

1.2.2 软件产业在国民经济中的地位

软件产业作为现代高科技产业的核心,不仅成为各发达国家新的经济增长点,而且也是新兴工业化国家加快转变传统经济增长方式的关键领域。因此,大力发展软件并加大其向传统产业的渗透,加速产业升级,既是我们转变传统经济增长方式、打好国有企业改革和发展这一攻坚战所应选择的一个重要方面,同时也是软件产业发展壮大的关键。

1. 软件产业具有带动经济增长的双重作用

① 软件产业既是带动经济增长的支柱产业,又是改造传统产业、促进产业结构优化调整的杠杆。

② 软件能够将知识和信息转变成具体的、特定的、可操作的生产能力,从而创造巨大的社会财富。

③ 软件在工业产品中的嵌入,可提高产品的附加值,实现产品的更新换代;在工业设备中加入软件控制,可大幅度提高设备的效率、精度和自动化程度。

④ 软件在产业部门中的应用,能够推动其技术进步和产品升级,从而带动产业结构的优化升级,扩大市场需求,拉动经济增长。

⑤ 软件也是改造传统企业、建立现代企业制度的重要支持手段。

2. 软件是先进管理思想和管理模式的载体

① 软件能够促进和加快企业的信息采集、交流，降低管理成本，提高管理效率。

② 软件促进管理规范化。各种管理规则、标准、程序和制度都可以在企业管理软件中体现出来。企业管理制度通过软件融入了企业的业务和管理流程，更容易被严格地贯彻执行。

综上所述，软件不仅是个技术问题、产业问题，它对国民经济发展的全局还有重大的影响。大力发展软件及应用，能够加快经济增长方式的转变，对实现经济发展后来居上有重要作用。目前，世界经济正处于产业结构调整和变革的关键时期，未来的国际经济竞争将主要是信息资源的利用和软件产业发展水平的竞争。美国的一些经济学家认为，由于软件产业对国民经济各部门各行业的渗透作用，产业结构正在普遍软化，知识资本在经济发展中所起的作用将会越来越大。

1.2.3 国外软件产业发展策略

印度和以色列是软件产业发展非常迅速的国家。这两个国家都根据本国国情，发挥自己的优势和特长，采取有力的政策措施促进软件产业的发展，成为世界软件出口大国，探索出了具有本国特色的软件产业发展的经验。这里我们简单介绍一下印度、以色列在发展软件产业方面的基本经验。

1. 政府对发展软件产业十分重视，制定并落实了各项扶植政策

1998年，印度政府组建以国家总理为组长的"国家信息技术特别工作组"，向政府提交了"印度信息技术行动计划"。该计划在税收、银行贷款、风险投资和基础建设等方面采取了系统全面的促进措施，倾力为软件企业提供政策支持。印度政府试图通过该计划中108条政策的实施，达到2008年软件和信息服务出口500亿美元的目标，把印度变成一个名副其实的"信息技术超级大国"。

以色列政府也高度重视高新技术产业的发展，鼓励企业创新，政府为高新技术企业提供有力的资金支持和组织协调。以色列工贸部设有专门机构，即首席科学家办公室，负责评估和管理国家产业开发基金，对通用技术和企业高科技含量产品的研究开发提供资助；并实施高科技孵化器项目，为科技人员实现从技术成果到产品产业化提供风险资助。

2. 重视软件人才的培养

印度政府实施了一系列促进软件人力资源开发的计划，如"印度人才开发与计算机培训"、"计算机人才开发"及"中学计算机扫盲和学习计划"等，每年可为软件业提供适用的软件人才3万人。以色列也重视培养和储备软件人才，特别是对国民经济各行业的复合型软件人才，大学教学培养十分重视，并有大量的贸易和技术人员是在美国接受的大学教育，在进入美国市场方面优势较强。

印度鼓励本国软件公司与国外公司的合作，积极吸引外资，创造优惠条件鼓励外国公司在印度创办独资软件公司。很多世界软件业大公司都在印度建立独资公司和研发中心，它们的许多业务实际上分包给印度本地公司完成，这对培养印度软件人才、带动软件产业发展

起到相当大的作用。

3. 根据本国特色，充分利用优势发展软件产业

印度和以色列在发展软件产业时都非常注重结合本国的国情、发挥优势、回避弱势，走具有自己特色的软件产业发展道路。

印度国内的计算机应用水平低、通信设施条件差，国内软件市场较小，但印度高等教育基础好，英语是通用语言，开发国际性软件不存在语言障碍。印度利用这一优势面向西方国家，通过现场服务、海外承包和产品承包等方式大力发展软件服务业，软件出口额仅次于美国。

印度通过高收入、职工认股权等办法吸引大量人才、激励他们的创新和敬业精神。因此，很快形成了一支高素质的高级软件人才队伍。印度政府设立了7个国家级软件园区，提供先进的通信设备和公共设施、低廉的收费，以及业务的配套服务，聚集于园区的软件企业优势互补，形成了在地理分布上相对集中的软件企业群体。

以色列国土面积小、资源少，因此发展经济的重点放在智力和高科技产品上。以色列的软件产业与其他高科技产业密切结合，共同发展，利用软件的高渗透性开发具有国际竞争力和高附加值的高科技产品。因此，以色列的嵌入式软件产品对所有的高新技术产业都起到很大的支持和促进作用，同时，嵌入式软件产品的广泛应用和市场的扩大，又促进了软件技术的创新和软件产业的发展。为克服国内市场狭小的局限，以色列的软件公司根据国际市场需求开发产品，在开拓国际市场、出口软件产品方面已经取得了显著的成效。

1.2.4 资料：印度新经济产业

印度新经济产业主要包括信息技术业、电子传媒业、电信业和生物技术等。近10多年来，印度信息业在计算机软件业的带动下迅猛发展。目前，印度已成为世界知名的计算机软件大国。据统计，1999年印度软件业产值达到67.5亿美元。其中，软件出口额达到33亿美元，占印度出口总额的10.5%。

1999年，孟买股市30种工业股票指数上升了64%，其主要推动力就是新经济产业，其中信息技术类股票价值飙升了400%。

据了解，印度新经济产业的崛起主要得益于印度政府的战略决策和优惠政策。20世纪90年代初，印度政府制定了重点开发计算机软件的长远战略，并首先在班加罗尔建立了全国第一个计算机软件技术园区。如今，班加罗尔已成为印度软件之都，被誉为世界十大硅谷之一。随后，海得拉巴、马德拉斯等南部城市相继建立了高科技工业园区。

为鼓励海内外投资，印度政府免除进入高科技园区公司的进出口软件的双重赋税，放宽中小企业引进计算机技术的限制，允许外商控股100%，免征全部产品用于出口的软件商的所得税等。在这些优惠政策的刺激下，许多世界著名的信息业公司都在印度设立了研制中心和生产基地。

事实证明，某个产业的发展，仅依靠民间呼吁是不行的，必须依靠政府强而有力的介入。印度软件业在近年来迅速崛起的原因，固然可以归结为英语国家的语言优势、训练有素的软件人才，以及软件产品的质优价廉等，但最重要的原因却是政府主导作用的充分发挥，即市场这只无形之手借助政府这只有形之手，使印度朝着软件大国的方向迅速发展。

从一个贫穷落后的国度，一跃成为软件大国，最为关键的是印度政府的主导作用。印度政府深知自己的国力有限，对于科学技术和产业的发展，如果平均使用力量，犹如杯水车薪，必将收效甚微。因此，印度政府一旦看准了某项技术或者某个产业对提高国家整体实力有利，就加大力度予以扶持。

(1) 发挥语言优势，实行软件出口战略

1849年印度彻底沦为英国的殖民地，到1947年英国在民族解放运动的冲击下承认印度独立，英国在印度有过约90年的殖民统治，这就使印度的近代政治制度和文化具有了浓厚的西方文明色彩和特点。英语成为印度的官方语言和通用语言，成为世界上仅仅次于美国的第二大使用英语的国家，几乎所有的科研人员，尤其是受过良好教育的各类软件人才，都具备极强的英语能力，与西方国家在语言沟通上几乎没有障碍，容易熟悉和了解西方国家的种种信息，这也是西方国家成为印度软件出口主要地区的重要原因之一。所以，他们进入欧美市场时少了一道天然的障碍。印度国内的计算机应用水平低，通信设施条件差，国内软件市场较小，但印度利用语言这一优势，采取同场服务、海外承包和产品承包等方式向西方国家提供软件服务。其中对美国的软件出口约占印度软件出口的近60%，印度已经被美国认定为最可靠的软件供应国。

(2) 有良好的政策环境是软件业向前冲刺的引擎

印度计算机软件业的发展得到了政府的高度重视，多年来一直被列为新的经济增长点。1984年拉·甘地总理提出通过发展计算机软件"把印度带入新世纪"的目标。1986年12月，制定了《计算机软件出口、开发和培训政策》支持软件产业发展，鼓励软件出口并成立了一个专门负责促进软件业出口的部门。1991年又制定了《软件技术园计划》，大力扶植软件产业。20世纪90年代初拉奥总理执政后，继续奉行拉·甘地大力发展计算机产业的方针，采取了许多实际措施支持和发展计算机业，特别是计算机软件的出口。1991年印度政府发布文件大力扶持软件行业，实施零税负，软件和服务公司的银行贷款具有"优先权"，引发了印度软件行业的一场革命。

1998年5月，印度人民党政府上台后，瓦杰帕依总理明确提出"要把印度建成一个名副其实的信息技术超级大国"，并相继成立了以他本人为组长的包括政府、业界和学术界杰出代表组成的国家信息技术和软件开发特别工作组，制定了《印度信息技术行动计划》，共提出了108条政策措施，后增至123条，在税收、贷款和投资等方面全方位采取措施，为信息技术产业提供政策支持。尤其值得关注的是，该计划提出：政府要创造政策环境，使印度软件出口（包括服务）到2008年达到500亿美元的目标，成为世界上最大的软件生产和出口大国之一。而从1998年7月，印度政府决定由政府支持给金融风险资本设立10亿卢比的基金，由企业发展银行管理。同时规定银行优先贷款给新创设的高科技风险公司，尤其是小型企业。1998年7月，印度的财政部长宣布将在以软件业为核心的信息产业中大量投资。财政部还改变了一些税收政策，例如：免除了软件业的出口所得税，对外贸易的预扣赋税也被取消。

由于政府的倾力支持，从20世纪80年代开始，印度电子部软件发展局每年都有一笔专款用于开拓国际市场。印度电子部还经常会同驻美软件企业联合会和美国电子协会，联合发起在硅谷和波士顿召开"印度软件会议"，经常在国内外举办各种专门针对软件出口的研讨会和展览会，并就软件出口对策进行大规模研究。正是印度政府在软件产业发展方面的大力政策扶植，印度才取得今天如此辉煌的成就。

(3) 大力兴建软件技术园

印度政府希望通过兴建一批软件技术园来带动全国软件产业的发展，并通过创造良好的投资环境来吸引更多的外国公司来印度投资。从1987年起，印度电子部开始建设普那、布班内斯瓦尔和班加罗尔三个软件技术园，政府给每个软件园投资5000万卢比（1美元＝40卢比），并建立了相关的配套设施，如卫星与数据通信、基础设施等。软件技术园的主要目标是出口，是印度软件出口的基地。1991年，印度政府提出了"软件技术园区（ST）计划"，其主要目的在于通过提供优惠的政策和良好的设施及服务，推动园区内软件开发和出口企业的发展，帮助企业开拓国际市场。印度政府对这些园区除了免除关税外，还以优惠价格向其提供工厂和办公大楼，并提供水电、电话、数据通信等方面的优良设施和环境。被称为"印度硅谷"的班加罗尔，目前已成为全球第五大信息科技中心，被誉为世界十大硅谷之一。在班加罗尔的带动下，马德拉斯、海得拉巴等南部城市的高科技园区相继建立，同班加罗尔交相辉映，成为印度南部著名的计算机软件"金三角"。为进一步发展软件业，印度政府又将软件技术园区由南向北推进，形成全国的软件技术网络。目前印度已先后建成17个软件技术园区，共有1300多家海内外公司在这些软件技术园区注册。印度名列前20位的软件出口商中有14个位于班加罗尔；仅班加罗尔就有3.5万多软件开发人员。

每个技术园区都可通过卫星地面站与国际用户保持联系，通过微波技术与国内用户联系。这样，印度软件公司的编程人员能随时调用网内的世界各地信息，随时按客户要求接收订单、调试和修改程序。印度软件开发机构足不出户即可向国外用户提供质量上乘的服务。这吸引了国内外许多企业，刺激了园区的发展。

印度软件产业高度集中是其成功的非常重要的因素。目前技术园区所创造的价值已占全国软件出口总值的85%。

(4) 人力资源的开发与培养

软件企业的竞争归根到底是人才的竞争，而软件人才日益成为一种稀缺的生产要素。为了确保国内软件产业不断增长的人才需求，印度政府对于软件人才资源的开发给予了高度重视。印度软件人才的开发和培养有以下3条途径：一是依靠高等院校培养。印度有400余所大专院校设置了计算机专业，电子部为其中250余所提供一定的教学经费，配备了计算机、软件和各类图书等必备的教学条件，每年各类毕业生达1万余人。二是民办或私营的各类商业性软件人才培训机构培训。这些机构必须具有政府或政府授权的专业机构颁发的培训许可证，软件人才培训合格后，有资格参加全国统一组织的计算机软件培训四级水平证书考试。目前，这类机构大约有700多家，每年取得证书的软件人才有数万人。三是软件企业自身建立培训机构。他们都特别重视培养计算机应用专家、系统分析员、开发管理人员和软件企业经销人员。

印度在美国等西方发达国家有一大批留学或者工作的中高级软件人才。印度IT部长马哈詹认为："印度是一个民主国家，我们不可能不让公民出国。要留住人才，办法只有两个，一是增加每年培养的人数，二是像今天的美国一样，营造一种环境，给那些有才能的人在印度发展的机会。"从20世纪80年代开始，印度政府对软件产业实行了一系列政策优惠，创造了良好的投资环境，为海外留学或者工作人员回国开办软件企业或者从事软件开发工作大开"绿灯"。这些海外归国的软件人才具备了从事软件开发与服务的良好技能，积累了丰富的经验，也拥有一定的资金，特别是与海外同行有着十分密切的联系，他们当中的每个人都形成了一张巨大的海外"关系网",对促进软件出口起到了重要的作用。据报道,目前印度已经拥有140多万软件编程人员,其中比较熟练的约有近20万人。美国《商业周刊》和《福布斯》杂志都曾惊叹:"印度有着无穷无尽的技术人才储备"。

另外,印度已经把计算机教育作为高中学生的必修课,电视台开设了针对儿童的BASIC讲座。据统计,印度高级软件和计算机工程师每月工资约为400~600美元,这对人均国民收入只有330美元的印度人来说,无疑是一种诱惑力极大的职业。最近非计算机专业学生想加入软件开发领域的日益增多,于是,针对成人的软件培训机构不断涌现。印度软件从业人数目前每年以6万人的速度增加。印度政府还实施了一系列促进软件人力资源开发计划,如"印度人才开发与计算机培训"、"计算机人才开发"及"中学计算机扫盲和学习计划"等,每年可为软件业提供适用的软件人才3万人。同时印度政府还鼓励本国软件公司与国外公司的合作,积极吸引外资,创造优惠条件,鼓励外国公司在印度创办独资软件公司。

很多世界软件业大公司都在印度建立了独资公司和研发中心,它们的许多业务实际上分包给印度本地公司完成,这对培养印度软件人才、带动软件产业发展起到了相当大的作用。印度的大学和培训中心每年培养出大约10万名软件专业人员,但这个数目仍无法满足国内外的需求。因此,印度政府日前决定将拨款10亿美元用来帮助学校培养更多的信息技术人才,力争到2005年使每年的信息技术类毕业生人数增长2倍,达到30万人。

(5) 严格的质量控制、高效的管理和知识产权保护

在高新技术产业强手如林的世界市场上,印度软件业之所以快速成长、占有一席之地,除了得益于政府的倾力扶持外,上乘的质量、低廉的价格、严格的管理和知识产权保护,也在很大程度上提高了印度软件业的竞争力。印度的软件公司都设有质量管理部门,从项目起步到规格变更,直到最终测试,都用标准文件进行管理。对于印度软件公司来说,取得ISO 9000认证,只是成长过程中的第一关。几乎所有的印度软件公司都把美国卡内基·梅隆大学软件工程研究所(SEI)设定的CMM等级作为其质量管理的基准,而且把最高级别5级作为自己的最终目标,而ISO 9000只不过相当于CMM等级中的3级。这样,印度软件业从创业开始,就有一个较高的起点。

为了达到严格的质量标准,印度政府主要做了两件事:一是建立相应的组织,加强对软件开发的管理和协调工作;二是设立软件实验基地。印度政府在电子部设立了软件发展局,其下属的国家软件技术中心主要追踪世界软件发展的重大动向,研究和开发前沿软件技术,设计开发高技术软件,并开展软件人员的继续教育。在班加罗尔的国家软件发展中心设有规模可观的软件库,为班加罗尔地区的软件企业提供技术服务。

印度在软件知识产权保护方面采取了积极有效的行动。为了适应新形势下打击盗版的需要,印度于1994年6月对其版权法进行了较大修改和补充,明确规定了版权所有者的权利、对软件出租者的态度,用户备份软件的权利以及对侵犯版权的惩处和罚款等,使印度成为国际上软件知识产权保护法最严厉的国家之一。比如对违反版权法的行为,将同时依据民法和刑法进行惩处,包括最高可达20万卢比的罚款,或7天~3年的监禁,或二者并罚。

(6) 充分发挥行业组织在软件出口中的重要作用

在印度软件产业的发展过程中,一批行业组织发挥了重要的作用。比较重要的软件行业组织有:印度国家软件与服务公司协会(NASSCOM)、信息技术产品制造者协会(MAIT)、信息技术加工者协会及电子与计算机软件出口促进理事会(ECS)等。虽然这些

组织不受政府领导,但是其负责人往往与商业部、电子部有着十分密切的关系。这些行业组织在软件企业中起到了沟通联系、解决困难、扩大宣传、组织研讨会、组织展览、关注国际市场动态、保护企业利益、向有关政府部门反映企业呼声和促进企业发展等方面的作用。

政府也十分重视这些行业组织,把它们作为与企业沟通的桥梁和组带,许多重大活动也常常请行业组织参加,在企业的心目中,他们的行业协会是一个有威望、有力量,同时又值得信任的组织,而不是因人设事、动辄伸手向企业要钱的官僚机构;电子与计算机软件出口促进理事会经常与美国电子工业协会、日本和丹麦进口促进机构保持密切联系,为印度软件出口企业获取许多宝贵的资料和重要的市场信息,成为软件企业决策的好参谋。

1.2.5 对我国软件产业发展策略的认识

1. 我国软件产业的特点

目前,我国软件产业呈快速增长态势,增幅高于电子信息产业平均水平,产业规模不断扩大,软件出口平稳增长,产业结构与布局不断调整,成为拉动电子信息产业增长的重要力量,并在促进信息化发展中发挥了积极作用。

(1) 产业规模继续扩大

2007年的统计数据表明,我国规模以上软件产业累计完成收入5834.3亿元,同比增长21.5%,高出电子信息产业增速3.5个百分点,产业规模是5年前的5.27倍;拥有软件企业14388个,是5年前的3.06倍;软件从业人员152.9万人,是5年前的2.6倍。

(2) 产业结构进一步调整

随着软件产业的快速发展,产业规模、产品结构、研发水平和人员构成都得到了进一步调整,市场不断向大企业集中,产品不断向服务型转化,技术不断向国际前沿推进,人员不断向知识性技术性高学历聚集。

从产业规模看,企业实力不断增强,大企业优势日趋明显。大企业规模不断扩大,前100家企业门槛明显提升,2007年前100家企业的门槛为2.7亿元,是5年前的2倍;排名第一的企业规模为416亿元,是5年前的7.5倍。在软件业务收入前100家企业中,软件收入超过10亿元的企业有28家,是5年前的2.54倍;超过50亿元的企业有5家。

从产品结构看,软件技术服务和基于制造业的嵌入式软件发展较快,已成为软件产业发展的重要力量。2007年我国软件产业收入中,软件技术服务收入占23%,嵌入式软件收入占24.3%,软件产品收入占30.5%,系统集成收入占18.3%。

软件产业从业人员的整体素质不断提升,知识结构更趋优化。其中,技术研发人员占总人数的37.5%;本科以上学历的人数占63.2%,研究生比例为10.1%。

(3) 软硬融合趋势明显

企业更加注重品牌效应,进一步强化产品研发、品牌定位、市场销售和技术服务,生产与服务、软件与硬件的融合概念进一步增强。

国内巨大的制造业和信息化市场不断为软件产业创造重要的发展机遇,促进软件和硬件不断融合,进而推动嵌入式软件不断发展。嵌入式软件增长速度超过软件行业平均水平。从企业看,基于大行业应用的软件企业仍是产业发展的领头羊,特别是通信领域的嵌入式软件企业在产业发展中占据重要地位。

(4) 出口继续看好，服务外包增强

我国软件出口规模继续扩大，增势仍然看好。2007年，软件出口额达到102.4亿美元。软件服务外包趋势明显，外包内容更加综合，由原来的信息技术外包、业务流程外包日益转向知识流程外包、业务转型外包。

(5) 区域布局日趋集中，中西部部分地区发展迅速

2007年软件产业的区域集中度进一步提高，全国软件收入超过300亿元的6个省市均来自东部沿海地区，分别是北京、广东、江苏、上海、浙江、山东。6个省市合计软件收入超过4322亿元，占全国软件收入比重达74.1%以上，其中北京、江苏增速都在30%以上。中西部部分地区发展迅速，如陕西、四川、重庆、湖南等增速均达到30%甚至更高。

2. 对我国软件发展策略的认识

我国的软件产业刚刚起步，如何走上成功的发展之路？根据国际的经验，应当根据当前市场的机遇和需求，以及自身的条件和优势，进行正确定位，制订合适的发展战略。

根据我国的具体情况，必须从以下几方面着手，为软件产业营造良好的政策和经济环境。

(1) 尽快制订配套的软件产业政策，推动我国软件产业的快速发展

通过政策扶持、迅速推动我国软件产业发展，要尽快制订软件产业政策，在资金融通、税收、政府采购、培养和吸引人才、知识产权保护、软件基地建设和鼓励出口等方面给予国内软件企业有力支持。这是当务之急。

(2) 通过设立软件专项措施启动市场，推动软件产业发展

发展我国软件产业要加大开拓国内软件市场力度，以市场带动产业发展。要通过加快国民经济信息化、提高各行业装备水平、加速各行业技术改造、促进新兴产业发展，为软件产业开拓市场。例如，我国信息家电产品、网络服务等极有可能发展为巨大的市场，为软件产业带来难得的商机，我们可以通过设立国家软件专项，启动网络服务和信息家电嵌入式软件等重点项目，统一组织实施，使之成为我国软件业发展的新切入点。

(3) 重视软件的产业化、软件人才队伍的培养和稳定

当前我国有大量的软件难以形成市场规模，其中科技人员得不到资金支持、软件企业缺乏融资渠道是重要原因。软件产业属于高风险行业，民营企业居多，无形资产多于固定资产，在我国难以取得银行贷款。为促进软件的市场化和产业化，我国要尽快建立健全软件产业培养机制和风险投资机制，为软件企业的成长和上市创造支撑条件。

当前，由于分配机制上的欠缺，我国软件人才流失严重，这是对软件产业发展非常不利的因素。我们要采取职工认股权、提供优越生活条件等措施稳定软件开发队伍，调动软件人才的积极性和创造性。另一方面要下大力培养和吸引软件高级技术与管理人员，用政策吸引留学国外的软件人才回国或在国外为国内服务。还要设立计算机软件高级人才培训基地，对软件技术人员实行再培训、再教育，提高软件人才素质，培养我国高水平的软件人才队伍。

(4) 强化行业管理、严格质量控制

软件产品的高质量、低成本、按期交货是国产软件产品进一步发展的重要方向。因此，除加强软件产品管理外，还在系统集成商与软件开发商中大力推广ISO 9000和CMM认证

及软件企业的资质认证,以及对系统集成工程要实行工程监理制度,是极重要的工作。

通过这些措施可以改善目前软件企业开发不规范、文档不齐全、维护跟不上、软件质量问题比较多及软件企业良莠不齐等问题,又可以使我国的软件企业进行规范化经营,从中成长起一批能与国际标准接轨的骨干企业,为国内大的信息化系统工程实施提供建设队伍,也为国内软件企业走向世界打下基础。

(5) 开展国际合作,开拓国际市场

软件是国际性产业,积极面向国际市场,生产国际化的软件,对我国尤为重要,以发展国际软件服务业为起点,从组织劳务输出、进而在国外设点揽活、组织服务过渡到国内企业承接国外项目,这是符合我国产业现状的、可行的,也是有条件做到的。国家需要提供鼓励出口的政策和方便的条件,如支持建立软件出口基地、允许软件企业在国外设点及鼓励创汇等。在国际市场建立起中国软件的信誉后,大力发展海外产品承包服务和直接出口软件产品。

随着国际经济一体化的发展趋势,我国软件产业要在国内外的激烈竞争中成长壮大,走向世界,必须置身国际大环境,加强国际交流及与国际优秀软件企业的合作,提高技术起点、发挥自己的特长,推出国际一流水平的产品,在国际合作和国际竞争中发展我国软件产业。

我国软件产业是有基础、有优势的,相信在国家重视、政策支持、企业努力下,我国软件产业一定能发展壮大起来,对国家经济发展作出应有的贡献。

1.3 软件工程

1.3.1 软件工程定义

20世纪60年代以来,随着计算机的广泛应用,计算机软件的数量以惊人的速度剧增,软件的规模越来越庞大,软件生产率、软件质量远远满足不了实际需要,成为社会发展和经济发展的制约因素。与软件相关的问题突出表现为开发进度延误、费用剧增、质量低下、错误频出、灵活性差及生产率低下等。同时,由于微电子技术的进步,计算机硬件成本每5年下降2~3个数量级,且质量稳步提高。计算机软硬件之间的这种不平衡发展使得软件相关问题的解决尤为迫切,科学家们把软件开发和维护过程中遇到的一系列问题统称为"软件危机"。导致软件危机的因素很多,除了软件本身固有的特征外,还与软件开发模式、软件设计方法、软件开发支持以及软件开发管理等有关。

为解决软件开发和维护过程中遇到的一系列问题,在1968年北大西洋公约组织的工作会议上,许多程序员、计算机科学家与工业界人士聚集在一起共商对策。通过借鉴传统工业的成功做法,他们主张用工程化的方法开发软件来解决软件危机,并提出"软件工程"这一术语。由此,指导计算机软件开发和维护的一门工程科学——软件工程学逐步形成。

软件是与一个系统,特别是一个计算机系统有关的程序、过程和有关文档的完整集合。工程是科学和数学的应用,通过这一应用,使得自然界的物质和能源的特性通过各种结构、机器、产品、系统和过程成为对人类有用的东西。在软件和工程这两个定义的基础上,软件工程可定义如下:软件工程是一类求解软件的工程。它应用计算机科学、数学以及管理科学等原理,借鉴传统工程的原则、方法创建软件,以达到提高质量、降低成本的目的,使计算机设备的能力借助于软件成为对人类有用的东西。其中,计算机科学、数学用于构造模型和算法;工程科学用于制订规范、设计模式、评估成本及确定权衡;管理科学用于计划、资源、质量及成本等管理。

1.3.2 软件工程框架

软件工程作为一种工程,同其他工程项目一样,有自己的目标、活动和原则。软件工程的框架如图 1.1 所示。

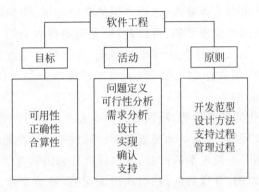

图 1.1 软件工程框架

1. 软件工程目标

软件工程的目标是"生产正确、可用及具有经济效益的产品"。正确性指软件产品达到预期功能的程度。可用性指软件基本结构、实现和文档为用户可用的程度。具有经济效益指软件开发、运行的整个开销满足用户要求的程度。这些目标的实现还需要解决很多理论和实践的问题,它们形成了对过程、过程模型及工程方法选取的约束。

2. 软件工程活动

软件工程的活动是指生产一个最终满足需求且达到工程目标的软件产品所需要的步骤,主要包括问题定义、可行性研究、需求分析、总体设计、详细设计、实现、确认以及支持等。

(1) 问题定义

问题定义阶段的任务是明确要解决的问题。如果在不知道问题是什么的情况下就试图解决它,则最终得出的结果很可能是毫无意义的。尽管确切定义问题的必要性是很显然的,但在实践中它却是最容易被忽视的一个步骤。在问题定义阶段,系统分析员通过对系统的实际用户和使用部门负责人的访问调查,提出关于问题性质、工程目标和规模的书面报告,并在用户和使用部门负责人的会议上认真讨论这份书面报告,澄清含混不清的地方,改正理解不正确的地方,最后得到一份双方都满意的文档。

(2) 可行性研究

可行性研究阶段的任务是要回答这样一个问题:对于问题定义阶段所确定的问题是否有可行的解决办法。为解决该问题,系统分析员需要进行一次大大压缩和简化了的系统分析和设计的过程,也就是在较抽象的层次上进行的分析和设计过程。可行性研究应该比较简短,因为它不是具体地去解决问题,而是研究问题的范围,探索这个问题是否值得去解以及是否有可行的解决办法。

问题定义阶段提出的对工程目标和规模的报告通常比较模糊,而可行性研究阶段应该导出系统的高层逻辑模型,在此基础上更准确、更具体地确定工程目标和规模,这样分析员可以更准确地估计系统的成本和效益。对建议的系统进行仔细的成本和效益分析是这个阶段的主要任务之一。

可行性研究的结果是决定工程继续与否的重要依据。一般来说,只有投资可能取得较大效益的那些软件项目才有必要继续进行下去。可行性研究之后的那些阶段将需要投入更多的人力和物力,适时中止不值得投资的软件项目,可以避免更大的浪费。

(3) 需求分析

需求分析阶段的任务是确定为解决该问题,目标系统必须具备哪些功能。用户了解他们所面对的问题,知道必须做什么,但是通常不能完整准确地表达出他们的要求,更不知道怎样利用计算机解决他们的问题。软件开发人员知道怎样使用软件实现人们的要求,但是对特定用户的具体要求并不完全清楚。因此系统分析员在需求分析阶段必须和用户密切配合,充分交流信息,以得出经过用户确认的系统逻辑模型。用于描述系统逻辑模型的方法有数据流图、数据字典和简要的算法等。

需求分析阶段确定的系统逻辑模型是以后设计和实现目标系统的基础,因此必须准确完整地体现用户的要求。系统分析员通常都是计算机软件专家,技术专家一般都喜欢很快着手进行具体设计,然而一旦分析员开始谈论程序设计的细节,就会脱离用户,使他们不能继续提出他们的要求和建议。软件工程使用的结构分析设计的方法为每个阶段都规定了特定的结束标准,需求分析阶段必须提供系统逻辑模型,经过用户确认之后才能进入下一个阶段,这就可以有效地防止和克服急于着手进行具体设计的倾向。

(4) 总体设计

设计活动包含两个子活动,即总体设计和详细设计。

总体设计阶段是从概括的层面上探讨如何解决问题。在该阶段,对同一问题通常考虑若干种解决方案,如:目标系统的一些主要功能是用计算机自动完成还是用人工完成;如果使用计算机,那么是使用批处理方式还是人机交互方式;信息存储使用传统的文件系统还是数据库等。一般来说,总体设计阶段权衡的方案包括:

- 低成本的解决方案,系统只能完成最必要的工作,不能多做一点额外的工作。
- 中等成本的解决方案,系统不仅能够很好地完成预定任务,而且可能还具有用户没有具体指定的某些功能和特点。这些附加的功能和特点是系统分析员根据自己的知识和经验所确定的,且在实践中将被证明是很有价值的。
- 高成本的完美方案,系统具有用户可能希望的所有功能和特点。

系统分析员应该使用系统流程图或其他工具描述每种可能的系统,估计每种方案的成本和效益。还应该在充分权衡各种方案的基础上,推荐一个较好的系统,并且制订实现所推荐系统的详细计划。如果用户接受分析员推荐的系统,则可以着手完成本阶段的另一项主要工作,即详细设计。

(5) 详细设计

总体设计阶段以比较抽象概括的方式提出了解决问题的办法,详细设计阶段的任务则是把解决方案具体化,也就是确定具体实现这个系统的方法。但是,该阶段的任务仍然不是编写程序,而是设计出程序的详细规格说明。这种规格说明的作用类似于其他工程领域中工程师经常使用的工程蓝图,它们应该包含必要的细节,程序员可以根据它们写出实际的程序代码。通常用 HIPO 图(层次图加输入/处理/输出图)或 PDL 语言(过程设计语言)描述详细设计的结果。

(6) 实现

实现阶段的关键任务是问题的具体解决,即写出正确的、容易理解和维护的程序模块。程序员应该根据目标系统的性质和实际环境,选取一种适当的高级程序设计语言(必要时用汇编语言),把详细设计的结果翻译成用选定的语言书写的程序。实现过程往往伴随着单元测试,即详细测试编写出的每一个模块。

(7) 确认

确认活动是综合测试的过程,关键任务是通过各种类型的测试使软件达到预定的要求。最基本的测试是集成测试和验收测试。集成测试是根据设计的软件结构,把经过单元测试检验的模块按选定的某种策略装配起来,在装配过程中对程序进行必要的测试。验收测试则是按照在需求分析阶段确定的规格说明书,由用户或在用户积极参与下对目标系统进行验收。必要时还可以通过现场测试或平行运行等方法对目标系统进一步测试检验。

为了使用户能够积极参加验收测试,并且在系统投入生产性运行以后能够正确有效地使用这个系统,通常需要以正式的或非正式的方式对用户进行培训。

(8) 支持

支持活动是指软件的维护。维护阶段的关键任务是,通过各种必要的维护活动使系统持久地满足用户的需要。通常有 4 类维护活动:

- 改正性维护,即诊断和改正在使用过程中发现的软件错误。
- 适应性维护,即修改软件以适应环境的变化。
- 完善性维护,即根据用户的要求改进或扩充软件使它更完善。
- 预防性维护,即修改软件为将来的维护活动预先做准备。

虽然没有把维护阶段进一步划分成更小的阶段,但是实际上每一项维护活动都应该经过提出维护要求或报告问题、分析维护要求、提出维护方案、审批维护方案、确定维护计划、修改软件设计、修改程序、测试程序以及复查验收等一系列步骤,因此实质上是经历了一次压缩和简化了的软件定义和开发的全过程。

3. 软件工程原则

围绕工程设计、工程支持及工程管理,下面列出了软件工程的 4 条基本原则。

(1) 选取适宜的开发模型

该原则与系统设计有关,在系统设计中,软件需求、硬件需求以及其他因素之间是相互制约、相互影响的,经常需要权衡。因此,必须认识需求定义的易变性,采用适宜的开发模型予以控制,以保证软件产品满足用户的要求。

(2) 采用合适的设计方法

在软件设计中,通常要考虑软件的模块化、抽象与信息隐蔽、局部化、一致性及适应性等特征。合适的设计方法有助于这些特征的实现,以达到软件工程的目标。

(3) 提供高质量的工程支持

"工欲善其事,必先利其器"。在软件工程中,软件工具与环境对软件过程的支持颇为重要。软件工程项目的质量与开销直接取决于对软件工程所提供的支撑质量和效用。

(4) 重视开发过程的管理

软件工程的管理,直接影响可用资源的有效利用,生产满足目标的软件产品,提高软件组织的生产能力等问题。因此,只有对软件过程进行有效的管理,才能实现有效的软件工程。

总之,软件工程框架告诉我们:软件工程目标是可用性、正确性和合算性;实施一个软件工程要选取适宜的开发模型,要采用合适的设计方法,要提供高质量的工程支撑,要实行开发过程的有效管理;软件工程活动主要包括问题定义、可行性研究、需求分析、设计、实现、确认和支持等活动,每一活动可根据特定的软件工程,采用合适的开发模型、设计方法、支持过程和过程管理。从中也可以看出,管理在软件工程中是个不可或缺的概念。

1.3.3 软件工程模型

如前文所述,软件工程的活动包括问题定义、可行性研究、需求分析、设计、实现、确认和支持等,所有这些活动都必须进行管理。软件项目管理贯穿于软件工程的演化过程之中,如图 1.2 所示。

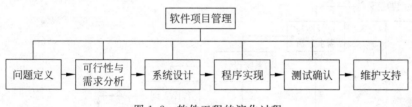

图 1.2 软件工程的演化过程

为更好地管理软件工程的演化过程,业界开发出了许多组织软件工程活动的方法,称为软件工程模型。软件工程模型用一定的流程将各个活动连接起来,并可用规范的方式操作全过程,如同工厂的生产线。常见的软件工程模型有线性模型、快速原型模型、螺旋模型和渐增式模型等。

线性模型是最早出现的软件工程模型,也称为瀑布模型,如图 1.3 所示。线性模型在软件开发过程中作出了重要贡献,但有其固有的问题。Frederick P. Brooks(Brooks 以领导开发 IBM 的大型计算机 System/360 和 OS/360 操作系统而著名)指出,线性模型有两点不足:

- 假设项目只经历一次过程,而且体系结构出色并易于使用,设计合理可靠,随着测试的进行,编码实现是可以修改和调整的。也就是说,线性模型假设所有错误发生在编码实现阶段,因此错误修复只在单元测试和系统测试中就可以完成。
- 假设整个系统一次性地被构建,在所有的设计、大部分编码和部分单元测试完成之后,才把各部分合并起来,进而开始后续工作。

虽然线性模型有其不足,但"线性"是人们最容易掌握并能熟练应用的思想方法。当面对一个复杂的"非线性"问题时,人们总是千方百计地将其分解或转化为一系列简单的线性问题,然后逐个解决。一个软件系统的整体可能是复杂的,单个子程序却总是简单的,可以

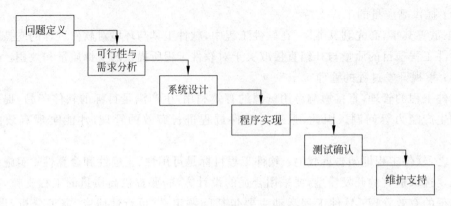

图1.3 软件工程的线性模型

用线性的方式来实现。

软件开发的其他模型或多或少都是在线性模型的基础上发展起来的,它们克服了线性模型的一些不足,在软件工程领域中找到了自己的一席之地。如螺旋模型可以看成是连接的线性模型,如图1.4所示;而目前计算机工业中应用广泛的渐增式模型则可以看成是分段的线性模型,如图1.5所示。

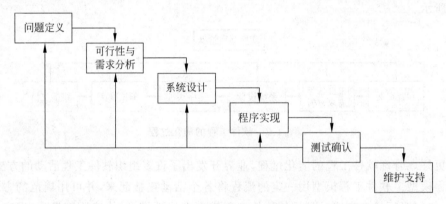

图1.4 软件工程的螺旋模型

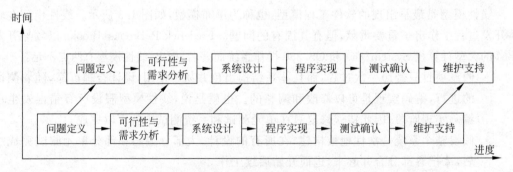

图1.5 软件工程的渐增式模型

渐增式模型首先构建系统的基本轮询回路,为每个功能都提供了子函数调用,但只是空的子函数,如图1.6所示。此时的基本轮询回路不完成任何事情,只保证可以正常运行。接下来,逐次添加功能,逐步开发和增加相应模块。每个功能都基本上可以运行之后,逐个精化或重写模块——增量的开发整个系统。有时候可能会出现需要修改原有驱动回路甚至是回路模块接口的情况,但在每个阶段,都有一个可运行的系统。因此,渐增式模型可以很早就开始用户测试,也可以采用按预算开发的策略,即在保证必要功能特性的基础上,确保不出现进度或者预算超支的情况。微软公司"每晚重建"方法实际是一种逻辑上的渐增式开发。

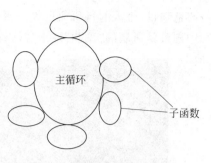

图 1.6 系统的基本轮询回路

这里不再过多地介绍其他的软件工程模型了,明白其中的原理就已足够。需要注意的是,在实际软件开发中,我们不要被这些现有的模型所限制,而应该结合具体情况,灵活运用。

1.4 项目管理框架

1.4.1 项目与项目管理

管理是无边界的大概念,任何事物都需要管理。管理是使事物的发展从混乱无序走向有序有效发展的唯一方法。管理与人类发展并存,人类从原始走向现代,管理也从低级走向高级,从自发走向自觉,从分散孤立的思想和方法,走向综合统一的学科体系。

项目管理是管理科学的重要分支,20 世纪 30 年代在大型项目实际需要的驱动下产生。但直到第二次世界大战期间及战后,其作为管理技术复杂的活动或需要多学科协作的活动的一种特殊工具的价值,才被完全认识。因此,它在第二次世界大战后期得到迅速发展和不断完善,同时也发挥了巨大的作用,如应用于制造原子弹的曼哈顿计划。

同任何事物的发展一样,项目管理的发展也是一个循序渐进的过程。其一开始是从生产大型、高费用、进度要求严格的复杂系统发展起来的。美国在 20 世纪 60 年代只有航空航天、国防和建筑工业才愿意采用项目管理。20 世纪 70 年代项目管理从新产品开发领域中扩展到了复杂性较低、变化迅速、环境比较稳定的中型企业中。到 20 世纪 70 年代后期和 80 年代,越来越多的中小企业也开始关注项目管理,将其灵活的运用于企业活动的管理中,项目管理技术及其方法本身也在此过程中逐步完善。20 世纪 80 年代及随后,项目管理已经被公认为是一种有生命力并能实现复杂的企业目标的良好方法。习惯上,项目管理以 20 世纪 80 年代为界限分为两个阶段:80 年代之前的称为传统项目管理阶段,80 年代之后的称为现代项目管理阶段。

1. 项目的概念及特点

自从有了人类,人们就开展了各种有组织的活动。远古至今,只要人类存在,项目则源远流长。有不同领域的项目,如工程建设项目、水利项目、工业改造项目、科研项目;有不同时代的项目,如修建长城、建造故宫、南水北调、西气东输;有不同国家的项目,如建造金字塔、阿波罗登月、人类基因工程;有不同组织实施的项目,如国家的大型基建项目、企业的设备改造项目、个人的科研项目等。那么,到底什么是项目呢？如图 1.7 所示的中国古代长城和中国最新研制的"飞豹"歼击轰炸机,都是典型的项目。

图 1.7　典型的项目

随着社会的发展,有组织的活动逐步分化为两种类型:一类是连续不断、周而复始的活动,人们称之为"运作"(Operations),如企业日常的生产产品的活动;另一类是临时性、一次性的活动,人们称之为"项目"(Projects),如企业的技术改造活动、一项环保工程的实施。项目是指在一定约束条件下具有特定目标的一项一次性任务。具体说,项目是人们通过努力,运用新的方法,将人力的、材料的和财务的资源组织起来,在给定的费用和时间约束规范内,完成一项独立的、一次性的工作任务,以期达到由数量和质量指标所限定的目标。由概念可以看出:

- 一次性是指应当在规定的时间内,由为此专门组织起来的人员完成。
- 应有一个明确的预期目标。
- 要有明确的可利用的资源范围,需要运用多种学科的知识解决问题。
- 没有或很少有以往的经验可以借鉴。

项目可以是建造一栋大楼,一座工厂,也可以是解决某个研究课题(如研制一种新药)、设计、制造一种新型设备或产品(如一种新型计算机)等。这些都是一次性的,都要求在一定时间期限内完成,有费用限制,并有一定的性能要求等。所以有人说,项目是新企业、新产品、新工程、新系统和新技术的总称。

在各种不同的项目中,项目内容可以说是千差万别,但项目本身有共同的特点,概括如下:

- 一次性,又称为单件性,指这次任务完成之后,不会再有与此完全相同的另一任务,所以没有完全照搬的经验可以利用。
- 目标的明确性,项目的目标有成果性目标和约束性目标。成果性目标是指项目的功能性要求,约束性目标是指资源消耗、时间要求和质量规定等限制条件。
- 作为管理对象的整体性,一个项目是一个整体管理对象。由于内外环境的变化,要提高项目的总体效益,到达数量、质量、结构的总体优化,项目的管理和生产要素的配置必然是动态的。

2. 项目的生命周期

项目从开始到结束,一般都要经历几个阶段,包括启动阶段、计划阶段、实施阶段和结束阶段,称之为项目的生命周期,如图1.8所示。在项目的生命周期内,首先项目诞生,项目经理被选出,项目成员和最初的资源被调集到一起,工作程序安排妥当,这时候表现为项目的"慢开始";然后,工作开始进行,各类要素迅速运作,此时项目"快速增长";接着项目成果开始出现,一直持续到项目的结束;项目的最后表现为"慢结束"。项目以"慢—快—慢"的进展方式朝向目标是普遍的现象,这主要是项目生命周期各阶段资源分布的变化所导致的。如图1.8所示,在项目的开始阶段需要的工作量较少,这时候项目正在建立,处于项目的选择期。如果项目确定下来,则随着计划的进行,活动增加,项目的正式工作开始进行,工作进行到一定程度时,工作量达到峰值。当项目快到结束时,工作量减少,最后项目完成时,也就不再需要工作量了。

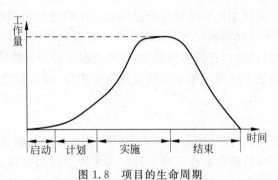

图1.8 项目的生命周期

(1) 项目的启动

项目启动阶段要进行可行性分析,以便确定是否接受项目。如果这一关通过,则要进行需求确认,进行项目的立项工作。

(2) 项目的计划

项目计划阶段建立解决需求或问题的方案,向客户提交各种计划书,主要有:项目背景描述、目标确定、范围定义、进度安排、资源计划、成本估计、工作分解结构、项目详细计划、计划审批及计划基线等。

(3) 项目的实施

项目实施阶段就是执行计划阶段提出的解决方案,在各种因素的制约下,实现项目的目标。这一阶段的主要活动有:实施计划、进度控制、费用控制、质量控制、变更控制、合同管理和现场管理等。

(4) 项目的结束

项目的结束就是正式验收项目,使得项目圆满完成。主要活动有:范围确认、质量验收、费用结算与审计、项目资料与验收、项目交接与清算、项目审计、项目评估。

所有项目的生命周期都可以分为上述4个阶段,但不同类型的项目其生命周期的具体表现不同。如软件项目,可分为需求分析、设计、实现、测试和维护等阶段。

3. 项目管理

根据美国项目管理学会(Project Management Institute,PMI)对项目管理的定义,项目管理就是"在项目活动中运用一系列的知识、技能、工具和技术,以满足或超过相关利益者对项目的要求"。这一概念指出了项目管理涉及的范畴和需要达到的目标。项目管理通过初始过程、计划过程、执行过程、控制过程和关闭过程来完成。通常情况下,项目团队的主要工作是协调并完成项目对范围、时间、成本、风险及质量这些相互矛盾的任务的要求,确保不同的需要和预期。

与项目的概念相对应,项目管理又可定义为:在一个确定的时间范围内,为了完成一个既定的目标,通过特殊形式的临时性组织运行机制,经有效地计划、组织、领导和控制,充分利用有限资源的一种系统管理方法。

项目管理具有如下特点。

(1) 综合性

项目管理是一项复杂的工作,一般由多个部分组成,工作跨越多个组织,需要运用多种学科的知识解决问题。项目工作通常没有或很少有以往的经验可以借鉴,执行中有许多未知因素,每个因素又常常带有不确定性。还需要将具有不同经历、来自不同组织的人员有机地组织在一个临时性的组织内,在技术性能、成本和进度等较为严格的约束条件下实现项目目标等。这些因素都决定了项目管理是一项很复杂的工作,而且复杂性与一般的生产管理有很大不同。

(2) 创造性

由于项目具有一次性的特点,因而既要承担风险又必须发挥创造性。这也是与一般重复性管理的主要区别。项目的创造性依赖于科学技术的发展和支持,而近代科学技术的发展有两个明显的特点:一是继承积累性,体现在人类可以沿用前人的经验,继承前人的知识和成果,在此基础上向前发展;二是综合性,即要解决复杂的项目,往往需要依靠和综合多种学科的成果,将多种技术结合起来,才能实现科学技术的飞跃或更快的发展。因此,在项目管理的前期构思中,要重视科学技术情报工作和信息的组织管理,这是产生新构思和解决问题的首要途径。创造总是带有探索性的,会有较高的失败率。有时为了加快进度和提高成功的概率,需要有多个试验方案并进。

(3) 时间性

项目具有寿命周期,项目管理的本质是计划和控制一次性的工作,在规定期限内达到预定目标。一旦目标满足,项目就失去其存在的意义而解体。项目在其生命周期中,通常有一个较明确的阶段顺序。这些阶段顺序可通过任务的类型来加以区分,或通过关键的决策点加以区分。根据项目内容的不同,阶段的划分和定义有所区别,但一般认为项目的每个阶段应该涉及管理上的不同特点并提出需完成的不同任务。无论如何划分,对每个阶段开始和完成的条件与时间要有明确的定义,以便于审查其进度。

4. 项目管理的要素

项目管理的因素很多,但项目目标的实现主要由6个因素制约,称为项目管理的6要素,分别为范围、时间、成本、质量、组织及客户满意度,如图1.9所示。

(1) 范围

范围也称为工作范围,指为了实现项目目标必须完成的所有工作。一般通过定义交付物和

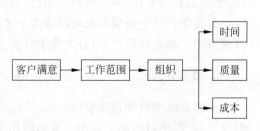

图1.9 项目管理的要素

交付物标准来定义工作范围。工作范围根据项目目标分解得到，它指出了"完成哪些工作就可以达到项目的目标"，或者说"完成哪些工作项目就可以结束了"。后一点非常重要，如果没有工作范围的定义，项目就可能永远做不完。要严格控制工作范围的变化，一旦失控就会出现"出力不讨好"的尴尬局面：一方面做了许多与实现目标无关的额外工作，另一方面却因额外工作影响了原定目标的实现，造成商业和声誉的双重损失。

（2）时间

与项目时间相关的因素用进度计划描述，进度计划不仅说明了完成项目工作范围内所有工作需要的时间，也规定了每个活动的具体开始和结束时间。项目中的活动根据工作范围确定，而确定活动的开始和结束时间时需要考虑它们之间的依赖关系。

（3）成本

成本指完成项目需要的所有款项，包括人力成本、原材料、设备租金、分包费用和咨询费用等。项目的总成本以预算为基础，项目结束时的最终成本应控制在预算内。特别值得注意的是，在软件项目中人力成本比例很大，而工作量又难以估计，因而制订预算难度很大。

（4）质量

质量是指项目满足明确或隐含需求的程度，一般通过定义工作范围中的交付物标准来明确定义。这些标准包括各种特性及这些特性需要满足的要求，因此交付物在项目管理中有重要的地位。另外，有时还可能对项目的过程有明确要求，比如规定过程应该遵循的规范和标准，并要求提供这些过程得以有效执行的证据。

（5）组织

没有组织，项目就无法实施，项目中常见的组织模式有三种：职能型模式（Functional Format）、项目型模式（Project Format）和矩阵型模式（Matrix Format）。职能型模式体现严格的等级制度，每个成员都有明确的上级，各成员的权力和职责十分明晰。在项目型模式中，绝大多数资源参与项目工作，项目组人员是从各个部门抽调过来被组织在一起专门从事某个项目工作的，项目经理负责产品的定位与发展方向，有很大的独立性和权威，在产品的发展过程中起着至关重要的作用。矩阵型模式混合了职能型模式和项目型模式的特点，在矩阵型模式组织中，项目组通常有全职的项目经理，项目组的其他人员来自各个职能部门，他们在必要时可以为项目兼职或全职工作一段时间，因此项目组的成员具有"临时性"，但作为项目组整体来说，具有"专职性"。

（6）客户满意度

生产产品的目的是为了满足客户的需要，因此客户的满意度是衡量产品的根本尺度。对于项目开发组织来说，基本宗旨就是"客户满意、自己获利"。

时间、质量和成本这三个要素简称 TQC（Time-Quality-Cost）。在实际工作中，工作范围在合同中定义，时间通过进度计划规定，成本通过预算规定，而如何确保质量在质量保证计划中规定。这些文件是一个项目立项的基本条件。一个项目的工作范围和 TQC 确定了，项目的目标也就确定了。如果项目在 TQC 的约束内完成了工作范围内的工作，就可以说项目成功了。

当然，对一个项目来说最理想的情况就是"多、快、好、省"。"多"指工作范围大，"快"指时间短，"好"指质量高，"省"指成本低。但这四者之间是相互关联的，提高一个指标的同时会降低另一个指标，所以这种理想的情况很难达到。在实际工作中往往只能均衡多种因素作出取舍,使最终的方案对项目目标的影响最小。

1.4.2 项目管理知识体系

从20世纪60年代起,国际上许多人对项目管理产生了浓厚的兴趣。目前有两大项目管理的研究体系,分别是以欧洲为首的体系——国际项目管理协会(International Project Management Association,IPMA)和以美国为首的体系——美国项目管理学会PMI,他们都作出了卓有成效的工作。

IPMA的成员主要是代表各个国家的项目管理研究组织,该组织于1965年在瑞士注册,是非营利性组织,重视专业人员的资格认证工作。一般来说,项目管理专业人员取证分为A,B,C,D共4个等级,级别之间的档次标准差距很大。其中,A级是工程主任级证书,B级为项目经理级证书,C级是项目经理工程师级证书,D级为项目管理技术员级证书。

PMI成员主要以企业、大学、研究机构的专家为主,它开发了一套项目管理知识体系(Project Management Body of Knowledge,PMBOK),如图1.10所示。该知识体系把项目管理分为9个知识领域:集成管理、范围管理、时间管理、成本管理、质量管理、人力资源管理、沟通管理、风险管理和采购管理。国际标准化组织以该文件为框架,制定了ISO 10006关于项目管理的标准。

图1.10 项目管理知识体系PMBOK

1. 集成管理

集成管理确保项目的各个部分有机地整合在一起,协调并权衡各个相互冲突的目标和解决方案,以满足或超过客户的预期需求。具体过程有:

① 项目计划的制订,集成并协调所有的项目计划以产生一个一致的、有内在联系的最终文档。

② 项目计划的执行,进行项目计划中的每个活动以使计划得到执行。

③ 集成变更控制,协调整个项目的变更。

2. 范围管理

在实际的软件项目开发过程中,我们经常会看到下列情形:开发人员抱怨一个项目为何总是做不完;客户不断增加新的需求,几乎"漫天要价",开发方总是在说服客户确定需求,被迫"就地还钱";项目实际是一个无底洞,总是不能让客户十分满意。碰到这些问题,我们就应该反思是不是项目的范围管理没有做好。

范围管理就是界定项目的范围,描述用以保证项目包含且只包含所有需要的工作,由启动、范围计划编制、范围定义、范围核实和范围变更控制构成,并在此基础上对项目进行管理。范围是以后一系列决策的基础。

3. 时间管理

"按时、保质地完成项目"是美好愿望,工期拖延的情况却时常发生。时间管理是项目管理的重要一环,描述用以保证项目能够按时完成所需的各个过程,以确保项目在预定的时间内顺利完成,由活动定义、活动安排、活动历时估算、进度计划编排和进度计划控制构成。

4. 成本管理

开源还是节流？如何使项目的净现金流(现金流入减去现金流出)最大化？成本管理描述用以保证在批准预算内完成项目所需的各个过程,是为确保在预算范围内完成项目所需要的一系列过程,由资源计划编制、成本估算、成本预算和成本控制构成。

5. 质量管理

目前的软件项目极易出现失败或失误。实践证明,软件项目的成败,通常是因为管理问题(协同工作的能力),而不是技术上的问题。那么,如何做一盘"优质"的软件大餐呢？我们需要的是一套合理的质量管理体系。

质量管理是为确保项目的结果满足用户需求并达到质量要求所需实施的一系列过程,由质量计划编制、质量保证和质量控制构成。

6. 人力资源管理

人们常说"天时、地利、人和",如果有了这些条件,那么成功也就不远了。在这里,只有"人和"是主观因素,它就显得格外重要。比如,在足球比赛中,主场球迷甚至可以被视为主队又多了一名队员。

人力资源管理是为确保与项目有关的所有成员发挥其最佳效能的管理过程,由组织的计划编制、人员获取和团队组建构成。

7. 沟通管理

客户在检查项目阶段成果时,指出曾经要求的某个产品特性没有包含在其中,糟糕的是作为项目经理的你却一无所知；客户抱怨说早就以口头的方式反映给了项目组的成员,而那位成员解释说把这点忘记了；程序员在设计评审时描述了他所负责的模块架构,然而软件开发出来后,项目经理发现这和他所理解的结构大相径庭。出现这样的问题,就是在提醒项目经理,要注意团队的沟通。

沟通管理是对项目过程中产生的各种信息进行收集、存储、发布和最终处理,由沟通计划编制、信息发送、性能报告和阶段(或项目)的结束构成。

8. 采购管理

采购管理是确保项目进行过程中所需的各种原材料、资源和服务得到满足的过程,由采购计划编制、计价计划编制、计价、供方选择、进货检验、合同管理和合同收尾构成。

9. 风险管理

由于项目的最终交付成果在项目开始时只是一个书面的规划,无论是项目的范围、时间还是费用都无法完全确定。项目创造产品或服务是一个渐近明细的过程,项目开始时有很多的不确定性,这种不确定性就是项目的风险所在。

风险管理是对项目可能遇到的风险进行识别、分析和应对的一系列过程。它涵盖了将对项目目标起正面作用的因素的作用发挥到最大及将对项目目标起负面作用的因素的作用降到最小这一理念,由风险管理计划、风险识别、风险分析、风险应变和风险监控构成。

1.4.3 项目管理学科的发展

1. 项目管理学科发展的历程

如图 1.11 所示,项目在 2000 多年之前就已经存在,对项目的管理很早就出现了。例如秦始皇为了修筑长城动用 30 万劳工;京杭大运河前后有 3 个大规模开凿拓展时期。

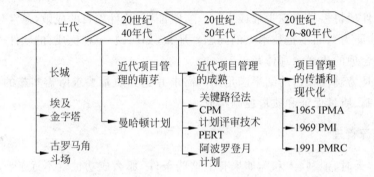

图 1.11 项目管理科学发展的历程

近现代,一些从未做过的项目接踵而至,不但技术复杂,参与的人员还众多,时间又非常紧迫。例如,20 世纪 40 年代,美国把研制第一颗原子弹的任务作为一个项目来管理,命名为"曼哈顿计划"。美国制造首批原子弹计划的总负责人陆军中将莱斯利·R·格罗夫斯事后写了一本回忆录《Now it can be told: The story of the Manhattan Project》,详细记载了这个项目的经过,叙述了曼哈顿计划的组织管理、人员配备、工程建设、保安保密措施、军事和科技情报的搜集以及向日本投下原子弹的情况等。

20 世纪 50 年代,项目管理从开始生产大型、高费用、进度要求严的复杂系统的需要中发展起来。20 世纪 50 年代后期,美国出现了关键路径法(Critical Path Method,CPM)和计划评审技术(Program Evaluation and Review Technique,PERT)。这两种方法常被称为项目管理的常规"武器"和经典手段。CPM 和 PERT 当时主要运用在军事工业和建筑业,项目管理的任务主要是项目的执行。20 世纪 60 年代这类方法在由 42 万人参加,耗资 400 亿美元的"阿波罗"载人登月计划中应用,取得巨大成功。但是只有航空、航天、国防和建筑工业才愿意采用项目管理。

到 20 世纪 70 年代,项目管理逐渐成为一门新兴学科,并不断兴盛和发展。项目管理除了计划和协调外,对采购、合同、进度、费用、质量和风险等给予了更多重视,初步形成了现代项目管理的框架;项目管理从最初美国的军事项目和宇航项目很快扩展到各种类型的民用项目;在新产品开发领域中扩展到了复杂性略低、变化迅速、环境比较稳定的中型企业中;项目管理迅速传遍世界其他各国。

现在,项目管理已被公认为是一种有生命力并能实现复杂的企业目标的良好方法。

2. 项目管理学科发展的特点

尽管人类的项目实践可以追溯到几千年前,但是将项目管理作为一门科学来进行分析研究的历史并不长。世界第一个专业性国际组织 IPMA 于 1965 年成立,经过 40 多年的努力,目前国际专业人士对项目管理的重要性及基本概念已有了初步共识。分析当前国际项目管理的发展,主要表现出 3 个特点,下面分别阐述。

(1) 项目管理的全球化发展

知识经济时代的一个重要特点是知识与经济发展的全球化。因为竞争的需要和信息技术的支撑,促使了项目管理的全球化发展,主要表现在国际间的项目合作日益增多、国际化的专业活动日益频繁以及项目管理专业信息的国际共享等。项目管理的全球化发展既为我们创造了学习的机遇,也给我们提出了高水平国际化发展的要求。

(2) 项目管理的多元化发展

由于人类社会的大部分活动都可以按项目来运作,因此当代的项目管理已深入到各行各业,以不同的类型,不同的规模而出现,这种行业领域及项目类型的多样性,导致了各种各样项目管理理论和方法的出现,从而促进了项目管理的多元化发展。

(3) 项目管理的专业化发展

项目管理的广泛应用促进了项目管理向专业化方向的发展,突出表现在 PMBOK 的不断发展和完善、学历教育和非学历教育竞相发展、各种项目管理软件开发及研究咨询机构的出现等。这些专业化的探索与发展是项目管理学科逐渐走向成熟的标志。

3. 项目管理学科在双向探索中前进

自 20 世纪 60 年代以来,学术界与各有关专业人士对项目管理的研究集中在两个大的方面:一方面是各领域的专家们在探讨如何将本学科领域的专业理论及方法应用于项目管理,如计算机、控制论及模糊数学等;另一方面则是各行各业的专家们在研究如何把项目管理的理论及方法应用到本行业中去,如建筑业、农业、军事工业及软件行业等。

尽管这种双向探索均出自于外界的需求,但却极大地促进了项目管理自身的发展,使得项目管理也在向两个方向发展。其一是向学科化方向的发展,项目管理在吸取各学科知识的基础上,逐渐形成自己独立的内容体系,如前所述的 PMBOK,国内外大学所建立的学士、硕士、博士学历教育体系及成人教育的课程体系等。其二,为了适应各行业发展的需要,项目管理学科正在向实用化方向发展,产生了许多方法、工具、标准和法规等,如国际标准化组织于 1997 年推出的 ISO 10006"质量管理—项目管理质量指导"以及各种计算机应用软件系统等。理论与实践相结合、融合多个学科专业的发展模式,进一步促进了项目管理专业学科——"项目学"的建立和发展。

4. 项目学发展的趋势

项目学学科的发展同任何其他学科的发展一样,需要有一个漫长的过程,近期的发展趋势包括如下几个方面:

(1) 项目学的主体是应用项目学,应用项目学的主体是微观项目管理

任何学科的发展都离不开社会背景,都有客观环境的制约。当今社会尽管有各种各样

的项目,对项目的管理也有各种层次,但最基本的是单一项目的管理,即微观项目管理。单个项目是国民经济发展的细胞,其数量、类别、复杂程度、规模大小和周期长短综合反映了一个国家的经济发展程度和科技发展水平。微观项目管理既是关系国民经济发展的重要因素,也是各个项目相关单位兴衰存亡的关键,因此在国内外项目管理专业领域中有着举足轻重的地位和作用。

(2) 世界各国研究的 PMBOK 是当前项目管理学科发展的重要内容

从 20 世纪 80 年代以来,世界各国专业人员与组织都开始研究与 PMBOK 相关的问题。PMBOK 跨越了行业的界限,归纳出各行业都需要的项目管理体系,为各行业的项目管理人员提供了必需的基本知识。正如网络计划技术可以适用于各行各业的计划管理一样,PMBOK 总结归纳出的知识体系,也适用于各行各业,并且对提高项目管理专业人员的水平有极大的促进作用。知识体系与专业资格认证的结合从某种意义上也反映了知识经济时代的特点。

(3) 项目学是知识创新与市场相结合的综合化发展

随着世界经济由工业经济向知识经济转变,人们对劳动价值的衡量与评价也发生了变化。在知识经济时代,人们通过创新劳动将知识转化为产品,投向市场,从而产生经济效益,其中重要的实现方式就是各种各样的项目。因此项目学的研究也将在知识、创新和市场的综合发展中逐步成熟。

(4) 项目学是科学、技术和艺术的综合

项目管理专家们将很多精力用于项目的"软"问题,如项目过程中的思维、行为、情感、适应性,项目管理中的交叉文化问题,项目经理的领导艺术等。因此,项目管理是将思想转化为现实、将抽象转化为具体的科学和艺术。

1.5 软件项目管理

1.5.1 软件项目产品的特点

软件项目是以软件为产品的项目,软件产品的特质决定了软件项目管理和其他领域的项目管理有不同之处。

1. 抽象性

软件是脑力劳动的结果,是一种逻辑实体,具有抽象性。在软件项目的开发过程中没有具体的物理制造过程,因而不受物理制造过程的限制,其结束以软件产品交付用户为标志。软件一旦研制成功,就可以大量复制,因此软件产品需要进行知识产权的保护。

2. 缺陷检测的困难性

在软件的生产过程中,检测和预防缺陷是很难的,需要进行一系列的软件测试活动以降低软件的错误率。但即使如此,软件缺陷也是难以杜绝的。这就像一些实验科学中的系统误差,只能尽量避免,但不能够完全根除。

3. 高度的复杂性

软件的复杂性可以很高。有人甚至认为,软件是目前为止人类所遇到的最为复杂的事物。软件的复杂性可能来自实际问题的复杂性,也可能来自软件自身逻辑的复杂性。

4. 缺乏统一规则

作为一个学科,软件开发是年轻的,还缺乏有效的技术,目前已经有的技术还没有经过很好的验证。不可否认,软件工程的发展带来了许多新的软件技术,例如软件复用、软件的自动生成技术,也研制出了一些有效的开发工具和开发环境,但这些技术在软件项目中采用的比率仍然很低,直到现在,软件开发还没有完全摆脱手工艺的方式,也没有统一的方法,否则它早已通过装配生产线实现了。具有不同经验和学科教育背景的人们为软件开发的方法论、过程、技术、实践和工具的发展作出了贡献,这些多样性也带来了软件开发的多样性。

1.5.2 软件项目失控的原因

美国政府统计署的数据:全球最大的软件消费商——美国军方,每年要花费数十亿美元购买软件,而在其所购买的软件中,可直接使用的只占 2%,另外 3% 需要进行一些修改,其余 95% 都成了垃圾。一句话,不管这些软件是否符合需求规格,它们显然没有满足客户的需求。软件开发是一项复杂的系统工程,牵涉各方面的因素,在实际工作中,经常会出现各种各样的问题,甚至面临失败。如何总结、分析失败的原因,得出有益的教训,是在今后的项目中取得成功的关键。

1. 软件失控项目

软件失控项目,是指软件项目在进行时遇到困难,导致大大超出可控制范围的项目。项目失控暗示着项目变得无法管理,从而无法达到最初制定的目标,甚至无法接近目标。我们可以从时间、费用及功能性需求上对"失控"进行量化,以便对概念有更为清晰的认识。1995年提出的定义是这样量化的:软件失控项目是显著未能实现目标和(或)至少超出原定预算 30% 的项目。考虑到对软件项目进度及费用等的评估理论还不完善,以至于制定的目标本身有可能不正确(我们认为项目失控是由那些比错误的估计更深层次的原因导致的)。这里我们采用 Robert L. Glass 的观点,即把上面定义中的 30% 提高到 100%,以此来具体定义项目的失控:从进度表的角度来看,软件失控项目所用的时间接近预计所用时间的两倍甚至更多;从支出费用的角度来看,软件失控项目的消耗接近预计费用的两倍甚至更多;从软件产品满足其功能性需求的角度来看,失控项目不能满足预定的功能需求。

"两难境地(Crunch Mode)"和"死亡行军(Death March)"是与软件失控项目关系密切的两个术语。两难境地是描述项目状态的术语,处于两难境地的项目面临着无法达到最初目标的威胁(费用、进度表及功能性等),而项目团队在努力跨越此困难。两难境地的状况可能会持续几天、几周甚至几个月,这取决于项目本身持续的时间及它偏离目标的程度。死亡行军也用于描述项目的状态。如果项目的各项指标(进度、人员、费用及功能性等)超出正常标准至少 50%,那么该项目就是死亡行军项目。两难境地、死亡行军和失控都是围绕项目这一主题展开的,只不过描述的程度不同:两难境地用来描述进度表极其紧迫的项目,说明项目参与者感受到的压力;死亡行军用来描述进度表几乎不可能完成的项目,说明参与者的周围弥漫着难以忍受的潜在的失败气息;失控用来描述接近或者已经终结的项目,说明项目未能在预定的范围内完成,通常指已经失败或者将要失败的项目。三者之间的逻辑联系可以这样阐述:因为对项目结果期待太高、时间要求太紧,所以从项目开始就呈现出"两难境地";随着项目的进行,项目参与者很快就发现自己在进行"死亡行军",正在设法实现越来越不可能的目标;当项目明显成功无望、多个方面都已经失败时,该项目就成为"失控项目"了。当然并不是所有的死亡行军项目都会失败,有些死亡行军项目最后还是获得了成功,但不论结果怎样,所有的死亡行军项目都经历过两难境地。

2. 软件项目失控的原因

软件项目之所以失败,原因有很多种,下面列出导致软件项目失控的几个常见原因。当然,导致某个具体的软件项目失败的原因可能是其中的某一个,也可能是某几个的组合甚至全部都有,还有可能是另外的、这里没有给出的其他原因。

1) 需求不明确

人们往往认为改变软件比改变硬件容易,因此对需求一再改变,大多数改变了的需求在软件中体现了出来,而这正是产生软件缺陷的一个重要原因。项目需求是软件项目失控问题中最主要的原因,一旦有失败,在故障的核心总能发现需求问题,这是我们经常遇到的。一方面,由于需求方软件知识缺乏,一开始自己也不知道要开发什么样的系统,因而不断地提出和更改需求,使得实现方一筹莫展。另一方面,实现方由于行业知识的缺乏和设计人员水平的低下,不能完全理解客户的需求说明,而又没有加以严格的确认,经常是以想当然的方法进行系统设计,结果是推倒重来。具体地说,需求问题主要由下面几种情形:

- 需求过多,大型项目比小型项目更容易失败。
- 需求不稳定,用户无法决定他们真正想要解决的问题。
- 需求模棱两可,不能确定需求的真实含义。
- 需求不完整,没有足够的信息来创建系统。

因此,需求分析必须注重双方理解和认识的一致,逐项逐条地进行确认。

2) 不充分的计划和过于乐观的评估

(1) 开发计划不充分

没有良好的开发计划和开发目标,项目的成功就无从谈起。开发计划的不充分主要反映在以下几个方面:

- 工作责任范围不明确,工作分解结构(WBS)与项目组织结构不明确或者不相对应,各成员之间的接口不明确,导致有一些工作根本无人负责。
- 每个开发阶段的提交结果定义不明确,中间结果是否已经完成、完成了多少模糊不清,以致项目后期堆积了大量工作。
- 开发计划没有指定里程碑或检查点,也没有规定设计评审期。
- 开发计划没有规定进度管理方法和职责,导致无法正常进行进度管理。

(2) 过于乐观的估算

软件开发的工作量估算是一项很重要的工作,必须综合开发的阶段、人员的生产率、工作的复杂程度及历史经验等因素将定性的内容定量化。对工作量的重要性认识不足是最常见的问题。再者，软件开发经常会出现一些平时不可见的工作量，如人员的培训时间、各个开发阶段的评审时间等，经验不足的项目经理经常会遗漏。同时，还有如下一些原因也是很典型的：

- 出于客户和公司上层的压力在工作量估算上予以妥协。例如，客户威胁要用工数更少的开发商，公司因经营困难必须削减费用、缩短工期，最后只能妥协，寄希望于员工加班。
- 设计者过于自信或出于自尊心问题，对一些技术问题不够重视。
- 过分相信经验。由于有过去的成功经验，没有具体分析就认为这次项目估计也差不多，却没有想到这次项目有可能规模更大、项目组成员更多且素质差异很大，或者项目出自一个新的行业。

3）采用新技术

有些时候，作为解决软件问题的手段而受到青睐的新技术，不是某些问题的解决方案，而是导致问题的原因。采用新技术导致项目出现问题的原因有如下几点：

- 技术无法扩展，所有新技术都有限制，在项目使用新技术之前完全了解新技术的限制很重要。
- 技术是错误的解决方案，技术是新技术，并不意味着它适用于你所试图解决的所有问题。
- 技术不具有要求的功能性，不是现在不能，而是技术本身的限制导致了它永远不能。

Robert L. Glass 给出了许多大型项目失控的案例，其中就有一些项目使用了软件工程中最新的概念，希望有突破性的进展，但是，最后的失败却正是由于使用了这些技术：在一个项目中，使用了巨型包装（mega-package）方法来替换遗留的旧软件，结果失败；另一个项目中使用了第 4 代语言（4GL，面向问题的编程语言），项目完成后，发现不能满足这个在线系统的性能指标；还有一个项目，试图将现有的大型机系统移植为客户/服务器系统，结果发现项目的复杂性大大增加，以致无法控制；也有项目因为综合了太多新技术，以致不堪重负，导致最终的失败。

4）管理方法缺乏或不恰当

管理在软件项目中是一个极为重要的概念，不管怎样，有了合适的管理总可以避免很多技术障碍，能够改进计划或者稳定需求。

5）性能问题

开发出的系统无法快速地运行以便及时地满足用户的需求，在软件工程领域，这种问题被称为"性能"问题。这是令人吃惊的发现，因为这重新提出了软件业务中大多数人认为几十年前就解决了的问题。在计算机技术发展的早期，经常能够发现软件开发商用一半时间编程，然后用另一半时间来使软件运行得更快一点。机器时间很珍贵，机器与现在的相比非常慢，而好的程序员应该不仅会编程，而且要会优化程序。随着性价比越来越高的计算机的出现，大家都认为花费时间优化程序的程序员是在浪费时间，而程序员新手被告知要专注于质量的其他方面，不要在效率上花太多时间，因为硬件速度相当快，已经不需要更为精细的软件解决方案了。但是，由于实时性不能满足（即性能问题不能满足）而导致的失败使我们认识到，我们可能低估了系统效率的重要性，软件领域可能过分依赖于硬件了。

6) 团队组织不当

(1) 项目组织过小

每个软件开发组织都希望以最少的成本完成项目,因而项目组织过小成为许多项目都会面临的问题。另外,有些软件开发组织对项目提供分配好的技术人员,而这些技术人员的水平达不到特定项目的要求。

(2) 缺少资深人员

项目团队缺少资深人员,从而设计能力不足,是项目失败的原因之一。一方面,由于对技术问题的难度未能正确评价,将设计任务交给了与要求水平不相称的人员,造成设计结果无法实现。另一方面,随着资源外包现象的日益普遍,一些开发组织常因工期紧张而将中标项目的某些部分转包给其他协作组织,而不对这些组织的设计能力仔细评价。如果碰巧其设计能力不足,就会对整个项目造成影响。

7) 人际因素

(1) 开发商和客户

开发商是软件产品的提供者,客户是软件产品的使用者,两者之间应是一种公平交易的关系,但这种关系很容易被扭曲。开发商为得到订单,往往放弃自己的原则,甚至被迫接受超越操作范围的目标。开发商的让步却使得客户认为其潜在能力还很大,为了不使自己被欺骗,客户往往会提出更苛刻的要求。开发商和客户之间这种扭曲的关系使得项目从一开始就走上了注定失败的道路。

(2) 销售人员和技术人员

销售人员为提高其工作效益,经常屈从于客户的压力而答应客户的许多要求,也可能由于对于技术不了解而随意答应客户的一些要求,但其中某些要求在技术人员看来是无法满足的。从客户的角度来看,客户会认为是技术人员没有尽力,导致技术人员非常被动,从而把怨气发到销售人员身上,使得两者之间出现矛盾。销售人员和技术人员的矛盾必然会给软件项目带来巨大的灾难。

(3) 项目管理者和开发人员

项目管理者和开发人员应该相互团结,相互帮助,共同解决问题。但许多项目管理者把这种关系扭曲成了管理与被管理的强制性关系,用各种规章制度和管理方法来强迫开发人员,把自己放到了开发人员的对立面,这样必然导致开发人员的积极性不能充分发挥。

1.5.3 软件项目管理的内容

1. 软件项目管理的定义

软件项目管理的概念涵盖了管理软件产品开发所必需的知识、技术及工具。根据美国项目管理协会 PMI 对项目管理的定义"在项目活动中运用一系列的知识、技能、工具和技术,以满足或超过相关利益者对项目的要求",我们可以给出软件项目管理的一种定义:在软件项目活动中运用一系列知识、技能、工具和技术,以满足软件需求方的整体要求。

2. 软件项目管理的过程

为保证软件项目获得成功,必须清楚其工作范围、要完成的任务、需要的资源、需要的工作量、进度的安排以及可能遇到的风险等。软件项目的管理工作在技术工作开始之前就应开始,而在软件从概念到实现的过程中继续进行,且只有当软件开发工作最后结束时才终止。如图1.12所示,管理的过程分为如下几个步骤:

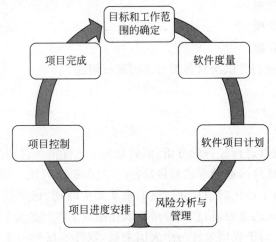

图1.12 软件项目管理的全过程

(1) 启动软件项目

启动软件项目是指必须明确项目的目标和范围、考虑可能的解决方案以及明确技术和管理上的要求等,这些信息是软件项目运行和管理的基础。

(2) 制订项目计划

软件项目一旦启动,就必须制订项目计划。计划的制订以下面的活动为依据:

- 估算项目所需要的工作量。
- 估算项目所需要的资源。
- 根据工作量制订进度计划,继而进行资源分配。
- 作出配置管理计划。
- 作出风险管理计划。
- 作出质量保证计划。

(3) 跟踪及控制项目计划

在软件项目进行过程中,严格遵守项目计划。对于一些不可避免的变更,要进行适当的控制和调整,但要确保项目计划的完整性和一致性。

(4) 评审项目计划

对项目计划的完成程度进行评审,并对项目的执行情况进行评价。

(5) 编写管理文档

项目管理人员根据软件合同确定软件项目是否完成。项目一旦完成,则检查项目完成的结果和中间记录文档,并把所有的结果记录下来形成文档并保存。

3. 软件项目管理的内容

软件项目管理的内容涉及上述软件项目管理过程的方方面面,概括起来主要有如下几项:

① 软件项目需求管理。
② 软件项目估算与进度管理。
③ 软件项目配置管理。
④ 软件项目风险管理。
⑤ 软件项目质量管理。
⑥ 软件项目资源管理。

在随后的章节中,我们将依次对各部分内容进行阐述。

1.6 小结

本章我们首先对软件进行经济学分析,而后介绍了软件市场管理的有关知识、软件产业的发展特点,以及目前软件产业的现状和格局,并在此基础上讨论了我国软件发展的策略。

当今世界正处在由工业化向信息化过渡的重要历史时期,信息技术渗透到国民经济的各个领域,加快了信息化的进程,信息产业潜移默化地成了各国的经济增长点。软件则是信息产业的核心和关键。对于我国这样一个大国来说,软件不仅是一个具有广阔发展前景的朝阳工业,也是一个至关重要的战略性产业。在我国国产计算机制造业取得瞩目业绩,国内市场占有率日益提高的情况下,软件,特别是应用软件的整体水平已经越来越成为我国民族信息产业发展的关键和瓶颈。因此,必须抓住软件这个关键,突破这个瓶颈,否则将不仅影响软件产业本身也必然影响硬件制造业的发展,最后影响整体信息产业的健康发展。

在介绍了软件市场和软件产业发展概况的基础上,本章引入了软件项目管理的概念。软件项目管理是软件工程和项目管理的交叉学科,是项目管理的原理和方法在软件工程领域的应用。与一般的工程项目相比,软件项目有其特殊性,主要体现在软件产品的抽象性上,因此软件项目管理的难度要比一般的工程项目管理的难度大,同时软件项目失败的概率也相对要高。

对于软件工程学科,本章阐述了软件工程的定义、软件工程框架、软件工程的开发模型和策略。对于项目管理学科,本章在项目及项目管理等基本概念的基础上,介绍了美国项目管理协会(PMI)关于项目管理的标准——项目管理知识体系 PMBOK,并归纳总结了项目管理学科的发展及趋势。对于软件项目管理,本章给出了软件项目的特点及实施软件项目管理的必要性,介绍了软件项目管理的主要研究内容。

第二篇
管 理 篇

  在软件开发的整个生命周期中,需要对软件的需求、项目成本、项目进度、项目风险、配置和资源以及软件质量进行全面的管理。这一部分主要介绍软件项目管理框架下各个分支的理论和方法。

第二編

第一章 緒論

第 2 章 软件项目需求管理

案例故事

田禾万通是大型农资流通龙头企业，总部有 15 个经营机构，还拥有几十家全资子公司、分公司、控股公司和参股公司。业务的飞速发展，使公司产生了对分销管理系统(Distribution Resource Planning, DRP)的需求。为使信息化做到全面、快速、有效，系统需要满足以下几个目标：

- 建立统一的物流平台，实现各个配送中心的物流畅通。
- 建立科学合理的业务模式和管理模式，提高运作效率。
- 建立集计划、控制和监督为一体的业务管理平台，达到资源的最优配置。
- 从集团整体管理和经营运作的角度出发，加强企业内部的协同管理，加速资金周转，降低资金占用。
- 建立全面完整的决策分析体系，借助各种高级分析、报表和灵活的查询分析能力，为企业决策提供强有力的支持。

在实施过程中，田禾万通将整个 DRP 系统作为一个长期工程，总体规划、分步实施，将整个信息系统分为 3 个阶段分步骤实施。

第一阶段实现集团总部的财务结算中心及各个资源部门的分销系统的建立和决策层的智能分析系统，实现资源部门的采购、运输、库存、分销、出库及结算的信息化管理，实现事前预算与事中控制相结合的预算控制体系，为配送中心提供良好的服务。

第二阶段实现各个配送中心的采购、入库、运输、分销、结算及财务等信息进入系统，实现各个配送中心的一体化管理，并实现与资源部门的信息整合，形成从公司总部、资源部门到配送中心的信息协同。

第三阶段实现连锁终端的信息化接入，将连锁店纳入整个 DRP 系统的管理范围。

2.1 需求工程

2.1.1 软件需求概念

需求是从系统外部能发现系统所具有的满足于用户的特点、功能及属性等。需求是指明必须实现什么的规格说明,它描述了系统的行为、特性或属性,是在开发过程中对系统的约束。

1997年版的IEEE软件工程标准词汇表把需求定义为:

(1) 用户解决问题或达到目标所需的条件或能力;

(2) 系统或系统部件要满足合同、标准、规范或其他正式文档所需具有的条件或能力;

(3) 一种反映上面(1)或(2)所描述的条件或能力的文档说明。

该定义包括从反映系统外部行为的用户角度(第1点中所述)和从反映系统内部特性的开发者角度(第2点中所述)来阐述需求,重要的是编写相关文档(第3点中所述)。

2.1.2 软件需求层次

从问题求解过程来看,软件需求可以分成4个抽象的层次,分别是原始问题描述、用户需求、系统需求和软件设计描述,如图2.1所示。

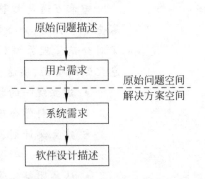

图2.1 软件需求的抽象层次

原始问题描述是对要解决的问题的叙述,它是软件需求的基础。用户需求是用自然语言和图表给出的关于系统需要提供的服务及系统的操作约束。系统需求用详细的术语给出系统要提供的服务及受到的约束。系统需求文档应该是精确的,可以为系统的实现提供依据。系统需求文档也称为功能描述,可能成为用户和软件开发组织之间合同的重要内容。软件设计描述是在系统需求的基础上加入更详细的内容构成的,它作为软件详细设计和实现的基础,是对软件设计活动的概要描述。

从原始问题描述到软件设计描述,对需求刻画得越来越具体,从而便于软件实现。原始问题描述和用户需求的抽象层次比较高,以至于无法通过其提供的描述来描述系统和编写代码,但却能帮助我们在较高的抽象层次上进行交流,便于用户和软件开发人员之间的理解与沟通。系统需求和软件设计描述则是具体的,可以根据它们来进行编码实现,并且二者应该是足够明确和可测试的,即应该能够对系统进行测试以确认它是否实现了需求。

通常情况下,在这4个不同层次的软件需求描述中,由于原始问题描述和软件设计描述过于抽象和过于具体而不常出现,人们经常提到的是用户需求和系统需求。

1. 用户需求

用户需求是从用户的角度描述系统的需求,它只描述系统的外部行为,尽量避免涉及系统内部的设计特性。因而用户需求不使用任何实现模型来描述,而只通过自然语言、图表和图形等来叙述。

但使用自然语言来描述时,要使需求既清楚无歧义,又不过于晦涩难懂是件很困难的事情。在具体表达时,既费力又伤神,很易于将多个需求混在一起,且不便于区分不同层次的需求,从而造成需求的混乱。

在编写用户需求文档的时候,为避免上述问题,应该遵守如下一些简单的原则。

(1) 标准的格式

设计一个标准的格式,保证所有的需求都按照该格式编写。标准化格式使得遗漏不易发生,同时便于需求的审查。

(2) 使用一致的语言

对于每一条需求都使用一致的语言进行描述,从而使得对需求的理解能够一致,尤其在区分强制性需求和期望性需求时更应如此。例如,我们可以规定:对于强制性需求前面加"必须",而对于希望性需求前面加"最好"等。

(3) 使用特殊文本

使用特殊的文本来强调关键的需求,如使用大号字体、黑体、斜体及加下划线等。

(4) 尽量避免专业术语

为便于没有专业背景的人员理解,尽量减少使用专业术语。但有些情况下,这是无法避免的,因为对于领域的一些描述可能无法用自然语言表达。

2. 系统需求

系统需求是比用户需求更为详细和专业的需求描述,是系统实现的依据。一个完整而且一致的系统需求描述,是软件设计的起点。系统需求一般分为功能需求、非功能需求和领域需求。

(1) 功能需求

简单地说,功能需求描述系统所应提供的功能和服务,包括系统应该提供的服务、对输入如何响应及特定条件下系统行为的描述。有时功能需求还包括系统不应该做的事情。功能需求取决于软件的类型、软件的用户及系统的类型等。

理论上,系统的功能需求应该具有全面性和一致性。全面性意即应该对用户所需要的所有服务进行描述,而一致性则指需求的描述不能前后自相矛盾。在实际过程中,对于大型的复杂系统来说,要做到全面和一致比较困难。原因有二,一是系统本身固有的复杂性;二是用户和开发人员站在不同的立场上,导致他们对需求的理解有偏颇,甚至出现矛盾。有些需求在描述的时候,其中存在的矛盾并不明显,但在深入分析之后问题就会显露出来。为保证软件项目的成功,不管是在需求评审阶段,还是在随后的阶段,只要发现问题,就必须修正需求文档。

(2) 非功能需求

非功能需求是指那些不直接与系统的具体功能相关的一类需求。它们与系统的总体特性相关,如可靠性、响应时间及需要的存储空间等。非功能需求定义了对系统提供的服务或功能的约束,包括时间约束、空间约束、开发过程约束及应遵循的标准等。

非功能需求不仅与软件系统本身有关,还与系统的开发过程有关。与过程相关的需求的例子包括对在软件过程中必须要使用的质量标准的描述、设计中必须使用的 CASE 工具集的描述以及软件过程所必须遵守的原则等。

按照非功能需求的起源,可将其分为 3 大类:产品需求、机构需求和外部需求,进而还可以细分。产品需求对产品的行为进行描述;机构需求描述用户与开发人员所在机构的政策和规定;外部需求范围比较广,包括系统的所有外部因素和开发过程。非功能需求的分类见表 2.1。

表 2.1 非功能需求的类别

非功能需求	产品需求	可用性需求	
		效率需求	性能需求
			空间需求
		可靠性需求	
		可移植性需求	
	机构需求	交付需求	
		实现需求	
		标准需求	
	外部需求	互操作需求	
		道德需求	
		立法需求	隐私需求
			安全性需求

(3) 领域需求

领域需求的来源不是系统的用户,而是系统应用的领域,反应了该领域的特点。领域需求可能是功能需求,也可能是非功能需求,其确定需要领域知识。

事实上,不同类型的系统需求之间的差别并不像定义中的那么明显。若用户需求是关于机密性的,则表现为非功能需求;但在实际开发时,可能导致其他功能性需求,如系统中关于用户授权的需求。

2.1.3 软件需求质量评价

评价软件需求的质量不是一件容易的事情。如果我们是在软件项目结束之后才做这件事情的话,只需看是否能够得到一个好的软件产品就可以了。但这样做没有太大的意义。我们需要的是在软件需求规格说明书建立之后,就能够对软件需求的质量进行评价。

直观上看,一个好的需求集应该包含用户解决问题需要的功能和服务,而且尽量避免涉及软件设计与软件实现的细节。但如何区分一个需求集质量的高低呢?Dean Leffingwell 和 Don Widrig 总结了软件需求质量度量的 9 个元素,即正确性、无歧义、完备性、一致性、分级别、可验证性、可修改性、可跟踪性及可理解性。

1. 正确性

需求集是正确的当且仅当其中每条需求都代表了构建软件系统所要完成的事情。如图 2.2 所示,如果集合 A 代表用户需要的全部内容,B 代表列出的需求,则正确的需求集是二者的交集,即集合 C。

集合 B 可能包含由用户需要驱动的设计及实现的

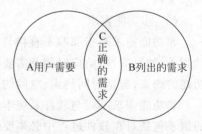

图 2.2 正确的需求

细节,也可能包含用户没有要求的需求。在软件项目中,经常发生的是遗漏集合 A 中的内容,即没有完全理解用户的需要;以及包含 C 中的多余内容,即添加了用户没有要求的内容。

2. 无歧义

需求是无歧义的当且仅当需求只有一种解释。无歧义对于需求来说是很重要的,因为如果开发人员与用户及其他风险承担人对同一条需求有不同的理解,则最终构建出来的系统就可能不是用户所希望的。这对描述需求的语言和方式提出了要求。

3. 完备性

需求集是完备的当且仅当需求集描述了用户关心的所有有意义的需求,包括功能、性能、设计约束、属性及外部接口相关的需求。完整的需求集必须定义软件系统中所有情况下所有可能输入的响应,而不论该输入是否有效。并且,还必须为需求集中所有的图、表和术语等定义提供完整的引用和标记。

4. 一致性

需求集是一致的当且仅当任意两个需求的子集之间没有矛盾。需求子集之间的矛盾可能很明显,也可能很隐蔽。明显的矛盾如"X 增加时,Y 也增加"与"X 增加时,Y 减少";隐蔽的矛盾如"有 5 年以上工作经验的员工每月多拿 10%的奖金"与"部门经理以上的人员每月多拿 15%的奖金"。那么既有 5 年以上工作经验,又是部门经理以上职位的人员到底拿多少? 这一问题就比较含糊。对于隐蔽的矛盾,需要进行仔细的人工评审和分析。目前对需求一致性的验证仍然停留在人工阶段,缺少实用的自动验证工具。

5. 根据重要性和稳定性分级

根据重要性和稳定性给需求分级也是很重要的,尤其当现有资源不足以实现所有的需求时。各项需求有了优先级之后,就可以根据级别的高低决定实现的先后,甚至当资源短缺时,舍弃一些低级别的需求以保证项目按时交付。

6. 可验证性

需求集是可验证的当且仅当它所包含的每条需求都是可验证的。一条需求是可验证的当且仅当存在一个有限的、合算的过程,人或机器可以用它来确定所开发的软件系统是否满足该需求。简单地说,可验证的需求就是在以后的过程中可以测试它是否得到满足。

7. 可修改性

需求集是可修改的当且仅当其中每一项需求能够独立地、一致地进行变更,且不改变需求集的结构和风格。这要求需求集冗余性最小,并且以适当的目录、索引或交叉引用等形式很好地组织。尽管我们不希望这样,但需求总是要改变的。如果因为某种原因,无法对当前的需求进行变更,则它对项目后续工作的指导作用就会逐渐减小,甚至被当成不存在。项目可能会完全脱离需求而进行下去,最终走向失败。因而,需求的可修改性也是衡量需求质量的一个关键指标。

8. 可跟踪性

需求集是可跟踪的当且仅当它的每条需求都是可溯源的,并且存在一种机制使得在以后的工作中引用该需求是可行的。可跟踪意味着需求必须以唯一的标记被标识。可跟踪性使开发人员可以更好地处理需求之间的交互作用;在对需求进行变更时,便于评估其影响的范围和程度。

9. 可理解性

需求集是可理解的是指用户和开发人员都完全理解未来系统的整体行为、系统所提供的功能及其中每条需求的含义。当需求是一般性描述时,通常不难理解。但当需求细化为需求明细,各种描述更加明确和具体,并更多地采用具体术语时,理解起来就需要花费一番工夫。

2.1.4 需求工程发展历程

随着软件系统规模的扩大,软件需求在软件项目中越来越重要,直接关系到软件项目的成败。人们逐渐认识到需求分析活动不再仅限于发生在软件开发的最初阶段,而是贯穿于软件项目开发的整个生命周期。20世纪80年代中期,软件工程的子领域——需求工程(Requirement Engineering,RE)逐步形成。

需求工程是一个包括创建和维护需求文档所必需的所有活动的过程,是将用户非形式化的软件需求转变为形式化的需求规格说明(Requirement Specification)的过程。具体来说,软件需求工程包括对应用问题及其环境进行理解与分析;为问题涉及的信息和功能建立模型;将用户需求精确化和标准化;编写需求规格说明书等一系列的活动。需求工程以系统规格说明和项目规划作为分析活动的基本出发点,并从软件角度对它们进行检查与调整。同时,需求规格说明又是软件设计、编码、测试和维护的主要基础。因此,良好的需求分析活动有助于避免或尽早剔除早期错误,从而提高软件生产率,降低开发成本,改进软件质量。

进入20世纪90年代以后,需求工程成为学术界研究的热点。1991年IEEE Transactions on Software Engineering发表了关于需求工程的专题论文;需求工程国际研讨会(ISRE)从1993年起每两年举办一次;需求工程国际会议(ICRE)自1994年起每两年举办一次;Springer-Verlag在1996年发行了一个新的刊物——《Requirements Engineering》。此外,一些针对需求工程的研究团体相继成立,如欧洲的RENOIR(Requirements Engineering Network of International Cooperating Research Groups)。

需求工程的发展趋势是对象化、形式化和自动化,并将向纵深发展和综合发展。

1. 对象化

从面向对象技术的发展来看,需求工程经历了从面向对象程序开发阶段(OOP)和面向对象设计阶段(OOD),逐步渗透到面向对象分析阶段(OOA)。从需求分析的研究来看,人们为克服功能需求模型中存在的易变性、功能分解结构的随意性及功能结构与现实问题结构难以对应等问题,采用面向对象方法,使得有关研究成为当前需求工程的热门课题,并展现出良好的应用前景。

一般认为,需求获取是需求分析的核心,而构造需求模型的过程即为需求获取的过程。需求工程的对象化主要是指需求模型及其构造方法的对象化,面向对象需求模型及需求定义语言是其研究的关键。目前,已经出现了许多面向对象的需求模型和一些代表性的方法。一般来说,不同的面向对象方法所采用的具体需求模型不尽相同,但基本上都无外乎以下5种:

① 整体—部分模型,描述对象(类)是如何由简单的对象(类)构成的,也称为聚合模型。
② 分类模型,描述类之间的继承关系。
③ 类—对象模型,描述属于每个类的对象所具有的行为。
④ 对象交互模型,描述对象之间的交互方法。
⑤ 状态模型,描述对象在其生存期内的行为及状态变化。

2. 形式化

需求规格描述方法有形式化方法、非形式化方法和半形式化方法3种。形式化方法是具有严格数学基础的描述系统特征的方法,具有准确、无二义性的特点,有助于验证有效性和完整性。非形式化方法使用未进行任何限制的自然语言,易于理解和使用,但它容易产生二义性,难以保证正确性、可维护性,且难以用计算机系统提供自动化的支持。半形式化方法介于上述两者之间,在宏观上对语言和语义有较精确的描述,而在某些局部方面则允许使用非形式化的自然语言。

需求工程需要精确的方法以提高精度,从而为高质量的软件项目打下坚实的基础,最理想的途径是在需求工程研究与实践中借助形式化方法,即采用形式化的需求规格描述。

将形式化方法和面向对象相集成也是一个研究热点,可以从两个方面着手研究。其一是用形式化方法来弥补非形式的面向对象方法,其二是把面向对象的基本技术引入到形式化方法中。

3. 自动化

20世纪80年代以来,以演绎、转换、归纳和过程化为主要途径的实验性软件自动化系统较多,之后软件自动化在引入智能技术之后又取得了一些新进展。在自动化的层次方面,已从实现级、设计级发展到功能级,并逐渐渗透到需求级。在CASE工具方面,则从零散的、半自动的机器支撑模式向集成化、构件化和自动化方向发展。

综上所述,对象式的需求工程自动化既是软件自动化的难点,又是其发展的必然趋势与理想目标。然而,形式化又是软件自动化发展的基础,所以需求工程将向着对象化、形式化和自动化方向全面发展。也正因为如此,软件自动化研究工作的新进展主要体现在需求工程这一级别上,其现有工作主要支持结构化方法,而对面向对象方法的支持还处于初步阶段。

2.1.5 需求工程研究内容

需求工程是应用已证实有效的技术、方法确定客户需求,进行需求分析,帮助分析人员理解问题并定义目标系统的所有外部特征的一门学科。它通过合适的工具和记号描述系统及其行为特征和相关约束,形成需求文档,并对用户不断变化的需求演化给予支持。

如图 2.3 所示,从关注的重点来看,需求工程可分解为需求开发和需求管理两部分。其中需求开发关注需求的生成,可进一步分为需求获取(Requirement Elicitation)、需求分析(Requirement Analysis)、规格说明(Requirement Specification)和需求验证(Requirement Verification)4 个阶段。

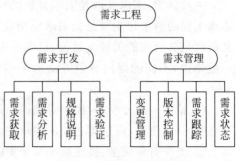

图 2.3 需求工程的组成

- 在需求获取阶段,要确定如何组织需求的收集、分析、细化并核实的步骤,并将它编写成文档。
- 在需求分析阶段,要绘制关联图、创建开发原型、分析可行性、确定需求优先级、为需求建立模型、编写数据字典、应用质量功能调配。
- 在规格说明阶段,要编写规格说明书。其中项目视图和范围文档包含了业务需求,而使用实例文档则包含了用户需求。
- 在需求验证阶段,要审查需求文档、依据需求编写测试用例、编写用户手册、确定系统合格的验收标准。

需求管理关注需求变更的控制,包括变更控制、版本控制、需求跟踪及需求状态更新 4 个方面。需求管理活动包括以下几个方面:

- 定义需求基线(迅速制订需求文档的主体)。
- 评审提出的需求变更、评估每项变更的可能影响从而决定是否实施它。
- 以一种可控制的方式将需求变更融入到项目中。
- 使当前的项目计划与需求一致。
- 估计变更需求所产生的影响并在此基础上协商新的承诺。
- 让每项需求都能与其对应的设计、源代码和测试用例联系起来以实现跟踪。
- 在整个项目过程中跟踪需求状态及其变更情况。

需求开发和需求管理之间是有界限的,如图 2.4 所示。需求工程通过一个不断反复的需求定义、文档记录、需求演化的过程,最终在验证的基础上冻结需求,完成软件需求规格说明。

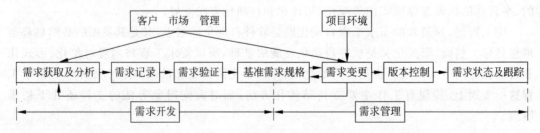

图 2.4 需求开发和管理的界限

2.2 需求开发

根据图2.3,需求开发分为需求获取、需求分析、规格说明和需求验证4个阶段。按照项目的大小和特点等实际情况,也可以在上述常规过程的基础上定制合适的过程。

2.2.1 需求开发活动

需求开发过程通常包括以下几个方面的活动:
- 确定产品所期望的用户类。
- 获取每个用户类的需求。
- 了解实际用户任务和目标以及这些任务所支持的业务需求。
- 分析源于用户的信息以区别用户任务需求、功能需求、业务规则、质量属性、建议解决方法和附加信息。
- 将系统级的需求分为几个子系统,并将需求中的一部分分配给软件组件。
- 了解相关质量属性的重要性。
- 商讨实施优先级的划分。
- 将所发现的用户需求编写成规格说明和用例模型。
- 评审用例和需求规格说明,确保对用户需求达到共同的理解与认识,并在整个开发小组接受说明之前将问题都弄清楚。

将上面的需求开发步骤和活动进行综合对比,得出需求开发操作矩阵,如图2.5所示。

需求获取	需求分析	规格说明	需求验证
编写前景	绘制关联图	采用软件需求规格说明模板	审查需求文档
确定需求开发过程	创建开发原型	指明需求来源	依据需求编写测试用例
用户群分类	分析可行性	为每项需求注上标号	确定系统合格的验收标准
选择产品代表	确定需求优先级	记录业务范围	
确定用例	为需求建立模型	创建需求跟踪能力矩阵	
联系会议	编写数据字典		
分析用户工作流程	应用质量功能调配		
确定质量属性			
检查问题报告			
需求重用			

图2.5 需求开发操作矩阵

2.2.2 需求获取

需求获取作为需求开发的第一个步骤非常重要,从确定需求开发过程,确定如何组织需求的收集、分析、细化并核实的步骤,到将它编写成文档,主要的活动和展现成果如下。

1. 确定需求开发过程

这包括确定需求开发过程,确定如何组织需求的收集、分析、细化并核实的步骤,并将它编写成文档。对重要的步骤要给予一定指导,这将有助于分析人员的工作,而且也使收集需求活动的安排和进度计划更容易进行。

2. 编写项目视图和范围文档

项目视图和范围文档应该包括高层的产品业务目标,所有的使用实例和功能需求都必须遵从能达到的业务需求。项目视图说明使所有项目参与者对项目的目标能达成共识。而范围则是作为评估需求或潜在特性的参考。

表2.2为项目视图和范围文档模板,对其中的每一个单元格解释如下。

表2.2 项目视图和范围文档的模板

	1	2	3	4	5	6
A 业务需求	背景	业务机遇	业务目标	客户或市场需求	提供给客户的价值	业务风险
B 项目视图的解决方案	项目视图陈述	主要特性	假设和依赖环境			
C 范围和局限性	首次发行的范围	随后发行的范围	局限性和专用性			
D 业务环境	客户概貌	项目优先级				
E 产品成功的因素						

A1 背景,在这一部分里,总结新产品的理论基础,并提供关于产品的开发历史背景或当前形势的一般性描述。

A2 业务机遇,描述现存的市场机遇或正在解决的业务问题。描述商品竞争的市场和信息系统将运用的环境。包括对现存产品的一个简要的相对评价和解决方案,并指出所建议的产品为什么具有吸引力和它们所能带来的竞争优势。

A3 业务目标,用一个定量和可测量的合理方法总结产品所带来的重要商业利润,把重点放在业务的价值上。

A4 客户或市场需求,描述一些典型客户的需求,包括不满足现有市场上的产品或信息系统的需求。提出客户目前所遇到的问题在新产品中将可能(或不可能)出现的阐述,提供客户怎样使用产品的例子。确定了产品所能运行的软、硬件平台。

A5 提供给客户的价值,确定产品给客户带来的价值,并指明产品怎样满足客户的需要。

A6 业务风险,总结开发(或不开发)与该产品有关的主要业务风险,例如市场竞争、时间问题、用户的接受能力、实现的问题或对业务可能带来的消极影响。预测风险的严重性,指明所能采取的减轻风险的措施。

B1 项目视图陈述,编写一个总结长远目标和有关开发新产品目的的简要项目视图陈述。项目视图陈述将考虑权衡有不同需求客户的看法。它可能有点理想化,但必须以现有的或所期待的客户市场、企业框架、组织的战略方向和资源局限性为基础。

B2 主要特性,包括新产品将提供的主要特性和用户性能的列表。强调的是区别于以往产品和竞争产品的特性。可以从用户需求和功能需求中得到这些特性。

B3 假设和依赖环境,在构思项目和编写项目视图和范围文档时,要记录所作出的任何假设。通常一方所持的假设应与另一方不同。

C1 首次发行的范围,总结首次发行的产品所具有的性能。描述了产品的质量特性,这些特性使产品可以为不同的客户群提供预期的成果。

C2 随后发行的范围,如果你想象一个周期性的产品演变过程,就要指明哪一个主要特性的开发将被延期,并期待随后版本发行的日期。

C3 局限性和专用性,明确定义包括和不包括的特性和功能的界线是处理范围设定和客户期望的一个途径。列出风险承担者期望的而开发人员不打算把它包括到产品中的特性和功能。

D1 客户概貌,客户概貌明确了这一产品的不同类型客户的一些本质的特点,以及目标市场部门和在这些部门中的不同客户的特征。

D2 项目的优先级,一旦明确建立项目的优先级,风险承担者和项目的参与者就能把精力集中在一系列共同的目标上。达到这一目的的一个途径是考虑软件项目的5个方面:性能、质量、计划、成本和人员。

E 产品成功的因素,明确产品的成功是如何定义和测量的,并指明对产品的成功有巨大影响的几个因素。不仅要包括组织直接控制的范围内的事务,还要包括外部因素。如果可能,可建立测量的标准用于评价是否达到业务目标。

3. 用户群分类

(1) 什么是客户与用户

为了准确获取需求,我们首先需要明确客户是谁,最终用户是谁。在软件项目中,客户和用户在概念上是否等同呢?通常意义下,客户是指直接或间接从产品中获得利益的个人或组织。软件客户包括提出要求、支付款项的人或组织;选择、具体说明或使用软件产品的项目风险承担者;获得产品所产生结果的人。客户有义务说明用户需求。他们应阐明产品的高层次概念和将发布产品的主要业务内容。他们一般仅说明对原始问题的描述,而将具体的用户需求留给系统用户去说明。

软件系统的最终用户,简称为用户,构成了另一种客户。他们是产品的直接使用者、操作者,是属于客户组织中操作层面上的成员。他们负责提供软件的用户需求和系统需求,能够说清楚要使用该产品完成什么任务和一些非功能性的特性,而这些特性会对用户接受具有该特点的产品是重要的。

(2) 用户群分类

不同的用户在很多方面存在着差异,例如使用产品的频度、擅长的技术领域、计算机相关知识、使用产品的特性、业务过程、在地理上的布局以及访问优先级等。根据这些差异,可以把这些不同的用户分成用户类。用户类不一定都指人,其他应用程序或系统接口所用的硬件组件也看成是附加用户类的成员。以这种方式来看待应用程序接口,可以确定产品中那些与外部应用程序或组件有关的需求。将用户群分类并归纳各自特点,然后详细描述出它们的个性特点及任务状况,将有助于产品设计。

4. 选择产品代表

为每类用户至少选择一位能真正代表他们需求并能作出决策的人作为那一类用户的代表。这对于内部信息系统的开发是最易实现的。因为此时,用户就是身边的同事。但对于商业软件开发,就得在主要的客户或测试者中建立起良好的合作关系,并确定合适的产品代表。他们必须一直参与项目的开发而且有权作出决策。每一个产品代表都是一个特定用户类的代表,在用户类和开发人员之间充当主要的联系人。

5. 建立核心队伍

把同类产品或待开发产品的先前版本的用户代表召集起来,建立典型用户的核心队伍,从他们那里收集目前产品的功能需求和非功能需求。这样就会拥有一个庞大且多样的客户基础。核心队伍对于商业开发尤为有用。它与产品代表的区别在于,核心队伍成员通常没有决定权。

6. 确定使用实例

从产品代表处收集他们使用软件完成所需任务的描述——使用实例,讨论用户与系统间的交互方式和对话要求。在编写使用实例的文档时可采用标准模板,在使用实例基础上可得到功能需求。

一个单一的使用实例可能包括完成某项任务的许多逻辑相关任务和交互顺序。因此,一个使用实例是相关用法说明的集合,并且一个说明是使用实例的例子。在描述时列出用户和系统之间交互或对话的顺序。当这种对话结束时,用户也达到了预期的目的。对于一些复杂的使用实例,画出图形分析模型是有益的,这些模型包括数据流程图、实体关系图、状态转化图、对象类和联系图。

使用实例的描述并不向开发者提供他们所要开发的功能的细节。为了减少这种不确定性,要把每一个使用实例叙述成详细的功能需求。每一个使用实例可引申出多个功能需求,这将使用户可以执行相关的任务;并且多个使用实例可能需要相同的功能需求。使用实例方法给需求获取带来的好处来自于该方法是以任务为中心和以用户为中心的观点。比起使用以功能为中心的方法,使用实例方法可以使用户更清楚地认识到新系统允许他们做什么。每一个使用实例都描述了一个方法,用户可以利用这个方法与系统进行交互,从而达到特定的目标。使用实例可有效地捕捉大多数所期望的系统行为。但是可能有一些需求与用户任务或其他用户之间的交互没有特定的关系。这时就需要一个独立的需求规格说明。

7. 召开应用程序开发联系会议

应用程序开发联系会议是范围广、内容简洁的专题讨论会,也是分析人员与产品代表之间一种很好的合作办法,并能由此拟出需求文档的底稿。该会议通过紧密而集中的讨论将客户与开发人员间的合作关系付诸实践。

8. 分析用户工作流程

观察用户执行业务任务的过程。画一张简单的示意图(最好用数据流图)来描绘出用户什么时候获得什么数据,并怎样使用这些数据。编制业务过程流程文档将有助于明确产品的使用实例和功能需求,甚至可能发现客户并不真地需要一个全新的软件系统就能达到他们的业务目标。

9. 确定质量属性

确定质量属性和其他非功能需求。在功能需求之外再考虑一下非功能的质量特点,这会使产品达到甚至超过客户的期望。对系统如何能很好地执行某些行为或让用户采取某一措施的陈述就是质量属性,这是一种非功能需求。听取那些描述合理特性的意见,例如要求系统快捷、简易、用户友好、健壮、可靠、安全和高效。系统分析员要和产品代表一起商讨并精确定义用户模糊的和主观言辞的真正含义。

10. 检查问题报告

通过检查当前系统的问题报告来进一步完善需求客户的问题报告及补充需求,这为新产品或新版本提供了大量丰富的改进及增加特性的想法,负责提供用户支持及帮助的人能为收集需求过程提供极有价值的信息。

11. 需求重用

如果客户要求的功能与已有的产品很相似,则可查看需求是否有足够的灵活性以允许重用一些已有的软件组件,从而达到需求重用的目的。

2.2.3 需求分析

需求分析(Requirement Analysis)包括提炼、分析和仔细审查已收集到的需求,以确保所有的项目参与者都明白其含义并找出其中的错误、遗漏或其他不足的地方。分析员通过评价来确定是否所有的用例和软件需求规格说明都达到了要求。分析的目的在于开发出高质量和具体的需求,这样就能作出实用的项目估算并可以进行设计、构造和测试。

通常,把需求中的一部分用多种形式来描述,如同时用文本和图形来描述。分析这些不同的视图将揭示出一些更深的问题,这是单一视图无法提供的。分析还包括与客户的交流以澄清某些易混淆的问题,并明确哪些需求更为重要。其目的是确保所有项目参与者尽早地对项目达成共识并对将来的产品有相同而清晰的认识。

1. 绘制关联图

绘制系统关联图是用于定义系统与系统外部实体间的界限和接口的简单模型,同时它也明确了通过接口的信息流。

2. 创建用户接口原型

当开发人员或用户不能确定需求时,开发一个用户接口原型,这样使得许多概念和可能发生的事更为直观明了。用户通过评价原型将使项目参与者能更好地相互理解所要解决的问题。注意要找出需求文档与原型之间所有的冲突之处。

3. 分析可行性

在允许的成本、性能要求下,分析每项需求实施的可行性,明确与每项需求实现相联系的风险,包括与其他需求的冲突,对外界因素的依赖和技术障碍。

4. 确定需求优先级

应用分析方法来确定使用实例、产品特性或单项需求实现的优先级别。以优先级为基础确定产品版本将包括哪些特性或哪类需求。当允许需求变更时,在特定的版本中加入每一项变更,并在那个版本计划中作出需要的变更。

5. 建立需求模型

需求的图形分析模型是对软件需求规格说明的极好的补充说明。它们能提供不同的信息与关系,有助于找到不正确的、不一致的、遗漏的和冗余的需求。这样的模型包括数据流图、实体关系图、状态变换图、对话框图、对象类及交互作用图。

6. 编写数据字典

数据字典是对系统用到的所有数据项和结构的定义,以确保开发人员使用统一的数据定义。在需求阶段,数据字典至少应定义客户数据项以确保客户与开发小组使用一致的定义和术语。分析和设计工具通常包括数据字典组件。

7. 应用质量功能调配

质量功能调配是一种高级系统技术,它将产品特性、属性与对客户的重要性联系起来。该技术提供了一种分析方法以明确哪些是客户最为关注的特性。它将需求分为3类:期望需求,即客户或许并未提及,但如若缺少会让他们感到不满意;普通需求;兴奋需求,即实现了会给客户带去惊喜,但若未实现也不会受到责备。

2.2.4 编写需求文档

软件需求分析和描述的最终目的是在用户和软件开发组织之间就将要开发的软件系统达成一致的协议,生成正式的需求文档,以便为软件设计和实现提供依据。软件需求文档包括用户需求和详细的系统需求描述,是对软件系统要求的正式陈述。

作为系统需求的最终成果,需求文档必须具有综合性,即必须包括所有的需求。用户和开发组织都应该很谨慎地对待需求文档,对于没有包括在需求文档中的需求,用户不要抱任何可能被最终实现的希望;而一旦在需求文档中出现,开发组织必须实现。当然,也会经常发生需求变更,需要双方讨论以决定取舍。

鉴于需求文档的重要性,其编写也应备受重视。编写需求文档时,应该注意以下几点:

- 语句和段落尽量简短。
- 表达时采用主动语态。

- 语句要完整,语法、标点等要正确无误。
- 使用的术语要与词汇表中的定义保持一致。
- 陈述时要采用一致的格式。
- 避免模糊的、主观的术语,如性能"优越"。
- 避免使用比较性的词汇,尽量给出定量的说明。含糊的语句表达将引起需求的不可验证。

软件需求文档对于软件项目来说,意义非常重大,几乎所有的软件项目干系人都要用到它。但对于不同的对象来说,需求文档有不同的功用,表 2.3 给出了这一内容。

表 2.3 需求文档的作用

使用对象	需求文档的作用
客户	了解软件项目能够提供的软件产品,检查软件需求是否满足需要
项目管理人员	根据需求文档制订项目的开发计划和软件过程,初步预测资源的使用
软件开发人员	理解要开发的产品及具体要开发的内容
软件测试人员	验证软件系统是否满足了预期的要求
软件维护人员	使用需求文档帮助理解软件系统内在的逻辑关系
软件发布人员	在需求文档的基础上编写用户文档,如用户手册
软件培训人员	在需求文档的基础上编写培训材料

1. 软件需求规格说明的基本含义

需求文档通常采用软件需求规格说明的形式。规格就是一个预期的或已存在的计算机系统的表示,它可以作为开发者和用户之间协议的基础来产生预期的系统。规格定义系统必须具备的特性,同时留下很多特性不进行限制。通常,我们要求规格比组成特定系统的实际的软件和硬件更简洁、更全面、更易于修改。

软件需求规格(Software Requirement Specification,SRS)也被称为功能规格说明、需求协议或系统规格说明,精确地阐述了一个软件系统必须提供的功能和性能以及它所要考虑的限制条件,是对外部行为和系统环境(包括软件、硬件、通信端口和人)接口的描述性文档。SRS 不仅是系统测试和用户文档的基础,也是所有项目规划、设计和编码的基础,软件项目管理者用它来对项目进行计划和管理。在许多情况下,SRS 也被作为用户的使用手册或帮助用户理解系统的文档,广泛地用于对各类应用领域中的客户问题进行理解与描述;实现用户、分析员和设计人员之间的通信;为软件设计提供基础;并支持系统的需求验证和演进。除设计和实现上的限制外,SRS 一般不包括系统设计、系统构建、测试和工程管理的细节。

SRS 的基本内容包括功能需求和非功能需求。功能需求定义系统需要"做什么",描述系统输入输出的映射及其关联信息,完整地刻画系统功能,是整个软件需求的核心。非功能需求定义系统的属性,描述和功能无关的目标系统特性,包括系统的性能、有效性、可靠性、安全性、易维护性及可见性等。

2. IEEE 标准 830-1998

IEEE 标准 830-1998 是关于需求说明的标准,它为需求规格说明提供了如下的结构:

```
a 引言
    a.1 需求规格的目的
    a.2 软件产品范围
    a.3 定义、首字母缩写词与缩略语
    a.4 参考文献
    a.5 文档概要
b 一般描述
    b.1 产品透视
    b.2 产品功能
    b.3 用户特征
    b.4 一般约束
    b.5 假设和依赖性
c 专门需求
    包括功能需求、非功能需求和接口需求
d 附录
e 索引
```

在上面的结构中,第3部分的专门需求是最重要的,也是实质的部分,但是由于它在软件组织实践中的变动性很大,因而不适于给出标准的结构。

2.2.5 需求验证

需求验证是为了确保需求规格说明准确、完整地表达了必要的质量特点。当阅读软件需求规格说明时,可能觉得需求是对的,但实现时,却很可能会出现问题。当以需求规格说明为依据编写测试用例时,可能会发现说明中的二义性。所有这些都必须得到改善,才能作为设计和最终系统验证的依据。客户在需求验证中占有重要的地位。

1. 需求验证过程

需求验证分析需求规格说明的正确性和可行性,检验需求能否反映客户的意愿。它和需求分析有很多共性,都是要发现需求中的问题,但却是截然不同的过程,需求验证关心的是需求文档完整的草稿,而需求分析关心的是不完整的需求。

需求验证很重要,如果在构造设计开始之前通过验证基于需求的测试计划和原型测试来验证需求的正确性及其质量,就能大大减少项目后期的返工现象。而如果在后续的开发或当系统投入使用时才发现需求文档中的错误,就会导致更大代价的返工。需求验证可按如下4个步骤进行。

(1) 审查需求文档

对需求文档进行正式审查是保证软件质量的有效方法。组织一个由不同代表(如系统分析员,客户,设计人员及测试人员)组成的小组,对需求规格说明书及相关模型进行仔细的检查。另外在需求开发期间所进行的非正式评审也是有所裨益的。如果评审人员不懂得怎样正确地评审需求文档和怎样做到有效评审,则很可能会遗留一些严重的问题,因而要对参与需求文档评审的所有人员进行培训,请软件组织内部有经验的评审专家或外部的咨询顾问来讲授以使评审工作更加有效。

(2) 依据需求文档编写测试用例

根据用户需求所要求的产品特性构建黑盒测试用例。客户通过使用测试用例以确认是否达到了期望的要求。还要从测试用例追溯功能需求以确保没有需求被疏忽,并且确保所有测试结果与测试用例一致。同时,还可以使用测试用例来验证需求模型的正确性,如在原型上检验系统是否真正满足需求。理想情况下,需求应是可测试的,可设计测试用例来验证。若设计测试用例很困难或是不可能的,则说明需求的实现会很困难,应该重新考虑该项需求。

(3) 编写用户手册

在需求开发早期即可起草一份用户手册,用它作为需求规格说明的参考并辅助需求分析。优秀的用户手册要用浅显易懂的语言描述出所有对用户可见的功能,而辅助需求如质量属性、性能需求及对用户不可见的功能则在需求规格说明书中予以说明。

(4) 确定产品验收合格的标准

确定产品验收合格的标准是让用户描述什么样的产品满足他们的要求和适合他们使用,合格的测试是建立在使用情景描述或使用实例的基础之上的。

2. 需求验证的内容

在需求验证过程中,要对需求文档中定义的需求执行多种类型的检查。

(1) 有效性检查

对于每项需求,首先都必须证明它是有效的,确实能解决用户面对的问题。某个用户可能认为系统应该执行某项功能,然而进一步的思考和分析可能发现还需要添加另一些功能,或是发现系统需要的是完全不同的功能。系统有很多用户,这些用户可能需要不同的功能,因此任何一组需求都不可避免地要在不同用户之间协商。开发人员和用户都应复查需求,以确保将用户的需要充分、正确地表达了出来。

(2) 一致性检查

在需求文档中,需求不应该有冲突,即对同一个系统功能不应出现不同的描述或相互矛盾的约束。例如,一条需求说明表述本系统在某段时间里响应时间不能大于 5 秒,而另外一条需求说明表述本系统在该时间段内响应时间可取值 6~8 秒,这就造成了不一致性。当两条需求不能同时满足时,则二者是不一致的。需求文档中不应出现不一致的需求。

当需求分析的结果是用自然语言书写时,除了靠人工技术审查验证软件系统规格说明的正确性之外,目前还没有其他更好的审查方法。这种非形式化的规格说明是难于验证的,特别在目标系统规模庞大、规格说明书篇幅很长的时候,人工审查的效果是没有保证的。冗余、遗漏和不一致等问题可能没被发现而继续保留下来,以致软件开发工作不能在正确的基础上顺利进行。为了克服这一困难,人们提出了形式化的描述软件需求的方法。当软件需求规格说明是用形式化的需求陈述语言编写的时候,可以用软件工具验证需求的一致性,从而能有效地保证软件需求的一致性。

(3) 完备性检查

需求文档应该包括所有用户想要的功能和约束。如果所有可能的状态、状态变化、产品和约束都在需求中进行了描述,则说明这个需求集合是完备的。

只有目标系统的用户才真正知道软件需求规格说明是否完整、准确地描述了他们的需求。因此检验需求的完备性,特别是证明系统确实满足用户的实际需要(即需求的有效性),只有在用户的密切合作下才能完成。但是,许多用户并不能清楚地认识到他们的需要(特别是当要开发的系统是全新的、以前没有使用类似系统的经验的时候),不能有效地比较陈述需求的语句和实际需要的功能。只有当他们有某种工作着的软件系统可以实际使用和评价时,才能完整确切地提出他们的需要。此时,理想的做法是先根据需求分析的结果开发出一个软件系统,请用户试用一段时间以便能认识到他们的实际需要是什么,在此基础上再写出正式的规格说明。但这种做法将使软件成本大大增加,因此实际上采用这种方法的概率非常小。使用原型系统则是一个比较现实的替代方法。

原型系统是为用户提供的一个可执行的系统模型。使用原型系统的目的,通常是显示目标系统的主要功能而不是性能,因此开发的时候可以适当降低对接口、可靠性及程序质量的要求,此外还可以省掉许多文档资料方面的工作。这样开发原型系统所需要的成本和时间大大少于开发实际系统所需要的。用户通过试用原型系统,能获得许多宝贵的经验,从而可以提出更符合实际的要求。

(4) 现实性检查

现实性检查是指检查需求以保证能利用现有技术实现。指定的需求应该是可以用现有的硬件技术和软件技术实现的,对硬件技术的进步可以做些预测,对软件技术的进步则很难作出预测,只能从现有技术水平出发判断需求的现实性。现实性检查还要考虑到系统开发的预算和进度安排。

为了验证需求的现实性,分析员应该参照以往开发类似系统的经验,分析用现有的软、硬件技术实现目标系统的可能性。必要的时候应该采用仿真或性能模拟技术,辅助分析软件需求规格说明书的现实性。

(5) 可检验性检查

可检验性是指描述的需求能够实际测试。为了减少在客户和开发商之间可能的争议,描述的系统需求应该总是可以检验的,这意味着能设计出一组检查方法来验证交付的系统是否满足需求。

(6) 可跟踪性检查

可跟踪性是指需求的来源被清晰地记录,每一系统功能都能被跟踪到要求它的需求集合,每一项需求都能追溯到特定用户的要求。可跟踪性很重要,它能为评估需求变更对系统其他部分的影响提供帮助。

(7) 可调节性检查

需求的可调节性是指需求变更不会对系统的其他部分带来大规模的影响。

(8) 可读性检查

需求的可读性是指需求说明能否被系统购买者和最终用户读懂。

需求验证是一项极具挑战性的工作。论证一组需求是否符合用户的需要是很困难的,用户需要勾画出系统的操作过程并设想如何让系统加入到他们的工作中去。即使是对一个有经验的计算机专家,这种抽象分析工作都很艰巨,更不用说是对普通用户了。因而需求验证不可能发现所有的需求问题,在需求确认之后,对遗漏和错误理解的变更是不可避免的。

2.2.6 案例：某公司"船代"项目的需求开发

北方公司在创立后，规模不断发展壮大。随着其主营的船代业务在市场占有率的不断扩大，目前使用的系统暴露出多种问题，已经不能够满足集团的业务需要。因而，公司高层领导提出要开发全新的船代系统；并提出指导性意见："新系统要整合目前的业务结构和业务流程，同时考虑企业未来的发展"。随后，一个大型软件公司的项目组进驻了企业的信息部，项目正式启动了。

在项目启动会议上，公司介绍了项目涉及的业务流程、相关业务部门以及公司的组织结构。整个船代所涉及的主要业务可以分为：集装箱进出口业务、散杂货进出口业务和箱管订舱等。所有业务在运作过程中碰到的4个主要问题为：出错率、时效、成本和结算。

1. 需求调研前的准备

(1) 安排项目干系人

企业根据业务流程和部门分工，抽调各部门相关人员，配合项目未来的调研。人员安排需要业务部门提供详细人员名单和简要资料，以便于项目组决定应该与哪些员工访谈。

(2) 制订调研计划

项目组要在企业的帮助下，制订调研计划。包括调研的内容、任务、时间和参与人员。

(3) 分析项目的关键环节

在调研过程中，项目组要理出一些重要的环节，抓住这些关键环节，挖出影响这些环节的重要因素，以及对这些因素如何控制把关。

(4) 制订调研策略

当前，北方公司根据不同业务的分工，部门的分工也不相同。系统分析员据此决定，在以后的需求调研中，可以按照业务流程和部门职责划分这两条线索进行访谈。以部门职责为基础搞清各种现有业务，要填写的表格文档和报表等，其数据来源及去向；以业务为主线，搞清每个业务的每个环节的流程关系，涉及部门，输入输出项；搞清哪些业务和数据已有系统支持，它们和新规划的系统的关系是衔接还是替换；是否有新的方法和技术改进现有的工作。

2. 实施需求调研

(1) 了解外部客户和本行业目前总体状况

项目组考察了行业内其他公司的业务，同时成员企业也提供了一些操作的资料。

项目组了解到"船代"就是代理船公司的业务，帮助船公司处理岸上的一系列事物；"船代"能帮助船公司处理报关、商检、海事、船在港期间的作业及箱管等业务。

(2) 了解本项目涵盖的业务的流程和部门结构

"船代"项目的所有业务有集装箱进出口、散杂货进出口、箱管及订舱等。每个业务涉及的部门有船主、货代、货主、码头、海关、商检及边防等。目前主要存在的问题包括信息不能共享、信息链不清晰、人力成本浪费严重、工作效率低及结算慢等。

(3) 绘制业务流程图和部门结构图

项目组根据前面所了解的流程和所得资料信息，绘制出当前业务流程图和部门结构图。

业务流程图中包含每个业务操作环节所需完成的处理工作、每个操作的具体工作步骤、所需数据和数据流向、每个环节如何控制、从哪些方面控制、具体涉及的单证、信息反馈有哪些、需要提供和完成的服务有哪些，等等。

另外，还要了解一些细节问题，例如，数据或信息来源、去向、数据流是否有固定的标准、格式、涉及哪些人员、这样做是不是合理以及有没有更好的处理方法等。

此过程结束后，项目组得到阶段性成果：业务流程图、业务环节输入输出表单、数据来源和目标等。

（4）现状分析

在调研了当前的过程后，接下来需要对现状作出分析和评价。在此步骤中，企业和项目组要共同回答以下问题：目前最大的困惑或者问题是什么；哪些地方不够完善；如果有是否有什么问题；应用系统能帮助解决什么问题；需要人做什么样的工作。

找出问题以后，还要对这些问题进行归类，目的在于更直观地了解新系统需要在哪些地方解决这些问题。例如信息共享不畅，在具体的业务过程中可以表现为多种现象，可以是人力资源浪费，可以是操作不方便，可以是流程繁琐。

（5）找出关键因素

业务流程每个环节的关键因素和评价机制将直接影响未来系统的设计方案。关键因素是那些会直接影响业务流程是否顺畅的主要条件。例如处理时间、数据精度等。具体流程为：

- 找出具体业务的所有环节。
- 找出每个环节具体的业务和数据流。
- 体现这些环节做得好坏的关键因素是什么。
- 如何抓住这些关键因素。
- 考虑这些关键因素的评价方法和标准。

3. 提出未来的设计方案，编写需求规格说明

基于前面调研的成果以及对业务及数据流程分析，项目组提出了对未来系统的一个初步设计方案，给出了系统的功能要求、性能要求和操作性要求等。主要包括了以下内容：

- 系统功能划分。
- 系统业务流程图，并附文字说明。
- 系统业务环节的数据项、数据采集方式、数据间内在联系分析。
- 部门调整方案，部门职责重新定位。
- 系统与其他系统的集成方案。

根据这些内容，项目组编写了需求规格说明书，并同企业代表确认和签字。项目的需求获取工作顺利完成。

在需求获取的整个过程中，项目组获取需求的方式主要有：应用程序开发联系会议、访谈、参观考察和了解企业同行。他们使用的软件工具也很简单，主要就是 MS Office 套件。

2.3 需求管理

2.3.1 需求管理的必要性

在计算机产生的早期,计算机只是少数人的宠物,他们个个技术娴熟,可以用 010101 之类的语言直接操纵计算机,同时也乐此不疲,但那时候计算机对人类的影响还不是很大。随着计算机硬件越来越快、越来越小,软件也发生了翻天覆地的变化,计算机变成了社会不可或缺的一种工具。尽管如此,计算机的文化、理念一直都没有发生本质变化。今天的软件开发人员和几十年前的软件开发人员本质上还是一样的:喜欢操纵计算机,思考都和计算机一样,运用逻辑思维,甚至思想中只有 0 和 1。这些理念虽然无法令普通人接受,但是拥有这些思维的人设计制造的软件却正由普通人使用。软件开发人员的思维贯穿了软件设计的全过程,同样也贯穿了需求过程。而普通人没有这方面的思维,因而他们都觉得和软件开发人员打交道极为困难。因此在需求过程中,需求的供需双方经常会遇到双方不能达成共识或双方达成共识的内容其实有相当大的出入等情况。正如图 2.6 所示的情况,虽然有些夸张,但是需求获取的偏差却是很难避免的。

图 2.6 需求获取的偏差

人类的大部分工程都有比较严格的计划和质量保证,如建筑工程。如果对已经建成的大楼不满意,要求设计师把大楼的结构调整一下,别人一定会认为这很荒唐。但在软件项目中,这样的事情却很常见,如经常发生要求开发者更换操作系统的事情等。实际上,对项目而言,上面两个需求变更需要的工程量相差无几。软件项目中 40%~60% 的问题都是在需求分析阶段埋下的祸根。

软件需求还很难以表述。对于其他一些领域,当需求表述不清的时候,一般可以通过某种方式加以解决,但软件项目对此却毫无办法可言。如想要买衣服,但不知道自己的尺寸,即需求不清楚,这时解决办法是什么?很简单,试穿。对于软件项目需求不清楚的时候,能"试开发"吗?很显然,不能。试穿衣服和买衣服所花费的代价是不同的,试穿一下衣服不花钱,可试开发软件和真正开发软件花费的代价是一样的。

需求错误出现具有高频性和修复成本高昂的特点,Capers Jones 于 1994 年对软件缺陷进行了研究,给出了软件缺陷的总结,见表 2.4。

表 2.4 软件缺陷总结

缺陷来源	潜在缺陷	剩余缺陷	排除效率(%)
需求	0.2	0.046	77
设计	0.25	0.0375	85
编码	0.35	0.0175	95
建档	0.12	0.024	80
修复	0.08	0.024	70
合计	1	0.149	85.1

在表 2.4 中,把软件中潜在缺陷的总数量定义为 1,这只是一种相对的表示,与绝对数量无关。通过表中数据可以看出,在剩余的缺陷中,需求缺陷最多,占总剩余缺陷的 30.87%(0.046/0.149)。这些数据说明:需求错误是软件项目开发中最常见的。

对于需求阶段就出现的错误,如果在软件项目进行到后期的时候才发现,那么修复费用是非常可怕的,甚至会超出项目本身的费用。图 2.7 给出了在软件项目生命周期的不同阶段修复缺陷的相对成本,图中把编码阶段的修复成本设为 1。

从图中可看出,一个在需求阶段出现的错误,在维护阶段修复它的成本约是需求阶段修复成本的 100~200 倍。出现这种修复成本急剧上升的原因在于,如果需求错误在需求阶段就能发现的话,只需要重新进行规格说明,但如果直到维护阶段才发现的话,则需要重新进行规格说明、重新设计、重新编码、重新测试及重新建立文档等。

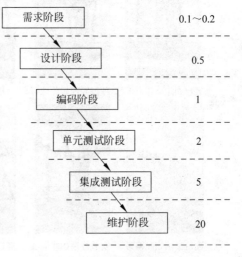

图 2.7 软件缺陷修复的成本

因此,对于软件缺陷,发现和修复得越早,则成本越低。但不幸的是,需求阶段出现的错误往往很难发现,经常会延续到后面的阶段。这就造成了需求错误的高昂代价,同时也说明了做好需求管理、减少需求错误的出现对于降低软件项目的成本是至关重要的。正是因为需求的易变性和难以表述性,所以不仅需求分析要采用科学的方法,而且需求管理也需要一系列科学方法。

2.3.2 需求管理的困难性

在软件项目开发时,对需求的管理也是比较困难的。原因如下:
- 需求不总是显而易见的,它可来自各个方面。
- 需求并不总是能容易用文字明白无误地表达。
- 存在不同种类的需求,其详细程度各不相同。
- 如果不加以控制,需求本身的数量都将难以管理。
- 需求之间相互关联,而且需求也和软件工程流程中的其他可交付工作有关。
- 需求有唯一的特征或特征值。例如,它们的重要性和容易满足的程度都各不相同。
- 需求涉及众多相关方面,这意味着需求要由功能交叉的各组人员管理。
- 需求会有变更。
- 需求可能对时间敏感。

2.3.3 需求管理的目标和原则

1. 目标

如图 2.3 所示,需求管理是一种获取、组织并记录软件需求的系统化方案,同时也是一个使客户与项目团队对不断变更的软件需求达成并保持一致的过程。在需求管理中,软件工程组的工作是采取适当的措施来保证分配的需求,即要将分配的需求文档化,控制需求的变化,负责项目实施过程中需求的实现情况。需求管理的目的是在客户和处理客户需求的软件项目组之间建立对客户需求的共同理解,具体来说,需求管理的目标有两个:使软件需求受控,并建立供软件工程和管理使用的需求基线;使软件计划、产品和活动与软件需求保持一致。

在需求管理过程,为实现第一个目标,必须控制需求基线的变动,按照变更控制的标准和规范的过程进行需求变更控制和版本控制。为了实现第二个目标,则必须对需求进行跟踪,管理需求和其他联系链之间的联系和依赖,必须就变更和软件项目干系人达成共识,对软件项目计划作出调整,其中包括人员的安排、任务的安排、用户的沟通、成本的调整及进度的调整等。

2. 原则

为进行有效的需求管理,通常要遵循如下 5 条原则。

(1) 需求一定要分类管理

进行软件项目管理的时候,一定要将软件需求分出层次。不同层次需求的侧重点、描述方式、管理方式是不同的。例如,高层领导提出来的需求是目标性需求;中层管理人员提出来的需求是具体的业务流程的需求;而作业人员提出来的需求是侧重于操作性的需求。对于目标性的需求可能采用简短的几句话就能描述清楚,但这是项目的决策性需求,必须很稳定,不能轻易更改,在确定的时候则要慎之又慎。

(2) 需求必须分优先级

在软件项目中,如果出现过多的需求,通常会导致项目超出预算和预定进度,最终导致软件项目的失败。因而需求的优先级可能比需求本身更加重要。在每一次软件产品开发过程中,都会遇到这样一个问题,即负责软件需求的领域专家往往会列出长长的功能表,每个功能似乎都是不可或缺的,而当排出进度表后,却发现费用和工期是不能接受的。这时候必须裁剪需求。裁减需求就需要对需求划分优先级,一个好的项目需求,必须有需求的优先级,便于进行项目的整体平衡。

(3) 需求必须文档化

需求必须有文档来记录,该文档必须是正确的、最新的、可管理的、可理解的,是经过验证的,是在受控的状态下变更的。很多开发人员往往会认为简单的系统不用编写需求文档,其实简单系统同复杂系统一样需要完整细致的需求文档。只有想清楚、说清楚、写清楚才能真正把需求整理清楚。很多需求在提出者看来是理所当然的,却被开发人员忽略了。

(4) 需求一旦变化,就必须对需求变更的影响进行评估

无论需求变化的程度如何,只要需求变化了就必须进行评估,这是基本的原则。此外,在一个项目组中必须明确定义一个需求管理员或需求管理组(视项目的大小而定),由其负责整个项目的需求管理工作,确保在发生需求变更时,受影响的产品能得到修改并与需求的变更保持一致,受影响的其他组也必须与客户协商一致。

(5) 需求管理必须与需求工程的其他活动紧密整合

进行需求管理一定不能脱离需求工程,需求工程包括了需求获取、需求分析、需求描述、需求验证和需求管理,因而需求管理必须与前面的几个需求阶段保持密切相关。从狭义的角度来说,需求管理关心的是需求管理过程的建立,在软件组织或软件项目组中建立一套规范的需求管理过程并据此对需求进行管理,即关心的是管理的形式。从广义的角度上看,我们关心的不仅是过程形式,更多的是内容和结果。对需求内容及结果的管理与对需求过程形式的管理是密不可分的。

3. 需求管理策略

(1) 需求一定要与投入有必然的联系

需求一定要与投入有必然的联系,否则如果需求变更的成本由开发方来承担,则项目需求的变更就成为必然了。人们常说世上没有免费的午餐,同样也不应该有免费的需求变更。但是,接受需求变更目前却是软件开发商不得不咽下的苦果。所以,在项目的开始无论是开发方还是出资方都要明确这一条:需求变,软件开发的投入也要变。

(2) 需求的变更要经过出资者的认可

需求的变更引起投入的变化,所以要通过出资者的认可,这样才会对需求的变更有成本的概念,能够慎重地对待需求的变更。例如,在一个软件开发项目中,为了避免项目的风险,软件项目组请用户代表全程参与了开发过程,结果此用户代表在开发过程提出了大量"细微的"需求变更。当开发人员按此需求变更修改软件后,在项目进入现场实施阶段时,却有大量的变更需要改回去。问题就是出在项目组成员视该用户代表的需求为圣旨,却忽略了需求是否经过了客户方真正有决策权的人员的认可。

(3) 小的需求变更也要经过正规的需求管理流程

小的需求变更也要经过正规的需求管理流程,否则会积少成多。在实践中,人们往往不愿意为小的需求变更去执行正规的需求管理过程,认为降低了开发效率,浪费了时间。正是由于这种观念才使需求的渐变不可控,最终导致项目的失败。

(4) 精确的需求与范围定义并不会阻止需求的变更

并非对需求定义得越细,越能避免需求的渐变,这是两个层面的问题。太细的需求定义对需求渐变没有任何约束。因为需求的变化是永恒的,并非由于需求写细了,它就不会变化了。实际情况是用户、开发者都认识了到了上面的几点问题,但是由于需求的变更可能来自客户方,也可能来自开发方。作为客户他们可能不愿意为需求的变更付出更多的投资。开发方有可能是主动地变更了需求,他们的目的可能是使软件做得更精致。于是作为需求管理者、项目经理需要采用各种沟通技巧来使项目的各方各得其所。

基于上述的问题,必须对需求进行管理,使需求能够真正成为软件工程和管理的基础,使软件计划、活动和工作产品同软件需求保持一致,使需求可以复用。

2.3.4 需求管理活动

需求管理在需求开发的基础上进行,贯穿于整个软件项目过程,是软件项目管理的一部分。在软件项目进行的过程中,无论正处于哪个阶段,一旦有需求错误出现或任何有关需求的变更出现,都需要需求管理活动来解决相关问题。

进行需求管理的第一步是建立需求管理规划,需求管理规划的内容包括:

- 需求识别,给需求唯一的标识,以便在上下文中引用。
- 变更管理过程,确定一个选择、分析和决策需求变更的过程,所有的需求变更都要遵循此过程。
- 需求跟踪,定义需求之间的关系及需求和设计之间的关系,记录并维护这些关系。
- 自动化工具,对使用的 CASE 工具作出选择。

对于小型系统,可能不必使用特殊化的需求管理工具。需求管理过程用字处理器中的工具、电子表格和数据库系统就能支持。然而,对比较大的系统,则需要更多特殊工具的支持。需求管理工具在需求存储、需求变更管理和需求跟踪等方面有很大作用,能在数据库中存储不同类型的需求、确定需求属性、跟踪需求状态,并在需求与其他软件开发工作产品间建立跟踪能力联系链,如 Telelogic DOORS 和 Requisite Pro 就是相当不错的需求管理工具。

需求管理是一个对系统需求变更了解和控制的过程。需求管理的过程与其他需求工程过程相互关联。初始需求导出的同时就启动了需求管理规划,一旦形成了需求文档的草稿,需求管理活动就开始了。需求管理活动的具体内容见表 2.5。

表 2.5 需求管理活动

需求管理活动	活动的任务
变更控制	建议需求变更并分析其影响,作出是否变更的决策
版本控制	确定单个需求和 SRS 的版本
需求跟踪	定义对于其他需求及系统元素的联系链
需求状态	定义并跟踪需求的状态

需求开发的结果应该有项目视图、范围文档、使用实例文档、软件需求规格说明及相关分析模型。经评审批准,这些文档就定义了开发工作的需求基线。这个基线在客户和开发人员之间构筑了产品功能需求和非功能需求的一个约定。需求约定是需求开发和需求管理之间的桥梁,需求管理包括在工程进展过程中维持需求约定集成性和精确性的所有任务。

（1）确定需求变更控制过程，确定一个选择、分析和决策需求变更的过程。所有的需求变更都需遵循此过程，商业化的问题跟踪工具都能支持变更控制过程。

（2）建立变更控制委员会，组织一个由项目风险承担者组成的小组作为变更控制委员会，由他们来确定进行哪些需求变更，此变更是否在项目范围内，评估它们，并对此评估作出决策以确定选择哪些，放弃哪些，并设置实现的优先顺序，制订目标版本。

（3）进行需求变更影响分析，应评估每项选择的需求变更，以确定它对项目计划安排和其他需求的影响。明确与变更相关的任务并评估完成这些任务需要的工作量。通过这些分析将有助于变更控制委员会作出更好的决策。影响分析可以提供对建议的变更的准确理解，帮助作出信息量充分的变更批准决策。通过对变更内容的检验，确定对现有的系统作出是修改或抛弃的决定，或者创建新系统以及评估每个任务的工作量。进行影响分析的能力依赖于跟踪能力数据的质量和完整性。

（4）跟踪所有受需求变更影响的工作产品。当进行某项需求变更时，参照需求跟踪能力矩阵找到相关的其他需求、设计模板、源代码和测试用例，这些相关部分可能也需要修改。这样能减少因疏忽而不得不变更产品的机会，这种变更在变更需求的情况下是必须进行的。

（5）建立需求基准版本和需求控制版本文档。确定一个需求基准，这是一致性需求在特定时刻的快照。之后的需求变更遵循变更控制过程即可。每个版本的需求规格说明都必须是独立说明，以避免将草稿和基准或新旧版本相混淆。最好的办法是使用合适的配置管理工具在版本控制下为需求文档定位。

（6）维护需求变更的历史记录来记录变更需求文档版本的日期以及所做的变更、原因，还包括由谁负责更新和更新的新版本号等。版本控制工具能自动完成这些任务。版本控制是管理需求的一个必要方面。需求文档的每一个版本必须统一确定。组内每个成员必须能够得到需求的当前版本，必须清楚地将变更写成文档，并及时通知到项目开发所涉及的人员。为了尽量减少困惑、冲突、误传，应仅允许指定的人来更新需求。这些策略适用于所有关键项目文档。

（7）跟踪每项需求的状态。要建立一个数据库，其中每一条记录保存一项功能需求。保存每项功能需求的重要属性，包括状态（如已推荐、已通过、已实施、已验证），这样在任何时候都能得到每个状态类的需求数量。

（8）衡量需求稳定性，记录基准需求的数量和每周或每月的变更（添加、修改、删除）数量。过多的需求变是一个报警信号，意味着问题并未真正弄清楚，项目范围并未很好地确定下来，或是政策变化较大。

（9）使用需求管理工具。商业化的需求管理工具能在数据库中存储不同类型的需求，为每项需求确定属性，可跟踪其状态，并在需求与其他软件开发工作产品间建立跟踪联系链。

2.3.5 需求变更管理

在软件项目的开发过程中，需求变更贯穿了软件项目的整个生命周期。在软件项目立项、研发、维护的过程中，用户的经验在增加，对软件的使用体会有变化，整个行业在发展，这可能会对软件的功能、性能及可操作性等方面提出新的要求。在软件项目管理活动中，项目经理经常面对用户的需求变更。如果不能有效处理这些需求变更，将会导致项目计划一再调整，软件交付一再拖延，项目开发人员的士气越来越低落，项目成本增加以及软件质量下降等一系列严重的后果。由于以上原因,项目组必须制订需求管理策略。

1. 需求变更的原因

软件项目的需求总是在变化着,原因有二:

① 在项目的早期某些问题不可能被完全定义,软件需求是不完备的。这导致随着项目的进行,需求会发生变更,以便达到完备的程度。

② 随着软件项目的进行,软件开发人员对问题的理解会发生变化,这些变化也要反映到需求中,可能导致需求变更。

另外,如果是开发大型软件系统,还可能存在如下原因导致需求变更:

① 大型系统通常拥有不同类型的用户,每类用户可能会有不同的需求和优先次序。这些需求可能是冲突的或矛盾的,最后的系统需求是它们之间的一个折中。然而这种折中的程度在项目进行过程中有可能发生改变,从而导致系统需求的改变。

② 系统客户和系统最终用户很少是同一个人,系统客户可能因为机构原因或预算原因对系统提出一些需求,而这些需求可能和最终用户需求不一致。

2. 变更管理过程

进行变更管理,首先要建立变更控制委员会。变更控制委员会是一个由软件项目风险承担者组成的小组,负责需求变更的管理工作,需求变更的一切最终裁决都由其完成。

变更管理过程分为变更描述、变更分析和变更实现3个阶段,如图2.8所示,下面分别叙述。

(1) 变更描述

变更描述阶段始于一个被识别的需求问题或是一份明确的变更提议。在这个阶段,要对问题或变更提议进行分析,以检查它的有效性,进而产生一个更明确的需求变更提议。表2.6展示了一个需求变更的提议。

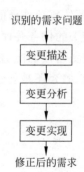

图 2.8 需求变更管理过程

表 2.6 需求变更请求表

项目名称		移动协同服务支撑平台	
变更请求号	V1.0	变更状态	申请/接受/拒绝/关闭
申请人	×××	申请日期	2008.4.10
审核人	×××	审核日期	2008.4.12
变更负责人	刘波	完成日期	2008.4.15
变更说明	1. 修改原系统中采用的手机端与服务器通信采用的 HTTP 协议为 TCP 协议。 2. 抛弃原系统中采用的摩托罗拉专用类库,采用 SUN 的通用 J2ME 通用类库。 3. 将原系统中采用的 CLDC 1.0、MIDP 1.0 改为 CLDC 1.1 和 MIDP 2.0。		
变更必要性分析	1. 通信协议采用 TCP 协议,可增强手机端与服务器的交互性。 2. 采用 SUN 的通用类库,可以增加系统的可用性。 3. 采用新版本的 CLDC 和 MIDP 可进一步方便程序开发。		
验证负责人	×××	验证日期	2008.4.15

(2) 变更分析

在变更分析阶段,要对被提议的变更产生的影响进行评估。变更成本的计算不仅要估计对需求文档的修改,在适当的时候还要估计系统设计和实现的成本。一旦分析完成,就有了对此变更是否接受的决策意见。

(3) 变更实现

一旦在变更分析阶段得到了肯定的结论,即要接受变更,变更实现阶段就开始了。实现变更时,需求文档及系统设计和实现都要进行修改。这时候有一个容易出现的错误,一定要注意:如果需求变更对一个系统很迫切,相关人员总是有先对系统进行变更然后再回头修改需求文档的想法,这几乎不可避免地导致需求描述和系统实现不同步。因为一旦系统变更完成,需求文档的改变经常会忘记,有时候即便是补上了,但也是为了应付,有可能与实际系统的实现不一致。另外,需求文档应该有一个很好的形式,使得变更不会带来大量文字的修改,对于程序文档的可变性则通过最小化外部引用和尽量使其模块化来实现。

3. 变更影响分析

如图 2.9 所示,一旦发生需求变更,项目的进度、文档代码资源和项目成本等都会受到负面影响。因而在进行需求变更前要对变更可能产生的影响进行分析。要分析需求变更影响,应评估每项选择的需求变更,以确定它对项目计划安排和其他需求的影响,同时明确与变更相关的任务并评估完成这些任务需要的工作量。变更影响分析通过对变更内容的检验及对变更建议的准确理解,有助于变更控制委员会作出信息量充分的变更决策,确定对变更是修改、抛弃还是创建新系统,以及评估每个任务的工作量。

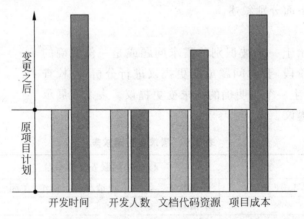

图 2.9 需求变更的代价

至于变更对进度的影响,主要看变更是否处于项目的关键路径。如果一个处于关键路径的任务因变更而延期,则项目肯定赶不上预定进度,甚至造成项目的完成遥遥无期。每个变更都会消耗资源,但如果能避免变更影响关键任务,则变更不会影响项目的进度。

图 2.10 是一个影响分析报告的模板,可以用来报告对需求变更的影响分析,帮助变更控制委员会找到有用的信息来作出正式的决策。实现此项变更的开发人员可能需要详细的分析和工作量计划清单,但变更控制委员会仅需要影响分析的总结。软件项目组织可根据实际情况调整模板,如添加条款,以便更好地管理需求变更。

```
                变更影响分析

    变更请求号_____
    标题_____
    描述_____
    分析者_____
    分析日期_____

    优先级评定_____
        相关代价_____
        相关收益_____
        相关成本_____
        相关风险_____

    预计对进度的影响_____
    预计对成本的影响_____
    预计对质量的影响_____
    被影响的其他需求_____
    被影响的其他任务_____
    要更新的计划及文档_____
```

图 2.10　需求变更影响分析模板

4. 变更控制流程

需求变更控制的流程如图 2.11 所示,需求变更状态转换图如图 2.12 所示。

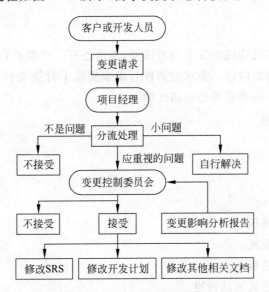

图 2.11　需求变更控制流程

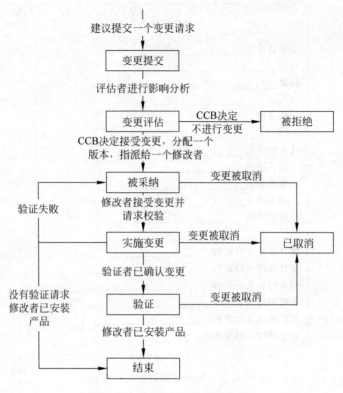

图 2.12 需求变更状态转换图

2.3.6 需求状态

1. 需求的属性

除了描述需求要实现功能的文本内容以外,需求还有一些相关的属性,这些属性的定义及更新是需求管理的重要内容。需求的属性为需求提供了背景资料和上下文关系,对于大型软件项目尤为重要。需求要考虑的属性如下:

① 需求的创建时间。
② 需求的版本。
③ 需求的创建者。
④ 需求的批准者。
⑤ 需求状态。
⑥ 需求的原因或根据。
⑦ 需求涉及的子系统。
⑧ 需求涉及的产品版本。
⑨ 需求的验证方法或测试标准。
⑩ 需求的优先级,即从实现需求所涉及的代价、收益、成本和风险 4 个方面考察需求的优先级。用自定义的度量标准把优先级表示出来,如可用高、中、低或赋予某种含义的阿拉伯数字表示。

⑪ 需求的稳定性,表示将来需求可能变更的程度。稳定性越差,意味着需求越容易发生变更,因而应给予更多的关注。

2. 需求状态

需求状态是需求的一项重要属性,在整个软件开发过程中,跟踪需求的状态是需求管理的一个重要方面。

何谓需求状态?顾名思义,状态是一种事物或实体在某一个时间点或某一阶段的情况的反映,需求状态是某个时间点用户需求的一种反映。建立需求状态是为了表示需求的各种不同情况。用户的需求可分为 4 种情况:

① 用户可以明确清楚地提出的需求。
② 用户知道需要做些什么,但却不能确定的需求。
③ 需求可以从用户处得到,但需求的业务不明确,还需要等待外部信息。
④ 用户本身也说不清楚的需求。

对于这些需求,在开发进展的过程中,有的可能要取消,有的可能因为不明确而后延,进而可能被取消。需要与客户沟通或确认的需求,有两种情况,其一是确认双方达成共识,其二是还需要再进一步的沟通。

根据对需求的不同处理,可把需求状态分为如下 8 种。

(1) 已建议

需求已经被有权提出需求的人所建议。

(2) 已批准

需求已经被分析,估计了其对项目其余部分的影响;已经用确定的产品版本号或创建编号分配到相关的基线中;软件开发团队已经同意实现它。

(3) 已拒绝

需求已经有人提出,但被拒绝了。拒绝的需求被列出的目的是因为它有可能被再次提出。

(4) 已设计

已经完成了需求的设计和评审。

(5) 已实现

已经完成了需求功能代码的设计、编写和单元测试。

(6) 已验证

已经使用某种方法验证了实现的需求,需求能够达到预期的效果,此时认为需求已经完成。

(7) 已交付

需求完成后,已经交付用户进行使用。

(8) 已删除

计划的需求已经从基线中删除,但需要给出作出删除决定的人员及删除的原因。

在整个软件开发过程中,跟踪每个需求的状态是需求管理的一个重要方面。周期性地报告需求的各状态类别在整个需求中所占的百分比将会改进项目的监控工作。跟踪需求状态必须要有清晰的要求,且指定了允许修改状态信息的人员和每个状态变更应满足的条件。

需求的状态会随着不同事件的发生而变迁,状态变迁的一般规则和应满足的条件如图 2.13 所示。

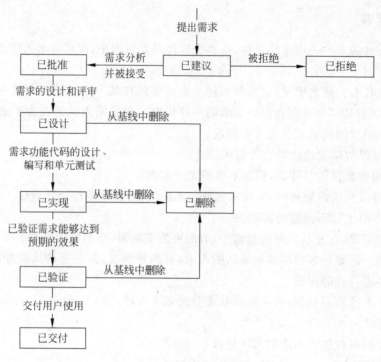

图 2.13 需求状态的变迁

2.3.7 需求文档版本控制

对于软件开发人员来说,最为沮丧的事情莫过于当软件功能实现后,却发现该项功能已被项目经理取消了。出现这种情况的原因在于需求文档版本出现混乱,开发人员没有得到最新的软件需求。如果没有很好的需求文档版本控制,就容易发生此类错误,造成资源浪费。

简单地说,需求文档的版本控制就是保证软件项目干系人得到最新版本的需求文档和记录需求的全部历史版本。需求文档版本控制是需求管理的一个必要方面。做好需求文档版本控制,必须保证如下几点:

- 统一确定需求文档的每一个版本,保证每个成员都能得到当前最新的需求文档版本。
- 清楚地将变更写成文档,并及时通知到项目干系人。
- 为尽量减少困惑、冲突、误传,应只允许指定的负责人来更新需求文档。

版本控制的最简单方法是在每一个版本的需求文档中,保留版本修正的历史记录,即已进行变更的内容、变更日期、变更责任人以及变更的原因,并根据标准约定手工标记软件需求规格说明的每一次修改。

如果采用专门的需求管理商业工具,也是一个不错的选择。但是工具使用不当的话,也不会提高生产率。因此,软件项目组要根据自身的特点,摸索出最适合的管理方法或工具。

2.3.8 需求跟踪

1. 需求跟踪的必要性

在软件能力成熟度模型 CMM 三级中要求软件团队必须具备需求跟踪的能力,即"在软件工作产品之间,维护一致性"。工作产品包括软件计划、过程描述、分配需求、软件需求、软件设计、代码、测试计划以及测试过程。具体来说,进行需求跟踪的目的是建立和维护从用户需求开始到测试之间的一致性与完整性,确保所有的实现都以用户需求为基础,而实现的需求也全部覆盖了预期的需求,同时确保所有的输出与用户的需求符合。

很多人都有这样的误解,认为如果依照"需求开发－系统设计－编码－测试"这样的顺序开发软件产品,每一步的输出就是下一步的输入,因此就不必担心设计、编程、测试会与需求不一致,从而可以省略需求跟踪。需要指出的是,严格按照软件生命周期的顺序开发模型并不能保证各个开发阶段的工作产品与需求保持一致。因为开发者是人而非机器,易于在信息的传播过程中引入错误。由于人们的表达能力、理解能力不完全相同,自然语言对问题说明的不严密性,人与人之间的协作很难达到天衣无缝的地步,所以生活中不乏"以讹传讹"的例子。大多数人对此都应该有体会。

软件工程重视的是过程能力,如果不能严格地确保软件过程的每一个环节都被不折不扣地执行,软件过程通常很难成功。需求跟踪过程也遵循这一原则,所以对于需求跟踪的每一环节都要认真对待。一个表面上简单的需求变更往往会很复杂,因而在同意接受建议的变更之前,一定要对将要进行的变更有深入的理解。跟踪能力信息使得对变更影响分析十分便利,有利于确认和评估实现某个建议的需求变更所必需的工作。

2. 可追溯性信息

进行需求跟踪,就要对需求和需求之间以及需求和系统设计之间的许多关系进行追溯,同时还要清楚需求和引起该需求的潜在原因之间的联系。当需求变更发生的时候,必须追踪这些变更对其他需求和系统设计的影响。可追溯性是需求描述的一个总体特性,反映了发现相关需求的能力。

需要维护的可追溯性信息有 3 类:

① 源可追溯性信息,用来说明连接需求到提出需求的项目干系人和产生需求的原因。当需求变更发生的时候,该信息用来发现项目干系人以便能与他们商讨这些变更事宜。

② 需求可追溯性信息,用来说明连接需求文档中彼此依赖的需求。该信息用来评估一个需求变更会对其余多少需求产生影响以及引发的需求变更的范围和程度。

③ 设计可追溯性信息,用来说明连接需求到其实现的设计模块。该信息用来评估需求变更对系统设计和实现带来的影响。

3. 需求跟踪的实现

塑造需求跟踪能力是很困难的。从长远来看,良好的需求跟踪能力可以减少软件生存期的费用,但在短期之内会造成开发成本的上升,因为积累和管理跟踪信息增加了软件开发的成本。因此,软件团体在实施这项能力的时候应循序渐进,逐步实施。

需求跟踪有两种方式,正向跟踪和逆向跟踪。正向跟踪以用户需求为切入点,检查需求规格说明中的每个需求是否都能在后继工作产品中找到对应点。逆向跟踪检查设计文档、代码和测试用例等工作产品是否都能在需求规格说明中找到出处。

需求跟踪的双向模式可以通过需求链来表示。需求链指的是需求能够上传下达,从客户传达到需求过程,并从需求过程传达到需求过程的后继开发链,且可以逆向传达。这一过程如图 2.14 所示。

图 2.14 需求链

实现需求跟踪的一种通用方法是采用需求跟踪矩阵。其前提条件是标识需求链中各个过程的元素,如需求的实例号、设计的实例号、编码的实例号及测试的实例号。通过标识的符号,就可以使用数据库进行管理,需求的变化能够立刻体现在整条需求链的变化上。过程元素之间的关系有如下 3 种:

① 一对一,如一个代码模块应用一个设计元素。
② 一对多,如多个测试实例验证一个功能需求。
③ 多对多,如一个测试实例导致多个功能性需求,而其中一些功能性需求又拥有多个使用实例。

需求跟踪矩阵保存了需求与后续开发过程输出的对应关系,因而使用需求跟踪矩阵很容易发现需求与后续工作产品之间的不一致,有助于开发人员及时纠正偏差。但是需求跟踪矩阵并没有规定的实现办法。每个软件开发组织注重的方面不同,所创建的需求跟踪矩阵也不同,只要能够保证需求链的一致性和可跟踪性就可以了。表 2.7 给出了需求跟踪矩阵的一种表示方法。

表 2.7 需求跟踪矩阵

需求代号	规格说明	需求实例	设计实例	编码实例	测试实例	测试记录
R001	标题或标识符	标题或标识符	标题或标识符	标题或标识符	标题或标识符	标题或标识符
R002	……	……	……	……	……	……
……	……	……	……	……	……	……

4. 需求跟踪的作用

需求跟踪提供了一个表明与合同或说明一致的方法。完善的需求跟踪能够降低软件产品的生存周期成本,改善软件产品的质量,对于软件组织的长远发展是大有裨益的,表现在以下几个方面。

(1) 在需求验证中的作用

在需求验证中,需求跟踪信息便于确保所有需求被应用。

(2) 有助于需求变更影响分析

在增加、删除和改变需求时,需求跟踪信息可以确保不忽略每个受到影响的系统元素。

(3) 便于需求的维护

可靠的需求跟踪信息使得需求维护时能正确、完整地实施变更,从而提高生产率。如果不能一次性地为整个系统建立跟踪信息,那么每次可以只建立一部分,再逐渐增加。

(4) 便于测试时找出问题所在

通过测试需求、模块和代码段之间的联系链,可以在出错时指出最可能有问题的代码段。

(5) 便于项目跟踪

在软件开发中,认真记录需求跟踪数据,就可以获得计划功能当前实现状态的记录。没有出现的联系链意味着还没有相应的产品部件。

(6) 减小项目的风险

使部件互连关系文档化可减少由于一名关键成员离开项目带来的风险。

(7) 简化了系统的再设计

列出传统系统中将要替换的功能,记录它们在新系统的需求和软件组件中的位置,然后通过定义跟踪能力信息链提供一种方法,收集从一个现成系统的反向工程中所学到的方法。

(8) 易于软件重用

跟踪信息可以帮助软件开发人员在新系统中对相同的功能利用旧系统相关资源。例如:功能设计、相关需求、代码和测试等。

5. 需求评审

(1) 评审方式

评审有两类方式,一类是正式技术评审(也称同行评审),另一类是非正式技术评审。对于任何重要的工作产品,都应该至少执行一次正式技术评审。在进行正式评审前,需要有人员对要进行评审的工作产品进行把关,确认其是否具备进入评审的初步条件。

需求评审是一项重要的需求验证技术。需求评审的规程与其他重要工作产品(如系统设计文档、源代码)的评审规程非常相似,主要区别在于评审人员的组成不同。前者由开发方和客户方的代表共同组成,而后者通常来源于开发方内部。

需求分析完成后,应由用户和系统分析员共同进行需求评审。鉴于需求规格说明是软件设计的基础,需求评审需要有开发方和客户方的人员共同参与,检查文档中的不规范之处和遗漏之处。需求评审过程可以统一管理,也可以将文档中的不同部分分散到每个人,对文档进行大规模地"拉网式"检查。

与一般评审一样,需求评审也有正式和非正式之分。非正式的需求评审是由开发方与尽可能多的项目干系人讨论需求。在需求导出后,开发人员可能要与项目干系人进行多次的讨论。对于文档中的需求是否正确,项目干系人可能并没有肯定的答复。即使这样,开发人员还是能通过与项目干系人交谈来发现问题,这是进入下一阶段正式评审前需要做的工作。正式需求评审时,开发团队要拿着需求"遍访"客户,逐条解释需求含义,评审团队则检查需求的一致性和作为一个整体的完备性等,并把冲突、矛盾、错误和遗漏正式记录下来,然后由最终用户、客户和软件项目组3方协商这些问题的解决方案。

(2) 需求评审注意事项

需求评审是一项既乏味又比较费精力的工作,并且涉及很多人员,因此这项工作很不容易,需要很好的组织和管理。下面是进行需求评审时应注意的几个方面:

- 严格控制每一次评审的文档规模及持续时间。过于庞大的文档和过长的持续时间都会导致参与人员的厌倦，使得工作效率降低，从而影响评审的质量。
- 评审工作要分段进行。需求评审涉及的人员可能比较多，有些时候让这么多人聚在一起花费比较长的时间开会并不容易。没有必要把所有事情放在一块做，需求开发是循序渐进的过程，需求评审也可以分段进行。这样每次评审的时间比较短，参加评审的人员也少一些，组织会议就比较容易。
- 对讨论的问题进行控制。开评审会议时经常会跑题，甚至变成聊天会议。如对于自主研发的产品，由于需求评审人员大部分是开发人员，大家会不知不觉地谈论软件是如何实现的。因此，评审会必须明确一位评审组长，对讨论的问题进行控制。
- 避免无谓的争吵。开评审会议时经常会发生争议，适当的争议有利于澄清问题，但当争议变为争吵时就变质了。争吵不仅对解决问题毫无帮助，而且也伤害人与人之间的感情。发生争议时，毫不妥协或者轻易妥协都不是好办法，最好是尽可能阐述事实与证据，同时试着从不同的角度去看同样的问题。

2.3.9 案例：需求变更的代价

1. Steven 的烦恼

Steven 刚出任项目经理，并承接了一个中型软件项目。公司再三叮咛他一定要尊重客户，充分满足客户需求。项目开始比较顺利，但到了后期，客户频繁的需求变更带来很多额外工作。Steven 动员大家加班，保持了项目的正常进度，客户相当满意。

但需求变更却越来越多。为了节省时间，客户的业务人员不再向 Steven 申请变更，而是直接找开发人员商量。开发人员疲于应付，往往直接改程序而不进行任何记录，很多文档也无暇修改。很快 Steven 就发现需求、设计和代码无法保持一致，甚至没有人能说清楚现在的系统"到底改成什么样了"。

版本管理也出现了混乱。很多人违反配置管理规定，直接在测试环境中修改和编译程序。但在进度压力下，他也只能佯装不知此事。但因频繁出现"改好的错误又重新出现"的问题，客户已经明确表示"失去了耐心"。

而这还只是噩梦的开始。一个程序员未经许可擅自修改了核心模块，造成系统运行异常缓慢，大量应用程序超时退出。虽然最终花费了 3 天的时间解决了这个问题，但客户却投诉了，表示"无法容忍这种低下的项目管理水平"。更糟糕的是，因为担心系统中还隐含着其他类似的错误，客户高层对项目的质量也疑虑重重。

随后发生的事情让 Steven 更加为难。客户的两个负责人对界面风格的看法不一致，并为此发生了激烈争执。Steven 知道如果发表意见可能会得罪其中一方，于是保持了沉默。最终客户决定调整所有界面，Steven 只好立刻动员大家抓紧时间修改。可后来因修改界面造成了项目延误两周后，客户方原来发生争执的两人却非常一致地质问 Steven："为什么你不早点告诉我们会延期？早知这样才不会让你改呢！"Steven 很无奈。

2. 如何应对

想要避免犯 Steven 的错误，就要按照前面讲述的原则和方法管理软件项目。具体说来就是要遵循如下原则，不能因为外界的压力而动摇：

① 需求一定要分类管理。
② 需求必须分优先级。
③ 需求必须文档化。
④ 需求一旦变化,就必须对需求变更的影响进行评估。
⑤ 需求管理必须与需求工程的其他活动紧密整合。

需求变更控制一般要经过变更申请、变更评估、决策和结论这 4 大步骤。如果变更被接受,还要增加实施变更和验证两个步骤,有时还会有取消变更的步骤。针对经常发生的软件需求变更,在实践中总结出以下几点对策。

(1) 优先排序,分批实现

把每个需求按照对效益的贡献打个分,排出优先级。优先级高的需求先实现,低的到一下版式本实现。

(2) 软件开发人员与用户相互协作

在讨论需求时,开发人员与用户应该尽量采取相互理解、相互协作的态度,对能解决的问题尽量解决。即使用户提出了在开发人员看来"过分"的要求,也应该仔细分析原因,积极提出可行的替代方案。

(3) 充分交流

需求变更管理的过程在很大程度上就是用户与开发人员的交流过程。软件开发人员必须学会认真听取用户的要求、考虑和设想,并加以分析和整理。同时,软件开发人员应该向用户说明,进入设计阶段以后,再提出需求变更会给整个开发工作带来什么样的冲击和不良后果。

(4) 安排专职人员负责需求变更管理

有时开发任务较重,开发人员容易陷入开发工作中而忽略了与用户的随时沟通,因此需要一名专职的需求变更管理人员负责与用户及时交流。

(5) 合同约束

需求变更给软件开发带来的影响有目共睹,所以在与用户签订合同时,可以增加一些相关条款,如限定用户提出需求变更的时间,规定何种情况的变更可以接受、拒绝接受或部分接受,还可以规定发生需求变更时必须执行变更控制流程。

(6) 区别对待

随着开发进展,有些用户会不断提出一些在项目组看来确实无法实现或工作量比较大、对项目进度有重大影响的需求。遇到这种情况,开发人员可以向用户说明,项目的启动是以最初的基本需求作为开发前提的,如果大量增加新的需求,会使项目不能按时完成。如果用户坚持实施新需求,可以建议用户将新需求按重要和紧迫程度划分档次,作为需求变更评估的一项依据。同时,还要注意控制新需求提出的频率。

(7) 选用适当的软件生命周期模型

采用原型模型比较适合需求不明确的开发项目。开发人员先根据用户对需求的说明建立一个系统原型,再与用户沟通。一般用户看到一些实际的东西后,对需求会有更为详细的解释,开发人员可根据用户的说明进一步完善系统原型。这个过程重复几次后,系统原型逐渐向最终的用户需求靠拢,从根本上减少需求变更的出现。

3. 案例总结

对于软件开发项目来说,开发的过程中不可避免地会出现需求变更,发生变更的环节也比较多,因此变更控制显得格外重要。变更控制对项目成败有重要影响,项目开发之前要明确定义,开发过程中要严格执行。对变更控制的目的并不是控制变更的发生,而是对变更进行管理,以便更好地处理变更,确保变更有序进行,从而减少因为需求变更而带来的损失,加快项目的开发速度。

2.4 案例故事解析

2.4.1 需求开发的注意事项

1. 项目前景认识一致

如果团队成员没有对他们要做的产品功能达成一个清晰的共识,则很可能导致项目范围的逐渐扩大。因此最好在项目早期写一份项目前景文档将业务需求涵盖在内,并将其作为新的需求及修改需求的指导。

2. 需求获取完整和正确

为确保需求是用户真正需要的,要以用户的任务为中心,应用用例获取需求。根据不同的使用情景编写需求用例,建立原型,使需求对用户来说更加直观,同时获取用户的反馈信息。让用户代表对需求规格说明和分析模型进行正式的评审。由于一般强调产品的功能性要求,非常容易忽略产品的非功能性的需求。询问用户关于产品性能、使用性、完整性、可靠性等质量特性,编写非功能需求文档和验收标准,作为可接受的标准。而且用户可能会有一些隐含的期望要求,但并未说明。要尽量识别并记录这些假设。提出大量的问题来提示用户以充分表达他们的想法、主意和应关注的一切。有时用户推荐的解决方法往往掩盖了他们的实际需求,导致业务处理的低效,或者给开发人员带来压力以至给出很差的设计方案。因此系统分析员应尽力从用户叙说的解决方法中提炼出其本质核心。

3. 需求分析过程中要注意划分需求优先级

划分出每项需求、特性或使用实例的优先级并安排在特定的产品版本或实现步骤中。评估每项新需求的优先级并与已有的工作主体相对比以作出相应的决策,并分析每项需求的可行性以确定是否能按计划实现。对于不熟悉的技术、方法、语言、工具或硬件平台,不要低估了学习曲线中表明的满足某项需求所需要的新技术的速度跟进情况。明确那些高风险的需求并留出一段充裕时间从错误中学习、实验及测试原型。

4. 需求规格得到双方一致理解和认可

开发人员和用户对需求的不同理解会带来彼此间的期望差异,将导致最终产品无法满足客户的要求。对需求文档进行正式评审的团队应包括开发人员、测试人员和用户。训练有素且颇有经验的需求系统分析员能通过询问用户一些合适的问题,从而写出更好的规格说明。模型和原型能从不同角度说明需求，这样可使一些模糊的需求变得清晰。消除具有二义性的术语，建立一本术语和数据字典，用于定义所有的业务和技术词汇，以防止它被不同的读者理解为不同的意思。特别是要说明清楚那些既有普通含义又有专用领域含义的词语。对SRS的评审能够帮助参与者对关键术语、概念等达成共识。不要在需求规格说明中包括设计，在SRS中包含的设计方法将对开发人员造成不必要的限制并妨碍他们设计出最佳方案。仔细评审需求规格说明以确保它是在强调解决业务问题需要做什么，而不是在说怎么做。

需求验证要全面准确。审查相当篇幅的SRS是有些令人沮丧，正如要在开发过程早期编写测试用例一样。但如果在构造设计开始之前通过验证基于需求的测试计划和原型测试来验证需求的正确性及其质量，就能大大减少项目后期的返工现象。在项目计划中应为这些保证质量的活动预留时间并提供资源。从用户方获得参与需求评审的赞同，并尽早以尽可能低的成本通过非正式的评审逐渐到正式评审来找出其存在的问题。如果评审人员不懂得怎样正确地评审需求文档和怎样做到有效评审，那么很可能会遗留一些严重的问题。因此要对参与需求文档评审的所有团队成员进行培训，请组织内部有经验的评审专家或外界的咨询顾问进行培训，以使评审工作更加有效。

2.4.2 需求管理的注意事项

1. 需求变更

将前景文档作为变更的参照可以减少项目范围的延伸。在具有良好合作精神的用户的积极参与下，需求获取过程可以把需求变更减少近一半。能在早期发现需求错误的质量控制方法同样可以减少需求变更。而为了减少需求变更的影响，将那些易于变更的需求用多种方案实现，并在设计时更要注重其可修改性。

2. 需求变更过程

需求变更的风险来源于未曾明确的变更过程或采用的变动机制无效或不按计划的过程来作出变更。应当在开发的各阶层都建立变更管理的纪律和氛围，当然这需要时间。需求变更过程包括对变更的影响评估，提供决策的变更控制委员会，以及支持确定重要起点步骤的工具。

3. 未实现的需求

需求跟踪能力矩阵有助于避免在设计、构造及测试期间遗漏任何需求，也有助于确保不会因为交流不充分而导致多个开发人员都未实现某项需求。

4. 扩充项目范围

如果项目开始时未能很好定义需求，那么很可能隔段时间就要扩充项目的范围。产品中未说明白的地方将耗费比预料中更多的工作量，而且按最初需求所分配好的项目资源也可能因为用户的需求变更而调整。为减少这些风险，可以在系统的早期版本中实现核心功能，在以后的阶段中逐步实现非核心功能需求。

2.5 小结

软件需求是软件设计及实现的基础,对于整个软件项目来说至关重要,因而软件项目需求管理的重要性也就不言而喻了。软件项目需求管理是对需求的获取、组织及记录过程进行的管理,保证客户与项目开发团队对不断变更的软件需求达成并保持一致。

本章首先给出了需求的基本概念、需求的分类、记录需求的文档及需求质量的度量原则;然后介绍了一门新兴学科——需求工程,主要介绍了需求工程的产生、发展及研究内容,需求管理即是需求工程研究的一个方面;最后论述了需求管理的相关内容:需求管理的必要性、需求管理的目标和原则、需求管理包括的活动及需求管理的质量保证——需求验证和评审。其中,需求的变更管理是需求管理中最为突出的一环,在实际的软件项目中应给予重视。

第 3 章 软件项目成本管理

案例故事

几年前一些软件精英毕业后团结一心,创办了一个小型的软件公司,专门承接外包订单。初入社会的他们没有太多经验,但他们知道软件项目中最大的支出项当属人力资源成本。因此公司的一项签约准则是:"那些合同金额大于人员工资支出的项目都能承接。"

很多次在合同谈判过程中,虽然发现每个项目似乎都不能给公司带来很多的利润,但和单个项目的人员支出相比似乎还是有些节余。考虑到公司还是初创期,在没有过多地和转包方进行争取的情况下,便接下了一个个合同订单。

在项目启动时,公司让每个项目经理都充分考虑项目的成本费用支出。各项目经理都进行了成本估算,包括项目组人员的工资、奖金、通信费和住宿补助等。随着一个又一个项目的完成,尽管夭折和失败的项目很少,但是整个公司的资金状况却是越来越糟,房租,水、电费用成了公司经理的头痛之源。

为了能让客户满意、软件项目也能给公司带来利润,公司经理给他自己和所有的项目经理留了思考题:什么是软件项目的成本?软件项目的成本要怎样管理?

3.1 概述

在计算机发展的早期,由于硬件相当昂贵,软件的成本在计算机系统的总成本中所占的比例非常小,软件成本的估算误差对系统的影响很小,因而当时对软件成本估算没有太高的要求。但随着信息技术的突飞猛进,现在软件已经成为大多数项目的主要耗资之处,因此软件成本管理变得日趋重要。

软件业界经常发生的事情就是一个大型软件项目一旦开始进行,就会不知不觉变得难以控制,一个预计耗费 10 人年而实际完成时却耗费 20 人年的项目是很常见的。为避免这种情况的发生,成本管理成为软件项目管理过程必不可少的工作之一。

3.1.1 成本

什么是成本?不同文化领域有着不同的解释,《现代汉语词典》中给出的定义是"生产一种产品所需的全部费用";《韦伯斯特(Webster)词典》将成本定义为:"交换中所放弃的东西。"在软件项目管理中,通常人们用"为完成软件项目而支付的货币量"来衡量。为完成一个软件项目,总要花费一些资金、消耗一些资源,因此作为项目经理能够理解成本概念、做好项目成本管理非常重要。

对于一个软件项目而言,项目成本大体包括以下 4 个方面:
- 人力资源成本,软件项目干系人的工资、福利、招聘和培训等成本费用。
- 软硬件资源成本,软件项目使用的开发和测试工具、服务器、网络设备和其他软硬件资源的占用费。
- 商务活动成本,软件项目开发过程发生的差旅费、交通费、通信费,以及商务接待等活动费用等。
- 其他成本费用,根据各项目特点不同,未在上述分类中计入的成本费用。

为了评价项目成本的可确定程度,项目成本又分为有形成本和无形成本;根据是否可以直接用一种经济的方式识别和跟踪项目成本,项目成本又分为直接项目成本和间接项目成本。例如项目人员的工资、项目干系人的交通费、仅用于某个项目的资源购置费等都属于该软件项目的直接项目成本;而项目过程中使用的桌椅,耗费的水、电等都属于间接项目成本。

由于一般的软件项目会经历项目开发建设期和维护期,因此在项目成本管理时要将项目的开发成本和维护成本都考虑其中。往往一些项目经理将管理的重点都放在项目开发实现阶段,而忽略了维护阶段的成本费用支出。其实软件项目在验收完成进入维护阶段后,也常常需要占用一定的人力、物力资源,如果忽略了这部分支出,可能会造成项目利润虚增的假象。

3.1.2 成本管理

在项目管理过程中,通常是按照以上 4 项的成本构成方式进行成本管理。项目成本管理的目标是确保在批准的预算范围内完成项目所需的各项任务。其中"项目"和"预算范围内"是两个关键词。项目经理必须在项目启动时完成准确定义项目范围、估算项目支出等工作,并在项目过程中通过一系列监控手段和方法努力减少和控制成本费用支出,满足项目关系人的期望。通常,软件项目成本管理活动包括以下几个方面。

(1) 软件系统规模估算

软件系统规模估算包括软件项目工作任务分解,并且根据分解的工作任务对程序量(程序代码行数或者是项目功能点数)进行估算。

(2) 软件项目成本估算

软件项目成本估算包括软件生产效率的估计,并根据软件系统规模和生产效率估计完成项目所需各项资源的成本。

(3) 软件项目成本预算制订

软件项目成本预算制订包括将软件项目的整体成本估算配置到各单项任务中,并输出成本估算表和使用计划表。

(4) 软件项目成本监控

软件项目成本监控包括定期的项目成本统计、核算,监控预算完成情况,偏差分析和预算调整等。成本控制过程的主要输出是修正的成本预算、纠正行动、完工估算和取得的教训等。

3.1.3 成本估算的时机

软件项目成本估算不是一劳永逸的活动,它是随项目的进行而进行的一个逐步求精的过程。项目初期由于未知因素较多,估算精度相对较低,但对制订项目成本预算和项目计划起到至关重要的作用;随着项目的进行,各未定因素逐渐明确,估算也趋于准确,进而对项目成本预算和项目计划作出必要的修改以更好地指导后续工作,或者纠正项目活动使其与预算匹配;如此反复,直到项目结束。如图3.1所示,如果把估算工作推迟到项目的后期进行,则在项目完成后能得到100%精确的结果。该数值虽然有吸引力,但却不实际,因为成本估算在事前给出才有意义。对任何一种估算方法来说,估算的时机和精度都是一对矛盾,只不过不同的方法其对立的程度不同而已。项目经理的目的是尽可能寻找对立程度最小的估算方法。

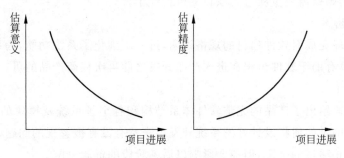

图3.1 软件项目估算的时机

在软件项目进行过程中,随时进行成本估算当然是可以的。随时对变化作出回应,更准确地改善和实施下一步的项目计划。但这不是最好的选择。因为估算本身也需要成本,过多过频的成本估算活动将会抵消其带来的效益,所以选择合适的时间点进行必要的成本估算活动是成本管理中必须考虑的一个问题。

软件项目从其产生到结束可以细化为可行性论证、需求分析、系统设计、系统实现、系统测试、系统上线交付和系统运行维护几个阶段。在软件项目开发期间,产品日趋确定,因为越来越多的活动得到了控制和检测,有一些子阶段的工作完成之后,必须进行软件估算或再估算。在这些子阶段进行不同的成本估算活动对于软件项目的成败有重要意义。如图3.2所示,在软件生命周期的5个时间点E_1,E_2,E_3,E_4,E_5进行估算是比较合理的。

(1) 可行性论证

客户需求阶段列出了客户需要的基本软件功能,时间点E_1的估算可以为软件组织提

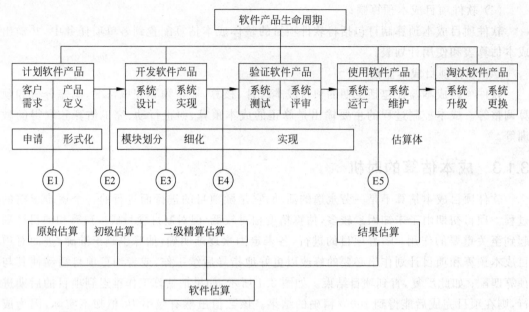

图 3.2 软件项目估算时机

供初步信息,以决定即将开始的软件项目是否对本组织有利。如果答案是肯定的,则进入下一阶段的工作,否则就需要重新考虑项目的可行性了。

(2) 需求分析

需求分析阶段完成对软件项目的规格说明,进一步细化了系统功能,为系统设计提供了依据,此时的估算有助于软件组织在进入产品开发之前再次权衡产品的可行性。

(3) 系统设计

系统设计阶段给出了产品的完整软件体系结构和各个子系统及模块的说明,该阶段的估算工作要考虑的是如何将设计好的系统开发出来及有没有被忽视的问题。这阶段的估算一般不会作出终止项目的决定,但却会影响以后各阶段的资源分配。

(4) 系统实现

设计通过审查之后,系统的实现工作就开始了。此时需要大量的程序员参与,因而人员数量会达到高峰,然后随着实现的完成而降下去。该阶段结束时,初步的软件产品可用于系统测试,前面各项活动中耗费的资源(时间及人力等)和软件工作量均可以获得,从而可对原有估算进行调整,后期需要的工作则按此估算进行计划。

(5) 系统运行维护

当所有的工作都已完成并得到了验证之后,系统就可以投入运行了。此时,所有的不确定因素都成为已知量,估算工作实际上是对估算过程的评价,即用实际的消耗与各个阶段估算值进行比较。这一阶段的估算看似无用,其实对于软件组织来说是必不可少的,它使得软件组织能够认识到估算活动中需要提高的地方及组织本身的特点,为下一个项目积累了宝贵的经验。

3.2 软件项目规模估算

3.2.1 WBS

对软件项目进行估算遇到的第一个问题就是软件规模,即软件的程序量。软件规模是软件成本的主要影响因素,对软件规模的估计要从软件的分解开始。软件项目的设计有一个分层结构,这一分层结构就对应着工作分解结构(Work Breakdown Structure,WBS),它将软件过程和软件产品结构联系起来。图3.3是一个典型的WBS结构。

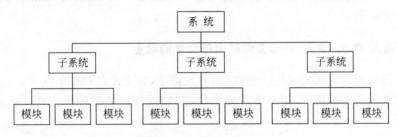

图 3.3 典型的 WBS

有了 WBS 之后,还必须定义度量标准用以对软件规模进行估计。常用的软件规模度量标准有两种:代码行(Lines of Code,LOC)和功能点(Function Points,FP)。一般来说,WBS 越细,对软件规模的估计就越准确。在进行这类估计时,采用如下原则:
- 在技术允许的条件下,应从最详细的 WBS 开始。
- 精确定义度量的标准。
- 估计底层每一模块的规模,汇总以得到总体估计。
- 适当考虑偶然因素的影响。

3.2.2 LOC 估计

LOC 是常用的源代码程序长度的度量标准,指源代码的总行数。源代码中除了可执行语句外,还有帮助理解的注释语句。这样 LOC 可以分为无注释的源代码行(Non-Commented Source Lines Of Code,NCLOC)和注释的源代码行(Commented Source Lines Of Code,CLOC)。

$$LOC = NCLOC + CLOC \tag{3-1}$$

在进行 LOC 估计时,依据注释语句是否被看成程序编制工作量的组成部分,可以分别选择 LOC 或 NCLOC 作为估计值。由于 LOC 单位比较小,所以在实际工作中,也常常使用 KLOC(千代码行)来表示程序长度。

虽然根据高层需求说明估计 LOC 非常困难,但这种度量方法确实有利于估计准确性的提高。随着开发经验的增加,软件组织可以积累很多 LOC 估计的功能实例,从而为新的估计提供了比较的基础。人们已经设计了许多计算 LOC 的自动化工具。LOC 作为度量标准简单明了,且与即将生产的软件产品直接相关,可以及时度量并和最初的计划进行对比。

1 代码行(1LOC)价值和人月均代码行数可以体现一个软件生产组织的生产能力,组织可以根据对历史项目的审计来核算组织的单行代码价值。例如,某软件公司统计发现该公司每 10KLOC 的 C 语言源代码形成的源码文件(.c 和.h 文件)约为 250KB,某项目的源码文件大小为 2.5MB,则可估计该项目源代码大约为 100KLOC。若累计投入工作量为 160 人月,每人月费用为 10000 元,则该项目中 1LOC 的价值为 16 元,人月均代码行数为 625LOC/人月。

3.2.3 FP 估计

FP 估计是在需求分析阶段基于系统功能的一种规模估计方法,该方法通过研究初始应用需求来确定各种输入、输出、查询以及外部文件和内部文件的数量,从而确定功能点数量。为计算 FP,我们首先要计算未调整的功能点数(Unadjusted Function Point Count,UFC)。UFC 的计算步骤如下。

1. 计算输入、输出、查询、外部文件和内部文件的数量

① 输入是由用户提供的、描述面向应用的数据项,如文件名和菜单选项。
② 输出是向用户提供的、用于生成面向应用的数据项,如报告和信息。注意不是其个别组成部分。
③ 查询是要求回答的交互式输入。
④ 外部文件是对其他系统的机器可读界面。
⑤ 内部文件是系统里的逻辑主文件。

2. 判断项目复杂性,计算 UFC

有了以上 5 个功能项的数量后,再由估计人员对项目的复杂性作出判断,大致划分成简单、一般和复杂 3 种情况,然后根据表 3.1 求出功能项的加权和即为 UFC。

表 3.1 功能点的复杂度权重

功 能 项	权 重		
	简单	一般	复杂
输入	3	4	6
输出	4	5	7
查询	3	4	6
外部文件	7	10	15
内部文件	5	7	10

FP 是由 UFC 与技术复杂度因子(Technical Complexity Factor,TCF)相乘得到的。TCF 的组成见表 3.2。

表 3.2 技术复杂度因子的组成

名 称	对系统的重要程度					
	无影响	影响很小	有一定影响	重要	比较重要	很重要
A_1 可靠的备份和恢复				3	4	5
A_2 分布式函数	0	1	2	3	4	5
A_3 大量使用的配置	0	1	2	3	4	5

续表

名称	对系统的重要程度					
	无影响	影响很小	有一定影响	重要	比较重要	很重要
A_4 操作简便性	0	1	2	3	4	5
A_5 复杂界面	0	1	2	3	4	5
A_6 重用性	0	1	2	3	4	5
A_7 多重站点	0	1	2	3	4	5
A_8 数据通信	0	1	2	3	4	5
A_9 性能	0	1	2	3	4	5
A_{10} 联机数据输入	0	1	2	3	4	5
A_{11} 在线升级	0	1	2	3	4	5
A_{12} 复杂数据处理	0	1	2	3	4	5
A_{13} 安装简易性	0	1	2	3	4	5
A_{14} 易于修改性	0	1	2	3	4	5

TCF 共有 14 个组成部分 $A_1 \sim A_{14}$，每个组成部分按照其对系统的重要程度分为 6 个级别：无影响、影响很小、有一定影响、重要、比较重要和很重要，相应的赋予数值 0、1、2、3、4、5，则 TCF 可用公式(3-2)计算出来：

$$TCF = 0.65 + 0.01(SUM(A_i)) \tag{3-2}$$

TCF 的取值范围为 $0.65 \sim 1.35$，分别对应着组成部分 A_i 都取值 0 和 5。

至此，我们得到了功能点 FP 的计算公式：

$$FP = UFC \times TCF \tag{3-3}$$

FP 有助于在软件项目的早期作出规模估计，但却无法自动度量。一般的做法是，在早期的估计中使用 FP，然后依据经验将 FP 转化为 LOC，再使用 LOC 继续进行估计。FP 度量在以下情况下特别有用：

① 估计新的软件开发项目。
② 应用软件包括很多输入输出或文件活动。
③ 拥有经验丰富的 FP 估计专家。
④ 拥有充分的数据资料，可以相当准确地将 FP 转化为 LOC。

3.2.4 PERT 估计

计划评审技术(Program Evaluation and Review Technique, PERT)是 20 世纪 50 年代末美国海军部开发北极星潜艇系统时为协调 3000 多个承包商和研究机构而开发的，是用于项目进度规划的一种技术。其理论基础是假设项目持续时间以及整个项目完成时间是随机的，且服从某种概率分布。PERT 可以估计整个项目在某个时间内完成的概率。后来，学者们将其引入到软件规模估计的应用中来。

一种简单的 PERT 估算技术是假设软件规模满足正态分布。在此假设下，只需估算两个量：其一是软件可能的最低规模 a；其二是软件可能的最大规模 b。然后计算该软件的期望规模：

$$E = (a+b)/2 \tag{3-4}$$

该估算值的标准差为:

$$\sigma = (b-a)/6 \tag{3-5}$$

以上公式基于如下条件:最低估计值 a 和最高估计值 b 在软件实际规模的概率分布上代表 3 个标准差(3σ)的范围。因这里假设符合正态分布,所以软件的实际规模在 a、b 之间的概率为 0.997。

较好的 PERT 估计技术是一种基于 β 分布和软件各部分单独估算的技术。应用该技术时,对于每个软件部分要产生 3 个规模估算量,说明如下:

- a_i 表示软件第 i 部分可能的最低规模。
- m_i 表示软件第 i 部分最可能的规模。
- b_i 表示软件第 i 部分可能的最高规模。

利用公式计算软件每一部分的期望规模和标准差。第 i 部分期望规模 E_i 和标准差 σ_i 为:

$$E_i = (a_i + 4m_i + b_i)/6 \tag{3-6}$$

$$\sigma_i = (b_i - a_i)/6 \tag{3-7}$$

总的软件规模 E 和标准差 σ 为:

$$E = \sum_{i=1}^{n} E_i, \quad \sigma = \left(\sum_{i=1}^{n} \sigma_i^2\right)^{1/2} \tag{3-8}$$

其中 n 为软件划分成的软件部分的个数。

3.3 软件项目成本估算

估计出软件项目的规模之后,需要将其转换为人月数。虽然有些程序员可以凭借直觉估计出需要的人月数,但对于规模较大、参与人员较多的项目,则需要一个客观的分析计算后才能给出整个项目的成本估算。在从软件项目规模估算到成本估算的转换过程中,首先要确定每个人月平均完成代码数量,即软件生产率。

3.3.1 软件生产率估算

1. 生产率数据的获取

根据软件组织的一些历史数据,按如下步骤可以获得生产率数据。

① 选择一些最近完成的项目,这些项目在规模、使用的语言、应用类型和团队开发经验等方面要和待完成项目相似。

② 获得各个项目的 LOC 数据,各项目都要使用相同的计数方案。

③ 对于更改过的程序,记录更改代码所占比例,仅计算新增或更改部分 LOC 的数量。

④ 计算投入到每个项目上的人员数量。一般包括直接设计人员、实现人员、测试人员、文档人员,通常排除软件质量保证人员、管理人员和需求人员等,特别是需求活动的人员,因为其受客户关系和应用知识的影响很大。

⑤ 计算各个项目的软件生产率,即 LOC/PM(每个人月生产代码的数量),进而求出平均值作为类似项目的典型软件生产率。

2. 影响因素

影响软件生产率的因素有很多,每个软件组织都应该根据自身的具体情况进行分析。这需要大量的历史数据作为基础,因而对于缺乏类似数据的组织来说,找出生产率因素并不容易。幸运的是,已有一些这样的公开数据可供参考,软件组织可以收集自己的数据并与之对比,以确定自身的生产率。

表 3.3 和表 3.4 是从 IBM 500 多个 System/370 项目的数据中总结出的相关生产率因素。这些数据涉及数千万行源代码,积累了数年的开发经验,表明生产率因素各不相同,取决于产品类型、项目规模和软件变更的程度。

表 3.3 软件规模和产品类型对生产率的影响

产品类型	规模(KCSI)		
	<10	10~50	>50
语言	1.8	3.9	4.0
控制	1.6	1.8	2.4
通信	1.0	1.6	2.0

表 3.4 软件变更和产品类型对生产率的影响

产品类型	变更或新增的百分比		
	<20%	20%~40%	>40%
语言	3.0	6.0	6.6
控制	1.5	2.3	2.3
通信	1.4	1.8	1.9

从上面的数据可以看出,大型语言编译器程序的生产率是小型数据通信程序的 4 倍;新增的或大部分经过修改的语言程序的生产率是修改较小的数据通信程序的 4.7 倍(6.6/1.4)。

即便能够找到一些生产率因素,我们目前还无法获得主要的统计因素,不能确定影响因素和生产率之间的定量关系,只能通过比较得到一些结果。另外,有学者发现,环境因素对生产率的影响也较为显著,如开发环境面积、安静程度、私密程度及受干扰程度等。

3. 估算

以表 3.3 的数据为例来说明生产率数据的估算。假定某软件组织根据历史数据已经确定开发中等规模的控制程序的生产率是 300LOC/PM,则该组织开发中等规模语言程序的生产率为 $300×(3.9/1.8)$LOC/PM,其他的以此类推。

3.3.2 软件项目成本估算方法

成本估算是对完成软件项目所需费用的估计和计划,是软件项目计划中的一个重要组成部分。要实行成本控制,首先要进行成本估算。一种比较理想的情况是,完成某项软件任务所需费用可根据历史标准估算。但对许多软件组织来说,由于软件项目和计划不断变化,把以前的活动与现实对比几乎是不可能的。而且在费时较长的大型软件项目中,还应考虑到今后几年的员工工资结构是否会发生变化以及管理费用在整个项目生命周期内会不会变化等问题。可见,成本估算是在一个无法以高可靠性预计的环境下进行的。在软件项目管理过程中,为了使时间、费用和工作范围内的资源得到最佳利用,人们开发出了不少成本估算方法,以尽量得到较好的估算。

1. 专家判定

专家判定就是与一位或多位专家商讨,专家根据自己的经验和对项目的理解对项目成本作出估算。由于单独一位专家可能会产生偏差,因此最好由多位专家进行估算。对于由多个专家得到的多个估算值,需要采取某种方法将其合成一个最终的估算值。可采用的方法有以下几个。

(1) 求中值或平均值

这种方法非常简便,但易于受到极端估算值的影响而产生偏差。

(2) 召开小组会议

组织专家们召开小组会议进行讨论,以使他们统一于或同意某一估算值。该方法能去掉一些极为偏颇无知的估算,但易于受权威人士或能言善辩人士的影响。

(3) Delphi 法

Delphi 法是 1948 年 Rand 公司产生的一种预测未来事件的技术,随后在诸如联合规划和成本估算之类的各种其他应用中作为使专家意见一致的方法。采用标准 Delphi 法的步骤如下:

- 协调员给每位专家一份软件规格说明书和一张记录估算值的表格。
- 专家无记名填写表格,可以向协调员提问,但相互之间不能讨论。
- 协调员对专家填在表上的估算进行小结,据此给出估算迭代表,要求专家进行下一轮估算。Delphi 成本估算迭代表的样例如图 3.4 所示,迭代表上只标明专家自己的估计,其他估计匿名。
- 专家重新无记名填写表格。该步骤要适当地重复多次,在整个过程中,不得进行小组讨论。

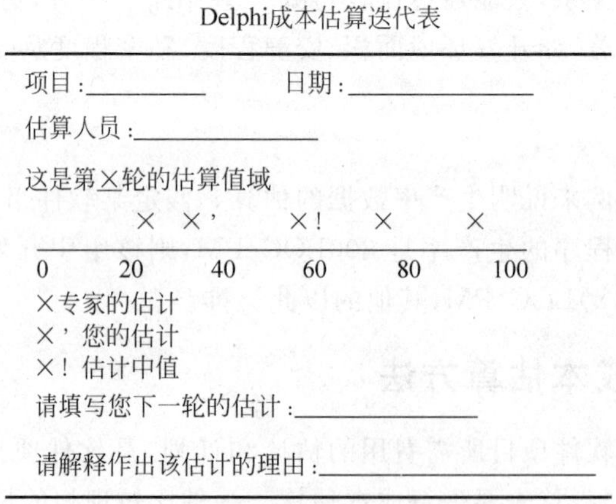

Delphi 成本估算迭代表

项目:_____   日期:_____

估算人员:_____

这是第 X 轮的估算值域

×   ×'   ×!   ×   ×
0   20   40   60   80   100

× 专家的估计
×' 您的估计
×! 估计中值

请填写您下一轮的估计:_____

请解释作出该估计的理由:_____

图 3.4 Delphi 成本估算迭代表的样例

(4) Wideband Delphi 技术

采用 Delphi 技术,专家们不能小组讨论,无法获得足够的交互信息,这不利于根据他人的估算值调整自己的估算值。鉴于此,将小组会议和 Delphi 技术结合起来,提出了 Wideband Delphi 技术。利用 Wideband Delphi 技术的步骤如下:

- 给每位专家发放软件规格说明书和估计表格。
- 专家开会讨论软件产品和任何与估算相关的问题。
- 专家以不记名的方式填写估计表格。

- 协调员汇总结果,并将结果以迭代表形式返回给各个专家,迭代表样例类似图 3.4,只是不包括书面理由。
- 专家召开小组会议讨论上次估计结果,自愿修改个人估计。
- 如此反复进行,直到各个专家的估计逐渐接近,达到一个可以接受的范围。其估算过程如图 3.5 所示。

图 3.5 Wideband Delphi 估算过程

2. 类比

类比法就是把当前项目和以前做过的类似项目比较,通过比较获得其工作量的估算值。该方法需要软件开发组织保留有以往完成项目的历史记录。

应用类比法的前提是确定比较因子,即提取软件项目的特性因子,以此作为相似项目比较的基础。常见的比较因子有软件开发方法、功能需求文档数及接口数等。具体使用时需结合软件开发组织和软件开发项目的特点加以确定。

类比估算既可以在整个项目级上进行,也可以在子系统级上进行。整个项目级具有能将该系统成本的所有部分都考虑周到的优点(如对各子系统进行集成的成本),而子系统级具有能对新项目与已完成项目之间的异同性提供更详细评估的优点。

类比估算法的主要长处在于估算值是根据某个项目的实际经验得出的,可对这一经验进行研究以推断新项目的某些不同之处以及对软件成本可能产生的影响。依据经验类比估算的缺点在于无法弄清以前的项目究竟在多大程度上代表了新项目的特性。

3. 自顶向下

自顶向下的估算方法从软件项目的整体出发,即根据将要开发的软件项目的总体特性,结合以前完成项目积累的经验,推算出项目的总体成本或工作量,然后按比例分配到各个组成部分中去。

自顶向下估算法的主要优点在于其对系统级的重视。因为估算是在整个已完成项目的经验的基础上得出的,所以不会遗漏诸如系统集成、用户手册和配置管理之类的系统级事务的成本。其缺点是难以识别较低级别上的技术性困难,这些困难往往会使成本上升。并且由于考虑不细致,它有时会遗漏所开发软件的某些部分。

4. 自底向上

自底向上估算把待开发的软件逐步细化,直到能明确工作量,由负责该部分的人给出工作量的估算值,然后把所有部分相加,就得到了软件开发的总工作量。

自底向上的估算与自顶向下的估算是互补的,它比后者需要更多的精力。由于每部分的估算值是由负责该部分的人在对任务较为详细的理解的基础上给出的,因而每部分的估算较为精确。但自底向上的估算易于忽略许多与软件开发有关的系统级成本,如系统集成、配置管理和质量保证等,所以给出的总估算值往往偏低。

任务单元法是自底向上估算最常见的一种。在该方法中,软件开发任务被分解为若干部分,每一部分又分为若干任务单元。负责某一部分的开发者对该部分的每一任务单元进行工作量估算,汇总得到该部分的工作量估算值,进而再与其他部分相加得到整个软件任务的工作量估算。表 3.5 是 Boehm 给出的一个软件开发任务中库存情况更新部分的工作量估算例子。

表 3.5 任务单元计划样例

软件部分:库存情况更新		开发者:×××	日期:2/8/08
阶段	任务单元	人日	小计
规划和需求	需求定义	5	6
	开发计划	1	
产品设计	产品设计	6	10
	初步用户手册	3	
	测试计划	1	
详细设计	详细 PDL 描述	4	12
	数据定义	4	
	测试数据和过程	2	
	用户手册	2	
编程及单元测试	编码	6	16
	单元测试结果	10	
集成及测试	编制文档	4	9
	组装及测试	5	
总计			53

5. 算法模型

面对一项软件估算任务时,人们心中会产生一个进行估算工作的经验模型。但是由于容易受到主观因素的影响,仅靠直觉来估算比较冒险,因此采用数学方法建立正式的模型是必需的。在众多产业领域内,已经产生了许多数学模型。这里从不同角度对模型进行简单的归类,以提高对模型的理解程度,从而更好地使用它们。

(1) 模型的分类

根据模型中变量的依存关系,可把模型分为静态模型和动态模型。在静态模型中,用一个唯一的变量(如程序规模)作为初始元素来计算所有其他变量(如成本、时间),且所用计算公式的形式对于所有变量都是相同的。在动态模型中,没有类似静态模型中的唯一基础变量,所有变量都是相互依存的。

根据基本变量的多少,可把模型分为单变量模型和多变量模型。在单变量模型中,只用一个基本变量来计算其他所有变量。在多变量模型中,需要多个变量来描述软件过程,再结合相关公式给出时间和费用的估算值。但无论是什么变量,只要被引入到模型中对软件开发过程进行预测,就通称为预测量。选择和处理这些预测量是软件估算工作的核心问题。

(2) 静态单变量模型

静态单变量模型用同一个基本公式通过同一个预测量(如程序规模)来估算所需要的值。一个常见的公式是：

$$C = aL^b \tag{3-9}$$

其中，C 是待估算的量，L 是用作输入的预测量，a 和 b 是根据历史经验得到的参数，随着开发组织和环境等不同而不同。

例如，马里兰大学软件工程实验室建立了一个 SEI 模型对其软件产品进行估算。该模型是一个典型的静态单变量模型：

$$E = 1.4L^{0.93} \tag{3-10}$$

$$DOC = 30.4L^{0.90} \tag{3-11}$$

$$D = 4.6L^{0.26} \tag{3-12}$$

其中，L 是作为预测量的 LOC，E 是以人月为单位的工作量，DOC 是以页数为单位的文本量，D 是以月为单位的所需时间。

(3) 静态多变量模型

静态多变量模型仍是基于 $C=aL^b$ 这样的公式的，但还取决于几个能代表软件开发环境的各种因素的变量，如软件开发方法、用户需求变化情况、内存限制及实际时间等。

例如 Boehm 开发的 COCOMO 模型。Boehm 提出的结构性成本估算模型是一种精确易用的成本估算方法。该模型分为基本 COCOMO 模型、中级 COCOMO 模型和高级 COCOMO 模型。基本 COCOMO 模型是一种静态单变量模型，它用一个已经估算出来的以 LOC 为自变量的函数来计算软件开发工作量。中级 COCOMO 模型在用 LOC 为自变量的函数来计算软件开发工作量(此时称为名义工作量)基础上，再用成本驱动因子(包括产品、硬件、人员及项目属性的主观评价)来调整工作量的估计。高级 COCOMO 模型包括了中级 COCOMO 模型的所有特性，并结合成本驱动因子对软件工程过程中每一个步骤(分析、设计)的影响的评估。中级 COCOMO 模型和高级 COCOMO 模型是静态多变量模型，因为它们在基本 COCOMO 模型的基础上，考虑了软件开发环境的各种因素。我们将在后面详细阐述 COCOMO 模型。

(4) 动态多变量模型

动态多变量模型通过多个变量的相互作用对软件过程作出估算。1978 年 Putnam 提出的模型就是一种动态多变量模型，在后面部分将对其详细论述。

(5) 其他模型

还有很多成本估算模型都是通过对以前的软件项目中收集到的数据进行回归分析而建立的模型，其结构如下：

$$E = A + BX^C \tag{3-13}$$

其中，A,B,C 是由经验估计的常数，E 是以人月为单位的工作量，X 是预测变量，通常有 LOC 和 FP 两种表示方式。

当预测变量为 LOC 时，估算模型有：

$$E = 5.5 + 0.73 \times (KLOC)^{1.16} \quad \text{Bailey-Basili 模型} \tag{3-14}$$

$$E = 5.288 \times (KLOC)^{1.047} \quad \text{Doty 模型，在 KLOC} > 9 \text{ 的情况下} \tag{3-15}$$

当估算变量为 FP 时，估算模型有：

$$E = -13.39 + 0.0545\text{FP} \quad \text{Albrecht 和 Gaffney 模型} \quad (3\text{-}16)$$
$$E = 60.62 \times 7.728 \times 10^{-8}\text{FP}^3 \quad \text{Kemerer 模型} \quad (3\text{-}17)$$
$$E = 585.7 + 5.12\text{FP} \quad \text{Maston、Barnett 和 Mellichamp 模型} \quad (3\text{-}18)$$

3.3.3 软件项目成本估算模型

随着软件度量技术的发展,在众多的成本估算模型中最常用的是 COCOMO 模型、COCOMO Ⅱ 模型和 Putnam 模型。结合实例,以下分别给予详细的介绍。

1. COCOMO 模型

1981 年发表的原始 COCOMO 模型是一个分层次的系列软件成本估算模型,包括基本模型、中级模型和详细模型 3 个子模型。COCOMO 模型是一个采用自底向上的方法进行估算的杰出典范。对于详细 COCOMO 模型来说,估算工作从软件结构的最低层模块开始,然后逐步进行到更高层次的子系统,最后到达系统层次。

原始 COCOMO 模型的 3 个子模型都采用相同的形式:

$$E = aS^b \times \text{EAF} \quad (3\text{-}19)$$

其中,E 是以人月为单位的工作量;S 是以 KLOC 计数的程序规模;EAF(Effort Adjustment Factor)是一个工作量调整因子,在基本模型中取值 1;a 和 b 是两个随开发模式而变化的因子。这里定义了如下 3 种开发模式:

① 有机式,项目相对简单,一组有经验的程序员在极为熟悉的环境中开发软件。

② 嵌入式,项目必须在严格的约束条件下开发,要解决的问题很少见,因而无法借助于经验。

③ 半分离式,介于有机式和嵌入式之间的中间方式,项目为中等规模,开发小组可能由经验值不同的混合人员组成。表 3.6 给出了软件开发 3 种模式的特性比较。

表 3.6 软件开发 3 种模式的比较

特 性	软件开发模式		
	有机式	半分离式	嵌入式
产品目标的系统理解	充分	很多	一般
有关工作经验	大量	很多	适中
对需求一致性的要求	基本	很多	充分
对外部接口说明一致性的要求	基本	很多	充分
有关新硬件和操作程序的并行开发	若干	适中	大范围
对创新的数据处理结构、算法的需求	最低	若干	很多
提前完成时的奖金	低	适中	高
产品规模范围	小于 50KDSI	小于 300KDSI	所有规模
应用实例	分批数据处理 简单库存、生产管理 普通操作系统	事务处理系统 简单指令控制 新操作系统	复杂事务处理系统 超大型操作系统 宇航控制系统

(1) 基本 COCOMO 模型

基本 COCOMO 模型把工作量作为软件程序规模的函数来计算,其计算公式为:

$$E = aS^b \tag{3-20}$$

其中,S 是以 KLOC 计数的程序规模,因子 a、b 取值见表 3.7。

根据计算出的工作量,可以由公式(3-21)计算所需的开发时间:

$$t = cE^d \tag{3-21}$$

其中,E 是上面估算出来的以人月为单位的工作量,c,d 是随开发模式而改变的因子。c,d 的取值见表 3.8。

表 3.7　3 种开发模式在基本 COCOMO 模型中的取值

开发模式	a	b
有机式	2.4	1.05
半分离式	3.0	1.12
嵌入式	3.6	1.20

表 3.8　开发时间参数

开发模式	c	d
有机式	2.5	0.38
半分离式	2.5	0.35
嵌入式	2.5	0.32

有了基本 COCOMO 模型之后,软件估算者就有了一个快速估算的工具。一旦软件规模计算出来,就可以快速计算出软件项目的工作量和开发时间。当然,必须首先确定项目的开发模式。

基本 COCOMO 模型虽然简单易用,但是也有其不足,也就是不准确。对于基本 COCOMO 模型得到的结论,我们必须慎重对待,因为只要软件项目的开发模式和程序规模相同,不管软件开发环境、使用的开发方法、开发工具的有效性及管理方法等方面的差异,都会得到相同的工作量和开发时间估算值。

(2) 中级 COCOMO 模型

鉴于基本 COCOMO 模型的精确性不够,在中级 COCOMO 模型中考虑了软件开发环境的因素,引入了一组 15 个附加预测量,称为成本驱动量。中级 COCOMO 模型将工作量作为软件规模和成本驱动量的函数来计算,计算公式为:

$$E = aS^b \times \text{EAF} \tag{3-22}$$

其中,E 是以人月为单位的工作量,S 是以 KLOC 计数的程序规模,EAF 是工作量调整因子,a 和 b 是两个随开发模式而变化的因子,取值见表 3.9。

在中级 COCOMO 模型中,调整前的工作量 aS^b 称为名义工作量。工作量调整因子 EAF 根据引入的 15 个成本驱动量计算。15 个成本驱动量分为 4 大类:产品、计算机、人员和项目,每个成本驱

表 3.9　3 种开发模式在中级 COCOMO 模型中的取值

开发模式	a	b
有机式	3.2	1.05
半分离式	3.0	1.12
嵌入式	2.8	1.20

动量按重要程度从低到高分成 6 个等级来评分。利用表 3.10 获得各评分值,将 15 个评分值相乘就得到工作量调整因子 EAF。

在中级 COCOMO 模型中,同样根据工作量可以估算出所需的开发时间,估算公式同基本 COCOMO 模型。

表 3.10 中级 COCOMO 模型中的成本驱动量

成本驱动量		描述	取值					
			很低	低	一般	高	很高	非常高
产品	RELY	必要的软件可靠性要求	0.75	0.88	1.00	1.15	1.40	—
	DATA	数据库规模	—	0.94	1.00	1.08	1.16	—
	CPLX	产品复杂性	0.70	0.85	1.00	1.15	1.30	1.65
计算机	TIME	执行时间限制	—	—	1.00	1.11	1.30	—
	STOR	主存限制	—	—	1.00	1.06	1.21	1.66
	VIRT	虚拟计算机可变性	—	0.87	1.00	1.15	1.30	1.56
	TURN	计算机响应时间	—	0.87	1.00	1.07	1.15	—
人员	ACAP	分析员能力	1.46	1.19	1.00	0.86	0.71	—
	AEXP	应用经验	1.29	1.13	1.00	0.91	0.82	—
	PCAP	程序员能力	1.42	1.17	1.00	0.86	0.70	—
	VEXP	虚拟机经验*	1.21	1.10	1.00	0.90	—	—
	LEXP	编程语言经验	1.14	1.07	1.00	0.95	—	—
项目	MODP	现代编程经验	1.24	1.10	1.00	0.91	0.82	—
	TOOL	软件工具使用	1.24	1.10	1.00	0.91	0.83	—
	SCED	规定的开发进度表	1.23	1.08	1.00	1.04	1.10	—

注：* 虚拟机是指为完成某一软件任务所使用的硬、软件的结合。

中级 COCOMO 模型提供了一个有用的把握项目环境因素的途径，大多数项目管理考虑的问题和大多数关键乘数都可以用其中的 15 个成本驱动量来代表。为了表现出工作于各个不同软件部分的人员工作能力的不同及其他有关具体软件部分的特性，中级 COCOMO 模型还可以进行部件级估算。部件级估算将软件划分为若干软件部分（部件），针对每一部件，应用前面介绍的估算方法进行估算，然后把各部件估算值相加得到整个软件的估算值。

(3) 详细 COCOMO 模型

为进一步提高估算的精度，在中级 COCOMO 模型的基础上又提出了详细 COCOMO 模型，其名义工作量和开发时间的计算公式和中级 COCOMO 模型相同。详细 COCOMO 模型仍是将工作量作为程序规模及一组成本驱动变量的函数，只不过这些成本驱动因素被分成了不同的层次且在软件生存周期的不同阶段被赋予不同的值。

详细 COCOMO 模型引入了两种功能：

- 阶段敏感的成本驱动因素。因为在软件开发的各个阶段受成本驱动因素影响的大小不同，详细 COCOMO 模型把软件开发划分成 4 个阶段：需求计划和产品设计 (RPD)、详细设计 (DD)、编码和单元测试 (CUT) 以及集成测试 (IT)。根据阶段的不同为成本驱动变量赋予不同的值。

- 三层次的产品分级结构。为软件产品提供了一个"模块－子系统－系统"的 3 级层次分解结构，把成本驱动变量放在相应的层次上考虑。随底层各模块的不同而变化的因素放在模块级处理；不经常变化的因素放在子系统级处理；系统级则处理与软件项目总体规模等相关的问题。

表 3.11 和表 3.12 分别给出了模块级驱动因素和子系统级驱动因素在 4 个开发阶段的

取值。表 3.13 给出了工作量在 4 个阶段的分布。

表 3.11 模块级驱动因素

驱动因素	等级	RPD	DD	CUT	IT
CPLX	很低	0.70	0.70	0.70	0.70
	低	0.85	0.85	0.85	0.85
	一般	1.00	1.00	1.00	1.00
	高	1.15	1.15	1.15	1.15
	很高	1.30	1.30	1.30	1.30
	超高	1.65	1.65	1.65	1.65
PCAP	非常低	1.00	1.50	1.50	1.50
	低	1.00	1.20	1.20	1.20
	一般	1.00	1.00	1.00	1.00
	高	1.00	0.83	0.83	0.83
	非常高	1.00	0.65	0.65	0.65
VEXP	非常低	1.10	1.10	1.30	1.30
	低	1.05	1.05	1.15	1.15
	一般	1.00	1.00	1.00	1.00
	高	0.90	0.90	0.90	0.90
LEXP	非常低	1.02	1.10	1.20	1.20
	低	1.00	1.05	1.10	1.10
	一般	1.00	1.00	1.00	1.00
	高	1.00	0.98	0.92	0.92

表 3.12 子系统级驱动因素

	驱动因素	等级	RPD	DD	CUT	IT
产品	RELY	非常低	0.80	0.80	0.80	0.60
		低	0.90	0.90	0.90	0.80
		一般	1.00	1.00	1.00	1.00
		高	1.10	1.10	1.10	1.30
		非常高	1.30	1.30	1.30	1.70
	DATA	低	0.95	0.95	0.95	0.90
		一般	1.00	1.00	1.00	1.00
		高	1.10	1.05	1.05	1.15
		非常高	1.20	1.10	1.10	1.30
计算机	TIME	一般	1.00	1.00	1.00	1.00
		高	1.10	1.10	1.10	1.15
		非常高	1.30	1.25	1.25	1.40
		超高	1.65	1.55	1.55	1.95
	STOR	一般	1.00	1.00	1.00	1.00
		高	1.05	1.05	1.05	1.10
		非常高	1.20	1.15	1.15	1.35
		超高	1.55	1.45	1.45	1.85

续表

驱动因素		等级	RPD	DD	CUT	IT
计算机	VIRT	低	0.95	0.90	0.85	0.80
		一般	1.00	1.00	1.00	1.00
		高	1.10	1.12	1.15	1.20
		非常高	1.20	1.25	1.30	1.40
	TURN	低	0.98	0.95	0.70	0.90
		一般	1.00	1.00	1.00	1.00
		高	1.00	1.00	1.10	1.15
		非常高	1.02	1.05	1.20	1.30
人员	ACAP	非常低	1.80	1.35	1.35	1.50
		低	1.35	1.15	1.15	1.20
		一般	1.00	1.00	1.00	1.00
		高	0.75	0.90	0.90	0.85
		非常高	0.55	0.75	0.75	0.70
	AEXP	非常低	1.40	1.30	1.25	1.25
		低	1.20	1.15	1.10	1.10
		一般	1.00	1.00	1.00	1.00
		高	0.87	0.90	0.92	0.92
		非常高	0.75	0.80	0.85	0.85
项目	MODP	非常低	1.05	1.10	1.25	1.50
		低	1.00	1.05	1.10	1.20
		一般	1.00	1.00	1.00	1.00
		高	1.00	0.95	0.90	0.83
		非常高	1.00	0.90	0.80	0.65
	TOOL	非常低	1.02	1.05	1.35	1.45
		低	1.00	1.02	1.15	1.20
		一般	1.00	1.00	1.00	1.00
		高	0.98	0.95	0.90	0.85
		非常高	0.95	0.90	0.80	0.70
	SCED	非常低	1.10	1.25	1.25	1.25
		低	1.00	1.15	1.15	1.10
		一般	1.00	1.00	1.00	1.00
		高	1.10	1.10	1.00	1.00
		非常高	1.15	1.15	1.05	1.05

表 3.13　工作量在 4 个阶段的分布　　　　　　　　　单位：%

开发模式	工作量阶段分布	小型 2KLOC	次中型 8KLOC	中型 32KLOC	大型 128KLOC	巨型 512KLOC
有机式	RPD	16	16	16	16	—
	DD	26	25	24	23	—
	CUT	42	40	38	36	—
	IT	16	19	22	25	—
半分离式	RPD	17	17	17	17	17

续表

开发模式	工作量阶段分布	小型 2KLOC	次中型 8KLOC	中型 32KLOC	大型 128KLOC	巨型 512KLOC
半分离式	DD	27	26	25	24	23
	CUT	37	35	33	31	29
	IT	19	22	25	28	31
嵌入式	RPD	18	18	18	18	18
	DD	28	27	26	25	24
	CUT	32	30	28	26	24
	IT	22	25	28	31	34

利用详细COCOMO模型进行估算的过程如下：
- 计算模块的规模。按照模块—子系统—系统的分层结构将软件项目分成若干个子系统，每个子系统包括若干模块。利用某种规模估计技术，计算每一模块的规模。如果模块是由原有的模块改编得到的，则模块规模的计算公式为：

$$\text{改编后的模块规模} = (\text{原模块的 LOC} \times \text{AAF})/100 \qquad (3\text{-}23)$$

其中，AAF为调节因子。

$$\text{AAF} = 0.4 \times \text{设计修改的比例} + 0.3 \times \text{编程修改的比例} + 0.3 \times \text{集成修改的比例} \qquad (3\text{-}24)$$

- 计算名义生产率。将所有模块的规模相加得到总规模，从而确定软件项目的型别，分为小型、次中型、中型、大型和巨型。利用名义工作量计算公式求得名义工作量，用总规模除以名义工作量得到名义生产率。
- 计算每一模块在每一阶段的名义工作量。某一模块在某一阶段的工作量计算式为：

$$\text{模块的名义工作量} = \text{该模块的规模} \times \text{工作量阶段分布百分数}/\text{名义生产率} \qquad (3\text{-}25)$$

- 计算每一模块在每一阶段的工作量。利用模块级驱动因素表，求得各模块在每一阶段的工作量调节因子，名义工作量和各阶段调节因子相乘即可得到模块在各阶段的工作量。
- 计算每一子系统各阶段的名义工作量。将属于该子系统的各个模块4个阶段的工作量分别相加，得到子系统在各个阶段的名义工作量。
- 计算每一子系统各阶段的工作量。根据子系统级驱动因素表，求出各子系统在每一个阶段的工作量调节因子，名义工作量和相应阶段调节因子相乘即可得到子系统各阶段的工作量。
- 求出总的工作量。每一子系统各阶段的工作量相加就得到总工作量。

2. COCOMO Ⅱ

20世纪90年代以来，软件工程领域发生了很大的变化，出现了快速应用开发模型、软件重利用、再工程、CASE、面向对象方法及软件过程成熟度模型等一系列软件工程方法和技术。原始的COCOMO模型已经不再适应新的软件成本估算和过程管理的需要，因此Boehm根据未来软件市场的发展趋势，于1994年发表了COCOMO Ⅱ。

从原始COCOMO模型到COCOMO Ⅱ的演化反应了软件工程技术的进步，如在原始COCOMO中的成本驱动因素TURN(计算机响应时间)存在的原因是当时许多程序员共用一个主机,所以需要等待主机返回批处理任务的结果。而现在开发人员都是人手一台 PC。这一驱动因素已经没有任何意义,在 COCOMO Ⅱ 中不再使用。COCOMO Ⅱ 中主要的变化有:

① 使用 3 个螺旋式的生命周期模型,分别是用于估算早期原型工作量的应用组合模型、早期设计模型和后体系结构模型。在现代软件工程研究结果的基础上,将未来软件市场化分为基础软件、系统集成、程序自动化生成、应用集成和最终用户编程 5 个部分,COCOMO Ⅱ 通过 3 个生命周期模型支持上述的 5 种软件项目。

② 使用 5 个规模因子计算项目规模经济性的幂指数,代替了原始模型中按基本、中级和详细模型分别固定指数的方法。

③ 删除了 5 个成本驱动因素,分别是 VIRT、TURN、VEXP、LEXP 和 MODP。

④ 新增成本驱动因素,分别是:DOCU(文档编制)、RUSE(要求的重复使用)、PVOL(平台易失性)、PEXP(平台经验)、LTEX(语言和工具经验)、PCON(人员连续性)和 SITE(多站点开发)。

⑤ 改变了原有成本驱动因素的赋值,以适应当前的软件测度技术。

下面分别介绍 3 种生命周期模型。

(1) 应用组合模型

应用周期模型用原型解决人机交互、系统接口及技术成熟度等具有潜在高风险的内容,通过计算屏幕、报表和第三代语言组件的对象点数来确定一个初始的规模测量。根据表 3.14,屏幕对象和报告对象被设置为简单、中等或困难,然后根据表 3.15 给各类对象点数加上权重,得到总对象点数。若还要考虑重复使用情况,假定项目中有 $a\%$ 的对象是重用以前的,则计算总的新对象点数 NOP 和工作量 E 的公式为:

$$\text{NOP} = 总对象点数 \times (100 - a)/100 \quad (3\text{-}26)$$

$$E = \text{NOP}/\text{PROD} \quad (3\text{-}27)$$

其中,E 是以人月为单位的工作量,PROD 为生产率,由表 3.16 确定。

表 3.14 屏幕对象点和报告对象点的复杂度

包含的视图数	总数小于 4	总数小于 8	总数大于 8
小于 3	简单	简单	中等
3~7	简单	中等	困难
大于 8	中等	困难	困难

表 3.15 对象点的复杂度权重

对象类型	简单	中等	困难
屏幕	1	2	3
报告	2	5	8
3GL 组件	—	—	10

表 3.16 基于开发经验和 ICASE 成熟度/能力的平均生产率

开发人员经验和能力	很低	低	一般	高	很高
ICASE 成熟度和能力	很低	低	一般	高	很高
生产率	7	13	25	50	—

(2) 早期设计模型

早期设计模型用于支持确立软件体系结构的生命周期阶段，使用 FP 和 5 个成本驱动因素。

(3) 后体系结构模型

后体系结构模型是指在项目确定开发之后，对软件功能结构已经有了一个基本了解的基础上，通过 LOC 或 FP 来计算软件工作量和进度，使用 5 个规模度量因子和 17 个成本驱动因素进行调整。后体系结构计算公式为：

$$E = A \times \text{KLOC}^B \times \text{EAF} \tag{3-28}$$

其中，E、EAF 的定义同前面，EAF 根据表 3.17 计算；常数 A 通常取值为 2.55；B 按下式计算：

$$B = 1.01 + 0.01 \sum_i W_i \tag{3-29}$$

其中，W_i 为规模度量因子，也称为定标因素，取值见表 3.18。

表 3.17 后体系结构成本驱动变量

成本驱动变量		描述	评 分					
			很低	低	一般	高	很高	超高
产品	RELY	要求的软件可靠性	0.75	0.88	1.00	1.15	1.39	—
	DATA	数据库规模		0.93	1.00	1.09	1.19	
	CPLX	产品复杂性	0.70	0.88	1.00	0.15	1.30	1.66
	RUSE	要求的重复使用		0.91	1.00	1.14	1.29	1.49
	DOCU	文档编制		0.95	1.00	1.06	1.13	
平台	TIME	执行时间限制	—	—	1.00	1.11	1.31	1.67
	STOR	主存储限制			1.00	1.06	1.21	1.57
	PVOL	平台易失性	—	0.87	1.00	1.15	1.30	—
人员	ACAP	分析员能力	1.50	1.22	1.00	0.83	0.67	—
	PCAP	程序员能力	1.37	1.16	1.00	0.87	0.74	—
	PCON	人员连续性	1.24	1.10	1.00	0.92	0.84	—
	AEXP	应用经验	1.22	1.10	1.00	0.89	0.81	—
	PEXP	平台经验	1.25	1.12	1.00	0.88	0.81	—
	LTEX	语言和工具经验	1.22	1.10	1.00	0.91	0.84	—
项目	TOOL	软件工具	1.24	1.12	1.00	0.86	0.72	—
	SITE	多站点开发	1.25	1.10	1.00	0.92	0.84	0.78
	SCED	开发进度表	1.29	1.10	1.00	1.00	1.00	

表 3.18 COCOMO II 定标因素

W_i	很低	低	一般	高	很高	超高
PREC：前趋性	4.05	3.24	2.42	1.62	0.81	0
FLEX：开发灵活性	6.07	4.86	3.64	2.43	1.21	0
RESL：体系结构和风险控制	4.22	3.38	2.53	1.69	0.84	0
TEAM：小组凝聚力	4.94	3.95	2.97	1.98	0.99	0
PMAT：过程成熟度	4.54	3.64	2.73	1.82	0.91	0

3. COCOMO Ⅱ 中关于重用的处理

为了表示修改现存软件加以再利用对软件工作量的影响,原始 COCOMO 模型所用的计算公式是:

$$改编后的模块规模 = (原模块的 LOC \times AAF)/100 \qquad (3\text{-}30)$$

其中,AAF 为调节因子。

$$AAF = 0.4 \times 设计修改的比例 + 0.3 \times 编程修改的比例 + 0.3 \times 集成修改的比例 \qquad (3\text{-}31)$$

COCOMO Ⅱ 更改了原来的公式,增加了更多的调整变量,即评估和选择参数 AA、软件理解参数 SU 以及程序员的熟悉程度 UNFM。AA 体现了决定软件模块是否可重用以及在新产品中集成重用模块文档的工作量,取值范围为 $0\sim 8$;SU 是根据模块的自描述性和耦合程度进行判断,取值为 $10\sim 50$;UNFM 是对 SU 的补充,取值范围为 $0\sim 1$,因为一个模块化的、层次清晰的软件能够降低软件的理解成本和相关的接口检查费用,但是程序员对软件的熟悉程度对软件理解也有很大关系。

COCOMO Ⅱ 定义的计算重用模块规模的公式为:

$$改编后的模块规模 = (原模块的 LOC \times (AA + AAF \times (1 + 0.02 \times SU \times UNFM)))/100$$
$$当 AAF \leqslant 0.5 时 \qquad (3\text{-}32)$$

$$改编后的模块规模 = (原模块的 LOC \times (AA + AAF + SU \times UNFM))/100$$
$$当 AAF > 0.5 时 \qquad (3\text{-}33)$$

4. Putnam 模型

COCOMO 模型是一种自底向上的微观估算模型,使用 15 个成本驱动因素从底端对软件环境进行描述。本部分将介绍一种自顶向下的宏观估算模型——Putnam 模型,它使用两个参数从顶端来描述软件环境。

Putnam 模型是 Putnam 于 1978 年在来自美国计算机系统指挥部的 200 多个大型项目(项目的工作量在 $30\sim 1000$ 人年之间)数据的基础上推导出来的一种动态多变量模型。Putnam 模型假设软件项目的工作量分布类似于 Rayleigh 曲线。

(1) Rayleigh 曲线

Norden 在硬件项目开发过程中观察到,Rayleigh 分布为各种硬件项目的开发过程提供了很好的人力曲线近似值。图 3.6 是一条典型的 Rayleigh 曲线,人员配备在项目开展期间缓慢上升,而在验收时急剧下降。Putnam 把这一结论引入到软件项目的开发中,用 Norden-Rayleigh 曲线把人力表述为时间的函数,在软件项目的不同生命周期阶段分别使用不同的曲线。图 3.7 显示了软件项目各阶段人力分布情况。

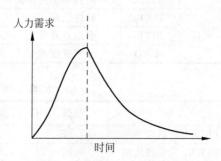

图 3.6 典型的 Rayleigh 曲线

根据经验,软件开发的工作量仅占软件项目总工作量的 40%。Putnam 模型从规格说明开始估算工作量,不包括前期的系统定义。

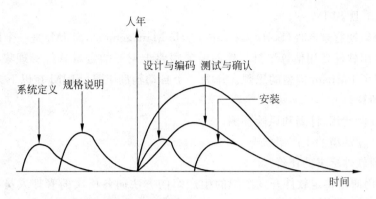

图 3.7　软件项目各阶段的 Norden-Rayleigh 曲线

（2）Putnam 模型的软件方程

Putnam 模型包含两个方程：软件方程和人力增加方程。

根据生产率水平的一些经验性观察，Putnam 从 Rayleigh 曲线基本公式推导出如下软件方程：

$$S = C \times E^{1/3} \times t^{4/3} \tag{3-34}$$

其中，S 是以 LOC 为单位的源代码行数，C 是技术因子，E 是以人年为单位的工作量，t 是以年为单位的耗费时间（直到产品交付所用的时间）。

技术因子 C 是有多个组成部分的复合成本驱动因子，主要反映总体过程成熟度和管理实践、切实可行的软件工程实践的施行程度、使用的编程语言的层次、软件环境状况、软件小组的技术和经验和应用软件的复杂性等。通过使用适当的技术对过去的项目进行评价，可以得到技术因子。如果待估算项目和历史数据库中某个项目用类似的方法在类似的环境中开发，则可用已完成项目的历史数据（程序规模、开发时间及总工作量）计算出技术因子：

$$C = S/(E^{1/3} \times t^{4/3}) \tag{3-35}$$

（3）Putnam 模型的人力增加方程

人力增加方程形式为：

$$D = E/t^3 \tag{3-36}$$

其中，D 是被称为人员配备加速度的一个常数，E 和 t 的定义同软件方程。D 的取值见表 3.19。

表 3.19　人员配备加速度常数 D

软 件 项 目	D
与其他系统有很多界面和互相作用的新软件	12.3
独立的系统	15
现有系统的重复实现	27

把软件方程和人员配备方程联立可以得到工作量计算方程：

$$E = S^{9/7} \times D^{4/7}/C^{9/7} \tag{3-37}$$

把 $D = E/t^3$ 代入上式，还可以得到工作量计算方程的另一种形式：

$$E = S^3/C^3 \times t^4 \tag{3-38}$$

（4）软件工具 SLIM

软件生命周期管理软件(Software Life Cycle Management, SLIM)是一个以 Putnam 模型为基础的专用软件费用估算工具。软件由美国弗吉尼亚的定量软件管理集团设计，以实用的形式体现了 Putnam 模型的思想。作为一个自动辅助工具，SLIM 在以下方面使用：

- 软件预算。
- 软件开发费用、计划和风险预测。
- 软件开发环境的生产率状况。
- 承包商软件标书的评价。

SLIM 利用测定特定软件开发组织的生产率的方法向各层次的管理人员提供信息，协助进行软件投资决策。它可以求出开发一个特定软件系统的最少时间，该时间可以作为利用时间/费用综合平衡的出发点，以选择一个高效的开发策略。

5. 成本模型的评价

软件成本估算模型有助于制订项目计划，但使用的时候要谨慎，因为没有模型能完全反映软件组织及项目的特点、实际开发环境和很多相关的人为因素。软件成本估算模型是为决策者提供指导，但绝不是取代决策过程。许多学者对现有的模型进行了分析，总结起来有如下一些存在的问题。

（1）主观因素的存在

软件项目工作量与成本估算的方法都涉及参与人员的主观影响，即便是客观方法，其中的一些参数也需要主观确定。尽管通过采取一些技术（如 Delphi 法）可以排除一些主观上的偏差，但这些不确定的因素仍是估计的大碍。有学者就指出了 Putnam 模型和 COCOMO 存在的问题：它们是基于对不精确的输入变量的主观估计，因而对于同一个问题可能得到不同的结果。还有软件规模，大多数模型要求得到产品的规模，但是在软件生命周期的早期，规模很难预测。尽管可以在早期使用 FP 和对象点估计，随后再转化为 LOC，但这些测量结果非常主观。主观因素的存在是精确估计的障碍。

（2）估算模型样本的有限性

估算模型的数据都是从数量有限的项目样本中得到的，如原始的 COCOMO 以 63 个项目的数据集为基础，COCOMO Ⅱ 以 83 个项目的数据集为基础。基于有限数据集的模型往往将该数据的特性结合到模型中来，使得模型在类似项目中使用时具有高精度，但应用于更普遍的情况时，效果不尽人意，限制了模型的应用。提取能反映尽可能多类项目共同特性的数据用于估算可为该问题的解决提供一个可行方案，但如何提取这些特性是有待研究的课题。

（3）Norden-Rayleigh 曲线

Norden 的原始观点不是基于理论的，而是建立在观测的基础上，且其数据反映的是硬件项目，尚没有证明软件项目是按同样的方式配备人力的。软件项目的人力资源组成通常比硬件项目快，有时候表现为快速的人力增长，此时 Putnam 模型在项目启动时无效。

（4）估算模型的某些前期假定有悖于软件工程

估算模型是利用从过去的软件项目收集得到的数据进行分析而导出的，通常要作出一些假定，如数据集元素个数要大于模型中参数的个数、数据集中不能有偏激的例子以及预测的变量之间的相关性不能很强等。但软件工程的数据集经常违反这些假定,因为这些数据集是由历史数据得来的,而不是实验得出的,这就使得这些模型的性能受到挑战。如 COCOMO 模型假定成本驱动因素是独立的,实际情况却并非如此,许多成本因素互相影响。

(5) 模型之间有矛盾的地方

各个成本模型之间有矛盾出现,表明某些因素要么是不可预测的,要么模型的预测有误。如 COCOMO 模型的进度计划成本驱动因素假设增加或减少项目持续时间都将增加项目的工作量,而 Putnam 模型意味着减少项目持续时间将增加工作量,还有一些研究表明减少项目持续时间将减少工作量。

(6) 软件项目规模与其工作量的关系问题

尽管大多数研究人员和专业人员认同项目规模是工作量的主要决定因素,但项目规模和工作量之间的确切关系仍然是不清楚的。大多数模型认为,工作量与项目规模是成比例的,大项目需要比小项目更多的工作量。从直观上看这是有意义的,因为大项目看来需要更多的工作量去应付复杂性的增加,但事实上几乎没有证据能证明这一点。

综上所述,到目前为止还没有一种用于软件工作量估算的方法或模型能适用于所有的软件类型和开发环境,在具体使用这些估算方法时要根据实际项目的特征进行调整。

3.3.4 软件项目成本估算步骤

虽然有一些不错的成本估算模型,但为得到可靠的成本估算值,我们所要做的却不仅仅是把数值代入现成的公式直接求解,而是还需要软件成本估算模型的一套使用方法,以引导我们产生适当的成本模型的输入数据。下面介绍 Boehm 提出的一种方法,分为 7 个步骤。该过程表明软件成本估算工作本身也是一种小型项目,需要相应的规划、复审和事后跟踪。

1. 建立目标

在软件成本估算过程中,有时候会遇到这样的情况:耗费大量精力收集的用于估算的信息项,在进行估算时却因为与估算需要关系不大而不被使用,因而大量的艰难工作和细致分析付之东流。因此,应该把建立成本估算目标作为成本估算的第一步,以此来制订以后工作的详细程度。

帮助建立成本估算目标的主要因素是软件项目当前所处的生命周期阶段,它大致对应于我们对软件项目的认识程度和根据成本估算值而做的承诺程度。图 3.8 给出了软件项目在生命周期阶段的估算范围。假设 a 是软件项目的实际成本,其中给出的范围的可信度为 80%(每 100 次估计中有 80 次处于 4 倍双向偏差的范围内)。

从图示可以看出,当我们刚接手一个软件项目的时候,成本估算值的相对范围大致为偏高或偏低 4 倍,因为此时对软件产品的认识还存在很大的不确定性。一旦完成可行性分析之后,不确定性就降低了很多,相应的估算范围减少为上下两倍的偏差。而在需求分析后,偏差范围进一步减少为上下 1.5 倍,直至完成产品设计后范围减为上下 1.25 倍。总之,随着项目不确定性的降低,成本估算范围的偏差越来越小,直至在项目终结时变为 0。

另外,为了决策的需要,有时候还要作出乐观估算和悲观估算,然后在随后的工作中逐步进行调节。

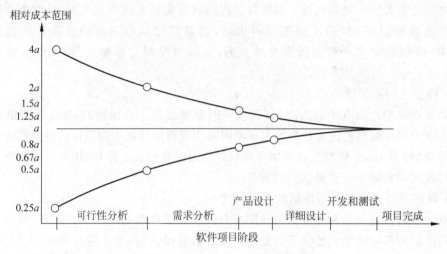

图 3.8 软件成本估算的准确度与阶段

2. 规划需要的数据和资源

对软件项目进行成本估算,如果准备不充分的话,会作出不可变更的软件承诺。为避免这种情况发生,应该将软件成本估算看成一个小型项目,在初期就为解决该问题制订一份项目规划。如可采用下面的规划方法:

① 目的:为什么要求出该估算值?
② 产品和进度:何时提供何种产品?
③ 责任:每种产品由何人负责?
④ 过程:如何进行该项工作,采用哪些成本估算工具和技术?
⑤ 需要的资源:完成该工作需要多少数据、时间、费用及工作量等?
⑥ 假定:如果所需的资源都具备,在什么条件下承诺交付该估算值?

该规划不必是一份精细的文档,只要足以支持当前工作即可。比如估算工作量较小时,只要对估算工作进行简单分析并初步记录一下就可以了。尽管如此,这项简单的工作对良好的估算却是绝对必需的。

3. 确定软件需求

如果不知道要生产什么样的软件产品,则肯定无法很好地估算生产该产品的成本。这意味着软件需求说明书对于估算很重要。对于估算来说,软件需求说明书的价值是由它可检验的程度决定的,可检验性越好,则价值越高。如果在软件需求说明书中出现"该软件要对查询提供快速响应",则该说明是不可检验的,因为没有定义多少算是"快速"。为达到可检验的目的,可把前面的描述改为"该软件对查询的响应要满足:A 类查询的响应时间不超过 2 秒;B 类查询的响应时间不超过 10 秒。"完成软件需求说明书从不可检验到可检验的转化往往需要许多工作量。

4. 拟定可行的细节

这里"可行"是对应于软件估算目标的,即尽可能做到软件估算目标所要求的细节。一

一般情况下,对成本估算工作做得越详细,估算值就越准确。这是因为:

① 考察越细,对软件开发技术理解得就越透彻。

② 在估算时把软件分得越细,软件模块的个数越多,大数定理就能发挥作用,使各部分的误差趋向于相互抵消,总的误差减小。

③ 对软件必须执行的功能考虑得越多,遗漏某些次要成本的可能性就越小。

5. 运用多种独立的技术和原始资料

前面列出的软件成本估算方法有专家判定、类比、自顶向下、自底向上、算法模型。这些方法各有利弊,没有一种方法能在所有方面都胜过其他技术,它们的优缺点都是互补的。因而,为了避免任何单一方法的缺点且充分利用其优点,综合使用各种方法是很重要的。

6. 比较并迭代各个估算值

综合应用各种估算方法的目的在于将各估算值进行比较,分析得到不同估算值的原因,从而找出可以改进估算的地方,提高估算的准确度。

比如,某软件项目采用自顶向下估算时,得到的成本估算值为 500 万元,而采用自底向上估算时,得到了 300 万元的估算值。对比发现,自底向上估算忽略了配置管理、质量保证之类的系统级工作,而自顶向下估算虽然考虑了系统级的工作,但却忽略了自底向上估算中包括的一些软件维护工作。将两种估算值迭加可以得到比较现实的估算值 600 万元,而不是 300 万~500 万元之间的任何折中值。

进行估算值的迭代还有以下两个原因。

(1) 乐观和悲观现象

由于角色差异导致对类似软件部分不同的估算值。项目申请人员负责赢得项目,估算偏于乐观,而软件开发人员要在预算内完成任务,因而估算倾向于悲观。由于这一现象,需要进行迭代以校准不同人员对于软件相似部分的不同估算。这也再次说明合理选择软件估算人员的重要性。

(2) 帐篷中的高杆现象

当对软件的多个部分进行估算时,往往有一个或两个部分的成本像帐篷中的高杆一样突出,并常常占据该软件的大部分成本。这时候,就需要对突出部分进行比其他部分更为详细的考虑和迭代。突出部分的规模一般比较大,而人们倾向于将规模等同于复杂度。并且人们易于将某部分的复杂度等同于该部分中最难实现的部分的复杂度。事实上,最难实现的地方在该部分中所占比例可能并不大。

7. 随访跟踪

软件项目开始之后,非常有必要收集实际成本、项目进展情况,并将它们和估算值进行比较。这是因为:

① 软件成本估算的输入和相应技术是不完善的。通过比较估算成本和实际成本之间的差异有可能发现用于改进估算的成本驱动因子,从而通过改变输入来提高估算精度,也能改进估算技术。

② 通过估算值和实际值的比较还能确认有些项目的确不符合估算模型,不能用模型来

估算。这对于类似项目成本估算的有效性和模型的改进都有好处。

③ 在软件项目进行过程中,往往会发生某些变动。因此通过收集相关数据识别这些变动并及时调整成本估算值是不可或缺的。

④ 软件领域是不断发展的,而各种估算技术多是建立在以往项目的基础之上,因而有时候不能反应当前项目的实际情况,需要将新项目中出现的新技术或方法等结合到改进的估算值和估算技术中去。

3.3.5 软件项目成本预算制订

软件项目成本预算涉及将项目成本估算分配给各个工作项,这些单个工作项是以项目WBS为基础的。因此成本预算过程的一项重要输出是项目成本预算计划。它用作后续成本管理工作和项目绩效衡量标准。根据项目资源计划和成本估算,可以制订软件项目的全部计划。在制订软件项目成本预算时需要注意以下几点。

(1) 资源计划的匹配

项目经理确定的资源计划(包括完成项目需要哪些物质资源、人力资源,以及各种资源的数量)与 WBS、项目范围的认识、资源信息和以往类似项目的数据相匹配,即在资源信息和以往历史数据的基础上,项目资源计划与 WBS 等应相对应,以保证预算的全面性和有效性。

(2) 预算的全面性

预算中的人力资源成本不仅要包括工资、福利、加班费、奖励资金和固定资产折旧费等,办公杂费摊销和办公场所的租金等也应计算在预算成本内。而且项目的外购产品、服务、培训在认真询价后也应详细列在预算中。

(3) 预算的综合性

软件项目的成本预算不是一组简单的数字,而是项目资源、项目成本估算和项目预算分解说明的有机结合。例如,预算中可能包括下面的说明:系统管理模块的实现需要 2 名系统分析员和 3 名系统架构师;系统总的工作量是 20 人月;人力资源成本列表是……。而且在说明中应给出风险因素说明和风险影响幅度等。

3.3.6 案例:过分乐观的估算

Microsoft Word for Windows 1.0 的开发原本计划用 1 年的时间。然而实际情况如图 3.9 所示,软件规模是 249KLOC,共投入 660 人月,前后历时 5 年,实际花费时间为预期时间的 5 倍。事后,项目组总结经验教训时认为导致 Word 1.0 开发延迟的主要原因有以下几点。

(1) 项目初期制订的开发目标是不可实现的

比尔·盖茨下达的指示是用最快的速度开发最好的字处理软件,争取在 12 个月内完成。实现这两个目标中的任何一个都是困难的,同时达到则是不可能的。

(2) 过紧的进度计划降低了计划的精确度

在开发过程中频繁换人。5 年中共换了 4 个项目经理,其中有 2 人因进度压力离职,1人出于健康原因离职。迫于进度压力,开发人员匆忙写出一些低质量的和不完整的代码,然后宣称已实现某些功能。这造成了项目组不得不将用于提高软件稳定性的时间由预计的 3

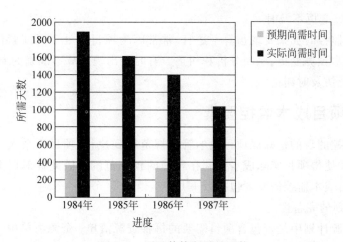

图 3.9 项目估算所需的天数

个月增加到 12 个月。

（3）创新点过多，不适于快速开发

在该项目中，设计人员提出了很多创新的思想和技术，并且公司高层也认为创新比速度更重要。这导致本想试图缩短开发周期，结果反而使周期变长。

案例带来的启示是：
- 估算应该征求所有项目干系人的意见，并采用可靠的模型算法。
- 高层的决定不总是睿智的，需要和专家、项目组成员共同协商。

3.4 软件项目成本监控

软件项目成本控制包括监控成本预算执行状况，确保正在执行的预算计划是有效的，对于不合适的计划进行修改变更后及时通知项目干系人等。成本基准计划、项目进展报告、变更请求和实际成本核算数据等是项目成本监控过程的输入，该过程的输出是修正的成本估算、预算计划、纠正措施、修正的项目完成估算以及项目监控过程的经验和教训。

3.4.1 成本管理常见问题

能够了解成本管理过程中会经常出现的问题，对于成本管理将起到事半功倍的作用。常见的软件项目成本管理常见的问题如下。

（1）项目成本估算不准确

为大型软件项目做估算是一项复杂且高难度的任务。在系统要求不明确、没有太多的估算经验、没有历史数据可供参考和对照等情况下，都很难准确估算。过于乐观的估算将引发预算计划不能执行和频繁变更成本预算；过于悲观的估算将使成本预算形同虚设，起不到作为监控标准的作用。

（2）预算不详细

尽管有的成本估算也许准确，但由于在成本预算中，成本估算和资源计划、WBS 等对应不上，造成在项目成本监控过程中很难判断项目进展状况是否符合预算计划。

(3) 成本预算变更不及时

在项目成本监控时如果发现预算不适宜,常常因为项目正处于时间紧任务重的情况下不能及时进行成本预算变更、原因分析和纠正。有时会出现预算不准确的原因不明了,致使变更流于形式,无法及时纠正。

3.4.2 软件项目成本监控要素

项目成本监控的目的是确保项目成本管理规范得到执行,项目干系人对项目成本目标有共同的理解,并使得项目实际成本控制在合理的预算范围。因此针对以上常见的成本管理问题,软件项目成本监控的要素包括以下几个。

(1) 资源计划的完备性

项目成本资源计划中是否包含项目需要的每种资源清单;资源清单中是否有明确的人力、物力和财力;项目干系人是否都认可资源计划。

(2) 成本估算的准确性

项目成本估算的依据是什么;估算是采用哪种方法或模型;是否有历史数据供参考和验证。

(3) 预算计划的有效性

成本估算是否与资源计划一一匹配;成本预算是否经过正式论证和评审;成本预算目标是否进行了分解;是否包含了沟通成本、管理成本、培训成本、人力成本、采购成本、差旅费用和预留风险支出等。

(4) 成本控制过程的完备性

是否发生过项目预算变更,原因是什么;预算变更是否经过评审论证,是否通知了项目干系人;采取了哪些措施控制项目支出在预算范围内;变更记录是否有专人保管或者备案等。

3.4.3 赢得值分析法

赢得值(Earned Value,也称挣值或盈余值)分析法是一种能全面衡量项目成本、进度的整体方法,以资金已经转化为项目成果的量来衡量,是一种完整和有效的项目监控指标和方法。赢得值法用以下3个基本值来表示项目状态,并以此预测项目可能的完工时间和完工时的可能费用。

(1) 累计计划成本额或称计划投资额(Budgeted Cost of Work Scheduled,BCWS)

某一时点应当完成的工作所需投入资金或花费成本的累计值。它等于计划工作量与预算单价的乘积之和。该值是衡量项目进度和成本费用的一个标尺或基准。

(2) 赢得值或完成投资额(Budgeted Cost of Work Performed,BCWP)

某一时点已经完成的工作所需投入资金的累计值。它等于已完工作量与预算单价的乘积之和。它反映了满足质量标准的工作实际进度和工作绩效,体现了投资额到项目成果的转化。

(3) 实际成本额(Actual Cost of Work Performed,ACWP)

某一时点已完成的工作所实际花费成本的总金额。它等于已完成工作量与实际支付单价(合同价)的乘积之和。

通过 3 个基本值的对比(如图 3.10 所示,它们分别是 3 个关于时间的函数),可以对项目的实际进展情况作出明确的测定和衡量,有利于对项目进行监控。理想情况下,上述 3 条函数曲线应该重合于"计划投资额"。如果管理不善,"实际成本额"会在"计划投资额"曲线之上,说明成本已经超支;如果进度已经滞后,"完成投资额"会在"计划投资额"曲线之下。

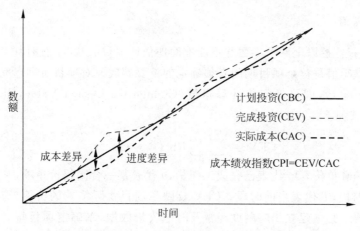

图 3.10　赢得值法示意图

使用赢得值法进行成本/进度综合控制,必须定期监控以上 3 个参数。即在项目开始之前,必须先为在整个项目工期内如何和何时使用资金作出预算和计划;项目开始后监督实际成本和工作绩效以确保成本、进度都在控制范围之内,具体步骤如下。

1. 项目预算和计划

(1) 首先要制订详细的项目预算,把预算分解到每个工作包(如项目、模块及组件等),尽量分解到详细的工作量层次。为每个工作包建立总预算成本(Total Budgeted Cost,TBC)。

(2) 第二步是将每一个 TBC 分配到各工作包的整个工期中。每期的成本计划依据各工作包的各分项工作量进度计划来确定。当每一个工作包所需完成的工程量分配到工期的每个区间后(这个区间可定义为项目管理和控制的报表时段),就能确定何时需要多少预算。这一数字通过将过去每期预算成本累加得出,即累计计划预算成本(Cumulative Budgeted Cost,CBC)或 BCWS(Budgeted Cost of Work Scheduled)。CBC 的计算公式如下:

$$\text{CBC} = \sum_{t=1}^{T}\sum_{n=1}^{N} \text{Rb}_n(t) \times \text{Qs}_n(t) \qquad (3\text{-}39)$$

其中,Rb 代表预算单价,Qs 代表计划工作量,n 代表某一预算项,N 代表预算项数,t 代表时段,T 代表当前时段。CBC 反映了到某期为止按计划进度完成的项目预算值。它将作为项目成本/进度绩效的基准。

2. 收集实际成本

在项目执行过程中,对已发生成本进行汇总,即累计已完工作量与合同单价之积,形成累计实际成本(Cumulative Actual Cost,CAC)。CAC 的计算公式如下:

$$\text{CAC} = \sum_{t=1}^{T}\sum_{n=1}^{N} \text{Rc}_n(t) \times \text{Qp}_n(t) \qquad (3\text{-}40)$$

其中，Rc 代表合同单价，Qp 代表已完成工作量，n 代表某一合同报价单项，N 代表合同报价单项数，t 代表时段，T 代表当前时段。CAC 反映了项目的实际成本花费。为记录项目的实际成本，必须建立及时和定期收集资金实际支出数据的制度，包括收集数据的步骤和报表规范，建立合同执行（成本支出）台账。

3. 计算赢得值

如前所述，仅监控以上两个参数并不能准确地估计项目的状况，有时甚至会导致错误的结论和决策。赢得值是整个项目期间必须确定的重要参数。对项目每期已完成工作量与预算单价之积进行累计，即可确定累计赢得值（Cumulative Earned Value, CEV）或 BCWP。CEV 的计算公式如下：

$$\text{CEV} = \sum_{t=1}^{T} \sum_{n=1}^{N} \text{Rb}_n(t) \times \text{Qp}_n(t) \tag{3-41}$$

其中，Rb 代表预算单价，Qp 代表已完成工作量，n 代表某一合同报价单项，N 代表合同报价单项数，t 代表时段，T 代表当前时段。CEV 反映了项目实际绩效的价值，与跟踪项目的实际成本一样重要。必须建立相应制度经常及时地收集数据，以确定项目每一工作包工作绩效的价值。主要是对每一合同的承付项（报价单项）预先对应相应的预算项目，确定其预算单价。然后通过合同实际工作量完成情况，计算出赢得值，建立概算执行（投资完成）台账。

4. 成本/进度绩效

利用以上几个指标即可比较分析项目的成本/进度绩效和状况：CEV 与 CAC 实际是在同样进度下的价值比较，它反映了项目成本控制的状况和效率。因此衡量成本绩效的指标或称成本绩效指数（Cost Performance Index, CPI）可由如下公式确定：

$$\text{CPI} = \text{CEV}/\text{CAC} \tag{3-42}$$

另一衡量成本绩效的指标是成本差异（Cost Variance, CV），它是累计赢得值与累计实际成本之差，即：

$$\text{CV} = \text{CEV} - \text{CAC} \tag{3-43}$$

与 CPI 一样，这一指标表明赢得值与实际成本的差异，CV 是以货币来表示的。同样，CBC 与 CEV 是在同样价格体系下的工作量的比较，它用货币量综合反映了项目进度的总体状况。因此同样可按上述方法衡量进度绩效。

5. 成本/进度控制

有效成本/进度控制的关键是经常及时地分析成本/进度绩效，及早地发觉成本/进度差异和无效率，以便在情况变坏之前能够采取纠偏措施。要做好成本/进度综合控制，应十分关注 CPI 或 CV 的走势。当 CPI 小于 1 或逐渐变小、CV 为负且绝对值越来越大时，就应该及时制订纠偏措施并加以实施。应集中注意力在那些有负成本差异的工作包或分项工作上，根据 CPI 或 CV 值确定采取纠正措施的优先权。也就是说，CPI 最小或 CV 负值最大的工作包或分项工作应该给予最高优先权。总体进度控制可使用相同原理和方法。

赢得值分析法是项目成本/进度综合度量和监控的有效方法。通过对 TBC、CBC、CAC 和 CEV 等指标和参数的及时监控分析，能准确掌握项目的成本/进度状况和趋势，进而采取纠偏措施使项目能控制在基准范围内。

3.4.4 案例：某项目第4月度成本控制状态报告

某项目第4月度成本偏差分析见表3.20。

表3.20 偏差分析示例

任务编号	里程碑	计划工作预算成本	已完成工作预算成本	实际成本	变量(%) 计划	变量(%) 成本
1	已经完成	100	100	100	0	0
2	已经完成	50	50	55	0	−10
3	已经完成	50	50	40	0	20
4	未开工	70	0	0	−100	—
5	已经完成	90	90	140	0	−55.5
6	未开工	40	0	0	−100	—
7	已经完成	50	50	25	0	50
8	未开工	0	0	0	—	—
总计		450	340	360	−24.4	−5.9

1. 完工估算(EAC)

$$EAC = (360/340) \times 579000 = 613059(元) \tag{3-44}$$

$$超支 = 613059 - 579000 = 34059(元) \tag{3-45}$$

2. 成本总计

因为劳力工资较高，成本超过估算大约5.9%。

3. 进度总结

24.4%的滞后于计划的状况4和6，该项目由于缺乏原材料而没有开工，而且用50/50的方法计算订购成本。加班将使项目按原计划工作，但也将多支付2.5%的直接劳动力。

其里程碑报告见表3.21，事件分析见表3.22。

表3.21 里程碑报告示例

任务编号	计划完工	工程完成	实际完工
1	4/1/08		4/1/08
2	5/1/08		5/8/08
3	5/1/08		4/23/08
4	7/1/08	7/1/08	
5	6/1/08		6/1/08
6	8/1/08	8/1/08	
7	9/1/08	9/1/08	
8	10/1/08	10/1/08	

表 3.22　事件分析示例

目前问题	潜在影响	相关行动
缺乏原材料	成本超支并且滞后于计划	已经安排加班，我们将任用低工资的职员，原材料有望在下周运到
客户对测试结果表示不满，要求额外工作	可需要额外计划	客户将在2008年6月15日提供给我们修正后的工作说明

3.5　案例：精确到螺丝钉的成本控制

当世界头号 PC 厂商 IBM 因为长年亏损，宣布将 PC 业务卖给联想公司时，戴尔却开设了它的第 4 家组装工厂。当其他计算机公司纷纷将组装工作转移国外时，戴尔作为唯一在美国生产计算机的厂商，目标是提高 30％的年产量。

戴尔成功控制成本的几个原因：

- 公司高层的关注。工厂的日班经理一天要接待四五拨公司的高层或者中层巡视官员，他们的目的就是为了保证这家装配工厂更有效率地运转。
- 科学组织的流水线。公司使用 Alfred Kinsey 劳动强度理论去研究自己的组装流水线。
- 对于细节的良好控制。视频设备将工作小组的每个组装步骤录像，然后检验是否有多余或者浪费的步骤。
- 良好的企业氛围。专门负责制造的官员 Dick Hunter 说："我总是对员工们说，我们在与成本赛跑。"
- 最有效的工作流程。戴尔的奥斯丁工厂再没有任何的库房，戴尔要求供货商在 90 分钟之内能够提供 8～10 天的部件供应。
- 与众不同的研发策略。戴尔将 2％的收入投入研发之中，这一数字远远低于其竞争对手。戴尔创新的重点主要集中在产品如何生产、包装以及如何进行市场营销。

戴尔的案例提示我们，细节的改善将带来整体的收益，科学的管理才是降低成本的不二法门。

3.6　案例故事解析

近些年来，信息技术行业确实发生了有很多软件精英的神奇创业故事，而本章开始的案例故事告诉了我们一些闪光灯后面的辛苦历程。在创业初期的抢占市场，建立品牌和阵地的过程多付出、少索取是常见的市场策略。但学习完项目成本管理后，我们知道那条"合同金额大于人员工资支出的项目都能承接"的规则是公司节节亏损的主要原因。

在软件项目中，人员工资确实是主要成本支出，但远不是全部。尤其是公司成立初期，为了让公司能够正常运转，办公场所租赁金、固定资产的折旧费、人员外训费及差旅交通费用等都是不小的支出。因此在项目可行性论证和需求分析两个阶段，针对了解的客户需求和系统范围认识，一定要对整个软件项目的所有成本进行全面的估算。成本估算的成果是一张软件项目成本估计表，见表 3.23。

表 3.23 软件项目成本估计表

项目名称		项目经理	
估算小组成员		估算阶段与日期	
工作分解结构			
项目规模	系统模块	新开发模块的规模 （代码行、类、文档页数）	复用或自动生成的组件规模 （代码行、类、文档页数）
	模块 1		
	模块 2		
	模块 3		
	……		
	规模总和		
工作量估计			
项目研发工作量	估计项目研发的工作量＝新开发组件的规模×难度系数/人均生产率		
	新开发组件的规模	难度系数	人均生产率
	需求开发工作量		
	系统设计工作量		
	编程工作量		
	测试工作量		
	……		
	研发总工作量		
项目管理工作量	估计项目管理的工作量＝项目研发工作量×比例系数		
	比例系数		
	项目规划工作量		
	项目监控工作量		
	需求管理工作量		
	风险管理工作量		
	……		
	管理总工作量		
项目支撑工作量	估计项目支撑的工作量＝项目研发工作量×比例系数		
	比例系数		
	配置管理工作量		
	质量保证工作量		
	外包与采购工作量		
	培训管理工作量		
	……		
	支撑总工作量		
成本估计			
类别	细分、说明		金额
人力资源成本			

续表

成本估计		
类别	细分、说明	金额
软、硬件资源成本		
商务活动成本		
其他成本		
……		
总成本		

3.7 小结

软件项目成本管理是在软件项目的早期要开展的一项重要工作，也是软件项目管理的重要内容之一。成本估算是制订软件项目计划的依据，对于软件项目的整个运行过程有重要意义。对于软件项目估算，首先给出了项目规模估算、项目成本估算的时机、基本概念、常用度量模型 PERT、COCOMO、COCOMO II 和 Putnam 模型等，以及成本估算的方法和步骤，并介绍了成本预算制订时需注意的问题。在成本监控部分针对软件成本管理中常见问题给出了监控要素，并详细描述了非常实用的一种成本监控方法——赢得值分析法。最后紧扣案例故事，解析了成本管理的重点，并给出项目估算表的模板。

第4章 软件项目进度管理

案例故事

AIC 公司是一家美国的软件公司,于 2007 年在中国设立办事机构。AIC 中国办事处的主要目标是开拓中国市场、服务中国客户,完成软件产品本地化和客户化的工作。它的主要软件产品是由总部在硅谷的软件开发基地完成,然后由世界各地的分公司或办事处进行客户化定制、二次开发和系统维护。这些工作除了日常销售和系统维护之外,都是外包给本地的软件公司来做。东方公司是 AIC 公司在中国的合作伙伴,主要负责软件的本地化和测试工作。

Bob 先生是 AIC 公司中国地区的负责人,Henry 则是刚刚加入 AIC 公司的负责此外包项目的项目经理。东方公司是由王先生负责开发和管理工作。王先生本身是技术人员,并没有项目管理的经验。当 Henry 接手这项工作后,发现东方公司的工作存在诸多问题,例如开发成本非常高,每人每天 130 美金;客户满意度较低;每次开发进度都要拖后;交付使用的版本也不尽如人意。而且东方公司和 AIC 公司的软件开发基地缺乏必要的沟通,只能把问题反馈给 Henry,由 Henry 再反馈给总部。但由于 Henry 本身并不熟悉这个软件的开发工作,也造成了很多不必要的麻烦。为此,Bob 希望 Henry 和王先生对该项目的管理进行改进。随后,Henry 和王先生召开了一系列的会议,提出了改进措施。

他们首先制定了详细的项目计划和进度计划;然后又成立了单独的测试小组,将软件的开发和测试分开;随后他们在硅谷和东方公司之间建立了一个新的沟通渠道,一些软件问题可以与总部直接沟通;同时还采用了里程碑管理。

6 个月后,软件交付使用。但是客户对这个版本还是不满意,认为还有很多问题。为什么运用了项目管理的方法,这个项目还是没有得到改善?Henry 和王先生又进行了反复探讨,发现主要有 3 个方面问题:

- 软件本地化产生的问题并不多,是 AIC 公司提供的底层软件本身存在一些问题。

- 软件的界面也存在一些问题,这是由于测试的内容不够详细引起的。
- 开发周期还是太短,没有时间完成一些项目的调试,所以新版本还是有许多的问题。

此时,Henry 向 Bob 提出是否采用公开招标的方式,选择新的实力更强的合作伙伴。但 Bob 认为,与东方公司合作时间已经很长了,如果选择新的合作伙伴又需要较长的适应期,而且成本可能会更高。于是,Henry 向东方公司提出一些新的管理建议。

首先,他们分析了大量历史数据,据此制定出更详细的进度计划;其次,要求东方公司提供详细的开发文档和测试文档(之前王先生的团队做的工作没有任何文档,给其他工作带来了很多困难);第三,重新审核开发周期,对里程碑进行细化。

又过了 6 个月,新的版本完成了。这一次,客户对它的评价比前两个版本高得多,基本上达到系统正常运行的要求。但客户还是对项目进度提出了疑问,认为推出换代产品不需要那么长的时间。

软件外包是现在软件工程中较常见的做法。在软件外包工程中,保证质量的进度是很难控制的。对于项目经理来说需要综合的管理能力,如制订计划、确定优先顺序、项目干系人的沟通和评价等。每一种能力都与项目的最终结果有直接或间接的关系。

4.1 概述

从达到项目范围、时间和成本预测方面来看,按时交付是许多软件项目面临的最大挑战。项目经理们也经常提到,进度问题是项目生命周期内造成项目冲突的主要原因,尤其是项目的中晚期,进度问题常是客户不满的主要因素。

进度问题的发生如此普遍,部分原因是由于时间比项目范围、成本等因素更容易测量,一旦进度计划制定好,项目就要按照计划兑现承诺,不论是项目组成员还是客户都可以轻松、迅速地评估进度计划的执行情况。

4.1.1 时间管理原则

时间是软件项目管理的对象,也是所有管理资源中最重要的资源之一,既无法替换也无法补救。正像本·富兰克林所指出的:"你的时间用完了,你的使命也就到头了"。因此在时间管理中需要注意以下原则。

1. 区分重要与紧急的关系

在时间利用和管理方面,要把待办工作分为 4 种:紧急重要的工作、重要不紧急的工作、紧急不重要的工作和不紧急不重要的工作。处理事情要按照上面的顺序,首先保证紧急并重要的工作得到处理,其次是重要不紧急的工作,后面才是紧急不重要的工作,不紧急不重要的工作可以不要分配时间去处理,这样才能有最佳的效能。因为项目组常常处于紧急任务与重要任务互相排挤的状态中。紧急任务要求立即执行,就使项目成员没有时间去考虑重要任务。就这样项目人员不知不觉地被紧急任务所左右,并承受着时间施加的无休无止的重压,这使他们忽视了搁置重要任务所带来的更为严重的长期的后果。

2. 适当运用 Pareto 原则

这条原则也称为 2-8 原则,即 20/80 定律。有效的管理人员总是把他们的努力集中在能够产生重大结果的那些"关键性的少数活动上",用 80% 的时间来做 20% 最重要的事情。因此一定要了解,哪些事情是最重要的,是最有生产力的。同时,在人们有组织的努力中,少数关键性的努力(大约占 20%)通常能够产生绝大部分结果(大约占 80%)。

3. 合理预算

大多数人对完成任务所需要的时间抱乐观态度,管理人员更期望实际可能比计划更快一点完成任务。但是墨菲第二定律指出:"每件事情做起来都比原来想象的要多花费时间。"由此可见,如果制订计划者是比较乐观的,合理的时间预算应该是详细计划时间总和的 1.2~1.5 倍。计划外的时间应该是项目机动时间,以便于应付无法控制的力量和无法预期的事件。

4. 有限反应

对各种问题和需求的反应要切合实际,并要受制于情况的需要。有些问题如果置之不理,它们会自然解决或消失。因此通过有选择地忽略那些可以自行解决的问题,大量的时间和精力就可以保存起来,用于更有用的工作。

5. 果断决策

在需要作出决策的时候,很多管理人员毫无理由地犹豫不定,或拒绝作出决策。犹豫不决也应该被视为一种决策——下决心不解决问题。

6. 大胆、完整的授权

决策权应授予尽可能低的层次,以便能够作出准确判断和获取有关的事实。管理人员授权时应该把完成一项"完整任务"所要求的责任和权力同时授出。这样做既节省了时间,得以使自己去做更为重要的工作;也使自己授权的工作者更乐意接受分配的工作,而不依赖上司解决问题,并提高了整个组织的效能。避免事无巨细一律上报,使管理者成为单位最大的勤杂工。在军营中,战略家是不拿枪、不配刀的那一位。

7. 例外管理

只有在执行计划的实际结果中出现了很大偏差时,才应该向主管人员汇报,使他能够留出时间和能力。与"例外管理"概念有关系的是除基本事实以外一概拒绝插手的"无需了解"概念。

8. 效能与效率

有效的活动,就是指用最少的资源(包括时间)来得到最大的效果。做正确的事情要比把事情做得正确更为重要。因为做正确的事情是目标,是战略层面的问题。而把事情做正确是战术层面的问题,所以前者比后者更重要。假如执行的是错误的任务,或者把任务放在错误的时间执行,以及毫无目的行动,无论效率怎样高,最终都将导致无效的结果。效率可以理解为正确地做工作;效能可以理解为正确地做正确的工作。

9. 活动与效果

管理人员往往忽视目标,或者忘记预期的效果,而把精力全部集中在活动上。终日忙忙碌碌渐渐成为他们的目标。这些管理人员趋向于活动型而不是效果型。他们不是去支配工作,而是往往被工作所左右。他们把动机误作成就,把活动误作效果。

4.1.2 时间管理技巧

上一节列出了时间管理的 8 大基本原则,主要是适用于项目管理层面。然而项目管理不仅是管理的职责,也是团队中每一个成员的责任。以下是个人在管理时间方面可以借鉴的技巧。学会管理自己的时间不仅可以为整个项目节约成本,缩短项目周期,更可以培养项目开发人员的自律性和职业性。

1. 每日计划

绝大多数难题都是由未经认真思考的行动引起的。在制订有效的计划时每花费 1 小时,在实施计划中就可能节省 3~4 小时,并会得到更好的结果。如果没有认真做计划,那么实际上就在计划着失败。每日计划对于有效地利用个人的时间是必不可少的,它应该在前一天下午或当天开始时制定出来,并与近期的计划平等分配。任何人都没有足够的时间,然而每一个人又拥有自己的全部时间,这就是著名的"时间悖论"。时间是一种被相等地分配给所有人的资源。

2. 预料

"凡事预则立,不预则废"。事先有所准备的活动比事后的补救更为有效。小洞不补,大洞吃苦。避免发生意外的最好办法就是预先考虑那些可能发生的事件,并为此制订应急措施或预案。

3. 分析时间

不区分问题的原因和现象,结果必然丢失实质性问题,而把精力和时间耗费在表面的问题上。可以花 1 周的时间记录每日活动,每 15 分钟填写 1 次,然后分析这些数据来判断时间分配是否合理。并且这种活动至少每半年应该重复 1 次,以免恢复低劣的时间管理方式。

4. 最后时限

给自己规定最后时限并实行自我约束,持之以恒就能帮助管理人员克服优柔寡断、犹豫不决和拖延的弊病。

5. 上交问题

管理人员往往喜欢下属依赖他们解决问题,这样做会助长下属上交问题,逃避责任的风气。这样做也会带给下属:"不经过我的同意,什么也不要做"的潜意识。

6. 合并

在安排工作时间时,应当把类似的工作集中起来,以便消除重复的活动,并尽力减少打扰。这样做将能经济地利用各种资源,包括个人的时间和精力。

7. 反馈

对项目的实施情况进行定期反馈是保证计划顺利进展的前提。进度报告应该明确指出各种问题,如在执行计划过程中产生的实际偏差等,以便及时进行纠正。

8. 计划躲避

管理人员必须设法安排一些没有打扰的、集中在一起的工作时间。"闭门谢客"——秘书对电话和不期的来访者的阻挡,以及一个隐蔽的工作地点,是获得这段宝贵时间的3个最有效的方法。那种认为管理人员应当"易于接近"的错误观点,已经使许多人养成了"始终开门办公"的陋习。他们敞开办公室的大门,仿佛在不断邀请过路者和走廊漫游者顺便拜访。

9. 可见性

如果打算做的那些事情具有可见性,就能提高达到目标的可靠性。你不可能去做你记不住的事。这条可见性控制原则存在于许多时间管理方法中,如计划表、日程表以及工程控制图等。

10. 习惯

管理人员往往成为自己各种习惯的受害者,他们易于沿袭老的作法。要打破这些根深蒂固的旧习惯是非常困难的,需要不断地进行自我约束的训练。

4.1.3 软件项目进度管理内容

时间管理是项目管理中的一个关键职能,也被称为进度管理,它对于项目进展的控制至关重要。在范围管理的基础上,通过确定、调整合理的工作排序和工作周期,时间管理可以在满足项目时间要求的情况下,使资源配置和成本达到最佳状态。软件项目进度管理即是确保项目能够按照计划准时完成所必需的过程和任务。为达到这一结果,软件项目进度管理包括以下几个主要过程:

- 活动定义,确定项目团队成员和项目干系人为完成项目可交付成果而必须完成的具体活动。一项活动或任务就是在 WBS 中得到的工作包,同成本预算一样,它也是一个预期历时、资源要求和活动定义的有机体。
- 活动排序与历时估算,确定项目活动之间的关系,估计完成具体活动所需要的工作时段数。
- 制订进度计划,分析活动的顺序、活动历时估计和资源要求,制订项目计划。
- 进度计划控制,控制和管理项目进度计划的变更。

通过以上几个主要过程,使用一些基本的软件项目管理工具和技术可以改善时间管理的效果。

4.1.4 项目活动定义

项目活动定义即是进一步定义项目范围,该工作成果即是督促项目团队制订更加详细的 WBS 和辅助解释。该过程的目标是确保项目团队对他们作为项目范围中必须完成的所有工作有一个完整的理解。随着项目团队成员进一步定义完成工作所需的各种活动,WBS 常常得到进一步的分解和细化。

活动和任务是项目进行期间需要完成的工作单元,它们有预期的历时、成本和资源要求。活动定义也会产生一些辅助性的详细资料,并将重要的产品信息、与具体活动相关的假设和约束条件编写为文件。在转移到项目时间管理的下一个阶段之前,项目团队应该与项目关系人一起,审查修订的 WBS 和依据资料。

4.2 项目活动排序和历时估计

活动排序涉及审查 WBS 中的活动、详细的产品说明书、假设和约束条件,以决定活动之间的相互关系,并需要评价活动之间的依赖关系和原因。例如某项活动是否必须在另一项活动开始之前完成?哪些活动可以并行?哪些活动不能同时进行?项目活动顺序排好后,需要进行项目活动历时估计,以便为制订项目进度计划奠定基础。

4.2.1 确定活动顺序

确定活动之间的关系,对制订项目进度计划有很重要的影响。常见的关系有:
- 强制依赖关系,项目工作固有的特性,有时也被称为硬逻辑关系,如编码完成后才能进行测试。
- 自由依赖关系,由项目组定义的依赖关系,常被成为软逻辑关系。如项目团队内部制定的开发模式为瀑布模型,即只有需求分析全部结束后才能开始系统设计,但由于这种关系可能带来副作用,因此项目组在制订相应规范时应注意项目特征。
- 外部依赖关系,项目与非项目活动之间的关系,如软件项目的交付上线可能会依赖客户环境准备情况。

与活动定义一样,项目干系人一起讨论项目中活动的依赖关系很重要。在实践中,可以通过组织级活动排序原则、专门技术人员的判定以及发散式讨论等方式定义活动关系和顺序,也可以活动排序工具和技术,例如网络图法和关键路径分析法。

4.2.2 网络图

用网络分析方法编制的进度计划称为网络图。网络图是 20 世纪 50 年代末发展起来的一种编制大型工程进度计划的有效方法;是用来计算活动时间和表达进度计划的管理工具;是一种显示活动顺序的技术,它用图形直观地显示项目各项活动之间的逻辑关系和排序。网络图有节点型网络图(单代号网络图)和箭线型网络(双代号网络图)两种基本类型。所有的网络计划都要计算项目活动的最早开始和最早结束时间、最晚开始和最晚结束时间及其时差等参数。

关键路径法(Critical Path Method,CPM)和计划评审技术(PERT)都采用网络图来表示项目的任务。

CPM 与 PERT 之间的相似点是：
- CPM 根据活动的依赖关系和确定的持续时间估算，计算项目的最早和最晚开始时间、最早和最晚结束时间以及时差，并确定关键线路。CPM 的核心是计算时差，确定哪些活动的进度安排灵活性最小。
- PERT 利用活动的依赖关系和活动持续时间的 3 个权重估计值（分别是最乐观值、最可能值和最悲观值）来计算项目的各种时间参数。

PERT 与 CPM 的主要区别是：
- PERT 中各项活动持续时间是不确定的，使用 3 个估计值的加权平均和概率方法进行估计；而 CPM 假设每项活动持续时间是确定值。
- CPM 不仅考虑时间，还考虑费用，重点在于费用和成本的控制；而 PERT 主要用于含有大量不确定因素的大规模开发研究项目，重点在于时间控制。

网络计划技术只是计算了最早和最晚时间，安排计划时还必须考虑项目所需的各种资源的限制和均衡，以达到现实可行的满意结果。

1. 概念定义

(1) 网络图

【定义 4-1】 设 $G=(V,E,g)$ 是一个 n 阶无回路的有向加权图，其中 g 是 E 到非负实数集的函数。若 G 中存在两个 V 的不相交非空子集 X、Y，其中对任意 $v_i \in X$，没有一条有向边以 v_i 为终点；对任意 $v_j \in Y$，没有一条有向边以 v_j 为起点，则称 G 是一个网络图，X、Y 中的顶点分别称为 G 的发点、收点。

(2) PERT 图

【定义 4-2】 设 $G=(V,E,g)$ 是一个网络图。若 G 中只有一个发点和一个收点，其中权函数表示为时间函数，则网络图 G 被称为 PERT 图（计划评审图）。

对于用网络图表示的软件项目进度计划，网络图中的有向边表示软件项目的任务，有向边的起点和终点分别表示软件任务的开始和结束，对应的权则表示任务的持续时间。若存在从节点 i 到节点 j 的有向边，则称 i 为 j 的前驱节点，j 为 i 的后继节点。

(3) 路径

【定义 4-3】 在网络图中，从发点开始，按照各个任务的顺序，连续不断地到达收点的一条通路称为路径。

(4) 关键路径

【定义 4-4】 在各条路径上，完成各个任务的时间之和是不完全相等的。其中，完成各个任务需要时间最长的路径称为关键路径。

(5) PERT 图的关键路径

【定义 4-5】 设 G 是一个 PERT 图，G 中从发点到收点的所有路径中，权最大的路径称为 PERT 图的关键路径。

(6) 关键任务

【定义 4-6】 组成关键路径的任务称为关键任务。

如果能够缩短关键任务所需的时间，就可以缩短项目的完工时间。而缩短非关键路径上的各个任务所需要的时间，却不能使项目完工时间提前。即使是在一定范围内适当地延长非关键路径上各个任务持续时间,也不至于影响项目的完工时间。

编制网络计划的基本思想就是在一个庞大的网络图中找出关键路径。对关键任务,优先安排资源,挖掘潜力,尽量压缩持续时间;对非关键任务,只要不影响项目完工时间,可以分配较少的人力、物力等资源。在执行计划过程中,要明确工作重点,重点控制和调度关键任务。

(7) 任务持续时间

【定义 4-7】 为完成某一软件任务所需要的时间,T_{ij} 表示节点 i 和节点 j 之间的有向边所代表的任务持续时间。

确定任务时间有两种方法:

- 1点时间估计法,即确定一个时间值作为完成任务需要的时间。
- 3点时间估计法,即在难以估计的条件下对任务估计 3 种时间:乐观时间表示在顺利情况下,完成任务所需要的最少时间,常用符号 a 表示;最可能时间表示在正常情况下,完成任务所需要的时间,常用符号 m 表示;悲观时间表示在不顺利情况下,完成任务所需要的最多时间,常用符号 b 表示。然后按下列公式计算任务时间。

$$T = \frac{a + 4m + b}{6} \tag{4-1}$$

(8) 任务的最早开始时间

【定义 4-8】 设 $G=(V,E,g)$ 是一个 n 阶 PERT 图,其中 $V=\{v_1,v_2,\cdots,v_n\}$,且 v_1、v_n 分别为发点和收点,则对任意 $v_i(i=1,2,\cdots,n)$,v_1 到 v_i 的所有路径的权中,最大的权称为以 v_i 为起点的任务的最早开始时间,记为 $E(v_i)$。

因为发点的最早开始时间可以设定为 0,此时计时开始,因而通过从左向右计算出所有任务的最早开始时间,即

$$E(v_1) = 0 \tag{4-2}$$

$$E(v_i) = \text{MAX}(E(v_k) + T_{ki}), i \in \{2,3,\cdots,n\} \tag{4-3}$$

其中,v_k 是 v_i 的前驱节点,$E(v_k)$ 指 v_k 的最早开始时间,T_{ki} 指 v_k 和 v_i 之间的任务持续时间。

(9) 任务最晚开始时间

【定义 4-9】 要求最晚开始时间必须首先求出最晚结束时间。软件项目的最终提交时间是确定的,设为 T,则以收点 v_n 为终点的任务的最晚结束时间为 T。从右向左就可以计算出所有任务的最晚结束时间,即

$$L(v_n) = T \tag{4-4}$$

$$L(v_i) = \text{MIN}(L(v_j) - T_{ij}), i \in \{1,2,\cdots,n-1\} \tag{4-5}$$

其中,$L(v_i)$ 是以 v_i 为终点的任务的最晚结束时间,$L(v_j)$ 是以 v_j 为终点的任务的最晚结束时间,v_j 是 v_i 的后继节点,T_{ij} 指 v_i 和 v_j 之间任务持续的时间。任务的最晚结束时间减去任务的持续时间就是其最晚开始时间。

(10) 缓冲时间

【定义 4-10】 任务的最晚开始时间和最早开始时间的差值就是其缓冲时间。

(11) 定理

【定理】 在 PERT 图的关键路径中,各任务的缓冲时间均为 0。

2. 网络优化

对给定的软件项目绘制网络图,就得到一个初始的进度计划方案。但通常还要对初始

计划方案进行调整和完善,确定最优计划方案。

(1) 时间优化

根据对计划进度的要求,缩短项目完成时间,有如下两种方式:

- 采取技术措施,缩短关键任务的持续时间。
- 采取组织措施,充分利用非关键任务的总时差,合理调配技术力量及人、财、物等资源,缩短关键任务的持续时间。

(2) 时间－费用优化

时间－费用优化所要解决的问题,是在编制网络计划过程中,研究如何使项目交付时间短,费用少;或者在保证既定交付时间的条件下,所需的费用最少;或者在限制费用的条件下,交付时间最短。在进行时间－费用优化时,需要计算在采取各种技术组织措施之后,项目不同的交付时间所对应的总费用。使项目费用最低的交付时间称为最低成本日程。编制网络计划,无论是以降低费用为主要目标,还是以缩短项目交付时间为主要目标,都要计算最低成本日程,以提出时间－费用的优化方案。

网络优化的思路与方法应贯穿网络计划的编制、调整与执行的全过程。

3. 用网络图安排进度的步骤

在明确了网络图的一系列基本概念之后,下面给出用网络图进行进度安排的过程:

① 把项目分解为小的任务,确定任务之间的逻辑关系,即确定其先后次序。
② 确定任务持续时间、单位时间内资源需要量等基本数据。
③ 绘制网络图,计算任务最早开始时间、最晚开始时间、最早结束时间和最晚结束时间,确定关键路径,得到初始进度计划方案。
④ 对初始方案进行调整和完善,得到优化的进度计划方案。

4. 网络图示例

为了对网络图有个直观的认识,下面给出一个简单的示例。

有一个更新软件版本的项目,表 4.1 把这一软件项目划分为一系列任务。

表 4.1　软件项目任务分解

任　务	任务描述	前驱任务	任务持续时间(周)
A	需求分析		1
B	重新设计现有部分	A	5
C	设计新增部分	A	3
D	开发整体计划	C	2
E	修改现有代码	B	3
F	增补新代码	C	6
G	单元测试	EF	1
H	集成测试	G	1
I	更新文档	D	2
J	验收测试	HI	1

根据分解出来的任务和其持续时间，可以画出该软件项目的网络图。在图 4.1 所示的网络图中，边表示任务，节点表示任务的开始或结束，以大写字母表示的任务后面括号内的两个数字分别表示任务的最早开始时间和最晚开始时间。图中以粗黑线连接的路径是关键路径。

E(6,7)
G(10,10)
B(1,2)
H(11,11)
A(0,0)
F(4,4)
J(12,12)
C(1,1)
I(6,10)
D(4,8)
1
2
3
4
5
6
7
8
9

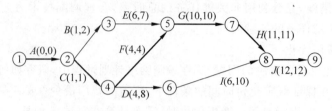

图 4.1 软件项目的网络图

4.2.3 甘特图

甘特图(Gantt Chart)又称横道图，是各种任务活动与日历的对照图。它用水平线段来表示任务的工作阶段，其中线段的长度表示完成任务所需要的时间，起点和终点分别表示任务的开始和结束时间。图 4.2 是一个甘特图的实例。

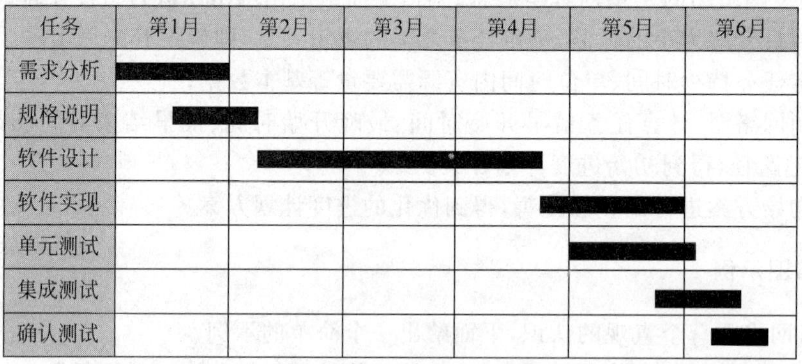

任务
第1月
第2月
第3月
第4月
第5月
第6月
需求分析
规格说明
软件设计
软件实现
单元测试
集成测试
确认测试

图 4.2 甘特图

在甘特图中，每一个任务的完成不以能否继续下一阶段的任务为标准，而是看是否交付相应工作产物和是否通过评审。甘特图清楚地表明了项目的计划进度，并能动态反映当前开发进展状况，但其不足之处在于不能表达各任务之间复杂的逻辑关系。

4.2.4 项目历时估计

活动定义和排序之后，需要进行项目活动历时估计。历时包括一项活动所消耗的实际工作时间加上间歇时间，要注意间歇时间非常重要。尤其是软件项目中很多因素不稳定，在历时估计时不能只是估算活动所需时间，一定要包含活动和活动间的缓冲时间(间歇时间)，否则整个项目计划的可执行性将大打折扣。

历时估计时详细的活动列表及排序、项目假设和约束条件估计及历史信息资料等都是重要的输入资料。同时资源的可获取性，尤其是人力资源，将对项目历时影响重大。历时估算的输出资料是历时估算值、说明估计的基础文件和更新的 WBS。

项目工期估算是根据项目范围、资源状况计划列出项目活动所需要的工期。估算的工期应该现实、有效并能保证质量。所以在估算工期时要充分考虑活动清单、合理的资源需求、人员的能力因素以及环境因素对项目工期的影响。在对每项活动的工期估算中应充分考虑风险因素对工期的影响。项目工期估算完成后,可以得到量化的工期估算数据,将其文档化,同时完善并更新活动清单。

一般说来,工期估算可采取以下几种方式:

- 专家评审形式,由经验丰富的专业人员进行分析和评估。
- 模拟估算,使用以前类似的活动作为未来活动工期的估算基础,计算评估工期。
- 定量型的基础工期,当产品可以用定量标准计算工期时,则采用计量单位为基础数据整体估算。
- 保留时间,在工期估算中预留一定比例的冗余时间以应付项目风险。随着项目的进展,冗余时间可以逐步减少。

4.2.5 案例:应用 PERT 估算项目历时

PERT 不仅可以用来估算软件项目的规模,还可以用来估算软件项目的历时。其理论基础是假设项目持续时间以及整个项目完成时间是随机的,且服从某种概率分布。PERT 可以估算完成项目的每个单独任务需要的时间,也可以估算整个项目在某个时间内完成的概率。PERT 在项目的进度规划中应用非常广,下面通过一个实例加以说明。

英利软件公司承包了一项为当地政府开发电子政务系统的项目。在项目启动后,项目经理希望初步估算出项目的工期和每个环节所需要的时间,以便制订项目计划和安排人力、软硬件资源。由于是在项目的初期进行估算,根据第 3.1.3 节讲到的项目估算时机的理论,这时只能进行粗略的估计。

1. 系统任务分解

根据已经了解到的信息,项目经理和系统分析员一同着手应用 PERT 估算项目历时。首先将电子政务系统的开发分解为需求分析、设计、编码测试和安装部署 4 个活动,各活动依次顺序进行,没有时间上的重叠;然后估算活动的完成时间;最后按照 PERT 的要求计算相应数据。任务分解如图 4.3 所示。

图 4.3 系统工作分解和任务工期估计

2. 估算任务完成时间

PERT 对各个任务的完成时间按 3 种不同情况估计:

① 乐观时间表示在顺利情况下,完成任务所需要的最少时间,常用符号 a 表示。
② 最可能时间表示在正常情况下,完成任务所需要的时间,常用符号 m 表示。

③ 悲观时间表示在不顺利情况下,完成任务所需要的最多时间,常用符号 b 表示。然后根据公式(3-6)和公式(4-1)可以计算每个任务时间的期望 T_i,也就是

$$T_i = (a_i + 4m_i + b_i)/6$$

其中:a_i 表示第 i 项活动的乐观时间,m_i 表示第 i 项活动的最可能时间,b_i 表示第 i 项活动的悲观时间。

项目经理与系统分析员讨论之后,根据以往项目的历史经验,为每项任务估算了完成时间,包括乐观时间、最可能时间和悲观时间,时间单位是"天",并把它标注在图 4.3 的箭头下方。

根据公式(3-6)和公式(3-7),可以计算各任务的期望完成时间和标准差,过程如下:

$$T_{需求分析} = \frac{7 + 4 \times 11 + 15}{6} = 11 \qquad \sigma_{需求分析} = \frac{15 - 7}{6} = 1.33$$

$$T_{设计} = \frac{5 + 4 \times 7 + 9}{6} = 7 \qquad \sigma_{设计} = \frac{9 - 5}{6} = 0.67$$

$$T_{编码测试} = \frac{13 + 4 \times 20 + 35}{6} = 21.3 \qquad \sigma_{编码测试} = \frac{35 - 13}{6} = 3.67$$

$$T_{安装部署} = \frac{5 + 4 \times 13 + 15}{6} = 12 \qquad \sigma_{安装部署} = \frac{15 - 5}{6} = 1.67$$

3. 估算项目历时

PERT 认为整个项目的完成时间是各个活动完成时间之和,且服从正态分布。根据这个原理和公式(3-8),项目经理计算出项目历时的数学期望和标准差,过程如下:

$$T_{项目} = 11 + 7 + 21.3 + 12 = 51.3$$

$$\sigma_{项目} = (1.33^2 + 0.67^2 + 3.67^2 + 1.67^2)^{1/2} = 4.3$$

4. 计算结果的意义

根据上面的结果,可以得出正态分布曲线,如图 4.4 所示。

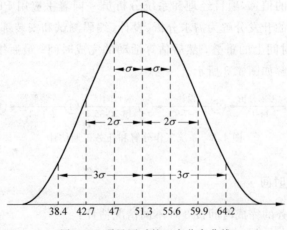

图 4.4 项目历时的正态分布曲线

根据正态分布规律,在$\pm\sigma$范围内(即在47～55.6天之间)完成的概率为68%;在$\pm 2\sigma$范围内(即在42.7～59.9天之间)完成的概率为95%;在$\pm 3\sigma$范围内(即38.4～64.2天之间)完成的概率为99%。

通过查标准正态分布表,可得到整个项目在某一时间内完成的概率。例如,如果客户要求在60天内完成,那么可能完成的概率为:

$$P(t \leqslant 60) = \phi\left(\frac{60-T}{\sigma}\right) = \phi\left(\frac{60-51.3}{4.3}\right) = 0.9783$$

如果客户要求再提前7天,则完成的概率为:

$$P(t \leqslant 53) = \phi\left(\frac{53-T}{\sigma}\right) = \phi\left(\frac{53-51.3}{4.3}\right) = 0.6554$$

如果客户要求在39天内完成,则可完成的概率几乎为0。也就是说,项目有不可压缩的最小周期,这是客观规律。

5. 案例总结

实际大型项目的历时估算和进度控制非常复杂,往往需要将 CPM 和 PERT 结合使用,用 CPM 求出关键路径,再对关键路径上的各个任务用 PERT 估算完成期望和标准差,最后得出项目在某一时间段内完成的概率。

PERT 还说明,任何项目都有不可压缩的最小周期,这是客观规律,不能忽视客观规律而对用户盲目承诺,否则必然不能兑现。

4.3 制订项目计划

软件项目计划主要用来定义工作并确定完成工作的方式,对主要任务及需要的时间和资源进行估计,定义管理评审和控制的框架。正确的项目计划与项目实际的结果进行对比,能够使计划人员发现估计中存在的错误从而改进估计过程、提高估计的准确性。

1. 制订项目计划的原则和要素

项目计划在项目启动时制订,并随着项目的进展不断演进。最初阶段,由于需求模糊,因此计划的重点要放在需要更多知识的地方,强调如何去获取这些知识。否则项目开发人员将把注意力集中在他们熟悉的工作上,而回避不熟悉的工作,但恰恰是不熟悉的工作包含有更多的风险。因此这样会给项目进度带来麻烦。

软件项目计划的要素包括目标、合理的概念设计、WBS、规模估计、工作量估计和项目进度安排。除了定义工作外,项目计划还为管理者提供了根据计划定期评审和跟踪项目进展的基础。

2. 软件项目计划的逻辑要点

- 项目计划的第一步就是把模糊的需求准确化。项目开始时需求总是模糊的,而高质量的软件系统是建立在准确理解用户需求之上的,因而一组准确的用户需求是项目计划的第一逻辑要点。
- 项目的概念设计,概念设计是项目计划的基础,为工作的计划和实施提供组织框架,在这里一般要定义WBS。
- 资源配置和进度安排,概念设计之后,进行资源配置和进度安排,但这些必须和需求同步更新。
- 需求足够清晰时,应进行详细设计,制订实现策略并纳入计划之中。
- 充分理解项目各部分后,确定实施细节并在下次计划更新时形成文档。
- 在整个项目周期中,项目计划为各种资源的配置提供框架。

3. 软件项目计划周期

软件项目计划周期如图4.5所示。软件计划从初始需求开始,对用户需要的任何功能,都将根据目标制订一个计划。如果计划是可行的,则接受该需求,否则就该需求与用户协商,要么取消这项功能,要么增加时间和资源。项目结束后,用实际开发的信息和计划进行比较,以便提高以后项目计划的准确性。

4. 项目计划的内容

- 项目的目标,用来描述做什么,为谁做,何时做,以及项目成功结束的标准。
- WBS把项目分解为可直接操作的元素。
- 资源配置是根据经验和相应的规则,确定各部分需要的资源。
- 进度安排是根据资源配置情况和项目的实际背景,制订项目的进度。

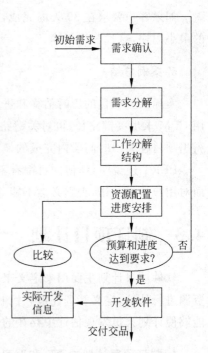

图4.5 软件项目开发计划周期

项目计划在定义项目工作的同时,也为项目的定期评审和跟踪项目进展提供了依据。进度是计划的时间表,软件项目的进度安排与任何一个多重任务工作的进度安排类似。在进度安排中,为了清楚地表达各项任务之间进度的相互依赖关系,采用图示方法,常用的有甘特图等。表4.2给出了一个项目计划的示例。

表4.2 项目计划示例

任务名称	工期	开始时间	结束时间
定义工作组角色	2	2004-3-1	2004-3-2
确定所需技能	5	2004-3-1	2004-3-5
确定资源	2	2004-3-9	2004-3-10
将角色赋予资源	2	2004-3-11	2004-3-12
工作组成立	1	2004-3-15	2004-3-15

5. 进度安排过程和方法

在确定了项目的资源(总成本、时间等)后,要把它们分配到项目的各个开发阶段中,即确定项目的进度。项目整体进度安排的过程如下:

- 根据项目总体进度目标,编制人员计划。
- 将各阶段所需要的资源和可以取得的资源进行比较,确定各阶段的初步进度,然后确定整个项目的初步进度。
- 对初步进度计划进行评审,确保该计划满足要求,否则就要重复上面的步骤。一般都需要多次调整。

进度安排的详细程度取决于WBS的详细程度,而WBS又取决于项目当前所处阶段与历史经验,进度安排计划随着项目的进展而动态调整,逐渐趋于更加详细准确。

4.4 项目进度监控

项目进度控制和监督的目的是增强项目进度的透明度,以便当项目进展与项目计划出现严重偏差时可以采取适当的纠正或预防措施。

1. 项目进度控制的前提

已经归档和发布的项目计划是项目控制和监督时,进行沟通、纠正偏差和预防风险的基础。项目进度控制的前提包括以下几个方面。

- 项目进度计划已得到项目干系人的共识。
- 项目进度监控过程中可以及时充分地掌握有关项目进展的各项数据。
- 项目进度监控目标、监控任务、监控人员和岗位职责等都已明确。
- 进度控制方法、进度预测、分析和统计等工具已经建好。
- 项目进度信息的报告、沟通、反馈以及信息管理制度已经建立。

在以上前提下,通过实际值与计划值进行比较,检查、分析、评价项目进度。通过沟通、肯定、批评、奖励及惩罚等不同手段,对项目进度进行监督、督促、影响和制约。及时发现偏差,及时予以纠正;提前预测偏差,提前予以预防。

2. 项目进度控制的内容

从内容上看,软件项目进度控制主要表现在组织管理、技术管理和信息管理等这几个方面。组织管理包括以下几项内容:

- 项目经理监督并控制项目进展情况。
- 进行项目分解,如按项目结构分,按项目进展阶段分,按合同结构分,并建立编码体系。
- 制订进度协调制度,如协调会议时间、参加人员等。
- 对影响进度的干扰因素和潜在风险进行分析。

技术管理对于软件项目进度控制同样也很重要。软件项目的技术难度需要引起重视,有些技术问题可能需要特殊的人员,有些技术问题可能需要充裕的时间。技术管理就是预测技术问题并制订相应的应对措施。管理的好坏将直接影响项目实施进度。

信息管理主要体现在制订和调整项目进度计划时对项目信息的掌握上。这些信息主要有：

- 预测信息，即对分项和分阶段工作的技术难度、风险、工作量及逻辑关系等进行预测。
- 决策信息，即对实施中出现的计划之外的新情况进行应对并作出决策。

3. 项目进度控制主要手段

根据项目计划，项目进度监控人员需要对项目阶段成果的完成情况进行监控，如果由于某些原因造成阶段成果提前或延后完成，项目负责人应提前申请并做好计划的变更。对于项目进度延后的情况，应当分析产生延后的原因，确定纠正偏差的对策，采取纠正偏差的措施，并在确定的期限内消除项目实际进度与项目计划之间的偏差。总之，项目计划应根据项目的进展情况进行适时调整，以保证基准和依据的及时性和有效性。

项目负责人按照预定的每个时间点（根据项目的实际情况可以是每周、每双周、每月、每双月、每季、每旬等）定期与项目组成员和其他相关人员沟通。随后向相关管理人员和管理部门提交一份书面项目阶段工作汇报与计划，内容包括：

- 对上一阶段计划执行情况的描述。
- 下一阶段的工作计划安排。
- 已经解决的问题和遗留的问题。
- 资源申请。
- 需要协调的事情及其人员。
- 其他需要处理的问题。

这些汇报将存档，作为对项目进行考核的重要材料。

在计划制订时就要确定项目总进度目标与分进度目标。在项目进展的全过程中，进行计划进度与实际进度的比较，及时发现偏离，及时采取措施纠正或者预防。同时还要协调好项目干系人的工程进度，防止出现拖后腿的情况。

在项目计划执行中，做好这样几个方面的工作：

- 检查并掌握项目实际进度信息。对反映实际进度的各种数据进行记录并作为检查和调整项目计划的依据。要积累资料，总结分析，不断提高制订项目计划和控制项目进度的水平。
- 做好项目计划执行中的检查与分析。通过检查，分析计划提前或拖后的主要原因。项目计划的定期检查是监督计划执行的最有效的方法。
- 及时制订并实施调整与补救措施。调整的目的是根据实际进度情况，对项目计划进行必要的修正，使之符合实际情况，以保证项目目标顺利实现。当初期制定的项目计划需要改变某些工作时就需要重新调整项目计划中的网络逻辑，计算调整后的各时间参数、关键路径和项目历时。

4. 不同阶段的项目进度控制

从项目进度控制的阶段上看，软件项目进度控制主要有：项目准备阶段进度控制，需求分析和设计阶段进度控制,以及实施阶段进度控制等几部分。
- 准备阶段进度控制的任务包括用户向系统分析员提供有关项目信息,协助项目经理和系统分析员确定项目范围和总目标;制订项目计划;制订项目进度控制措施。
- 需求分析和设计阶段控制的任务包括制订与用户的沟通计划、需求分析工作进度计划、设计工作进度计划,并监督各项计划的执行。
- 实施阶段进度控制的任务包括制订实施总进度计划并监督其执行;编制实施计划并控制其执行等。

5. 案例:三峡工程的进度管理

三峡工程规模宏伟,工程量巨大,总预算超过 200 亿美元,其主体工程土石方开挖约 1 亿立方米,土石方填筑 4000 多万立方米,建设总工期定为 17 年。如此宏大的项目没有丝毫延期,而且目前领先进度半年之多,整个工程有望提早完成。

三峡项目成功的进度管理有以下几点原因。

(1) 完善的管理思想

总工程师杨安民指出:三峡项目管理的思想是自上而下、自下而上。自上而下体现了集权思想和战略导向,没有协商的余地。自下而上的方式体现的是民主思想,它以作业为基础,导向明确。

(2) 层次化管理

三峡工程规模大、工期长,参与工程建设的监理和施工承包商多,形成了进度计划管理的复杂关系。因此,三峡工程进度共分为 3 个大层次进行管理,即业主层、监理层和施工承包商层。

(3) 完善的进度控制手段

建立严格的进度计划会商和审批制度;对进度计划执行进行考核,并实行奖惩;定期更新进度计划,及时调整偏差;实现对工程进度计划动态控制;对三峡工程总进度计划中的关键项目进行重点跟踪控制,达到确保工程建设工期的目的。

(4) 统一的管理制度

有鉴于三峡工程进度管理的复杂性,负责人员确定了工程进度计划编制原则,统一了进度计划编制办法、进度计划内容要求、进度计划提交、更新的时间,乃至软件与格式。复杂的情况需要用更加完善的制度来管理。

4.5 案例:某软件研发的项目计划和进度控制

1. 项目概述

近几年来,随着固定资产投资的不断增加,信息化技术在工程建设领域的应用取得了较大的发展。就工程造价行业而言,电算化造价软件已得到了相当程度的普及推广。财智软件公司在充分分析市场发展情况的基础上,利用自身拥有的先进技术和必备的资源条件,开始进行新版本的"工程造价软件"研发,以满足客户不断增加的管理和使用需求。

2. 项目计划

(1) 项目实施流程

软件研发项目的计划时间为 7 个月；研发预算为 11 万人民币，最终形成在管理功能性、操作简易性、计算准确性和信息安全性等方面满足项目设定要求的工程造价软件。该项目范围主要包括市场调查及用户需求分析、功能界面设计、软件程序设计、功能和模块集成测试、软件试运行、用户反馈调整及培训资料编写等 7 个工作内容，如图 4.6 所示。

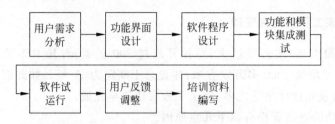

图 4.6 项目实施简要流程图

(2) 工作计划矩阵

实施该项目可利用的内部资源有：现有的市场调研资料、技术研发人员、市场销售人员、既有的销售网络及必要的资金支持；另外可利用的外部资源有长期聘用的专家顾问及潜在的客户单位的专业技术人员。各项工作任务均有专人负责，并保证其清楚对应任务的工作内容、费用预算和工期限制等基本情况，并根据其所负责的工作制订了工作计划矩阵，见表 4.3。

表 4.3 工作计划矩阵

工作内容	责任人	预计费用（人民币）	任务期限（可用工作日）	里程碑
项目范围规划	×××	5000.00	10	项目组成立并展开工作
软件/用户需求分析	×××	15000.00	15	软件研发项目获批准实施
功能、界面设计	×××	15000.00	15	设计成果获得批准
软件开发	×××	30000.00	55	形成可供测试的产品
软件功能与集成测试	×××	20000.00	80	产品可供用户试运行
培训准备	×××	5000.00	90	形成专供用户操作培训的资料
文档	×××	5000.00	50	软件用户操作帮助系统
试运行及软件验收	×××	15000.00	100	定型产品各项指标满足设计要求
实施工作结束后的回顾	×××	500.00	3	项目总结完成

说明：预计费用和任务期限为计划估算值，仅用于指导本项目计划编制。

(3) 工作分解结构

项目组根据项目的实际情况编制了项目的工作分解结构（WBS），它从项目的总体开始，逐步向下分解到更小的工作包及任务。本项目的 WBS 由 3 个层次构成，共计 19 个任务，如图 4.7 所示。

(4) 初步计划（MS Project 计划和网络图）

项目组利用 Microsoft Project 管理软件制定了项目的初步计划，如图 4.8 所示。

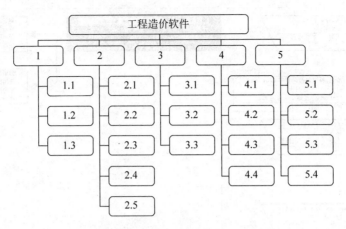

图 4.7　工程造价软件的 WBS

注：WBS 中各代码定义略。

WBS	任务名称	工期	开始时间	完成时间
1	Projet scope plan	7 工作日	2006年9月4日	2006年9月12日
1.1	Projet scope plan	5 工作日	2006年9月4日	2006年9月8日
1.2	confirm the scope	1 工作日	2006年9月11日	2006年9月11日
1.3	analyse existence resource con	1 工作日	2006年9月11日	2006年9月11日
1.4	Stablish expolder group and pr	1 工作日	2006年9月12日	2006年9月12日
2	Softare /Analyse the request	13.5 工作日	2006年9月13日	2006年10月2日
2.1	Compare the disadvantage and a	2 工作日	2006年9月13日	2006年9月14日
2.2	Analoyse the request of the us	5 工作日	2006年9月15日	2006年9月21日
2.3	draft outpreparatory the sofar	2 工作日	2006年9月22日	2006年9月25日
2.4	constitute the expolder work b	1 工作日	2006年9月26日	2006年9月26日
2.5	Worker and customer read the r	1 工作日	2006年9月27日	2006年9月27日
2.6	According to the feedback to a	1 工作日	2006年9月28日	2006年9月28日
2.7	confirm the explore term	1 工作日	2006年9月29日	2006年9月29日
2.8	authorize to actualize the pro	0.5 工作日	2006年10月2日	2006年10月2日
3	Function and Interface Desige	16 工作日	2006年10月2日	2006年10月24日
3.1	according to the softare crite	2 工作日	2006年10月2日	2006年10月4日
3.2	constitue function criterion	5 工作日	2006年10月4日	2006年10月11日
3.3	according to function criterio	5 工作日	2006年10月11日	2006年10月18日
3.4	compare and analyse with the s	2 工作日	2006年10月18日	2006年10月20日
3.5	According to the feedback to a	1 工作日	2006年10月20日	2006年10月23日
3.6	The design achiviment are appr	1 工作日	2006年10月23日	2006年10月24日
4	Expolder softare	54 工作日	2006年10月24日	2007年1月8日
4.1	firm the modle, parameter and	2 工作日	2006年10月24日	2006年10月26日
4.2	Expolders accept the procedure	30 工作日	2006年10月26日	2006年12月7日

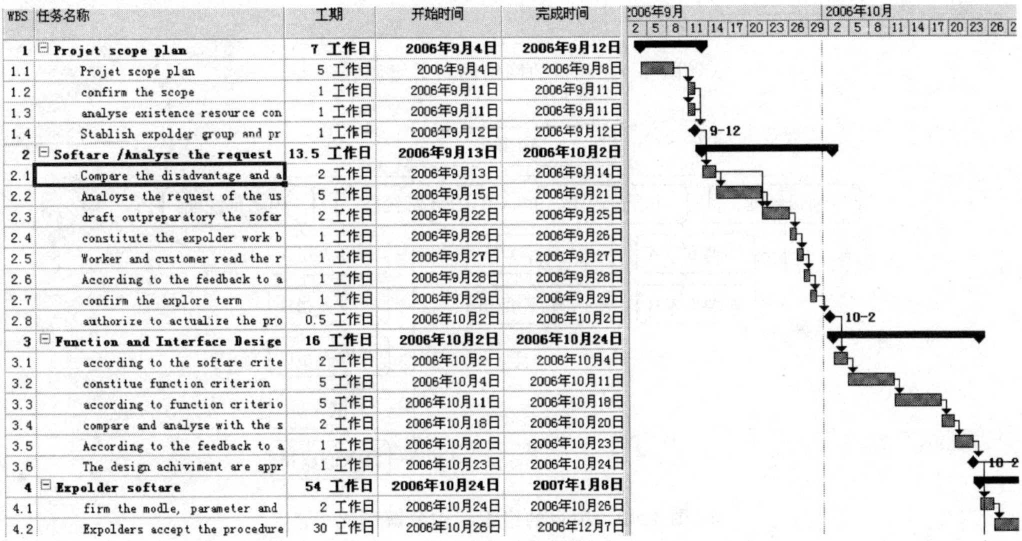

图 4.8　项目计划

（5）网络图与关键路径

根据制定的时间计划编制了相应的网络图，如图 4.9 所示。通过分析网络图，找出项目所列任务时间计划总时差为“0”的路径，即关键路径。

（6）组织分解结构（Organization Break-up Structure，OBS）

根据项目的特性，要求实施团队能够自我控制工作组织，实现项目目标。项目团队的管理由项目经理负责，包括计划、进度和工作分配，在不影响其他项目的前提下有权调动公司资源。图 4.10 反映了项目的组织结构分解情况。

（7）责任矩阵

表 4.4 是该项目的责任矩阵，该图根据 WBS 和 OBS 之间的内在关系分析并编制，反映了公司高层及项目团队所关注的“5W”。

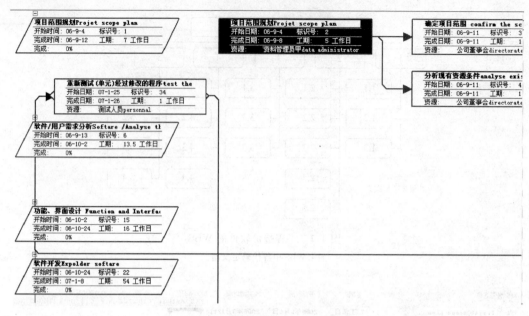

图 4.9 项目的网络图与关键路径

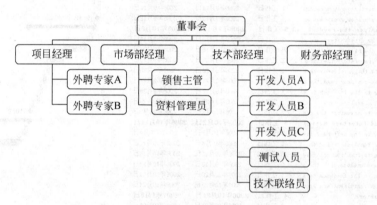

图 4.10 项目的组织结构分解情况

表 4.4 责任矩阵

A. 授权　B. 负责　C. 参与 D. 监控　E. 审批　F. 必须咨询 G. 必须通知		董事会	项目经理	市场部经理	技术部经理	财务部经理	开发人员	销售主管	技术联络员	资料管理员	测试人员	外聘专家	客户代表
1	项目范围规定	A	C	E	C	C	G	G	G	C	G	F	F
2	软件/用户需求分析	E	B	D	D	D	C	C	G	G	G	C	F
3	功能界面设计	G	D	G	E	G	B	G	G	G	G	F	F
4	软件开发	G	D	G	E	G	B	G	C	C	G	F	F
5	软件功能与集成测试	G	D	G	D	G	C	G	C	C	B	F	F
6	培训准备	G	D	E	G	C	B	C	G	C	F	F	F
7	文档	G	D	F	E	G	C	F	B	F	F	F	F
8	试运行及软件验收	E	B	C	D	G	C	C	C	C	C	C	C
9	实施工作结束后的回顾	E	C	D	D	C	C	C	C	B	C	C	G

3. 进度控制

进度控制的目标是对项目的工期进行监控，使之遵循计划约定。工期监控主要采取的方法是定期检查任务完成情况，计算工期偏差，并分析偏差原因调整资源配置，从而保证工期目标。为了确保工期目标的实现，进行临时调整。如一种方法是调整非关键路径上的资源，加强关键任务的资源投入；或是加强关键任务上现有资源的使用效率，增加每个工作日的工作量；或是从项目外补充新的资源，增加资源投入。

4. 案例小结

项目组通过在项目的初始阶段制订翔实的项目计划和人员责任分工，并在项目实施过程中对项目进度进行控制，发现关键任务滞后，马上采取措施弥补，因而最终按时顺利完成了工程造价软件的开发。

4.6 案例故事解析

本章开始的案例故事是一个比较典型的软件外包项目的案例。在这个案例中，可以看到现在IT行业内许多外包项目的影子。

在该案例中，东方公司没有专门的项目经理，是由技术人员王先生兼做管理。这是国内软件公司经常会出现的问题。最初，出现进度落后的问题时，AIC公司的Henry与东方公司的王先生讨论后决定采用项目管理中的计划管理等手段，其中包括里程碑管理。这是控制进度的较常见做法。

1. 里程碑管理的引入

里程碑一般是项目中完成阶段性工作的标志。不同类型的项目，里程碑也不同。比如，在开发项目中，可以将需求的最终确认、产品移交等关键任务作为项目的里程碑。在本案例中，Henry在接手项目后采用里程碑管理是很恰当的。

不过，要注意的是，每到一个里程碑处，应及时对前段工作进行小结，并对后续工作进行计划调整。对于一些管理效果明显的领域，可以不必投入较多精力；而对于下一步可能会出现问题的领域，应给予较多的关注。当然，在软件项目里，进度的变化是较常见的事情。

在本案例中，采用里程碑管理后仍没有达到客户的要求，进度依然拖后。在这里，就需要考虑另一个因素：质量与进度的关系。

2. 质量与进度的关系

通常，项目管理的前提是保证在预算内、满足质量的前提下，按进度完成项目。因此，可以看到，保证质量是前提。那么，如何在满足质量的前提下管理进度呢？可以借鉴历史数据。在本案例中，Henry应该调查之前的项目情况，将会发现可以类比的情况，这样事先就可以知道需要管理质量和进度的关系。

而且，由于此项目是软件外包项目，Henry不能完全掌握项目的资源调度情况，因此缺乏对质量的控制。这也是大多数外包工程中最令人难以掌握的地方。在这里，可以采用对进度管理计划添加质量参数的方法,也就是通过参数调整进度和质量的关系。

这一做法的前提是要有一定的历史数据。比如,从历史数据中得知,完成子项目的时间是 5 天,测试后有 15 个问题;完成同样子项目的时间是 7 天,测试后有 10 个问题;完成同样子项目的时间是 8 天,测试后有 5 个问题,……以此类推。

随着数据的不断增多,采用两维坐标图,就会得到一些离散的点(不考虑资源的差异),并形成一条曲线,如图 4.11 所示。考虑项目允许的质量范围,对照图中的数据,找出相应的参数。根据得到的参数,确定一个合适的进度计划。

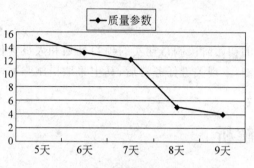

图 4.11　软件质量与测试时间的关系

3. 进度与成本的关系

在本案例中,Henry 发现东方公司进度一直拖后,成本却居高不下。这里就需要了解软件外包项目中进度与成本的关系。很多时候,此类工程大多采用固定总价合同。但由于软件项目的修改比较多,实际上此类合同很像是固定总价加奖励费用,其中奖励费用一般会采用单价合同,即若干元/人天的合同。也就是说,承包商的成本是建立在人力成本估算上的。这样,一些承包商会倾向于拖延进度(或者减少实际投入,造成质量下降)。因此,项目经理需要了解整个合同的情况,最好参与合同的制订。

在此案例中,Henry 试图通过引入竞争来提高整个项目的效率,满足项目目标,也是出于同样的原因。尤其值得注意的是,有时候出于竞争的需要,承包商会提供低廉的价格,此时对于进度管理更应该谨慎和完善。

还要指出的一点是,要对学习曲线有深刻的认识。在软件开发工程中,学习曲线有很大的用途。因为通常情况,承包商在接到同样类型的软件项目后,第二次会比第一次节省 15%~20% 的时间。项目经理最好要了解一下以前类似项目的情况。

4.7　小结

软件项目进度管理过程包括计划、安排进度和进度控制 3 个阶段。

(1) 计划阶段

将项目工作分解为更小、更易管理的工作包(活动或任务),这些小的活动应该是能够保障完成交付产品的可实施的详细任务。在项目实施中,要将所有活动列成一个明确的活动清单,并且让项目团队的每一个成员能够清楚有多少工作需要处理。活动清单应该采取文档形式,以便于项目其他过程的使用和管理。当然,随着项目活动分解的深入和细化,WBS可能会需要修改,这也会影响项目的其他部分。例如成本估算,在更详尽地考虑了活动后,成本可能会有所增加,因此完成活动定义后,要更新项目WBS上的内容。

在产品描述、活动清单的基础上,要找出项目活动之间的依赖关系和特殊领域的依赖关系、工作顺序。在这里,既要考虑团队内部希望的特殊顺序和优先逻辑关系,也要考虑内部与外部、外部与外部的各种依赖关系以及为完成项目所要做的一些相关工作,例如在最终的硬件环境中进行软件测试等工作。

设立项目里程碑是排序工作中很重要的一部分。里程碑是项目中关键的事件及关键的目标时间,是项目成功的重要因素。里程碑事件是确保完成项目需求的活动序列中不可或缺的一部分。比如在开发项目中可以将需求的最终确认、产品移交等关键任务作为项目的里程碑。

项目工期估算是根据项目范围、资源状况计划列出项目活动所需要的工期。估算的工期应该现实、有效并能保证质量。所以在估算工期时要充分考虑活动清单、合理的资源需求、人员的能力因素以及环境因素对项目工期的影响。在对每项活动的工期估算中应充分考虑风险因素对工期的影响。项目工期估算完成后,可以得到量化的工期估算数据,将其文档化,同时完善并更新活动清单。

一般说来,工期估算可采取以下几种方式:

- 专家评审形式。由有经验、有能力的人员进行分析和评估。
- 模拟估算。使用以前类似的活动作为未来活动工期的估算基础,计算评估工期。
- 定量型的基础工期。当产品可以用定量标准计算工期时,则采用计量单位为基础数据整体估算。
- 保留时间。工期估算中预留一定比例作为冗余时间以应付项目风险。随着项目进展,冗余时间可以逐步减少。

(2) 安排进度表

项目的进度计划意味着明确定义项目活动的开始和结束日期,这是一个反复确认的过程。进度表的确定应根据项目网络图、估算的活动工期、资源需求、资源共享情况、项目执行的工作日历、进度限制、最早和最晚时间、风险管理计划及活动特征等统一考虑。

进度限制即根据活动排序考虑如何定义活动之间的进度关系。一般有两种形式:一种是加强日期形式,以活动之间前后关系限制活动的进度,如一项活动不早于某活动的开始或不晚于某活动的结束;另一种是关键事件或主要里程碑形式,以定义为里程碑的事件作为要求的时间进度的决定性因素,制订相应时间计划。

在制订项目进度表时,先以数学分析的方法计算每个活动最早开始和结束时间与最迟开始和结束日期得出时间进度网络图,再通过资源因素、活动时间和可冗余因素调整活动时间,最终形成最佳活动进度表。

(3) 进度控制

进度控制主要是监督进度的执行状况,及时发现和纠正偏差、错误。在控制中要考虑影响项目进度变化的因素、项目进度变更对其他部分的影响因素以及进度表变更时应采取的实际措施。

CHAPTER 5

第 5 章　软件项目风险管理

案例故事

NaleNet 是国外一家知名的网络设备厂商，它在中国拥有许多电信运营商客户。NaleNet 主要通过分销的方式发展中国业务，与国内的合作伙伴和电信公司签约并提供具有增值内容的集成服务。2007 年，国内一家电信公司盛世通讯打算实施某项目，经过招投标过程最终选定 NaleNet 为其提供网络设备。福清公司是一家系统集成商，也是 NaleNet 在中国的一级代理商，顺理成章成为该项目的实施单位。

随后，盛世通讯和福清公司签订了总金额近 1000 万人民币的合同，项目的施工周期确定为 3 个月，由 NaleNet 负责提供主要设备。福清公司第一次承接此类项目，负责全面的项目管理和系统集成工作，包括提供一些附属设备和支持设备，并且负责项目的整个运作和管理。NaleNet 和福清公司之间的支付关系是外商通常采用的方式：一次性付账。这就意味着 NaleNet 不承担任何风险，而福清公司公司虽然有很大的利润，但是也承担了全部的风险。合同是固定总价的分期付款合同，按照电信业界惯例，10% 的尾款要等到系统通过最终验收一年后才能支付。

然而，由于激烈的商业竞争，福清公司在参与投标过程中对盛世通讯做了一些额外的承诺，提供的技术建议书远远超过了系统能达到的实际技术指标，并与 NaleNet 和福清公司的代理合同有不少出入。

经过 3 个月的建设期，整套系统安装完成。但自系统试运行之日起，就不断有问题暴露出来。盛世通讯要求福清公司负责解决，可其中很多问题涉及 NaleNet 的设备本身。尽管 NaleNet 也一直积极参与并配合此项目的工作，但由于开发周期的原因，NaleNet 公司无法马上达到新的技术指标并满足新的功能。对于盛世通讯来说，他们认为按照招投标的要求，福清公司实施的项目没有达到合同要求。因此项目一直拖期直至 2008 年，盛世通讯还拖欠福清公司 10% 的验收款和 10% 的尾款。为完成此项目，福清公司只好不断将 NaleNet 公司的最新升级软件提供给盛世通讯，甚至派人常驻在盛世通讯。

2008年年中,盛世通讯终于进行了初步验收,在福清公司同意承担系统升级工作直到完全满足招投标的条件下,盛世通讯支付了10%的验收款。然而,2008年底,NaleNet公司由于内部运营战略调整原因暂时中断了在中国的业务,其产品的支持力度大幅下降,结果致使该项目的收尾工作至今无法完成。

原本集成商福清公司在此项目上预算可以有250万元左右的毛利,可是扣除预算外增加的项目成本(差旅费、沟通费用、公关费用和贴现率)和尾款,实际上的毛利不到70万元。如果再考虑项目拖期带来的机会成本、公司名誉的影响等,实际利润可能更少甚至是负值。

5.1 概述

5.1.1 风险

人们常常谈论风险,也处处经历风险。凡是人类有计划的活动几乎都存在风险。大到修建三峡工程、挑战太空,小到个人财物支配计划、职业选择都要面对风险。但是并不是每个人都认真思考过风险的含义。

英语的"风险"一词"risk"起源于意大利语"risicare"一词,意思是"敢于"。卡内基·梅隆大学的软件工程研究所(CMU/SEI)将风险定义为损失的可能性。这表示风险具有两大属性:可能性和损失。可能性是指风险发生的概率;损失是指预期与后果之间的差异。一般用可能性和损失的乘积来记录风险损失。

研究风险产生的原因,可以发现风险常和这样一些词紧紧相联:"目标"、"损失"和"或然"等。

1. 目标

如果没有任何目标,人们不必考虑任何风险,更不必研究风险。因为无论一项活动进行得怎样,都无所谓,任何状况和可能的后果都是人们愿意坦然接受的。然而,无论是一项活动、项目或安排等,在初期人们总是有一个或者一些目标和期望,例如希望挑战太空成功,或者一定要建好三峡工程等。因此,有明确的目标是出现风险的一个必要条件。

2. 损失

未知事物发展的最终结果可能是机会、收益,也可能是损失或伤害。人们通常认为不利的后果才是风险,对预期的收益、机会等大多不认为是风险。如果没有潜在的损失,就没有风险,因此风险是潜在的损失或损害等不好的结果或机会的丧失。由此可见,造成损失是风险的一个最本质的特征。

3. 或然

没有人可以准确地预知未来,所以人们不知道在向目标前进的过程中会出现哪些情况,甚至不知道目标是否会实现。在追求目标的过程中,不确定性或者是未知的因素很多,如自然环境、社会环境及人为因素等。受诸多因素的综合影响,也许会出现有利事件,也许会出现不利事件。什么时间发生、什么条件下发生大都难以把握,因此或然性是风险的一个显著特征。

5.1.2 软件风险

软件风险是有关软件项目、软件开发过程和软件产品损失的可能性。由于软件生产的特殊性，软件风险包括软件项目风险、技术风险和产品风险，如图 5.1 所示。

图 5.1 软件风险分类

- 软件项目风险是指潜在的预算、进度、人力、资源、客户和需求等方面的问题以及它们对软件项目的影响。软件项目风险威胁项目计划，如果风险变成现实，有可能会拖延项目的进度，增加项目的成本。软件项目风险的因素还包括项目的复杂性、规模及结构的不确定性。
- 技术风险是指潜在的设计、实现、验证和维护等方面的问题。此外规约的二义性、陈旧技术缺乏竞争力、先进技术带有不确定性以及技术人员的流动性也都是风险因素。技术风险威胁软件的质量和交付时间，如果技术风险变成现实，则开发工作可能变得很困难或者走向失败。
- 商业风险威胁到要开发软件的生存能力。主要的商业风险，如市场降温、公司运营战略转变及资金链断裂等都会危害项目或产品研发。

5.1.3 软件项目风险管理

如图 5.2 所示，风险管理是一种涉及社会科学、工程技术、系统科学和管理科学的综合性多学科管理手段，它是涵盖风险识别、分析、计划、监督与控制等活动的系统过程，也是一项实现项目目标机会最大化与损失最小化的过程。风险管理开始时，通常并不知道风险是什么。风险管理过程就是从一堆模糊不清的问题、担心和未知开始，逐步将这些不确定因素加以辨识、分析，并进而转化为可接受的风险。风险管理是一个持续不断的过程，贯穿于项目周期的始终。

软件项目风险管理主要包括：

- 风险识别。识别风险和风险来源。
- 风险分析与策划。在已建立的标准基础上分析风险；估计风险的可能性与后果；评估风险的严重程度；策划如何解决风险；制订风险解决方案，并为选择的方法定义行动计划；建立起点，帮助决定何时执行风险行动计划。
- 风险跟踪。监视计划的起点和风险的状态；比较起点和状态以决定变化；使用触发器提供风险的早期警告，以便及时应对风险，执行风险行动计划。
- 风险应对。对触发事件的通知作出反应，执行风险行动计划，报告风险应对措施的结果，直到风险降到可接受范围。
- 风险管理验证。保证项目实践无偏差地执行风险管理计划。需要制订评审标准，设定恰当的期望值。评审的目的是理解风险管理计划的活动、行为人和典型产物，为符合审计做准备。审计过程将验证计划的活动是否得以执行，参加者是否得到培训，是否坚持了风险管理计划。审计报告详细说明了现实与计划的差异。报告还要表明要求是否达到以及任何不符合计划的情况的实质。

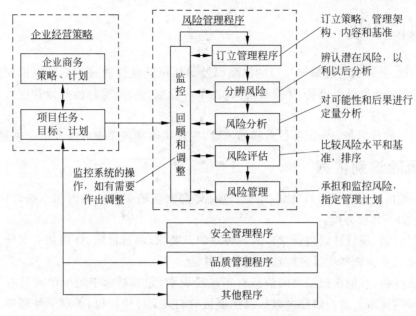

图 5.2　风险管理与项目管理的关系

5.1.4　软件项目风险管理的意义

一个软件项目从启动到关闭的全过程都存在不能预先确定的内部和外部干扰因素,在这些综合因素影响下可能存在风险。若不加以控制,风险的影响将会扩大,甚至引起整个活动或者项目的中断或夭折。据统计,许多项目失败的主要原因就是没有做好风险辨识和管理,有的风险造成的损失是巨大的。因此,在现代软件项目管理中,风险管理已成为研究的热点之一。

风险管理的目的是将风险带来的影响或造成的损失减少到最小。尤其是对于大型复杂项目,风险管理显得尤为重要。如果不进行风险分析,没有针对风险采取强有力的避免和降低损失等措施,项目必将以巨额损失为结局。实施风险管理的意义主要有:

- 通过风险管理可以使决策更科学,从总体上减少项目风险,保证项目目标的实现。
- 通过风险识别,可加深对项目和风险的认识和理解,分析各个方案的利弊,了解风险对项目的影响,以便减少或分散风险。
- 通过风险分析提升项目计划的可信度,改善项目执行组织内部和外部之间的沟通。
- 使编制的应急反应计划更有针对性。这样一来,即使风险无法避免,也能减少项目承受的损失。
- 能够将处理风险的各种方式有效组织起来,在项目管理中增加主动。
- 为以后的规划与设计工作提供反馈,以便采取措施防止与避免风险造成的损失。
- 为制订项目应急计划提供依据;有利于抓住与利用机会。
- 可推动项目管理层和项目组织积累风险资料,以便改进将来的项目管理方式和方法。

5.2 风险识别

风险识别,是寻找可能影响项目的风险以及确认风险特性的过程。风险识别活动的参加人员一般包括：项目组成员、风险管理人员、学科专家、客户、项目的其他管理人员以及外聘专家等。

风险识别的目标是：辨识项目面临的风险,揭示风险和风险来源以及记录风险信息。

5.2.1 风险识别依据

风险识别的依据包括项目计划、历史经验、外部制度约束和项目内部不确定性等方面。具体说来有如下几个方面：

- 项目计划,项目计划包括项目的各种资源及要求,项目目标、计划和资源能力之间的配比关系为软件项目风险预估提供了基础。
- 历史经验,其他类似项目的信息对于风险识别,尤其是对于陌生项目具有不可或缺的参考价值。这些信息可以从以往项目的相关文件中获得,而对于外部项目的信息可通过各种信息渠道掌握。
- 外部制度约束,如国家或部门相关制度或法律环境的变化,劳动力问题,通货膨胀问题等对项目可能造成的影响。
- 项目内部的不确定性,项目中存在的一切不确定性因素都有可能是项目风险来源,包括假定与怀疑的各部分。例如,在用户需求规格说明中,有关"待定"的部分就可能是风险的载体。

5.2.2 常见软件风险

软件项目有其特殊性,因此与其他类型项目相比有自己独特的风险。常见的软件项目风险如下。

1. 人力资源风险

① 人员配备不合理,忽略或没有时间进行必要的项目培训。
② 项目组成员缺乏合作精神,人员缺乏必胜的进取心,人员工作环境低劣等。
③ 过分自信的进度加上固定的成本预算,必然会导致进度与成本方面的风险。
④ 不切实际的过高生产效率要求,把加班当作是克服进度过慢的标准过程。
⑤ 缺乏项目分析时间可能导致对产品功能需求的片面理解。

2. 需求风险

① 模糊或变化的用户需求必然导致需求的混乱。
② 文档没有准确记录系统的需求。
③ 接口文档不统一或存在二义性。
④ 客户方面人员的变动导致用户需求变更。
⑤ 软件可靠性分析和验收合格标准需求与定义不清楚。

⑥ 对系统不切实际的期望，包括进度、技术等。
⑦ 商业软件产品定位不清导致的需求混乱。

3. 项目接口风险

① 需要等待其他软件产品交付以便进行系统集成，很可能导致进度落后。
② 软件外包商的技术能力低于期望值。
③ 硬件没有检验，文档记录不全。
④ 软件外包商的方法论、软件过程与客户要求的标准不符。

4. 设计风险

① 粗略的概要设计可能带来整个软件系统架构的不稳定。
② 未经检验的设计可能会引发系统的性能问题，使之无法达到既定的性能要求。

5. 管理风险

① 角色与责任不明确或定义不当，会引起不协调的活动、不合理的工作负担以及工作重点不突出。
② 项目角色与责任没有被充分理解。
③ 项目缺乏有效的人员激励机制。
④ 缺乏对软件项目必要的内部评审。
⑤ 项目报告不真实或重点不突出。
⑥ 管理制度不落实。

6. 开发过程风险

① 不切实际的进度与成本要求。
② 项目缺少富于经验的资深开发人员。
③ 使用未经充分验证的新技术、新开发平台最终导致系统崩溃。
④ 软件开发计划的调整没有充分考虑项目的大小与实际情况。
⑤ 开发工具没有全集成。
⑥ 客户文件格式和维护能力与现有开发环境不合。

7. 项目集成与测试风险

① 集成与测试由于受到进度与成本的制约而受到压缩。
② 测试过程没有良好的定义，缺少测试用例和测试计划。
③ 一些需求由于定义模糊，难以测试。
④ 由于时间限制，系统可靠性测试不充分。

5.2.3 风险识别过程

风险识别过程是将项目的不确定性转变为风险陈述的过程，它包括以下活动。

1. 进行风险评估

风险评估是以已建立的标准为基础，识别与估计风险。它提供了项目所管理的以评估风险的基线，一般适合在项目初期进行。后续的评估建议在主要的转折点或主要的项目变更时进行。这些变更通常指成本、进度、范围或人员等方面的变更。

2. 系统地识别风险

风险识别有很多行之有效的方法，如核对清单、头脑风暴、Delphi法、会议法及匿名风险报告机制等。

3. 风险定义及分类

风险就是对项目成本、进度和技术的影响因素，因此分析风险属性必须紧密联系项目，以期得到准确的风险结果。同时风险管理人员要对大量的风险识别结果进行分类整理。一个问题被识别出来以后，可通过整理已辨识风险，将类似的风险归为一组。冗余的风险应予排除，但是应记录冗余的个数。同一风险被多次识别可能在一定程度上反映了该风险的重要性。

4. 确定风险驱动因素

风险驱动因素是引起软件风险的可能性和后果剧烈波动的变量。可通过将风险背景输入相关模型得到，如通过软件成本估计模型可发现成本驱动因素对成本风险的影响。进度的驱动因素通常包括在项目关键路径上的节点当中。

5. 将风险编写为文档

说明风险时，最简便的方法是使用主观的措辞写一项风险陈述，包括风险问题的简要陈述、可能性和结果。结果的标准形式可增强可读性，使风险更易理解。通过编写风险陈述和详细说明风险场景来记录已知风险，对大型项目要同时将风险信息记入数据库系统，最后要填写风险管理表。每一项风险对应一项风险管理表。

5.2.4 风险识别方法与技术

风险识别有很多行之有效的方法，主要有核对清单、头脑风暴法、Delphi法、会议法及匿名风险报告机制等。核对清单和Delphi法是软件项目管理中比较常用的两个方法。

1. 核对清单

通过先前相似项目的历史数据和其他信息源，对照当前项目，项目管理人员很容易找出当前项目潜在的风险。风险核对清单的制订并不复杂，它能为识别风险提供系统的方法。通过评审项目的关键成功因素，就可以列出进度关键路径上的所有项，逐条列出项目接口（包括内部的和外部的）。也可以采用卡内基·梅隆软件工程研究所（CMU/SEI）推荐的软件风险分类系统或项目WBS作为核对清单。

SEI软件风险分类系统是一个结构化的核对清单，它将软件开发的风险按通用的种类和具体属性组织起来，将风险分为产品工程、开发环境和项目约束3类。每类又分为若干元素,每个元素通过其属性来体现特征。SEI 软件风险分类系统见表 5.1。

表 5.1 SEI 软件风险分类系统

产品工程		开发环境		项目约束	
1. 需求	a. 稳定性	1. 开发过程	a. 正规性	1. 资源	a. 进度
	b. 完整性		b. 适宜性		b. 人员
	c. 清晰		c. 过程控制		c. 预算
	d. 有效性		d. 熟悉程度		d. 设施
	e. 可行性		e. 产品控制	2. 合同	a. 合同类型
	f. 案例		a. 生产量		b. 约束
	g. 规模		b. 适宜性		c. 依赖关系
2. 设计	a. 功能性	2. 开发系统	c. 可用性	3. 项目接口	a. 客户
	b. 困难		d. 熟悉度		b. 联合承包方
	c. 接口		e. 可靠性		c. 子承包方
	d. 性能		f. 系统支持		d. 主承包方
	e. 可测试性		g. 可交付性		e. 共同管理
	f. 硬件约束	3. 管理过程	a. 计划		f. 供货商
	g. 非开发软件		b. 项目组织		g. 策略
3. 编码和单元测试	a. 可行性		c. 管理经验		
	b. 单元测试		d. 项目接口		
	c. 编码/实现	4. 管理方法	a. 监控		
4. 集成和测试	a. 环境		b. 人事管理		
	b. 产品		c. 质量保证		
	c. 系统		d. 配置管理		
5. 工程特点	a. 可维护性	5. 工作环境	a. 质量态度		
	b. 可靠性		b. 合作		
	c. 安全性		c. 交流		
	d. 保密性		d. 士气		
	e. 人的因素				
	f. 特定性				

2. 头脑风暴法

头脑风暴法是一种收集项目风险的常用方法。该方法简单而有效,专家们也常采用此种方法。会议负责人召集项目组全体相关人员参加会议,进行关于项目风险的自由讨论。项目组成员在主持人的引导下自由发言,不受限制,产生关于项目风险的概念。然后风险管理人员将会议结果进行分类整理,作为风险识别的基础。并将这些结果和其他风险识别方法产生的结果一起进行风险分析。

该方法是一种智力爆发的方法,因此项目经理和技术权威不太适合参加这种讨论。同时还应坚持不进行过多讨论,不对别人的意见进行判断性评论。甚至明确不许使用身体语言表达评判意见,如咳嗽、冷笑等。这样做的目的是最大限度地发挥民主,收集来自项目各方面人员的意见。意见可以是多余的,但尽可能不要遗漏任何重要信息。

该方法的特点决定了它一般在项目风险识别活动的早期进行。

3. 匿名风险报告机制

向管理层或项目组报告好的消息很少会出现问题，但报告项目的坏消息则不然。项目组应该建立一个匿名的风险交流渠道，这样项目组的每一名成员都可以利用这个渠道向管理部门报告项目进展情况和风险消息。这一渠道可以是一个简单的"意见箱"。如果开发人员迟于进度表将他们的代码交付测试，有关的测试员就可以报告此事。如果测试员在没有进行充分测试的情况下，就将产品构件写成书面文件，那么有关的技术人员就可以提出来。如果项目经理向高层管理机构夸大项目的进展情况，那么有关的开发人员也可以提出来。实践表明，匿名风险报告机制对于识别与跟踪项目风险有良好的效果。

4. Delphi 法

在第 3.3.2 节软件项目成本估算方法中，Delphi 法被用来进行软件项目成本估算。Delphi 法本质上是一种使专家就一个"科目"达成一致意见的方法。这个"科目"可以是软件成本，也可以是软件项目风险等。因此，Delphi 法可以用来进行软件项目的风险识别。

首先任命一些项目风险识别专家，所有专家均匿名参加。通过函询的方式将调整表发给专家，专家完成后，由调查人员（一般为风险管理人员）将专家意见汇集整理，然后再返回给专家，征求进一步意见，经过几轮反复，直至专家意见趋于稳定，达成专家一致意见。识别的结果可用图表或文档的方式表达。

该方法通过它的民主性保证了结果的科学性，也被应用于军事、人口、教育、社会以及经济等其他多个领域。

5. SWOT 分析法

SWOT（Strengths，Weakness，Opportunities，Threats）分析法是分析项目内部优势、弱势、项目外部机会以及威胁等方面的代名词。SWOT 分析法作为一种系统分析工具，其主要目的是对项目的优势与劣势、机会与威胁各方面，从多角度对项目风险进行识别。

5.2.5 案例：英达公司用 TOP10 法识别项目风险

英达公司是一家专门开发仓储管理系统的软件公司，他们的仓储管理系统 eXtreme WMS 覆盖了专业仓储管理的各个方面，并提供良好的灵活度和扩展能力，既适用于用户单个仓库的业务管理，又可覆盖跨地域的多个仓库的业务。

由于每个客户企业的运营模式不相同，生产、存放和流通等环节的方式千差万别，因此需要针对每个客户企业单独引进和实施 eXtreme WMS 系统。每一个系统的引进都是一个单独的实施项目，历时一般为 2 个月。

在产品推广的初期，派驻到客户企业的项目组严格按照公司制定的标准过程实施：
- 进行售前系统演示和培训。
- 需求调研和分析。
- 部署标准版本 eXtreme WMS 的系统并导入测试数据。
- 根据用户需求定制和修改标准版本部分功能。
- 系统测试、验收测试，系统试运行。

- 系统正式上线。

然而，几乎在每个项目的实施过程中，总是有事先没有考虑到的问题出现，导致项目经理束手无策，项目组在客户方的精神压力特别大。有时是系统修改好，在集成时出现问题；有时是客户新采购的应用服务器迟迟不能到位；有时是关键项目组成员请假，影响其他成员也无法工作。

经过一年的摸索，实施项目组终于明白这些问题就是所谓的项目风险，只有在项目初期准确地识别这些风险，并事先制订风险应对预案，才能做到处乱不惊。在学习了项目风险管理后，结合他们项目自身的特点，他们自创了一种风险识别的方法，称为"TOP10 法"。过程是这样的：

- 项目组首先反思了过去实施项目中出现的种种风险，并一一作了记录。
- 根据常见软件风险和 CMU/SEI 制定的风险核对清单，总结出今后在项目实施中可能会遇到的各种风险，并分门别类，列出一个完整的清单。他们把这个清单称为"风险备忘录"。
- 在随后的每一次实际项目实施中，项目组在经过需求调研和分析后，就会马上召开风险分析会议。在会议上，他们结合当时项目的特定需求以及客户企业的特点，对照"风险备忘录"，采用头脑风暴法，为每一类型的风险找出最有可能发生的 10 种，并积极考虑应对方法。这就是"TOP10 法"名字的由来，就是说每一类项目风险，都要找出最可能的 10 项具体风险，并积极考虑应对方法。

自从采用了风险识别技术，项目的实施比过去顺利了许多，即使遇到了一些麻烦，他们也总能很快拿出一套解决方案。这让客户大加赞赏，感到他们总是有备而来，把工作交给他们就很放心，是一只高水准的咨询团队。

5.3　风险分析

风险分析是分析每种风险可能发生的时间和概率，以评估项目可能结果的范围。它有助于确定哪些风险需要应对、哪些风险可以接受以及哪些风险可以忽略。利用风险分析工具，可以加深对风险的认识与理解，使风险事件、症状及环境等清晰化，从而为有效地管理风险提供基础。

风险分析活动的过程目标包括：提炼风险背景，确定风险来源，确定行动时间框架和确定前 10 项首要风险名单等。

5.3.1　风险分析过程

风险分析的过程包括确定风险的类别、找出风险驱动因素、判定风险来源、确定风险度量标准、预测风险造成的后果和影响以及评估风险的等级以便对风险进行高低排序等。具体的步骤简介如下。

1. 定义风险度量准则

风险度量准则是按照重要性对风险进行排序的基本依据，定义度量准则的目的是利用已知标准衡量每一项风险。风险度量准则包括：可能性、后果和行动时间框架。

(1) 可能性

定性度量包括极低、低、中、高和极高,也可简单定义为低、中和高;定量度量是将可能性等级量化,多用以模型分析和复杂项目的多风险分析。定量风险分析多以风险概率表示,也可用相对数字表示,见表5.2。

(2) 后果

后果反映了风险对项目目标的影响程度。后果的度量可以是定性的,也可是定量的,它与组织的文化因素有关。按定量分级的值可以是线性的,见表5.3;但也常常是非线性的,这反映了组织对规避高风险的重视程度。定性与定量两种方法的目的都是依据项目目标为风险对项目的影响指定一个相对值,严格的定义可以改善数据质量,确保过程的可重复性。

表 5.2 用概率表示风险的可能性

可能性	概率
极低	0.1
低	0.3
中	0.5
高	0.7
极高	0.9

表 5.3 后果按照线性分级

后果	取值
极低	1
低	3
中	5
高	7
极高	9

(3) 行动时间框架

行动时间框架是指采取有效措施规避风险的时限。阻止风险发生的行动时间也应随具体项目的不同而不同。

2. 预测风险影响

根据风险的定义,用风险发生的可能性与风险后果的乘积来度量风险的影响。

$$风险影响 = 风险发生的可能性 \times 风险后果 \tag{5-1}$$

可能性被定义为大于0,小于1;后果从1至10表示风险对成本、进度和技术目标的影响。两者的乘积可能是经济的损失,也可能是时间的损失等。

3. 评估风险

项目中各个风险的严重程度是随着时间而动态变化的。时间框架是度量风险的又一个变量,它是指何时采取行动才能阻止风险的发生。表5.4表示了如何将风险的严重程度与行动时间框架相结合,才能获得一个最终的按优先顺序排列的风险评估单。

表 5.4 风险严重程度

时间 \ 风险		风险影响		
		低	中等	高
时间框架	短	5	2	1
	中等	7	4	3
	长	9	8	6

风险影响和行动时间框架决定了风险的相对严重程度。利用风险严重程度可以区分当前风险的优先级别。随着时间的推移,风险严重程度发生变化,有利于显示当前项目面临的重点问题。

4. 风险排序

依据评估标准确定风险排序,可保证高风险影响和短行动时间框架的风险能被最先处理。对风险进行排序,以有效集中项目资源,并考虑时间框架以得到一个最终的按优先顺序排列的风险评估单。表 5.5 所示的"前 10 位首要风险列表"是一个非常重要的风险报告形式,在实际项目中可以使用。

表 5.5 前 10 位首要风险列表

风　　险	当前优先级别	以前优先级别	进入前 10 名的周数	行动计划状态	风险等级
不断增长的用户需求	1	1	5	利用用户界面原型收集高质量的需求; 将需求置于明确的变更控制之下	高
无法按进度表完成	2	6	2	要避免在完成需求分析之前对进度作出约定; 在早期进行评审,以发现并解决问题; 在项目进行过程中,要对进度表反复估计; 增加项目组成员	高
项目分包商无法提供合格产品	3	5	1	要对分包商的技术实力与信誉度充分评估; 合同一定要明确双方的责、权、利	高
……					

5. 制订风险计划

风险计划是实施风险应对措施的依据与前提。风险计划包括制订风险管理政策和过程的活动。依据风险计划可以将管理的责任与权利分配到组织的各个层次。制订风险计划的过程就是将风险列表转换为应对风险所采取措施的过程。风险计划包括以下内容。

(1) 确定风险设想

风险设想是指对导致不如人意的结果的事件和情况的估计。事件描述风险发生时必然导致的后果;情况描述使未来事件成为可能的环境。应针对所有对项目成败有关键作用的风险进行风险设想。风险设想是对风险的进一步认识,是风险计划的重要依据条件。

(2) 选择风险应对途径

选择风险应对途径,针对具体风险依据项目计划、项目约束选择一种策略,也可能将几种风险应对策略合并成一条综合途径。例如,经过市场调查可以将风险转移给第三方;也可能使用风险储备,开发新的内部技术。

下面讨论的取舍标准有助于确定如何选择风险应对策略。定义取舍标准以提供一个共同基础,筛选出最佳取舍特征。在取舍标准的优先级上取得一致,这有助于得出折中的取舍标准。最大化(如利润、营业额、控制和质量)或最小化(如成本、缺陷、不确定性和损失)相互矛盾的目标能得以分类处理。

常用作选择风险应对途径的取舍标准是风险倍率和风险多样化。

风险倍率(Risk Leverage)是指对执行不同风险应对活动的相对成本和利益的比较。风险倍率的定义如下：

$$风险倍率 = \frac{风险影响（之前）-风险影响（之后）}{风险应对成本} \tag{5-2}$$

风险倍率是一条风险应对法则，它通过减少风险影响来减少风险。风险应对成本是实施风险行动计划的成本。倍率的概念有助于确定获得最高回报的行动。主要的风险倍率多存在于软件生命周期的早期。

多样化是风险应对的规则之一，它通过分散风险来减少风险。通俗地说，多样化策略就是不要把所有的钱都装在一个钱包里。在金融界，合作基金提供股市投资基金的多样化。在软件系统，因为没有万灵的"银弹"，那么项目就尽量不要过分依赖于一种方法、一种工具、一个人或一个厂商等。

另一个多样化的方式是对个人实行不同的培训，选择具有不同项目开发经验的人员组成项目组。这样一来，整个项目组就减少了单点失败的可能。多样化建立了一条平衡的路径，强调了软件项目的基本原理。

(3) 设定风险阈值

风险反应计划并不需要立即实施，有些风险可能始终都不会发生。正因为此，如果没有明确定义的风险端倪示警触发机制，一些风险或重要问题在项目风险跟踪中很容易被遗忘或忽略，直至出现无法补救的后果。要做到尽早警告，可使用以定量目标和阈值为基础的风险触发机制。

量化目标是指用数量化方式表示的目标。它定义了由度量基准和度量规格确定的最佳目标。每个阶段的衡量或评估都应有与项目计划对应的最佳结果值，即量化目标。可接受的最低结果值定义了项目的风险警告，把它称为风险阈值。表5.6显示了美国国防部签订的软件项目合同的量化目标和风险阈值。

表 5.6 软件产品的量化目标

衡 量 项 目	目　　标	阈　　值
去除缺陷效率	大于95%	小于85%
进度落后或成本超出风险储备的范围	0	10%
总需求增长	每月小于1%	每年大于50%
总软件项目文档	每功能点单词数小于1000	每功能点单词数大于2000
员工每年的自愿流动	1%~3%	10%

阈值根据量化目标设定，用于定义风险发生的开端。阈值还可以依据与量化目标的差异大小分级定义，如：警告、严重警告以及严重等，从而确定当前的风险严重程度。

(4) 编写风险计划

风险计划详细说明了所选择的风险应对途径，要将其编写为文档，形成风险管理的有效文件。

5.3.2 风险分析技巧与工具

风险分析方法和工具有很多，常见的包括因果关系分析法、决策分析法、差距分析法、

Pareto 分析法及敏感度分析法等。

1. 因果关系分析法

因果关系分析法用于揭示结果与原因之间的联系,以便追根溯源,找出风险的原因。其意图是通过找出问题的起因,从源头遏制问题的发生。常用的因果关系分析法有鱼骨图法,它可以帮助把问题追溯到最根本的原因上,如图 5.3 所示;另外还有 5W 法,也就是 When、Where、Who、What 和 Why。

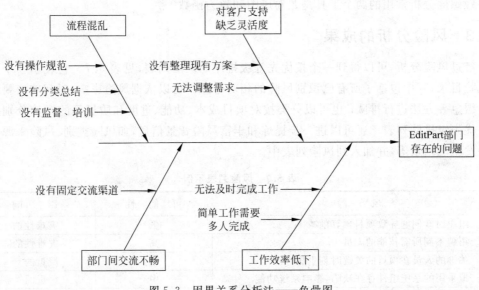

图 5.3 因果关系分析法——鱼骨图

2. 决策分析法

决策分析法用于构建决策,用决策模型来代表真实世界里的问题。通过分析模型认识与理解问题。决策模型的元素包括决策、不确定事件以及结果的价值。一旦辨识了决策元素,就可以利用影响图表或决策树构建决策模型。

3. 差距分析法

差距分析法用以确定变量的差距。在风险管理活动中,该方法描述了人们意识到的重要性和实际执行情况的差距,从而确定风险管理实践是否需要改进。

4. Pareto 分析法

在第 4.1.1 节时间管理原则中,提到过 Pareto 原则。使用 Pareto 原则的分析方法就是 Pareto 分析法。

对于一个较大型的项目,可能识别出数十项风险,而每个风险通常又有若干驱动因子,那么风险管理本身就成了一个成本巨大的难以应对的问题。Pareto 分析法解决了这个问题。根据 20/80 定律,所有项目风险的 80% 能够通过 20% 的已识别风险来说明,也就是说只要找出项目风险的 20% 关键致因,就可以解决项目风险的大部分问题。

5. 敏感度分析法

敏感度分析法通过改变每一个输入变量,其他变量保持正常值,来帮助确定模型对输入变量的敏感度。对决策有影响的变量较为重要,其他变量则相对次要。对变化不敏感的变量设为正常值,将其作为已知变量而不是不确定变量进行处理。敏感度分析法将注意力放在最重要的变量上对风险分析有重要意义,从而可以列出按重要程度排列的输入变量的顺序。

敏感度分析常用的两个工具是龙卷风图和效力函数。

5.3.3 风险分析的成果

经过风险分析,可以得到一个按优先等级排序的风险列表,见表5.7。它表示一个详细的风险目录,其中包括了所有已识别风险的相对排序。可以依据风险影响、时间响应要求的轻重缓急等方法进行排队;也可以分类按对项目成本、功能、进度和质量等的影响分别提出风险优先级排队列表。还可以进一步提炼和丰富风险背景信息,如风险类别、风险来源和风险触发驱动因素等,并加入到风险列表中。

表5.7 风险列表示例

风险	可能性	影响
组织财政问题导致项目预算削减	低	灾难性的
招聘不到所需技能的人员	高	灾难性的
关键的人员在项目的关键时刻生病	中	严重的
拟采用的系统组件存在缺陷,影响系统功能	中	严重的
需求变更导致主要的设计和开发重做	中	严重的
组织结构发生变化导致项目管理人员变化	高	严重的
数据库事务处理速度不够	中	严重的
开发所需时间估计不足	高	严重的
CASE工具无法集成	高	可容忍的
客户无法理解需求变更带来的影响	中	可容忍的
无法进行所需的人员培训	中	可容忍的
缺陷修复估计不足	中	可容忍的
软件规模估计不足	高	可容忍的
CASE工具生成的代码效率低	中	无关紧要

根据风险分析的结果,可以制订风险计划,设置风险阈值参数。该参数可以作为风险跟踪过程的重要依据和判定条件。

5.4 风险跟踪与应对

风险跟踪活动包括动态衡量项目状态,观察项目有关信息,度量判断项目风险,决策何时应该执行风险计划。

5.4.1 风险跟踪的目标和依据

1. 风险跟踪的目标

经过风险识别与分析，可以预测风险发生的背景、可能性及造成的后果等。但是想知道风险是否发生，什么时候会发生，以哪种形式表现，这些都需要通过风险跟踪才能得以正确的判断。风险跟踪的目标是：
- 监视风险设想的事件和情况。
- 跟踪风险阈值参数。
- 为触发机制提供通知。
- 获得风险应对的结果。
- 定期报告风险度量结果。
- 使风险状态保持可见。

2. 风险跟踪的依据

（1）风险设想

风险设想是动态监视那些将导致异常的结果的事件与情况，以掌握风险发生的可能性。风险设想像线一样将风险串联成问题，风险设想中的事件和情况是通往问题之路上的检查点。

（2）风险阈值

阈值定义了风险发生的端倪。预先定义的阈值作为风险发生的警告，表示需要执行风险反应计划。

（3）风险状态

风险状态动态记录了项目有关风险的详细信息。

5.4.2 风险跟踪的成果

1. 风险度量

风险度量提供了用于表示项目风险级别的客观和主观数据。客观数据包括条目（如已知风险）的实际数目。这些真实的数目可能导致项目有关人员校正自己的主观理解，并深入调查。主观数据来源于个人或项目组对情况的认识。他们提供了证实和解释客观数据的关键信息。客观数据与主观数据一起构成了系统检查与平衡机制，可较为真实地反应项目的风险状态。风险的度量为识别风险、启动风险计划提供了客观依据。

2. 触发器

触发器是启动、解除或延缓风险计划活动的装置。

5.4.3 风险跟踪的过程

一般风险跟踪的过程包括：监视风险设想、对比项目实际状态与风险阈值的关系、收集风险症状信息以及报告风险度量结果等。

1. 监视风险设想

风险设想像线一样将风险串联成问题,风险设想中的事件和情况是通往问题之路上的检查点。人们监视风险设想,确定风险发生的可能性是否在增大。无法看到全局时,风险设想可提供需要注意的证据,因为风险正在逐渐演变为现实。跟踪风险设想的事件与情况,可确定是否有必要立即采取行动。事件与情况的改变还可反映风险应对成功与否。随着时间的流逝,跟踪风险设想还有助于增强信心,风险在下降,表明进步在产生。

2. 对比项目状态与风险阈值

通过项目跟踪工具获得项目进行过程中产生的状态信息。将不同的状态信息与计划中的风险阈值进行比较。如果状态信息在可接受的风险阈值之内,表明项目进展正常;否则,表明出现了不可接受的情况。这就是一项风险示警系统。触发器是控制风险计划实施的装置。它可置于项目状态监视、计划的风险阈值、定量目标和项目进度中。

阈值的设定在项目生命周期中可随着项目的进展而发生改变。

3. 风险信息的通知

风险信息通过触发器发出。触发器提供3种基本控制功能:
① 激活,提供执行风险反应计划的示警信号。
② 解除,触发器可用于发送信号,终止风险应对活动。
③ 挂起,或称延缓,暂停执行风险计划。
以下4种触发器用于提供风险通知:
① 定期事件触发器提供活动通知。进度安排的项目事件(如每月的管理报告、项目评审和技术设计评审)是定期事件触发器的基础。
② 时间触发器提供日期通知。日程表是时间触发器的基础。
③ 相对变化触发器提供在可接受范围外的通知。
④ 阈值触发器提供超过预先设定阈值的通知。

4. 报告风险度量

度量是确定大小、数量或容量的标准度量单位。例如,记录下的风险数目是存于风险数据库中已识别风险的度量。稍复杂的度量是风险影响,它是风险大小的度量,用风险可能性和后果相乘的结果值来表示。通过与历史度量数据的比较可作为管理层的指导。常用的风险度量及定义见表5.8。

表5.8 风险度量及定义

度 量 名 称	定 义
风险的数目	当前管理的风险数
记入日志的风险数目	输入风险数据库的已识别问题的总数
风险类别	在每种风险类别中识别的风险数目,表明在某一特定类别中,风险对项目的影响究竟有多大

续表

度量名称	定义
风险影响	由关系式 $RE=P\times C$ 定义,RE 是风险影响,P 是风险发生的可能性,C 是风险发生的后果
风险严重程度	包括时间在内的相对严重级别,如在一个 1~9 的数值范围内,风险严重类别为 1 的是最高风险,它的风险影响和行动时间框架都要优先
风险倍率	它是对实行不同的风险应对活动所得的相对成本和利益的度量
风险阈值	在定量的目标基础上进行确定。风险阈值是启动风险行动计划的值。超过阈值会作为示警通知进行传送
风险指标	为风险监视到的项目、过程和产品的当前度量值(如成本、进度、进展、变化、员工流动、质量和风险)
风险管理指数	所有风险的量化的风险影响的合计,用所占项目总成本的百分比来表示
投资回报	所有风险节省的总和除以风险管理的成本

5.4.4 风险应对策略

风险一旦发生,就需要对其主动地应对。风险应对策略包括:避免、转移、缓解、接受、研究、储备以及退避等。

1. 避免

风险避免是指通过改变项目计划或条件完全消除项目风险或保护项目目标不受风险影响。虽然完全消除项目风险是不现实的,但一些具体风险还是可以避免的。

一些出现于项目早期的风险可以通过澄清需求、获取信息、改善交流以及听取专家意见等方式处理。降低项目目标,缩小项目范围以避免高风险活动。增加资源或时间、用经过检验的熟悉方法代替创新方法以及避免不熟悉的外包商都是风险避免的例子。另外对一些人命关天的项目,如航空航天项目,甚至要不惜时间与经济的代价而设法避免风险。

2. 转移

风险转移是指将风险转移给另一方去承担。转移风险只是将风险给了另一方,它本身并没有消除风险。转移风险责任在处理财务问题方面最有效。风险转移几乎总是要给承担风险的一方支付额外的费用,包括保险投保、发行债券及担保等。可以通过合同的方式将特定的风险转移给另一方。如果项目的设计是可靠的,一个固定价格的合同就可将风险转移给另一方。

项目外包或公司海外转移可解决不同地区劳动力的价格不同造成的成本负担。在世界经济一体化的趋势下,这一行为已越来越普遍。

3. 缓解

风险缓解是指寻求降低一个不利风险事件的发生概率或产生的后果使它达到一个可接受的水平。尽早采取措施降低风险发生概率或者对项目的影响,比试图修补风险产生的后果要有效得多。风险缓解的成本应该适应风险发生的概率和它产生的后果。

可以通过执行一个新的行动过程来缓解风险,如降低过程复杂程度;采取更有效及强有力的测试;或选择一个更可靠的销售商。还可以改变条件降低风险发生的概率,如增加资源和延长时间进度。可以通过开发原型以降低需求及界面风险。

在那些无法降低风险发生概率的地方,一项风险缓解计划可以通过定位那些决定风险严重程度的节点来考虑风险的影响,如可以通过系统冗余设计降低组件失败对系统的影响。

4. 接受

接受风险是指有意识地选择承担风险后果,或者项目组找不出任何风险应对策略。例如项目经理可能选择承担项目组初级技术人员流动带来的风险,更换一个初级技术人员与为留住此人花费的费用一样,项目为此付出的代价就是招收替代者及培训费用。

风险接受包括主动接受与被动接受。主动接受包括开发一项风险应急处理计划,当风险发生时马上执行。被动接受不需要采取任何行动,当风险出现时再由项目组去处理。

可以制订一个应急处理计划,用于应对项目进行过程中出现的风险。这样一个应急处理计划可以大大降低风险处理行动的成本。

5. 研究

风险研究是指通过调查研究以获得更多信息的风险应对策略。研究是需要获取更多关于风险的信息时所用的一种决策。例如当系统需求不清时,通过开发原型系统从用户那里收集信息是定义系统界面及功能的一种手段。对于商业软件,这些信息可通过市场调查等获得。

6. 储备

风险储备是指对项目意外风险预留应急费用和进度计划。风险储备用于项目较新时,以防止项目进度或费用超支等风险。详细说明风险在系统内的位置,才能将风险和储备联合起来。

7. 退避

假如风险影响巨大,或者采取的措施不完全有效,这种情况下就要开发风险退避计划。它可能包括应急补贴、可选择的开发以及改变项目范围。

5.4.5 风险应对过程

我们无法完全避免风险,对某些风险也无需完全避免,重要的是把风险置于人们控制之下,风险应对就是处置风险的过程。原型法就是一种奉献避免与缓解的风险应对行动。

1. 对触发事件作出反应

触发器提供风险通知,收到通知的人必须对触发事件作出反应。要执行风险计划,必须确定一名负责人。识别与分析风险的人不一定是应对风险的人,风险应对行动应该落实到最底层的人员。

2. 执行风险计划

通常，应对风险应该按照书面的风险计划进行。计划提供了一个高层次的指导。要将风险应对具体活动与风险计划的目标一一对应，以保证行动覆盖全部目标，防止盲目性与偏差。

任何两个负责执行风险计划的人，都会采取不完全相同的风险应对行动。但是取得的效果往往有高下之分。应对风险应遵循以下几条准则：

① 考虑更巧妙地工作。
② 挑战自己，找出更完美的方式。
③ 充分利用机会。
④ 适应新情况。事物是变化的，处理事物的方式也要随之改变。
⑤ 不要忽略常识。

3. 对照计划，报告进展

必须报告风险应对的工作结果；确定与交流对照计划所取得的进展。

4. 修正与计划的偏差

结果不能令人满意，就必须换用其他途径，必要时还需采取校正行动。校正行动的过程包括：识别问题、评估问题、计划行动和监视进展。

5.4.6 案例：金融行业使用容灾系统有效应对突发事件

1. 汶川地震带来的思考

2008年5月12日，汶川地震给当地及周边地区造成了严重的破坏，电力、水利和通信设施损毁尤为严重。由于当前企业的商业模式对信息系统充分依赖，在设施损毁的同时，企业的信息资产也遭到了毁灭性打击，很多企业的业务无法正常进行。在突发灾难面前，人们束手无策，诸多企业面临生存的困境。

以四川省绵阳市为例。据初步统计，绵阳全市1/3以上的商业网点严重损毁，重灾区县毁损达50%~100%，直接经济损失达51亿元，许多大中型零售企业难以恢复正常运营。

在信息化时代，最重要的不是摆在面前的厂房、机械设备和软硬件设施，而是存储于其中的信息资料。信息、数据的丢失成为企业面临的一项重大风险。容灾、备灾作为风险应对的主要措施，已经变得越来越重要了。

2. 雷曼兄弟未雨绸缪

反观美国，他们在这方面已经早早走在了前面。早在2001年美国遭受"911"恐怖袭击之时，美国的企业就意识到了信息系统的脆弱。当生产系统的一个完整环境因突发的灾难性事件遭到破坏时，为了迅速恢复应用系统的数据、环境和运行，保证系统的可用性，需要建设一个对各种情况都可以抵御或者化解的本地和异地的容灾系统。

容灾系统的核心就在于化解灾难，一是保证企业数据的安全，二是保证业务的连续性。

业务连续性是容灾系统的目标,数据的安全是容灾系统的保障和基础。

全球著名的雷曼兄弟(Lehman Brothers)投资银行,在"911"事件中位于世贸中心的总部遭受严重破坏,近6000名员工被转移到新地点办公。该公司IT部门的首要任务就是让员工通过远程方式访问业务应用程序,尽早投入办公,并恢复与主要客户的联系。

事实上,在"911"之前,该公司就已经考虑到容灾问题,在新泽西采用Citrix Presentation Server for Windows(现以更名为Citrix XenApp)尝试为远程用户部署了为数不多的几个应用程序。

"911"发生后,公司立即将Citrix Presentation Server数量提升到40个,分布在两个服务器群中,同时对用户接入优先权进行了区分,并对Citrix环境应用进行了验证。同时购置了30套Citrix MetaFrame Server,使员工可实时访问所需的81种应用,包括金融业务应用、人事管理以及实时数据分析等关键应用。

雷曼兄弟公司电子商务技术副总裁Hari Gopalkrishnan表示,短短两天时间,该系统为1200名用户提供了应用程序的访问和接入服务。在随后的6周里,该系统支持的用户高达4500人。借助思杰公司的解决方案,雷曼兄弟在意外发生后不仅让业务得以持续运营,而且还借此提高了运营效率,增强了商业竞争力。

另外,摩根士丹利银行在"911"事件的第二天就宣布重新全线营业,德意志银行更是在"911"当天就完成了3000亿美元以上的巨额交易。这些银行能够迅速化解灾难,正是源于完善的容灾系统。

3. 国内各大银行积极推进

鉴于银行在国民经济中的重要地位和银行业务对数据实时性的高要求,中国银行业对数据备份一直比较重视。在"911"事件之后,国内各大银行经历了信息化基础建设及数据大集中阶段,开始积极着手灾难备份建设。目前,各大银行基本上都有数据级的备份措施,一些银行的备份数据能做到异地存放。表5.9是各大银行灾难备份进展情况。

表5.9 中国各大银行容灾进展表

银　　行	灾难备份进展
中国人民银行	已在无锡率先建造了灾难应急备份中心
国家开发银行	已于2004年年底在央行的无锡灾难备份中心,完成异地数据备份存放,2005年内建北京同城灾难备份中心
中国工商银行	承担《银行计算机灾难恢复系统研究》项目,率先启动数据集中工程和灾难恢复的建设,已建立南北(上海,北京)两大数据中心,采用最先进灾难备份与恢复技术,实现所辖21个分行业务数据、主机、网络、应用的备份和业务级的灾难恢复功能,实现两个数据中心互为备份。根据SHARE78标准定义的异地恢复任务分类,达到5级灾难备份恢复水平
福建兴业银行	已于2001年底完成全行数据大集中工作,成功推出新一代核心业务处理系统,并在福州、上海构建了两个互为备份的现代化数据运行中心,建成了远程容灾系统,是国内同业中首家具有远程灾难备份能力的银行,国内率先真正实现365天24小时不间断提供服务的商业银行
深圳发展银行	采用"合作建设、租赁服务"方式,高阳万国(GDS)为深圳发展银行提供的灾难备份系统也正式启用

续表

银　　　行	灾难备份进展
中国农业发展银行	全行的数据大集中完成，灾难备份中心成立
中国农业银行	IBM协助农行建立异地灾备系统，实现了上海—北京异地的备份系统运行模式
中国银行	灾难备份中心正在建设之中
中国建设银行	总行建成资金清算灾难备份系统，部分重要系统目前做到了同城异地的备份
中国光大银行	已完成了同城异地灾备中心的建立
上海浦东发展银行	2005年在上海建立异地的灾难备份中心

5.5 风险管理验证

为了克服风险管理计划的缺陷和风险管理实践的不完善，需要实施风险管理验证活动。通过独立审计可以检验风险管理活动与计划的一致性，同时保证项目实践遵循风险管理计划。

1. 评审风险计划

计划的质量在一定程度上决定着结果的质量。因此，风险管理验证活动从评审风险计划开始，并为审计一致性做准备。计划应满足下列要素：

- 完整性，是否考虑了风险管理的所有方面？可用一个风险管理大纲作为核对清单。
- 可理解性，计划容易理解吗？是否会产生歧义？对于一些参加人数较多的项目常常需要定义一个术语表，以便新雇员或外包商正确理解计划。
- 详细程度，计划是否足够详细？计划应包括目的、执行时间、执行者以及成本。如果这些地方不清楚，就需要加入新的细节。
- 一致性，计划是否非常明确？是否存在可能导致实施活动混乱的矛盾？例如，术语的不一致会加剧人们交流风险的难度。
- 现实性，计划的观点是否脱离实际？查找不切实际的内容。

2. 审计管理过程

风险管理活动是由人来实施的，因此风险管理者的综合素质在很大程度上决定了项目风险管理活动的质量。由于从业经历、受到的教育以及个人性格等决定了人在某一方面的特长与局限。质量保证负责审计执行者的行为，并向管理层发出有关偏差的警告。

针对质量审计，有3种标准：ISO 9000、SEI-CMM和MIL-STD-498。前两种将在第8章"软件项目质量管理"一章中进行专门论述。MIL-STD-498是美国国防部制定的军方软件开发和文档的标准。它解释了MIL-Q-9858A（质量程序要求）和ISO 9001（质量认证体系）对软件中的所有适用条款。它要求负责保证与合同一致的人应享有资源、责任、权力和组织自由，以接受客观的SQA评估，并开始实施和验证校正行动。

审计报告使项目风险管理实践结果一目了然，其目的是记录评审和审计的结果。项目审计结果总结实施情况，并详细说明与风险管理计划的差异。报告应表明要求是否已经达到以及所存在的差异的实质。

3. 风险管理回报

风险管理回报(Return On Investment, ROI)是所有风险管理的节约除以风险管理活动的总成本。用公式表示如下：

$$\text{ROI}_{RM} = \frac{\sum 节约}{成本} \tag{5-3}$$

风险管理的成本是为风险评估和风险控制投入的所有资源的总和。节约是管理风险的回报，包括避免和减少。

成本避免是指没有采取风险应对措施时的成本与采取风险应对措施的实际成本的差。任何成功抑制成本增长得以维持预算的应对策略，均可视为成本避免的具体形式。

成本减少是计划成本与实际成本的差。成本减少就可令成本低于预算。风险管理实践也可能导致项目比预期做得更好。如果不采取另一种行动方案，就可使用计划资源。

5.6 案例：风险管理保障奥运场馆建设

2008年北京奥运会成功举办，全世界看到了一个崛起的中国。其中，像鸟巢、水立方等奥运场馆就被各大媒体竞相报道。在巨大成功的背后，是无数中国人勤劳和智慧的付出。下面以奥运场馆的建设为例，说明风险管理理念和措施如何保障奥运会顺利召开的。

2003年，国际奥委会在历史上首次明确要求主办城市奥组委对场馆建设项目进行定期的风险评估。北京奥组委成立了"奥运场馆建设风险研究"课题组，采用风险管理保障奥运场馆的顺利建设。

1. 明确风险管理目标

奥运场馆建设的风险在哪里？这些风险可能来自建设过程中威胁建筑工人安全的因素，可能来自导致工期延误的高难度建设技术，也可能来自沟通不畅导致的管理系统失误。

要管理风险，首先要确定风险管理的目标，然后再分析哪些因素会影响目标实现，进而分析这些因素中哪些是重要的，应如何采取措施降低风险。场馆风险管理的目标，深刻体现了绿色奥运、科技奥运和人文奥运的理念，因此奥运场馆的风险管理主要集中在三个目标上：

- 要将奥运场馆建成符合奥运会使用功能要求及赛后可持续发展利用的建筑，为使用者提供标准、便捷、健康、舒适、高效且与自然和谐的设施和空间。
- 场馆的规划、设计和建造应该是安全、质量、工期、功能和成本辩证统一的项目群管理过程，是中国建筑业水平全面提升的过程。
- 尊重生命，保护环境。奥运场馆及相关设施的施工过程，要尽可能减少对人的安全及对环境和生态系统产生的负面影响，减少对能源、水资源和其他各种资源的消耗。

2. 风险管理的三个特色

只有建立完善和科学的风险管理体系，提出科学、有效、合理的风险管理方案，才能最大限度地预测和有效控制风险。但是，工程建设风险管理在我国应用较少，对奥运场馆这么大规模的场馆建设进行风险管理更是一个新的课题。在课题的研究和实施中，课题组形成了三个特色。

(1) 建立了项目群风险管理概念

奥运场馆建设风险研究的对象是一个典型的项目群,包括 31 个比赛场馆,其中鸟巢、水立方等 12 个新建场馆是重点,其复杂性前所未有。课题组建立了"项目群风险管理"概念,关注从策划到 2008 年场馆建设完成期间整个奥运场馆的建设活动中影响到多个场馆的全局性风险,并致力于寻求统一协调的解决方案。

(2) 参与整个课题研究的专家规格和规模都是空前的

奥组委工程部的领导对研究工作给予全面支持。课题组充分利用奥运会的影响力,建立了包括国内外著名学者和专家、官员在内的 100 余人的奥运场馆建设风险研究专家团队,通过召开专家研讨会、专程访问等多种方式汲取他们的知识和经验。

从前期策划、设计到后期的施工、运营,奥运场馆建设风险研究涵盖了工程建设的各个阶段、层面和领域。因此,专家团队既包括风险评价和风险管理方面的专家,也包括经济、技术、环境等方面的学者,其全面程度前所未见。

为了识别风险,课题组多次召开研讨会,参加研讨会的有院士和知名教授,有资深工程师,也有研究环保安全、成本控制方面的专家,还有亲身经历亚运会的负责同志、奥组委的领导。最终,发现并识别 200 多种风险,并将研究目标锁定在 40~50 个重要的风险上。

(3) 奥运场馆建设风险管理系统联通了指挥部与各个场馆

经过两年多的研发,奥运场馆建设风险管理系统以软件的形式,整合进入了"北京市 2008 工程建设指挥部办公室信息平台"。这个系统的输入端在各个场馆内,终端在"2008 工程建设指挥部"办公室。如果需要对场馆进行风险评估,场馆的业主方、设计方、监理方、总承包方只要在网上填写风险评估表,系统就会自动生成场馆的前十大风险因素、场馆总体风险的现在得分和历史得分、场馆总体风险得分排序、场馆前十大全局性风险因素以及处置措施等评估信息。

根据评估提供的各种信息和评价结论,北京奥组委不但可以通报国际奥委会,也可以及时指导各个场馆的建设,保证场馆建设的顺利进行。

3. 多方努力汇成过硬成果

通过奥运场馆建设风险管理的研究和风险管理系统的应用,为我国大型工程项目的风险管理积累经验,也对未来的奥运场馆建设提供帮助。

5.7 案例故事解析

项目失败,尤其是项目预期的经济指标没有完成,是非常遗憾的事情。这其中的原因有很多,其中缺少风险管理是一个重要的原因。在上面的案例故事中,项目的利润值最后可能是负值就是这样的情况。该项目失败的两个直接原因就在于风险控制和风险处理机制上。

在很多软件项目中,由于竞争和其他原因造成了风险过度集中在相对弱势一方。在本案例中,福清公司就处于这样的境地:一方面它需要依赖代理 NaleNet 的网络产品生存,另一方面它还必须要满足用户的具体需求。在这里,需要对福清公司忽视的风险和管理过程进行解析。

1. 应识别的风险

如果在项目合同签订以前，投标方了解自己公司在项目中的位置，对招标方提出的要求认真回答，可以规避一些潜在的风险。对于招投标中过高的要求不能完全满足时，应充分说明，并在以下几个方面有充分的准备和考虑。

(1) 合同的类型

通常，在 IT 项目中，代理商与最终用户的合同类型是很难改变的固定价格合同，但对代理商和设备商之间的合同是有很多讲究的。代理商和国外供货商一般是通过信用证付款，但很多时候，为了拿到订单，供货商通常给予代理商一定的信用额度和付款方式的优惠。代理商应充分利用这一利害关系，在合同签订前不轻易让步。

(2) 项目实施方对项目的熟悉程度

通常情况下，做一个成熟项目的风险小，而做新项目的风险高。在本案例中，福清公司是第一次进行类似的项目，并不完全了解其中的风险，更无可利用的历史数据。因此，在这种情况下，最好采用"让利于人，风险共担"的策略。具体做法是，将已经识别的具有风险的部分外包（即风险转移）；或者单独与供货商签订补充合同。这样做可能损失了部分利益，但降低了风险，并且减少了很多额外投入。

(3) 具有明确的规范

规范包括设计规范、功能性规范和性能规范等。明确的规范是识别风险和规避风险的前提条件，如果已经具有一定的历史数据，可以采用头脑风暴的方式对规范加以确认和识别，这项工作可与风险识别同时进行。

2. 风险的预警和量化

在项目的进行过程中，项目经理和客户要将风险管理纳入到日常工作中；要明确成本与风险、成本与时间的关系。在制订完善的风险管理计划的基础上，从以下几个方面入手。

(1) 建立管理风险预警机制

对于风险集中的一方，建立风险预警机制是风险计划的重要补充。这里的预警是指对有可能超出项目经理管理范围的风险事件的预警。预警机制可由低到高，并由定期的项目联席管理会议讨论处理。这样可以减少处理风险事件的响应时间；同时使高层管理者能够及时介入，处理可能产生的风险。

(2) 风险的量化

之所以单独将风险的量化加以论述，是因为很多情况下，项目经理的确已经对风险进行了识别，并采取了应对措施，但并未对此风险带来的影响进行量化。量化过的风险是项目经理采用相应对策的前提。如在本例中，福清公司了解 NaleNet 公司升级软件不能按时提供，这本身就需要量化。这个风险带来的就是 10% 的验收款和 10% 的尾款不能按时收到。如果在项目开始时，福清公司能够将付款和风险对应起来，就知道该风险是管理风险，并且是不能够接受的。

总之，风险集中的项目管理起来是极为复杂的。要尽量在第一时间把事情考虑好，不能指望风险小的一方替风险大的一方承担很多责任。尤其是目前进入中国市场的国外企业很多，情况复杂，IT 市场的变化有时很难预测，更应该注意风险带来的影响。

5.8 小结

本章首先论述了风险及风险管理的概念,提出软件风险是导致软件项目进度延迟、预算超支或项目部分或整体失败的原因之一。不确定性和损失是风险的两大属性。软件项目是即将或正在进行的生产过程。既然是未来的事情,要在项目计划中确定项目的进度、预算以及采用的技术等,势必与实际情况有所出入。这种不确定性就是项目的风险成分。风险是项目的固有属性,风险管理就是让项目组在蕴含着风险和契机的环境中演绎成功的行为准则。

软件项目风险管理过程是一个不断识别风险、分析风险、计划风险、跟踪风险和应对风险的过程。为保证风险管理过程的完整性,我们还介绍了风险计划与风险管理验证。

风险计划包括确定风险管理的目标,制订风险管理策略,定义风险管理过程以及风险管理验证等。计划是行动过程的指南与依据。

核对清单、头脑风暴法、Delphi 法、会议法、SWOT 分析法和匿名风险报告机制是风险识别的主要工具与技术。对要识别的项目风险进行分析,提炼出项目的优先风险列表和风险的详细背景信息。风险分析采用的技术有因果关系分析法、决策分析法、差距分析法、Pareto 分析法和敏感度分析法等。风险计划包括为每一个项目风险确定应对策略。风险应对策略包括:避免、转移、缓解、接受、研究、储备以及退避等。同时风险计划还提出项目风险的阈值。风险跟踪实时度量项目风险、监视阈值,启动风险反应活动。

为了克服风险管理计划的缺陷和风险管理实践的不完善,需要实施风险管理验证活动。书中介绍了如何通过独立审计,检验风险管理活动与计划的一致性,同时还描述了如何保证项目实践遵循风险管理计划。监督与验证是保证活动质量的准则。因此,风险管理验证是必需的。

第6章 软件项目配置管理

案例故事

迪伟公司是一家小型的系统集成商，王凯是迪伟公司的一名软件工程师。王凯开发了一个新软件工具的原型系统。在一次偶然的原型演示中，王凯的工作得到了迪伟公司一位副总的关注，他认为值得进一步开发。

于是王凯组建了一支团队，包括王凯自己、另外两个软件工程师、一个技术文档编制员和一名测试工程师。团队很快完成了该产品的1.0版本，它很受欢迎并且市场上的销量很好。

在2.0版本的开发中，王凯的团队达到了15人。当前的需求要引入一些兼容的第三方厂商的构件，并且要扩展软件支持的系统平台。团队在完成了1.0版本后，直接进入了2.0版本的开发。

在2.0版本的开发过程中，一个客户报告了第1版中的一个严重缺陷，必须修复。在开发2.0版本的同时，王凯的团队制作了针对1.0版本的补丁程序。另外，这些补丁程序要被加入2.0版本的产品中。

与此同时，该产品引起了一家更大规模厂商兴达公司的关注。兴达公司认为该产品正好能填补其产品线中的空白，因此收购了迪伟公司。兴达公司的研发中心位于另一个城市。目前王凯的开发团队增加到30人。新团队成员包括4名本地的软件开发工程师和6名在异地的软件开发工程师。兴达公司管理层决定让公司独立的测试部门负责测试该产品。因此，王凯的团队需要找到一个办法，将软件的工作版本交付给异地的测试团队。

又要开发产品的3.0版本了。这将是一款全新的软件产品，充满了新的特性，并且包括很多与兴达公司已有产品线集成的需求。此外，兴达公司新指派了一名产品经理唐钧到任。唐钧有一套不同的变更管理方法，开始要求提供更详细的报告，说明对产品进行了哪些变更以及这些变更的状态。总之，情况越来越复杂。

面对软件项目复杂性的不断增长、软件版本的不断丰富和各种新旧用户需求，王凯的团队要如何管理才能保证项目的成功呢？

6.1 概述

6.1.1 基本概念

软件系统,特别是大规模软件系统,在其生存周期中会不断产生各类中间产品,如开发各阶段的文档、维护文档、各种数据及程序代码等。这些中间产品相互作用、相互关联,而且由各类工程人员编写、管理和共享使用,因而不可避免地要发生诸如更改、添加和删除等变更。

变更是软件过程中的一项基本活动,需求变更驱动设计变更,设计变更驱动代码变更,测试活动也将导致变更,有时甚至是原始需求的变更。对于软件过程中经常遇到的变更问题,如果没有有效的机制进行控制,将会引起巨大的混乱,导致项目失败。

软件项目配置管理就是作为变更控制机制而引入到软件项目中的,其关键任务是控制变更活动,因而在软件项目管理中占有重要地位。软件项目配置管理中涉及很多概念,下面给出这些相关概念及其解释。

1. 软件

配置管理中的软件是指由逻辑和功能特性构建的信息。在整个开发过程中,它以多种形态和表现被创建和维护。

2. 配置

配置由部件表和部件分解图组成,部件分解图定义了基线中包含的所有要素以及如何将它们安装在一起。表 6.1 和图 6.1 给出了软件部件表和软件部件分解图的一个例子。

表 6.1 软件部件表

部件号	部件描述	部件号	部件描述
1	软件项目计划	7	例行程序库
2	需求规格说明	8	可执行代码
3	设计说明	9	脚本文件
4	质量保证计划	10	测试程序
5	测试计划	11	测试报告
6	源程序代码	12	建造程序

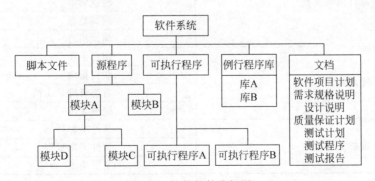

图 6.1 软件部件分解图

3. 标识

识别产品的结构、产品的构件及其类型,为其分配唯一的标识符,并以某种形式提供对它们的存取。

4. 软件配置项

软件配置项(Software Configuration Item,SCI)是为了配置管理的目的而作为一个单位来看待的软件要素的集合。表 6.2 给出了软件配置项的一些例子。

表 6.2 软件配置项

项 目	相 关 信 息
产品概念说明	
软件项目计划	软件开发计划
	软件质量保证计划
	软件配置管理计划
	软件验证和确认计划
软件需求规格说明	
软件设计说明	
源代码	源代码列表
	可执行文件
	Make 文件
	库
数据库描述	图表和文件描述
	初始内容
软件配置管理程序	源代码树结构
	日常建造程序
	备份程序
软件发布过程	软件问题报告
	内部发布过程
	外部发布过程
	发布文档
软件测试文档	测试计划
	测试程序
	测试脚本
	测试数据
	测试报告
用户文档	用户手册
	联机帮助
	系统管理员文档
	服务文档
维护文档	软件维护计划
	软件问题报告
	变更请求

5. 基线

基线(Baseline)是开发过程的里程碑,以一个或多个软件配置项的交付为标准;基线由通过正式评审的软件配置项组成,是进一步开发的基础;基线只有通过正式的变更控制过程才能改变。

6. 版本

版本是一个基线或一个软件配置项的特例。

7. 控制

通过建立产品基线,控制软件产品的发布和在整个软件生命周期中对软件产品的修改。例如,它将解决哪些修改会在该产品的最新版本中实现的问题。

8. 状态统计

记录并报告构件和修改请求的状态,并收集关于产品构件的重要统计信息。例如,它将解决修改这个错误会影响多少个文件的问题。

9. 审核

确认产品的完整性并维护构件间的一致性,即确保产品是一个严格定义的构件集合。例如,它将解决目前发布的产品所用的文件的版本是否正确的问题。

10. 生产

对产品的生产进行优化管理。它将解决最新发布的产品应由哪些版本的文件和工具来生成的问题。

11. 过程管理

确保软件组织的规程、方针和软件生命周期得以正确贯彻执行。它将解决要交付给用户的产品是否经过测试和质量检查的问题。

12. 小组协作

控制开发统一产品的多个开发人员之间的协作。例如,它将解决是否所有本地程序员所进行的修改都已被加入到新版本的产品中的问题。

13. 配置控制委员会

配置控制委员会(Configuration Control Board,CCB)负责评审和批准对基线的变更,通常由项目选出的代表组成。

6.1.2 软件配置管理定义

软件配置管理是软件项目运作的一个支撑平台,它将项目干系人的工作协同起来,实现高效的团队沟通,使工作成果及时共享。这种支撑是贯穿在项目的整个生命周期中的。图 6.2 是其简单示意图。

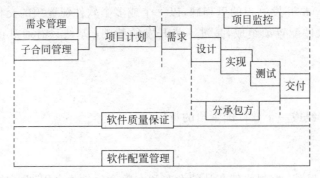

图 6.2　软件配置管理作为支撑平台

配置管理(Configuration Management,CM)是在系统生命周期中对系统中的配置项进行标识和定义的过程。该过程是通过控制配置项的发布及后续变更,记录并报告配置项的状态及变更请求,确保配置项的完整性和正确性来实现的。

软件配置管理(Software Configuration Management,SCM)是应用于由软件组成的系统的配置管理。按照 IEEE-Std-729-1983 中的定义,软件配置管理是识别、定义系统中的配置项,在软件生命周期中控制它们的变更,记录并报告配置项和变更请求的状态,并验证它们的完整性和正确性的一个过程。

6.1.3　软件配置管理过程

根据 IEEE 定义,软件配置管理过程分为 4 步,如图 6.3 所示。

图 6.3　软件配置管理过程

1. 计划配置管理

确定软件配置管理组织和职责,明确配置管理的过程、工具、技术及方法,知道何时及如何进行。配置管理通过软件组织内部的指导及软件合同需求来实现,在发布软件配置管理计划之前,必须先对计划进行验证和确认并开发相关文档。

2. 开发配置管理方案

定义一个配置标识方案(Configuration Identification Scheme,CIS)对软件产品进行跟踪,包括建立各个阶段的配置管理基线、进行配置标识。配置标识方案贯穿于整个软件生存周期,配置标识方案的文档资料应包含在配置计划中,其中的配置项也应在配置计划中定义。

3. 配置控制

建立软件配置控制委员会,对基线的变更只有得到配置控制委员会的同意才能进行;

对变更进行跟踪,确保任何时候软件配置都是已知的;在软件生存周期的整个过程中都要清楚基线状态的变更历史,以便于下一步的状态审计。

4. 状态审计

对配置状态进行报告,明确到目前为止改变的次数及最新版本等。

6.1.4 软件配置管理过程活动

软件配置管理过程包括管理软件配置管理和执行软件配置管理两项活动,通过执行它们,就能够实现软件配置管理的目标。软件配置管理过程活动如图6.4所示。

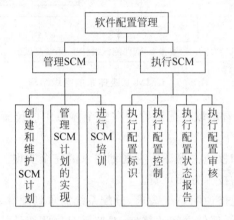

图6.4 软件配置管理过程活动

6.2 配置管理策划

配置管理策划是软件配置管理过程的第一步,其工作内容包括确定配置管理组织和责任、明确配置管理的过程及方法以及确定何时及如何进行各项活动等。在项目启动的初期,将各项活动和策略有机组织起来,形成一个配置管理计划,这也正是计划配置管理工作的成果。然后建立配置管理环境,如安装版本管理和变更管理工具、建立用户和权限分配等;并根据软件项目组成员的具体情况,实施必要的培训,确保项目组成员真正清楚配置管理方针和规程,熟练使用配置管理的工具。

6.2.1 软件配置管理组织

软件能力成熟度模型 SEI-CMM(Capability Maturity Model for Software)分为5个级别,其中 CMM 可重复级(二级)包含一个关键过程域(Key Process Area,KPA)就是软件配置管理。该 KPA 是保证软件项目产品在软件生存周期中完整性的重要手段。

软件配置管理在 CMM 二级体系中不是孤立的,与二级体系的其他 KPA 有着既分工又合作的紧密关系。软件配置管理与软件质量保证等其他二级 KPA 联合构筑了项目级的软件过程能力,图6.5是实施 CMM 二级体系的组织结构图。

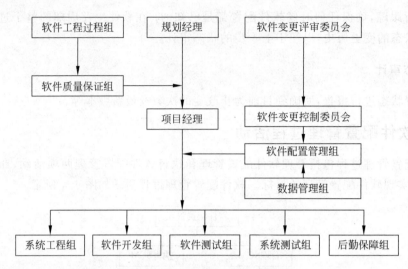

图 6.5 CMM 二级体系的组织结构

从组织结构图中可以看出软件配置管理在整个体系中的位置及其与其他部分的关系，图中各组成部分的说明如下：

- 规划经理有责任和权威去保证所有规划需求的完全实现。
- 项目经理对项目的技术方面负责。
- 系统工程组负责规格说明系统需求，分配系统需求到硬件、软件和其他部件，规格说明硬件、软件和其他部件之间的接口，并监督对这些部件的设计和开发，以确保与所做的规格说明的一致性。
- 软件开发组负责项目的软件开发和维护活动。
- 软件测试组负责主持软件测试。软件测试组在变更请求终止之前确认变更请求已经得到验证，软件配置管理标识要测试的所有变更请求。测试人员最后给软件配置管理提供一份测试报告的副本。
- 系统测试组负责计划和实施对软件的单独系统测试，以确定其软件产品满足需求，并管理在软件发布之前的验证和确认测试。
- 后勤保障组负责保证对系统所进行的变更是可支持的。
- 软件质量保证组负责审核软件开发活动和产品。
- 软件配置管理组负责标识和规定软件配置项的过程，在软件生命周期内控制这些项的发布和变更，记录并报告配置的状态和变更的请求，验证配置项的完整性和正确性。
- 数据管理组负责项目技术数据的接收、分发和跟踪。
- 软件工程过程组是负责对组织所使用的软件过程进行定义、维护和改进的专家小组。尽管本小组是三级的要求，负责 CMM 组织的软件过程活动，但是在 CMM 二级上建立本小组往往是达到 CMM 二级的有效途径中的有用组成部分。
- 软件变更控制委员会(Software Change Control Board，SCCB)是大中型软件项目中协调变更的集中控制机制。
- 软件变更评审委员会(Software Change Review Board，SCRB)以技术顾问的身份对规划经理行使职责。软件变更评审委员会评估软件变更控制委员会对软件配置项变更请求处理的建议,并最终批准或否决建议的软件变更。软件变更评审委员会是一个动态的组织,当重大的软件变更请求发起后,由规划经理指定软件变更评审委员会主席。主席负责组建软件变更评审委员会,成员一般来自规划经理、销售经理、软件变更请求发起人、客户代表或最终用户代表、开发人员、测评人员及接口系统代表等多个方面,完全视变更请求涉及的范围而定。一个软件变更评审委员会专属于一个软件变更请求,处理完成这个软件变更请求后,该软件变更评审委员会就撤销。

以上组织结构是一种典型情形,项目组可视项目规模的大小对其进行恰当地裁剪,归并功能小组或细分功能小组(如将项目组细分为需求分析组、系统设计组以及编码组等),以适合自己的需要。

6.2.2 软件配置管理职责

进行软件配置管理,必须建立相应的组织以落实职责。根据软件项目规模的大小和参与人员的多少,职责可以由一人、几人甚至整个组织来承担。软件配置管理的基本职责由配置经理、模块主管和变更控制委员会等承担。

1. 配置经理

配置经理的基本职责是对代码开发和测试进行支持和保护,是变更管理的控制中心。配置经理确保能找到下列问题的答案,如这个代码是什么?什么改变了?进行过什么测试?测试结果如何?代码存放在哪里?具体来说,配置经理具有如下职能:

① 制订软件配置管理规程,形成文档并分发给有关人员。
② 建立系统基线,包括备份规则。
③ 确保对基线的变更都经过授权人员的批准。
④ 确保对基线的所有变更都进行充分细致的记录,以便可以重新生成或回退。
⑤ 确保所有基线变更都经过回归测试。
⑥ 规定解决异常问题的关注焦点。

2. 模块主管

对于需要定期增强的大型系统来说,保持系统设计的完整性是非常重要的,而系统设计的完整性又取决于各个模块的设计完整性,因而如何确保模块设计的完整性就成为配置管理的一项重要任务。一个简单有效的解决办法就是为每一个模块配备一个开发人员作为模块主管,其主要职责是:

① 把握模块的设计。
② 为参与模块及其接口工作的人员提供建议。
③ 控制模块的所有更改。
④ 评审模块的变更和定期进行回归测试,确保模块的完整性。

3. 变更控制委员会

变更控制委员会是大中型软件项目中协调变更的集中控制机制,是对每个变更进行评审,作出相关决策的实体。它批准建立软件配置项的软件基线和标识,授权软件配置管理组从软件基线库生成产品,对软件配置项变更要求的处理给出建设性意见。变更控制委员会是一个常设组织,项目经理指定变更控制委员会的主席,软件配置管理经理一般担任变更控制委员会的秘书,一般由各个功能组的技术或管理代表组成,包括从事开发、文档编写、测试、维护及发布等方面的人员。

根据项目规模的大小,可能需要多个变更控制委员会,每个变更控制委员会都要有某些领域的专业人士或权威人士,如总体设计和模块接口、应用组件、用户界面及开发工具等领域。每个变更控制委员会都必须有一个主席,以解决内部争议。当软件项目有多个变更控制委员会时,还应建立系统层次的变更控制委员会,以解决底层变更控制委员会之间的争议。变更控制委员会拥有停止项目中任何工作的权利,因此成员的选择必须谨慎。在实际操作中,软件开发经理常常兼任系统层变更控制委员会的主席。

6.2.3 软件配置管理文件体系

1. 软件配置管理文件体系

在设置了软件配置管理的组织结构并明确了职责后,就可以建立一套软件配置管理文件体系。文件体系是实施软件配置管理的依据,它将标准的软件配置管理要求映射为项目实施软件配置管理所需的方针、过程、规程和模板等文件。图 6.6 显示了文件体系的架构。

图 6.6 软件配置管理文件体系

2. 方针

在金字塔顶层的方针文件中,描述了软件配置管理的目标、方法、途径和方针的责任人。方针是提纲挈领的,是对软件配置管理标准的执行承诺的关键实践的制度化。方针文件一般由软件配置管理经理编制、项目经理审核、规划经理批准。

3. 过程定义

过程定义是图中第二层次的文件,支撑了顶层方针,是整个文件体系的核心,它将软件配置管理所有共同特性的关键实践进行文件化和制度化。过程定义文件一般包括范围、目的、引用标准、术语和定义以及过程活动描述等几个方面,可以按照下面的 8 项指标描述过程活动。

① 目的,软件配置管理过程活动的目的。
② 角色及职责,完成一个过程活动的个人或小组的职责。
③ 入口准则,触发一个过程活动的必要的条件。
④ 控制,约束或调节一个过程活动。
⑤ 输入,一个过程活动执行的数据。
⑥ 过程活动,采取行动把输入转变成预定的输出。
⑦ 输出,一个过程活动产生或导出的数据。

⑧ 出口准则，结束一个过程活动的必要条件。

如果成立了软件工程过程组，则由其对过程定义文件进行编制、维护和改进最为合适。否则，一般由软件配置管理经理组织人员编制过程定义文件，然后由项目经理审核、规划经理批准。

4. 规程或模板

规程或模板是第 3 层次的文件，支撑了上两个层次的文件，为具体执行活动提供作业规范或模板。通用软件配置管理计划就是一种模板，它为软件配置管理人员生成特定项目的软件配置管理计划提供帮助。规程或模板一般包含记录格式的表单，记录是开展软件配置管理活动的有效工具，也是证明按照文件化体系实施软件配置管理的有力证据。表单的栏目简明扼要，一目了然，可操作性很强。规程或模板文件一般由从事这项具体工作的人员编制，由软件配置管理经理审核，由项目经理批准。

编制软件配置管理文件体系，需要将开展过程活动的各种软件配置管理要素包含进去，包括组织结构、资源和工具等。由于软件配置管理活动必定会有除了软件配置管理组以外的功能组参与，因此软件配置管理文件体系必须将这些功能组的职责界定清楚，阐明与 CMM 二级其他 KPA 文件体系的接口，并将涉及这些内容的软件配置管理文件交付相关功能组经理会审。

6.2.4 配置管理计划的大纲

Rajeev T Shandilya 给出了一个模拟配置管理计划的大纲，以便于软件项目进行配置管理时作为参考。但它只是根据一般情况得出的一个模拟范例，在具体使用时，需根据项目的实际情况进行适当变更。

配置管理计划大纲

1 引言
   1.1 目的
   1.2 范围
   1.3 定义
   1.4 参考资料
   1.5 剪裁
2 软件配置管理
   2.1 软件配置管理组织
   2.2 软件配置管理责任
   2.3 配置管理与软件过程生命周期的关系
      2.3.1 与项目中其他机构的接口
      2.3.2 其他项目机构的配置管理责任
3 软件配置管理功能
   3.1 配置标识
      3.1.1 规约的标识

- 文件和文档的标签方案和编号方案
- 如何标识文件和文档之间的关系
- 标识跟踪方案的描述
- 何时一个文件或文档的标识号进入控制状态
- 标识方案如何处理各种版本和版次
- 标识方案如何处理硬件、应用软件、系统软件及支持软件（如测试数据和文档）

3.1.2 变更控制表的标识
- 每个使用的表格的标号方案

3.1.3 项目基线
- 标识项目的各种基线
- 对于创建的每个基线，提供如下的信息：何时及如何创建、谁来授权变更、谁来验证、该基线的目的、其包含什么内容（软件和文档）

3.1.4 库
- 使用的标识机制和控制机制
- 库的类型及数目
- 备份及灾难的计划和规程
- 各种损失的恢复过程
- 保存的政策和规程
- 哪些需要保存、为谁保存、保存多久
- 信息如何保存（在线、离线、媒体类型和格式）

3.2 配置控制

3.2.1 变更基线的规程（可能随基线的不同而不同）

3.2.2 变更请求的处理规程和批准变更的分类方案
- 变更报告的编制
- 变更控制流程图

3.2.3 被赋予变更控制责任的组织

3.2.4 变更控制委员会，描述并提供如下信息：
- 规章
- 成员
- 作用
- 规程
- 批准机制

3.2.5 界面、层次结构及多个变更控制委员会之间的通信职责（如果有多个配置控制委员会的话）

3.2.6 确认在整个生命周期内控制层次如何变动（如果有变动的话）

3.2.7 如何处理文档的修订工作

3.2.8 用于执行变更控制的自动化工具

3.3 配置状态报告

3.3.1 项目媒体的存储、处理和发布

3.3.2 需报告的信息类型及对该信息的控制

3.3.3 需要提交的报告(如管理报告、质量保证报告及配置控制委员会报告)、报告的对象及报告的内容

3.3.4 版本发布处理,包括如下信息:版本内容、何时提交给谁、版本的载体、版本中的已知问题、版本中的已知修订以及安装指导

3.3.5 必需的文档状态核算和变更管理状态核算

3.4 配置审核

3.4.1 审核次数及何时审核(内部审核及配置审核);对于每个审核,提供如下信息:属于哪个基线(如果其是基线或基线的组成部分时)、谁来审核、审核的内容、审核中配置管理组织及其他组织的作用以及审核的正式程度如何

3.4.2 配置管理支持的所有评审,对于每个评审,提供如下信息:
- 待评审的材料
- 评审中配置管理及其他组织的职责

4 配置管理里程碑
- 定义项目配置管理的所有里程碑(如基线、评审、审核)
- 描述配置管理里程碑和软件开发过程如何联系在一起
- 制定达到每个里程碑的条件

5 培训
- 制定培训的类型和数量(如培训对象、工具)

6 分承担方与销售商的支持
- 描述所有分承担和销售商的支持和接口(如果有的话)

6.3 配置管理功能

软件配置管理是组织和管理各种软件产品及文档,控制其变化的一系列活动。这些活动将贯穿软件产品的整个生命周期。软件配置管理有 4 个主要功能:配置标识、配置控制、配置状态报告及配置审核。

6.3.1 配置标识

配置标识是指唯一地标识软件配置项,使它们可通过某种方式访问。配置标识的目标是在整个系统生命周期中标识系统的构件,提供软件和软件相关产品之间的跟踪能力。

1. 要注意的问题

配置标识功能论述了与基线中包含的软件配置项的标识以及基线本身的标识有关的问题。"标识"用来确定如何识别产品的所有部件和由部件建造的产品基线。在标识过程中,

要考虑如下的几个关键点：

① 必须识别出每一个软件配置项并赋予它唯一的标记。

② 识别和标记计划必须反映产品的结构。

③ 必须建立识别和标记软件配置项的标准。

④ 必须建立识别和标记所有形式的测试和测试数据的标准。

⑤ 必须建立识别建造基线需要的支持工具的标准。工具中需包括编译程序、连接程序、汇编程序、Make 文件以及其他用来翻译软件和建造基线的工具，这一点很重要。它确保在基线被变更、替换或更新很长一段时间后，开发人员总能够重新获得由这些工具产生的信息。

⑥ 要特别关注集成到软件产品中的第三方软件，特别是那些存在版权或版税问题的软件。必须建立第三方软件如何集成到软件产品的标准，从而能够容易地删除、替代或更新这些软件。

⑦ 要特别关注来自其他产品中正被重新使用的软件或打算重用的软件。

⑧ 要特别关注打算替换掉的原型软件。

2. 配置标识框架

配置标识的框架如下所示：

```
ITEM <配置项名称>  IS
    BELONGTO <文档类别名>
    PROVIDES <供应资源表>
        PROPERTIES <供应资源特性描述>
    REQUIRES <需求资源表>
    VERSION_LINK <版本链>
    CONTENTPONITER <指针>(指向初版内容)
END
```

(1) 配置项名称 ITEM

配置项名称是一字符串，为该配置项命名。

(2) 文档类别名 BELONGTO

文档类别名指配置项属于哪一工程、哪类文档。

(3) 资源 PROVIDES

资源指配置项对外供应什么、对外要求什么，实际上就是表达与其他配置项的关系、变化/版本信息。供应资源是由本配置产生并能为其他配置项利用、参考的数据/变量/功能等实体，而需求资源则是本配置项所要利用、参考的其他配置项供应的资源。

(4) 供应资源特性 PROPERTIES

供应资源特性采用非过程化的、独立于完成语言的方式说明数据的类型、功能、接口形式及其他一些限定特征。下面是供应资源特性的一个简单例子。

```
PROVIDES MaxValue,ValueN,Sum
    PROPERTIES
        Constant MaxValue: INTEGER
        TYPE ValueN is range 1…MaxValue
        Procedure Sum(integer,integer,integer)
```

```
Pre.Sum(a,b,c):
    ('a' is a instance of ValueN) and ('b' is a instance of ValueN){前置条件}
Post.Sum(a,b,c):
    c = a + b {后置条件}
```

(5) 版本链 VERSION_LINK

版本链指版本的演化过程。一个配置标识包含该配置项的所有版本。实际上,新版本是在以前版本的基础上变化得到的,这样的变化过程就形成了版本链,如图 6.7 所示。

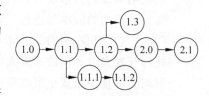

图 6.7　版本链示意图

显然,各版本存在很多共性,也有一些差异,如资源、接口和文档内容等。在实际存储时,仅存配置项的初版内容和版本变化的信息。当需要使用某一版本的实际内容时,可沿版本链从初版累加各变化直至该版本节点。配置标识框架中的 PROVIDES、PROPERTIES、REQUIRES 这 3 项描述的是各版本的资源共性,而差异则放在版本链各版本节点中。

(6) 指针 CONTENTPONITER

指针是一个指示符,用于版本溯源。根据指针,可以找到当前版本的初始源头。

6.3.2　版本控制

配置控制是在软件生存周期中控制软件产品的变更和发布,其目标是建立保证软件质量的机制。

软件配置管理的一个必备功能就是:在软件产品开发时及交付后,可靠地建立和重新创建版本。在开发时,会建立产品的中间版本,并按照常规测试。因为经常需要回到以前的版本,所以要能准确地重建以前的版本。开发完成后,还需要管理交付给用户的软件版本,因而必须对所有必要的信息进行维护,如编译程序、连接程序以及使用的其他工具,以确保每一个已交付的软件产品版本能够重建。一个常见的版本控制流程如图 6.8 所示。

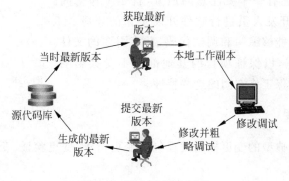

图 6.8　版本控制流程图

当软件项目的参加人员多于 2 个时,他们的工作就存在潜在的冲突。版本控制机制要能够容易地消除这些冲突:

- 同时修改,如何防止一个人无意中取消了另一个人所进行的修改?
- 共享和公用代码,如何保证共享代码中的缺陷被修改后,其他人能够知道?在公用代码中的缺陷被修改后,如何通知到每一个人或默认被其他人直接使用?
- 版本问题。在大型软件项目中,可能同时有同一产品的不同版本。当其中一个版本的缺陷被发现并修改后,如何确定在其他版本中是否存在同样的缺陷?如何保证对所有受影响的版本都进行了修改?

为了防止这些冲突,软件过程需要支持并行开发,这是因为:

- 并行开发允许不同的开发人员在同一时间使用相同的源文件,通常采用工作副本的形式。对很多人或小组都要使用的公共代码,只保存一个正式的版本,偶尔可以使用工作副本。但是所有公共代码必须以一个公共库作为正式的来源,且只有经过正式批准的变更才可以加入到该库中。任何时候,都只有一个最新的正式版本,所有历史版本都进行了标识和保存,以便于为跟踪问题提供帮助。
- 并行开发隔离了那些还没有为项目的其余部分做好共享准备的工作。
- 并行开发隔离了那些永远不被共享的工作,如修改一个只存在于老版本中的缺陷。
- 在并行开发中,即使一条开发线被冻结了,仍允许沿着其他分支继续开发,这在软件确认测试期间很常见。

为了支持并行开发,软件配置管理必须具有支持分支、文件比较和合并的功能,版本控制提供了这种功能机制。

分支是使软件配置项同时沿着两个或多个分支展开,新版本独立地添加到各自的分支中。文件比较用来比较两个或多个分支(或基线)中具有相同名字的文件,并识别不同的文件。合并是有选择地将分支中对源文件所进行的修改与主分支中相应的源文件对应起来或者同一分支的两次修改对应起来的过程,分为水平合并和垂直合并两种形式。

分支、文件比较和合并是保障软件项目配置管理的重要手段,对于大型项目更是如此,其过程如图 6.9 所示。

在版本控制中,还有一个要注意的地方,就是工作空间。工作空间,是指软件开发人员进行软件开发工作的环境。工作空间使得开发人员能够编写和调试代码,共享需要的文件,屏蔽正在开发的代码,以保证项目的其他部分不受其影响。软件配置管理必须确保工作空间的这些特性。

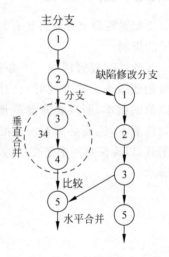

图 6.9 分支、文件比较与合并

6.3.3 变更管理

如图 6.10 所示,典型的变更控制流程包括变更请求、变更验证、变更评审、变更实施及核实变更结果等步骤。

1. 模块变更管理

对于同一软件模块,有时候有不同功能需求问题。此时模块大部分代码相同,只是为实现不同功能,代码有局部差异。如果把不同功能需求增加为另外的模块,不但增加存储要

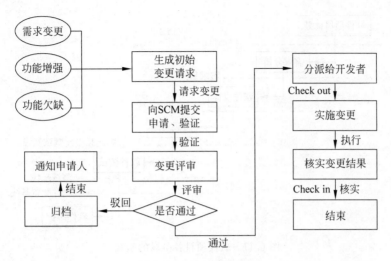

图 6.10 变更控制流程

求,还将使管理难度加大,因而通常的做法是作为模块的变更管理。模块变更管理分为差异代码管理和条件代码管理。

(1) 差异代码管理

差异代码管理把基本的代码部分和差异代码分开。对基本代码进行维护时,只要不涉及与差异代码的接口,补充简要的防止误用说明后就可以直接进行变更。同样,也可以单独对差异代码进行维护,但不能涉及基本代码部分。差异代码管理的缺点:为使差异代码能方便地产生,基本代码部分可能很复杂;在基本代码与差异代码组成的变更链中,一旦某个元素丢失或损坏,则重建整个链条将非常困难;由于部分模块的生命周期很长,相关的差异代码要维持很长时间,因而差异代码可能会逐渐变大。因此,实用的解决方案是,只对临时性变更采用差异代码管理,而对于与大量代码无关的永久变更,可以通过将模块分成两个或多个部分来处理,公共元素作为一个支持所有使用的相同模块,每个变更都通过增加独立模块来实现。

(2) 条件代码管理

条件代码管理面对的问题是从几种可供选择的模块中选择一种,以实现特定功能。此时所有情况下的模块都在模块库中,但每次只使用一个。使用条件代码时,只有一个模块,差异表现在条件代码中。条件代码的使用降低了版本组合的数量,如对于有 5 个不同的内存模块、6 个不同的终端输出模块的系统来说,不使用条件代码时共有 30 种不同的配置,而使用条件代码,则只需要 2 个系统参数和 11 个模块就可以生产所有这些组合。

2. 基线管理

基线是软件开发过程中的特定点,其作用是使软件项目各个阶段的划分更加明确,使本来连续的工作在这些点上断开,以便于检查和肯定阶段成果。基线由软件配置项组成,是软件配置管理的基础,为以后的开发工作建立了一个标准的起点。随着软件配置项的建立,产生了一系列基线,如图 6.11 所示,对这些基线必须进行管理和控制。

在初始基线建立、下一个基线产生之前,所有变更都必须记录下来并文档化。基线建立

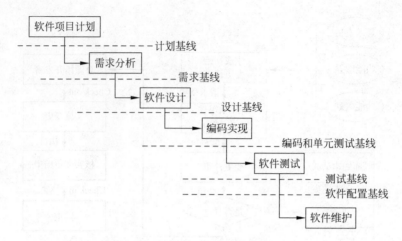

图 6.11　软件项目各阶段的基线

的时间要视具体情况而定,只要各个开发模块相对独立,相互关联不多,就不需要基线。因为过早的基线会导致程序员不必要的开发步骤,影响其工作效率。但一旦项目各模块联系较多、开始集成,就必须建立基线,进行正式的控制。

基线管理应具有两个基本功能。其一是对基线进行适当控制,禁止任何未经批准的变更。确定新基线前,必须用新基线的试行版本对每个建议的变更进行测试,以确保各个变更之间不会相互矛盾。为避免变更带来更多的问题,通常还需要一个综合的回归测试流程,即要求对处于试用期的新基线定期进行回归测试,确保项目在该点进行的所有变更都不会导致其他问题。这个过程一般要使用以前用过的测试用例,出现任何问题都说明新的变更有问题。这时候必须回到变更之前的状态,并责令相关程序员找出其中的问题,然后再进行回归测试。

基线管理的第二个功能是为程序员提供灵活的服务,确保他们能够比较容易地对自己的代码进行修改和测试。通过向程序员提供基线中任何部分的私有工作副本来实现受控的灵活性。程序员根据副本尝试新的变更、进行测试或修复,这样不会干扰其他人的工作。当程序员完成自己的工作,准备将工作结果并入基线并形成新的基线时,必须确保新的变更和其他部分兼容,确保新代码不会导致回归现象,即没有丢失以前的功能。

基线管理过程如图 6.12 所示。

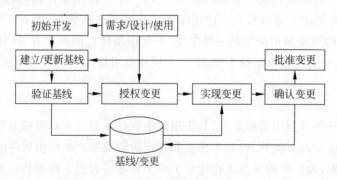

图 6.12　基线管理

概括起来，对基线变更控制机制的需求如下：
① 对基线提出的变更必须经过一定层次的评审。
② 必须确定和理解提出的变更对经费、进度、软件开发和生产造成的影响。
③ 变更必须获得相关组织的批准。
④ 必须正确实施被批准的变更。
⑤ 一旦变更被批准，必须通知所有受影响的部门。

6.3.4 配置状态报告

配置状态报告的目的是提供软件开发过程的历史记录，内容包括软件配置项当前的状态及何时因何故发生了变更，使相关人员了解配置和基线情况。配置管理人员应定期或在需要的时候提交配置状态报告，配置状态报告主要描述配置项的状态、变更的执行者、变更时间和对其他工作有何影响。

配置状态报告的结果存入数据库中，管理者和开发者可以查询变更信息并对变更进行评估。通过对数据库进行查询，可以看到都进行了哪些修改或每个文件都包含在哪些基线中，还可以跟踪详细的问题报告和各种其他维护活动的报告。此外，在项目生命周期中对配置项的变更数据进行统计分析，有利于评估项目风险，有效控制项目的执行。

在配置状态报告中，必要的文档记录是不可缺少的，其中配置项状态报告、变更请求、变更日志和变更测试是几种重要的记录文档。表6.3、表6.4、表6.5和表6.6分别给出了这些文档的样例。虽然并非每次变更都需要这些资料，但提供这些完整信息不失为明智的做法。

表 6.4 变更请求记录

状态
变更号
授权者
开始日期
结束日期
变更信息
变更描述
变更方法
变更来源
变更优先级
提出人
实现者
实现信息
变更类型
规模
软件开发工作量
进度检查点（设计、实现、测试、集成）
影响到的产品
相关变更

表 6.3 配置项状态报告

配置项名称
配置项标识
当前状态
文件名
版本号
经历的变更
存放位置

表 6.5 变更日志记录
变更标识
变更号
变更日期
实现者职责
姓名 地址 电话 组织
实现
源代码和目标代码
文档(编号、页码、变更)
变更原因(变更请求编号)
变更相关内容
已进行的测试和结果

表 6.6 变更测试记录
职责
开发人员
开发经理
测试人员
测试标识
测试日期
产品名称
使用的测试用例
使用的测试数据
测试配置(软件和硬件)
测试结果
问题报告
测试结果总结

6.3.5 案例：Kevin 团队使用配置管理加快开发速度

Kevin 团队是一个由 10 多位编程爱好者组成的小型软件开发团队，专门给中小型企业开发 Web 应用程序。过去，他们在项目开发中没有使用配置管理工具，所有的工作都是先分配给每个队员，待各个模块都开发好后，再统一集成。在缺少配置管理的日子里，队员们面临种种问题，如代码被别人覆盖，搞不清楚哪个是最新版本，以及测试版和发布版混乱等。有的队员干脆提出只有程序的原编写者才有权利更新他的代码，其他人等只能阅读，不能修改。这又导致编程的效率低下，经常加班加点赶进度。

2007 年初，Kevin 团队决定开发一套新产品。这次，他们使用 IBM Rational 面向软件交付技术的下一代协作平台 Jazz 工具。

1. Jazz 是什么

软件开发就像爵士乐队在舞台上表演。个人的精湛技艺加上队员之间默契的配合才能演奏出动人流畅的爵士乐。同样，单个成员写出优美的代码，还要加上成员间的相互协调，才能打造一个成功的软件项目，如图 6.13 所示。Jazz 平台的根本目的就是期望软件开发团体也能像爵士乐队一样进行团队协作，从而提升软件开发的工作效率。

Jazz 平台是 Client/Server 架构，因而支持异地协同工作。Server 端提供服务和 Repository，Client 端通过 HTTP 协议与 Server 端交互。Jazz 平台由一系列组件组成，其中核心组件是 Repository 和 Team Process。

如图 6.14 所示，SCM 组件提供软件配置管理的支持，如源代码、文档的控制和管理；Build 组件提供构建管理的支持，如构建定义、构建服务器的管理；Work Item 组件提供数据类型的支持，如需求、缺陷及计划等；Reports 组件提供报表的支持。Repository 由关系数据库支持，而 Team Process 是 Jazz 平台支持不同流程的基础。

图 6.13 动人的爵士乐是如何演奏出来的呢？

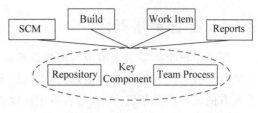

图 6.14 Jazz 的组成

2. 创建项目

经过开发组长和测试组长的共同讨论，团队确定了基本的项目组件和开发流程。所有组件、流程以及队员的信息都作为 Jazz 工件存储在 Repository 里面。

Repository 里面包含项目域（Project Area），用来记录项目相关的信息，如项目状态和项目流程。Kevin 团队制定的项目流程包含两个元素，一个是详细流程定义，主要定义项目迭代过程以及每次迭代所要完成的工作；另一个是流程描述，对流程进行详细的解释。

项目域内还包含团队域（Team Area），用来描述项目团队。项目组长创建团队域，根据开发流程为成员分配工作项（Work Item）。团队成员登录 Jazz 后可以创建自己的 Repository 工作区进行工作。这样，分布在不同地理位置的多名队员协同工作时，就在 Repository 工作区中，在版本控制机制下编写代码或文档。队员可以检出（Check out）项目文件到自己的 Repository 工作区，也可以把修改后的文档检入（Check in）到工作项中。

3. 版本控制

如果两个队员同时修改了同一个文件，那么在检入时就有可能发生潜在的版本冲突。Jazz 使用乐观锁模型来控制版本，队员无需对要修改的文件进行检出或锁定，他们每检入一次变更，Jazz 会自动增加一个版本号。

如当成员小王在修改某个文件时，成员小李检入了对于该文件的变更。这时，变更会出现在小王的 Incoming 文件夹下。Jazz 会自动把 Incoming 文件夹下可能造成潜在冲突的变更集高亮显示。小王可以在 Compare Editor 中打开 Outgoing 和 Incoming 文件夹下的变更集，对比两个用户所进行的变更，根据对比结果选择不同的处理方法。可以选择回退以消除可能产生冲突的片段；选择撤销以删除自己进行的更改；选择挂起从而挂起自己的变更进行进一步审查；也可以选择接受小李的更改，再利用 Jazz 提供的合并功能，将不冲突的片段合并在一起。

4. 配置管理的成效

通过使用配置管理工具，他们有效地实现了版本管理、并行开发、异地开发、应用分支与合并、软件复用、基于构件的配置管理及变更管理等操作，对代码和文档等都进行了细致的维护，项目也比预期提前了 3 周时间完成。每个队员的脸上都露出了久违的微笑。

6.4 配置审核

6.4.1 配置审核概念

配置审核根据需求标准或合同协议检验软件产品配置,验证每个软件配置项的正确性、一致性、完备性、有效性和可追踪性,以判定系统是否满足需求。配置审核的目的是检验是否所有的软件产品都已产生,是否被正确地识别和描述,是否所有的变更要求可以根据确定的软件配置管理过程和程序解决。

确定变更是否正确有正式技术审核和软件配置审核两种措施。正式技术审核在软件交付用户前实施,其目的是在任何软件表示形式中发现功能、逻辑或实现的错误。如果发现不了,则说明软件可能已满足定义的软件需求和软件合同的要求。因此正式技术审核关注已变更的配置对象的技术正确性、审核者评估软件配置项的一致性和遗漏及潜在的副作用。软件配置审核关注的是正式技术审核中未考虑的因素,作为技术审核的补充措施,确保软件变更被正确地实施。软件配置审核关注的因素有:

- 变更指令中指定的变更是否完成?每个附加变更是否已经纳入到系统中?
- 是否进行了正式技术审核?
- 是否遵循软件工程标准?
- 变更的软件配置项是否作了特殊标记而得到强调?是否注明变更日期和变更执行人员?软件配置项属性是否反映了变更?
- 是否遵循与变更有关的注释、记录及报告的软件配置管理规程?
- 相关的软件配置项是否都得到了同步更新?

6.4.2 配置审核内容

具体来说,配置审核包括两方面的内容,即配置管理活动审核与基线审核。配置管理活动审核用于确保项目组成员的所有配置管理活动都遵循已批准的软件配置管理方针和规程,如检入/检出的频度、工作产品成熟度提升原则等。实施基线审核,则要保证基线化软件工作产品的完整性和一致性,且满足其功能要求。基线的完整性可从以下几个方面考虑:

- 基线库是否包括所有计划纳入的配置项?
- 基线库中配置项自身的内容是否完整?文档中所提到的参考或引用是否存在?
- 对于代码,要根据代码清单检查是否所有源文件都已存在于基线库,还要编译所有的源文件,检查是否可产生最终产品。
- 一致性主要考察需求与设计以及设计与代码的一致关系,尤其在有变更发生时,要检查所有受影响的部分是否都进行了相应的变更。审核发现的不符合项要进行记录,并跟踪直到解决。

在实际操作过程中,一般认为审核是一种事后活动,很容易被忽视。但是"事后"也是有相对性的,在项目初期审核发现的问题,对项目后期工作总是有指导和参考价值的。为了提高审核的效果,应该充分准备好检查单,见表6.7、表6.8和表6.9。

表 6.7 配置管理活动审核

检 查 项	是	否	备 注
是否及时升级工作产品？			
是否执行配置库定期备份？			
是否定期执行配置管理系统病毒检查？			
是否评估配置管理系统满足实际需要？			
上次审核中发现的问题是否已全部解决？			

表 6.8 基线审核

配置项名称	
配置项标识	
版本号	
一致性	
完整性	
备注	

表 6.9 审核跟踪

问题标识号	
问题描述	
状态	
责任人	
备注	

在软件项目进行过程中应定期进行配置审核，配置状态发生变化时也应进行配置审核，还要定期进行软件备份，并保证备份介质的安全性和可用性。

6.4.3 配置审核的种类

配置审核有 4 种形式，分别是过程审核、功能审核、物理审核和质量系统审核。在软件项目进行过程中，可能进行其中的一个或几个审核，也可能都要进行，视具体情况而定。下面从目的、需要的资料、活动及结果 4 个方面对 4 种审核形式进行对比阐述。

1. 过程审核

① 目的是验证整个开发过程中设计的一致性。

② 需要的资料包括软件需求规格说明、软件设计说明、源代码预发行证书、批准的变更、软件验证与确认计划及测试结果。

③ 执行的活动有硬件、软件接口与软件需求规格说明、软件设计说明的一致性；根据软件验证和确认计划，代码被完全测试；正在开展的设计与软件需求规格说明相匹配；代码与软件设计说明一致。

④ 结果是表明所有差别的过程审核报告。

2. 功能审核

① 目的是验证功能和性能与软件需求规格说明中定义的需求的一致性。

② 需要的资料包括软件需求规格说明、可执行代码预发行证书、测试程序、软件验证与确认报告、过程审核报告、测试文档、已完成的测试及计划要进行的测试。

③ 执行的活动有对照测试数据审核测试文档；审核软件验证和确认报告；保证评审结果已被采纳。

④ 结果是建议批准、有条件批准或不批准的功能审核报告。

3. 物理审核

① 目的是验证已完成的软件版本和文档内部的一致性并准备交付。

② 需要的资料包括预发行证书、结构、软件需求规格说明、软件设计说明、批准的变更、验收测试文档、用户文档、批准的产品标号、软件版本及功能审核报告。

③ 执行的活动有审核软件需求规格说明；功能审核报告已开始实施；软件设计说明完整性样本；审核用户；完整性和一致性手册；软件交付介质和控制。

④ 结果是建议批准、有条件批准或不批准的物理审核报告。

4. 质量系统审核

① 目的是独立评估是否符合软件质量保证计划。

② 需要的资料包括软件质量保证计划、与软件开发活动有关的所有文档。

③ 执行的活动有检查质量程序文档；可选择的一致性测试；采访职员；实施过程审核；检查功能审核与物理审核报告。

④ 结果是总体评价与软件质量程序的一致性情况。

通过上面的介绍可以看出，这 4 种审核是有层次的，从 1～4 形成了逐级上升的层次结构，后面的审核要以其前面的审核结果为基础。

6.4.4 软件交付

实施了规范的配置管理，软件交付就很容易。要注意的是，交付的产品应该是从软件基线库中提取出来的，在软件交付给最终用户之前，要准备交付记录，为软件产品分配交付版本号，同时要对它进行交付评审并确认其得到批准。一般来说，高层经理、项目经理、软件质量保证人员和测试组都应该参加交付评审。

6.4.5 软件配置管理的功能表

根据前面的分析，软件配置管理的功能表如图 6.15 所示；项目开发周期内的软件配置基线化如图 6.16 所示。

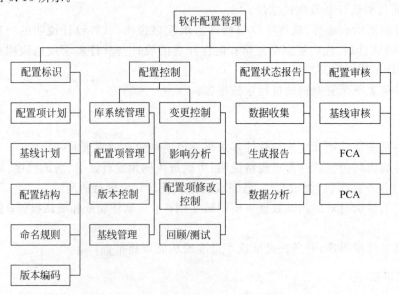

图 6.15 软件配置管理的功能

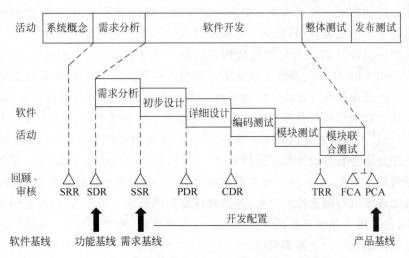

图 6.16 项目开发周期内回顾和基线化

6.5 基于构件的配置管理

6.5.1 软件复用

软件项目的开发过程一般包含需求分析、设计、编码、测试和维护等几个阶段。当每个项目的开发都是从头开始时，则开发过程中必然存在大量的重复劳动，如用户需求获取的重复、需求分析和设计的重复、编码的重复、测试的重复和文档工作的重复等。软件项目通常包括如下 3 类成分：

- 基本构件，是特定于计算机系统的构成成分，如基本的数据结构、用户界面元素等，它们可以存在于各种软件项目中。
- 领域共性构件，是软件项目所属领域的共性构成成分，它们存在于该领域的各个软件项目中。
- 应用专用构件，是每个软件项目的特有构成成分。

项目开发中的重复劳动主要在于前两类构成成分的重复开发。

软件复用是在软件开发中避免重复劳动的解决方案，其出发点是软件项目的开发不再采用一切"从零开始"的模式，而是以已有的工作为基础，充分利用过去项目开发中积累的知识和经验，将开发的重点集中于项目的特有构成成分。通过软件复用，在应用系统开发中可以充分地利用已有的开发成果，消除了包括分析、设计、编码和测试在内的许多重复劳动，从而提高了软件开发的效率。同时，通过复用高质量的已有开发成果，避免了重新开发可能引入的错误，从而提高了软件的质量。

软件复用的概念是 1968 年在北大西洋公约组织软件学术会议上第一次引入的。在此以前，子程序的概念也体现了复用的思想，但其目的是为了节省当时昂贵的机器内存资源，而不是为了节省开发软件所需的人力资源。尽管如此，子程序的概念仍可以用于节省人力资源的目的，从而出现了通用子程序库以便程序员在编程时使用。数学程序库就是非常成功的子程序复用的例子。其实人类在解决问题时很早就采用了复用技术，如形式化通用数学模型就是高水平的抽象复用，而活字印刷则是成功的人工制品复用的典范。

软件复用一出现就被认为是摆脱软件危机的一种手段，并受到广泛的重视。20世纪60～70年代，Mcilroy D首次提出了可复用库思想。在日本产生了第一个拟采用复用软件技术来加工生产软件的软件工厂。但由于技术方面和非技术方面的种种因素，复用技术在整体上对软件产业的影响却并不尽如人意，其中技术上的不成熟是一个主要原因。近十几年来，面向对象技术出现并逐步成为主流技术，为软件复用提供了基本的技术支持。人们认识到软件复用是优秀软件设计的关键因素之一，并且软件复用已在子程序库、报告生成程序等方面取得进展。因此，软件复用研究重新成为热点，被视为解决软件危机、提高软件生产效率和质量的现实可行途径。目前，有关软件复用的概念不断完善，软件复用技术和方法日渐成熟，软件复用的领域不断拓宽。在一些专门领域内，有些可复用系统较为成功，但通用领域的可复用系统还处于探索阶段。

具体来说，软件复用是指在两次或多次不同的软件开发过程中重复使用"为了复用目的而设计的软件元素"的过程。这里所说的软件元素包括程序代码、测试用例、用户界面、数据、设计文档、需求分析文档、项目计划、体系结构甚至领域知识。其中，软件元素的大小被称为是重用的粒度。重用的软件元素大，则说明重用的粒度大；重用的软件元素小，则说明重用的粒度小。与软件复用的概念相关，重复使用软件的行为还可能是重复使用"并非为了复用目的而设计的软件元素"的过程，或在一个软件项目的不同版本间重复使用代码的过程。这两类行为都不属于严格意义上的软件复用。相应地，可复用软件是指为了复用目的而设计的软件。

软件复用可以从多个角度进行考察。按照复用对象的不同，可以将软件复用分为产品复用和过程复用。产品复用指复用已有的软件元素，通过已有软件元素的集成得到新系统；过程复用指复用已有的软件开发过程，使用可复用的应用生成器来自动或半自动地生成所需系统。过程复用依赖于软件自动化技术的发展，目前只适用于一些特殊的应用领域。产品复用是目前现实的、主流的途径。按照复用方式的不同，可以将软件复用分为黑盒复用和白盒复用。黑盒复用指对已有软件元素不需进行任何修改、直接进行复用，这是理想的复用方式；白盒复用指已有软件元素并不能完全符合用户需求，需要根据用户需求进行适应性修改后才可使用。在大多数应用的集成过程中，软件元素的适应性修改是必须的。

6.5.2 软件构件技术

1. 构件

分析传统制造业，其基本模式是生产符合标准的零部件（也就是构件）以及将标准零部件组装为最终产品。其中，构件是核心和基础，复用则是必需的手段。实践表明，这种模式是产业化、规模化的必由之路。标准零部件生产业的独立存在和发展是产业形成规模经济的前提，机械、建筑等传统行业以及年轻的计算机硬件产业的成功发展均是基于这种模式，因此也充分证明了这种模式的可行性和正确性。构件生产与组装的模式是软件产业发展的良好借鉴，软件产业要发展并形成规模经济，标准构件的生产和构件的复用是关键因素。这也正是软件复用受到高度重视的根本原因。

构件(Component)是指软件系统中可以明确辨识的构成成分,而可复用构件(Reusable Component)是指具有相对独立的功能和可复用价值的构件。

2. 构件技术的研究内容

软件构件技术是支持软件复用的核心技术,它是近来迅速发展并受到高度重视的一个学科分支。构件技术主要的研究内容如下:

① 构件获取技术,有目的的构件生产和从已有系统中挖掘提取构件。
② 构件模型技术,研究构件的本质特征及构件间的关系。
③ 构件描述语言,以构件模型为基础,解决构件的精确描述、理解及组装问题。
④ 构件分类与检索问题,研究构件分类策略、组织模式及检索策略,建立构件库系统,支持构件的有效管理。
⑤ 构件组装技术,在构件模型的基础上研究构件组装机制,包括源代码级的组装和基于构件对象互操作性的运行级组装。
⑥ 标准化问题,构件模型的标准化和构件库系统的标准化。

随着对软件复用理解的深入,构件的概念已不再局限于源代码级,而是延伸到用户需求、系统和软件需求规约、系统架构、文档、测试计划、测试用例以及其他对工程建设和软件开发活动有用的信息。这些信息都可以称为可复用软件的构件。

3. 构件实现规范与标准

构件的集成和装配对构件的标准化提出了要求。为便于构件的复用,目前业界已经提出了多种构件的模型及规范,形成了若干有影响的构件技术。这其中就有微软公司的COM/OLE,对象管理组织的跨平台的开放标准CORBA、OpenDoc,另外还有软件构件技术的良好支持编程语言Java。这些技术的流行为构件提供了实现标准,也为构件的集成和组装提供了很好的技术支持。下面分别予以简单介绍。

(1) 组件对象模型(Component Object Model,COM)

COM是微软公司开发的一种构件对象模型,它为单个应用中使用不同厂商生产的对象提供了规约。对象连接与嵌入(Object Linking and Embedding,OLE)是COM的一部分,由于OLE已成为微软操作系统的一部分,因此目前应用最为广泛。最早的组件连接技术OLE 1.0是微软公司于1990年11月在COMDEX展览会上推出的,它给出了软件构件的接口标准。任何人都可以按此标准独立地开发组件和增值组件,或由若干组件集成为软件。在这种软件开发方法中,应用系统的开发人员可在组件市场上购买所需的大部分组件,因而可以把主要精力放在应用系统本身的研究上。

(2) 公共对象请求代理体系结构(Common Object Request Broker Architecture,CORBA)

CORBA是由对象管理组织于1991年发布的一种基于分布对象技术的公共对象请求代理体系结构,其目的是在分布式环境下,建立一个基于对象技术的体系结构和一组规范,实现应用的集成,使基于对象的软件组件在分布异构环境中可以复用、移植和互操作。

CORBA是一种集成技术,而不是编程技术。它提供了对各种功能模块进行构件化处理并将它们捆绑在一起的粘合剂。一个对象请求代理提供一系列服务,它们使可复用构件能够和其他构件通信,而不管它们在系统中的位置。当用CORBA标准建立构件时,这些构件在某一系统内的集成就可以得到保证。再者基于 CORBA 规范的应用屏蔽了平台语言和厂商的信息,使得对象在异构环境中也能透明地通信。对于 CORBA 定义的通用对象服务和公共设施,用户还可以结合其特殊需求来构造应用对象服务,以提供企业应用级的中间件服务系统。

(3) 开放式文档接口 OpenDoc

OpenDoc 是 1995 年 3 月由 IBM、Apple 和 Novell 等公司组成的联盟推出的一个关于复合文档和构件软件的标准,定义了为使某开发者提供的构件能够和另一个开发者提供的构件相互操作而必须实现的服务、控制基础设施和体系结构。由于 OpenDoc 的编程接口比 OLE 小,因此 OpenDoc 的应用程序能与 OLE 兼容。

(4) Java

Java 是近几年随着 Web 风行全球而发展起来的,它是一种外观类似 C++,内核类似 SmallTalk 的纯面向对象语言。Java 和 Web 的结合带来了移动的对象、可执行的内容等关键概念。Java 具有体系结构中立的特性,使 Java 程序可不需修改甚至不需重编译而在不同的平台上运行。Java 的新版本还加入了远程方法调用的特性,此功能在效果上提供了类似 CORBA 的 ORB 的功能。Java 的这些特性使其成为软件构件技术的良好支持工具,用 Java 书写的构件将具有平台独立性和良好的互操作性。

4. 基于构件的软件开发

软件复用是解决软件危机、提高软件生产效率和质量的途径,基于构件的软件开发则是软件复用的主要形式。图 6.17 是基于构件的软件开发的示意图。

在基于构件的软件开发过程中,构件生产组织和软件项目开发组织之间严格按照生产者/消费者的关系进行任务分工。构件生产组织负责生产、提供构件,并把构件存储到构件库中。项目开发组织不再编程,而是通过从构件库请求所需的构件集成组装而得到最终所需的系统。构件生产组织的活动分为同步活动和异步活动:同步活动指配合软件项目组织的活动,接受构件查找请求或定制请求,异步活动指有目的的构件生产或对同步活动中的构件进行再工程以提高构件的可复用性。

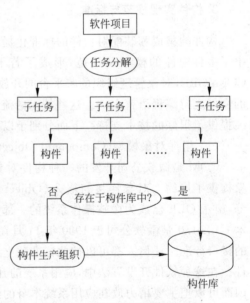

图 6.17 基于构件的软件开发

6.5.3 基于构件的版本管理

1. 版本管理的粒度

版本管理是软件配置管理的基础和核心。传统的版本管理以文件作为管理的基本粒度,记录、维护每个文件的演化历史。在大型软件系统的开发中,往往包含较多文件,这使得以文件为粒度的传统版本管理的工作量很大,且不易于描述文件间内在的组合关系。目前基于构件软件开发方法的应用越来越广泛,物理上表现为多个文件之集合体的构件是系统的有机构成成分,在开发过程中是作为一个原子单位使用的,系统的开发者关心的是构件整体的开发、演化、组装和维护。这种大粒度的开发方法对版本管理提出了许多新的要求:

① 应能有效存储和管理构件演化历史。

② 操作模型应有利于体现构件的整体性,降低系统开发的复杂程度。

③ 需要保证并行开发构件时的正确性,同时不减少项目组协同工作的灵活性。

为适应软件开发中的新变化,提出了以构件为粒度的版本管理。与以文件为粒度的版本管理相比,以构件为粒度的版本管理有以下特点:

① 构件的抽象级别比文件高。构件是应用系统中可以明确辨识的构成成分,记录、维护构件的版本比文件的版本管理更有意义。

② 构件的粒度可以比文件大很多。一个项目中可能有诸多分布的逻辑单元,这些逻辑单元与构件相对应,构件的数量较少且整体逻辑意义明显,可以更清晰地体现项目的演化历史。

③ 在构件基础上,可以体现出系统的层次性、构造性等特征,同时构件版本管理也可以满足对文件版本的管理需求,使版本管理既有大粒度,又有灵活性。

2. 构件版本的管理

(1) 组成

构件是软件系统中多个相关文件构成的一个逻辑整体,如一个完整的功能模块。构件版本表明了构件的演化过程。构件版本不但反映了其组成的变化,同时也反映了组成文件的版本变化,即增加和删除构件中的文件或者组成文件发生版本演化都会引起构件版本的演化。

图 6.18 显示了构件版本的变化及其与文件版本的关系。构件 1.0 版本与 2.0 版本的差别在于组成成分不同:1.0 版本由两个文件 A 和 C 组成,而版本 2.0 则由 3 个文件 A、B、C 组成。构件 3.0 版本与 2.0 版本都包含 A、B、C 3 个文件,差别在于文件的版本不同:构件的 3.0 版本由文件 A 的 2.0 版本、文件 B 的 1.0 版本和文件 C 的 3.0 版本组成,而构件的 2.0 版本则由文件 A 的 2.0 版本、文件 B 的 1.0 版本和文件 C 的 2.0 版本组成。

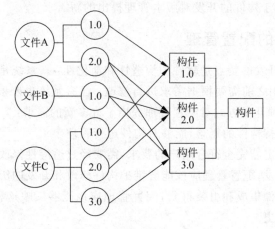

图 6.18 构件版本的组成

(2) 管理的基本模式

基于构件的版本管理系统仍然采用"检出——修改——检入"的基本操作模型。只不过操作的基本单位不再是文件，而是构件。软件开发人员对构件进行操作时，需要先将构件从版本库检出到工作空间，在工作空间完成对构件的相应操作，而后将操作的结果检入到版本库。如果该操作导致构件的组成成分发生了变化，或者导致其中的文件发生了版本变化，则构件也演化为新的版本。以构件版本为粒度的版本管理系统记录和管理了开发人员对构件修改的历史。

(3) 分支、比较及合并

正如基于文件的版本管理有分支、文件的比较及合并，基于构件的版本管理也有相应的动作：分支、比较及合并，其基本过程和前者类似。但构件版本的比较分为两个层次：底层是文件级的比较，通过比较不同版本文件的具体内容得到文件内容的差异；上层是构件级的比较，通过比较构件不同版本组成成分来获取构件整体的变化情况。

(4) 构件的增量存储

构件的不同版本间具有较大的内容相似性，为降低存储冗余，不同版本应该使用增量存储方式，即只存储新版本和旧版本间变化的部分。

3. 并发控制机制

版本管理系统应该为软件项目组共同开发软件系统提供管理支持。多个开发人员可以分工开发不同构件，也可以同时开发同一构件。为了保证协同开发的安全性和正确性，必须解决构件开发过程中的并发控制问题。在基于文件的版本管理中，版本控制与并发控制的基本单位都是文件，开发人员可以在检出时对文件加锁，以防其他人对该文件进行修改。检入时，生成文件新版本并对文件解锁。在基于构件的版本管理中，如果把并发控制的单位定为构件，在需要修改时对构件加锁，会导致其他人员无法同时修改构件和构件中的任何文件，降低工作效率。

针对这种情况，一种较好的管理办法就是版本控制与并发控制单位的分离，即以构件为版本控制单位，以文件为并发控制单位。这样一来，在基于构件的软件开发过程中，既能有效存储和管理构件演化历史，又能保证并行开发构件时的正确性，同时不减少项目组协同工作的灵活性，满足了基于构件的开发对版本管理提出的新需求。

6.5.4 基于构件的配置管理

基于构件的软件开发的特点是软件的构造性和演化性：新系统是通过复用已有构件构造出来的；构件在使用之前需要根据需求进行修改；已有系统也要根据需求的变化而不断演化成新的系统。这种开发方式对配置管理提出了许多新的需求：

- 配置管理应支持构件的概念，能够对构件进行管理。
- 已有构件不一定能完全符合用户的要求，需要经过适应性修改后才能使用。有些构件需要从头开发，配置管理应该能够维护构件修改和开发的历史。
- 新系统通过构件集成和组装得到，配置管理应该能够反映这种系统构造方式，维护构件组装的历史。
- 系统和构件的开发需要多人参与，配置管理应提供并发控制机制，支持多人并行开发。
- 系统和构件要随需求的变化而不断进行演化,有时还会有多个演化方向并存,配置管理应该能够对系统和构件的演化进行变化控制,并维护多个演化方向。

1. 相关概念

(1) 配置管理系统中的构件

配置管理系统中的构件可以定义为通过某种结构组织起来的一组密切相关文件的集合,这个构件概念支持各种形态的构件。

(2) 配置

配置是指一组配置项的集合,其中每个配置项可以是一个构件,也可以是一个配置(作为配置项的配置也称子配置),配置具有自包含性。配置可以表示基于构件的软件开发中的组合构件,也可以表示组装出来的系统。

(3) 配置基线

为配置及其所有子配置中的构件都选定一个特定版本,就得到了配置的一个基线,该操作称为基线操作。配置的基线表示组合构件或系统的一个版本。

2. 管理系统模型

图 6.19 是基于构件的配置管理模型。构件版本控制和并发控制在第 6.5.3 节已经进行了介绍,这里不再赘述。下面对配置支持和高层管理功能进行描述。

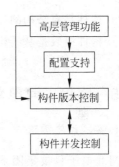

图 6.19 基于构件的配置管理模型

配置支持是建立在构件的基础上的。在构件的基础上定义配置,在已有的构件和配置的基础上定义更大的配置,直至定义出表达整个系统的配置。不断定义配置的过程体现了构件组装的过程。通过基线操作,开发人员就可以得到各个组合构件和系统的版本。

高层管理功能建立在构件的版本控制和配置支持的基础上,能够进一步满足基于构件的软件开发中的其他管理需求。高层管理功能包括构造支持、审核控制、统计报告、变化控制、过程控制以及团队支持等,具体如下。

(1) 构造支持

构造支持是指构件和系统的构造及部署。对于构件,只要保留进行构造所需的文件就可以了。组合构件和系统是用配置表示的,在配置中记录与构造相关的信息,可以通过构件组装工具完成系统构造。在分布式系统中,对于使用各种分布对象技术的软件构件,配置管理可以辅助正确地进行构件的分布,称为系统部署。

(2) 审核控制

审核控制分为两个层次:构件层和组成构件的文件层。在进行审核时,审核人员既可以在构件层进行初步的审计,也可以在文件层进行深入的审核。

(3) 统计报告

统计报告分为两个层次:构件层和文件层。构件层的报告概括性高,文件层的报告深入细致。

(4) 变化控制

变化控制分为两个层次：构件变化控制和配置变化控制。构件变化控制是和构件版本控制一起完成的，配置变化控制要涉及多个构件的检出和检入。配置的变化包含多个构件的变化和多个子配置的变化。

(5) 过程控制

过程控制可用于两个阶段：构件的开发/修改阶段和构件组装阶段。两个阶段的过程控制可以用统一的过程模型来描述和实施。

(6) 团队支持

团队支持包括工作空间管理、并行开发管理和远程开发管理。工作空间管理可以保证多个开发人员开发同一构件时不相互干扰；并行开发可分为构件间的并行开发和构件内的并行开发；对于远程开发，涉及文件传输的操作有构件检出、构件检入和构件更新。

3. 优越性

基于构件的配置管理比传统配置管理具有优越性，主要表现为：

① 构件是一个逻辑概念，它有明确的逻辑含义，记录和维护构件的版本更有实际意义。

② 构件的粒度可以比较大，对大粒度的单位进行版本控制更适合现代大规模软件的开发。

③ 构件是有结构的，构件版本控制可以满足对文件的版本控制需求。

④ 构件组装是基于构件的软件开发的一个重要环节，基于构件的配置可直接支持构件组装。

6.5.5 案例：河电集团某研究所的系统集成

1. 实践产生需求

河北电子科技集团下属某研究所是一家专门从事软件研发的科研机构。多年的软件开发经验使研究所认识到软件配置管理是软件工程的重要组成部分，也是软件项目管理的先行军；选择软件配置管理是进行软件产品管理的一个切入点，是项目计划、需求管理、质量保证及项目监控等的基础工作之一。该所希望能够通过软件配置管理实现以下功能：

① 软件开发库、受控库和产品库分级管理，对各种软件资源的历史状态和变更过程进行控制。

② 对软件中间阶段的软件制品和最终产品的技术状态控制，保证软件过程和产品质量。

③ 对软件开发过程的资源进行管理，实现核心知识产权的积累和开发成果的复用。

④ 企业软件开发过程的实际数据积累和管理，为今后软件项目计划、需求管理、测试实施、质量保证和其他方面的决策提供基础数据。

⑤ 各研发部门以及相关管理部门需要参与具体的配置管理工作的部门，可以直接通过配置管理系统获取相关项目、课题的数据信息。

⑥ 各级领导依托配置管理系统在网站上获取项目相关信息，以便及时了解项目的研发状况，对全所的研发工作作出相应的决策。

2. 需求得到满足

(1) 配置管理制度建设

建立一套完善的配置管理规则与制度,确保以质量为核心的软件配置管理在全所范围内的统一实施。

(2) 企业级的配置管理系统建设

研究所购买了由北大软件公司开发的软件配置管理系统 JBCM 企业版,建立两级四库的配置管理体系,实现对项目计划部门、软件开发部门、测试部门、质量管理部门和产品管理部门的配置管理活动的全面支持。

JBCM 企业版是由开发库、受控库和产品库组成的集成化的软件配置管理和变更控制系统。在配置库中管理软件的版本和基线资源,三库之间通过变更流程控制基线的状态提升。JBCM 支持以下功能:

- 构件化的配置资源管理。
- 层次化的配置关系管理。
- 里程碑化的基线管理。
- 流程化的变更控制。
- 多级配置库管理。
- 构件化的配置资源管理。

JBCM 采用构件化大粒度的配置资源管理方式,支持基于复用的软件开发过程,提供构件以下的目录文件结构视图和构件以上的配置结构视图,有针对性地支持开发人员和配置管理人员的配置活动。

JBCM 既能从细节上支持小规模、嵌入式软件的开发,更能够有效地支持具有复杂体系结构的分布式的大规模软件的开发。

(3) 与其他信息系统集成

建立与所内其他信息系统之间的关系接口,实现软件配置管理信息在其他系统中的融合;建立与各部门正在使用的其他配置管理系统(如 ClearCase、Harvest 等)之间的协作关系,以在保护以往投资的同时,提高信息管理系统对软件资源和软件过程的控制能力。

3. 软件配置管理系统 JBCM 企业版的多级配置管理

JBCM 针对软件资源达到的不同状态,提供开发库、受控库和产品库的多级管理机制,如图 6.20 所示。

(1) 多库物理分布式部署

JBCM 支持多个配置库逻辑或物理分离部署,可以在同一个节点上部署多个配置库或者把多个配置库部署在不同的物理节点上。对于外包项目和异地开发项目,JBCM 提供移动配置库支持以及多库之间的同步机制。

(2) JBCM 开发库

JBCM 开发库主要对开发人员提供版本控制、并行开发等通用配置管理活动的支持,对项目负责人提供软件开发过程管理的支持。管理软件开发期间未达到受控状态的成果。

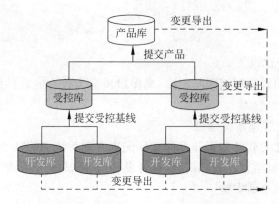

图 6.20 JBCM 多级配置管理模型

(3) JBCM 受控库

JBCM 受控库管理由开发库提升的配置资源,管理这些资源的变更过程和基线状态,提供基线测试流程和基线变更流程支持。

(4) JBCM 产品库

JBCM 产品库管理由受控库提升的配置资源,管理这些资源的变更过程和产品发布过程,提供基线测试流程、基线变更流程和产品发布流程支持。JBCM 产品库和受控库可以一体化部署。

6.6 案例故事解析

配置管理就是要解决系统开发过程中出现的现实问题。配置管理能力是系统开发环境的基础,良好的配置管理支持可以帮助建立良好的开发环境,不断适应系统开发的变化。

在前面的案例中,随着时间的演进,软件项目不断发生着变化,软件系统和项目环境的复杂性也不断增长。王凯的团队通过有效地进行版本管理、采用并行开发、异地开发、应用分支与合并技术、软件复用技术、基于构件的配置管理以及实用的变更管理策略,最终达到了配置管理的目的,保证了软件项目的成功。

要成功地实施配置管理,就要适应软件项目不断增长的复杂性,管理好软件过程中的变化。软件项目中经历的变化一般分为 4 大类。

1. 软件系统复杂性的增长

随着软件产品的不断发展,复杂性通常会增加,主要表现在增加新的特性和功能、软件规模和架构的逐渐复杂、引入第三方的构件、软件复用以及软件支持平台的增多。

2. 项目环境复杂性的增长

在案例中我们看到,开发团队的人数不断增长,支持并行开发的需求、支持异地开发的需求以及产品发布版本数量和频度的增加,导致项目环境越来越复杂。而要进行成功的配置管理,这些问题都要考虑周到。

3. 生命周期阶段的变化

随着软件项目的生命周期阶段的变化,项目对配置管理过程的要求也会发生变化。在项目生命周期的初期，需要增加很多新特性，变更相对频繁，这时配置管理对变更的控制就相对放松；而在生命周期的末期，需要交付稳定的版本，这时对变更的控制就要严格得多。把握好不同生命周期阶段对变更的控制，才能更好地满足配置管理的目标。

4. 流程和人员的变化

由于公司管理层的变化，新的管理人员可能会使用新的管理流程。现有的配置管理过程如果不能继续适应软件系统或项目环境的变化，就应该改进旧的流程，满足新的配置管理需求。人员的变化同样会影响项目的管理和开发方式。良好的配置管理应该较好地适应由于人员的变化带来的影响，保证项目的顺利进行。

软件的变化是不可避免的，只有不断适应变化，管理和控制好项目的变更，配置管理才能在项目中取得成功。表 6.10 给出了参考的软件配置列表。

表 6.10 参考的软件配置列表

编号	配置项	基线	所属人	状态	版本	属性	来源
1	管理总述 初步成本分析 目标时间表	功能	×××	初步调查	1	Doc	调研
2	可行性工作计划 现有系统回顾 系统需求提议	功能	×××	初步调查	1	Java	调研
3	现有系统回顾 现有系统情况	功能	×××	可行性分析	1	Doc	开发
4	系统需求 问题和需求声明	功能	×××	可行性分析	1	PPT	开发
5	需求/成本分析	功能	×××	可行性分析	1	Doc	开发
6	数据/文件汇总 系统需求提议	功能	×××	可行性分析	1	Doc	调研
7	程序清单 输入/出列表	功能	×××	可行性分析	1	Doc	开发
8	系统详细说明	需求	×××	初步计划	1	Doc	总结
9	软件需求	需求	×××	初步计划	1	Doc	总结
10	界面需求说明	需求	×××	初步计划	1	Doc	总结
11	软件顶层设计	开发	×××	初始开发	1	Doc	设计
12	软件详细设计	开发	×××	初始开发	1	Doc	设计
13	软件测试计划	开发	×××	初始开发	1	Doc	设计
14	软件测试脚本	开发	×××	初始开发	1	Doc	设计
15	源文件 可执行文件	开发	×××	初始开发	1	Doc	开发
16	软件产品说明书	产品	×××	实现	1	Doc	开发
17	源文件 目标文件 可执行代码	产品	×××	实现	1	Doc	开发
18	用户文档	产品	×××	实现	1	Doc	开发

6.7 小结

运动的绝对性指出，世界上的万物都处于不断的运动变化之中，静止只是一个相对的概念。同样，变化也是软件项目的一个绝对性质。在整个生命周期中，软件项目都在不断地变化。因此，对软件项目中变化的管理是软件项目管理的一个重要内容，软件项目配置管理就是专门管理软件项目中出现的变化的。

本章主要介绍了软件项目配置管理。首先给出了配置管理中的一些基本概念，指出配置管理就是对部件及其装配过程的管理；然后描述了配置管理在 SEI-CMM 二级体系中的作用、配置管理的职责及配置管理的主要活动；随后论述了配置管理的 4 项主要功能：配置标识、配置控制、配置状态报告及配置审核；接着介绍了配置管理计划，并给出了一个模拟配置管理计划的大纲；最后，鉴于基于构件的软件开发在当前软件开发领域的重要地位，介绍了基于构件的配置管理，这也是配置管理在适应实际需要方面的发展。

第 7 章 软件项目资源管理

案例故事

奥威公司是一家国内著名的 IT 企业，在一次竞标中奥威获得一个大项目。客户要求项目要在 1 年内交付、上线。此时公司正在进行的项目很多，一时还没有项目经理。经过领导层的几次商议，决定抽调公司的一位资深项目经理兼管该项目，同时任命一名到岗一年的年轻项目经理出任分项目经理，另需招聘两个分项目经理分管另外两个子项目。历经 2 个月的筛选，终于物色到两名分项目经理，项目团队基本建成。

由于此时工期已经只剩 10 个月了，为了赶上项目进度，项目成员到岗后马上开始需求调研和系统分析工作。项目经理关注该项目时间少，各分项目经理独自负责子项目，有的项目任务很多，但有的却很少。分项目组间由于任务的多寡产生了抱怨；加班加点地工作成了开发人员的家常便饭；用户需求却一变再变；项目前期制定的里程碑经常达不到。客户方的不满情绪渐渐多起来；而且项目组的士气也非常低，似乎看不到项目完成的那一天。

签约 18 个月后，客户实在不能再忍受，与奥威终止了合同的执行。客户已经支付的费用还不足项目的直接成本；为了追赶进度，开发过程中也没有考虑成果的积累。更糟糕的是，项目终止后有一名分项目经理和两名系统架构师提出了离职申请，原因是压力大，工作方式不习惯。

7.1 人力资源管理

"在 IT 行业，很难在合适的时间找到合适的人才，很难合理地组织人才和留住人才，很难恰当地使用人才和培养人才"，这是许多 IT 人士普遍认同的一个观点。在信息技术高速发展的时代，人是最重要的资产。人的因素决定了软件企业的兴衰和项目的成败。大多企业负责人认为，如何有效管理人力资源是最大的挑战。

人力资源管理是软件项目管理中至关重要的组成部分。

7.1.1 人力资源管理概念

软件项目中的人力资源包括所有的项目干系人:资助者、客户、项目组成员、支持人员及供应商等。软件项目的人力资源管理就是有效地发挥每个项目干系人作用的过程。一般来说,人力资源管理是一项复杂的工作,其具体的工作内容是由若干相互关联的任务所组成。

- 分析人力资源需求、规划人力资源配备状况。
- 获取人力资源信息、招聘员工、确定劳资关系。
- 培训员工、任用员工。
- 评估员工业绩,依据人力资源评价体系奖惩员工。

对于软件项目而言,作为项目的主要领导或负责人,需要更多关注与软件项目直接相关的人力资源管理,包括人员分析策划,人员获取与上岗,人员组织与分工,团队建设和人力资源评估。图7.1说明了人力资源管理工作的主要内容,图7.2说明了人力资源规划的主要过程。

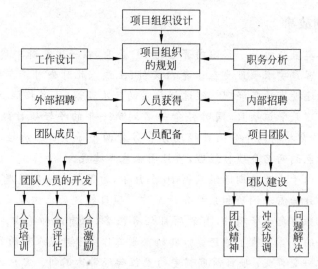

图7.1 人力资源管理工作的主要内容

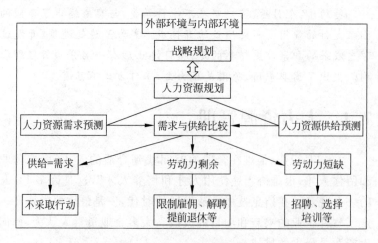

图7.2 人力资源规划的过程

7.1.2 人力资源分析与策划

在软件开发过程中,人员的获取、选择、分配和组织是涉及软件开发效率、软件开发进度、软件开发过程管理和软件产品质量的重大问题,必须引起项目负责人的高度重视。软件项目的开发实践表明,软件开发各个阶段所需要的技术人员类型、层次和数量是不同的。

在软件项目的计划与分析阶段只需要少数人,主要是系统分析员、从事软件系统论证和概要设计的软件高级工程师和项目高级管理人员;在概要设计阶段,要增加一部分高级程序员;在详细设计阶段,要增加软件工程师和程序员;在编码和测试阶段,还要增加程序员、软件测试员。

在上述过程中,软件开发管理人员和各类专门人员逐渐增加,直至测试阶段结束时,软件项目开发人员的数量达到顶峰。软件运行初期,参加软件维护的人员比较多,过早解散软件开发人员会给软件维护带来意想不到的困难。软件运行一段时间逐渐稳定后,由于多数错误得以排除,软件出错率会很快降低,这时软件开发人员可以逐步撤出。如果系统不进行适应性或完善性维护,需要留守的维护人员不需要很多。

通过上面的论述说明,在项目启动时就要做好人力资源的分析和规划,制定项目整个过程的人力资源需求表,见表 7.1。

表 7.1 人力资源需求表

序号	角 色	数量	到位时间	备 注
1	项目经理	1	××××年××月	
2	分项目经理	6	分项目1:××××年××月 分项目2:××××年××月 ……	分项目1、3的经理人选尚空缺,待招聘 ……
3	系统分析员			
4	架构设计师			
5	数据库工程师			
6	程序员			
7	文档管理员			
8	测试员			
	……			

制订软件项目人力计划,主要依据工作量和进度进行人员需求预估。一般来讲,工作量与项目总时间的比值就是理论上所需的人员数量,但选取和分配人力资源有许多值得研究的问题。许多学者从软件工程的角度提出了一些经验思路,可作为软件项目人力资源管理参照,在此进行简单介绍。

1. 人员——进度权衡定律

第 3.3.3 节给出了著名学者 Putnam 在估算软件开发工作量时得出的公式:

$$E = S^3/(C^3 \times t^4) \tag{7-1}$$

其中,E 是以人年为单位的工作量,S 是 LOC,C 是技术因子,t 是以年为单位的耗费时间,截至产品交付所用的时间。

由公式可知,软件开发项目的工作量 E 与交付时间 t 的 4 次方成反比。显然,软件开发过程中人员与时间的折中是十分重要的问题。由于软件项目的建设时间主要取决于应用软件的开发时间,因此可将这种人员与进度之间的非线性替代关系称为"人员—进度权衡定律"。

2. Brooks 定律

曾担任 IBM 公司操作系统项目经理的 F.Brooks,从大量的软件开发实践中得出了另一条结论:"向一个已经拖延的项目追加新的开发人员,可能会使这个项目完成得更晚"。鉴于这一发现的重要性,许多文献称之为 Brooks 定律。这里,Brooks 从另一个角度说明了"时间与人员不能线性互换"这一原则。

对这个定律的合理解释是,当开发人员以算术级数增长时,人员之间的通信将以几何级数增长,从而可能导致"得不偿失"的结果。一般说来,由 N 位开发人员组成的小组要完成既定的工作,相互之间的通信路径总数为 $C=N(N-1)/2$,而通信是需要时间的。所以,当新的开发人员加入项目组之后,原有的开发人员必须向新来的成员详细讲解某个活动或工作包的来龙去脉。特别是对于类似信息系统开发这样的软件项目,本身具有较强的个人风格,所以交流沟通更为耗时,且后来的软件开发人员未必能达到原来开发人员的工作质量。

3. Norden-Rayleigh 曲线

图 7.3 是软件项目不同开发阶段人力分配的 Norden-Rayleigh 经验模型。图中横坐标表示项目的整个工期,纵坐标代表需要的人力资源数量。虚线画出的矩形显示了平均使用人力所造成的问题:
- 开始阶段人力过剩,造成浪费(①所处的区域)。
- 到开发后期需要人力时,又显得人手不足(②所处的区域)。
- 以后再来补偿,已为时过晚(③所处的区域),甚至可能如 Brooks 定律所指出的,会导致越帮越忙的结果。

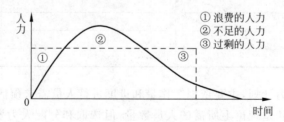

图 7.3 用作人力计划的 Norden-Rayleigh 曲线

4. 人力资源计划的平衡

软件项目的人力资源分配大致符合 Norden-Rayleigh 曲线分布,呈现出前后用人少、中间用人多的状况。然而,系统开发人员并非容易得到。因此,在制订人力资源计划时,就要在基本按照上述曲线配备人力的同时,尽量使某个阶段的人力稳定,确保整个项目期人员的波动不要太大,这一目标被称为"人力资源计划的平衡"。

下面举例说明人力资源计划平衡的方法。

假设有一个管理信息系统已经立项，由于用户初始需求不明确，因而准备采用原型法开发。项目组拟定了一个带有各子活动工期和人力需求的网络图，如图7.4所示。假设参加这个项目的所有成员都是多面手，也就是说，项目成员之间是可以相互替代的。

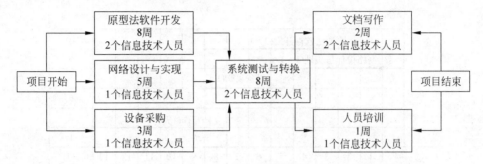

图 7.4　人力资源需求网络图

如果不采用项目管理方法，一般人们都希望各项活动尽早开始，尽快结束。现在就假设网络图中每一活动在其最早开始时间执行。据此，可以绘制相应的人力资源分配图，如图7.5所示。

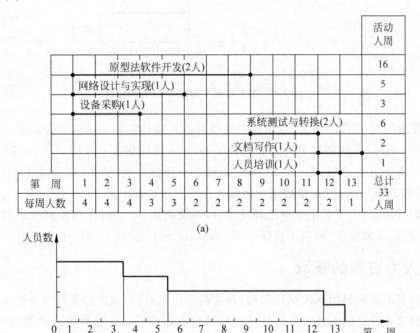

图 7.5　基于活动最早开始时间的人力资源计划

从图7.5(a)中可以看出，开发管理信息系统项目总共需要13周，总工作量为33人周；从图7.5(b)中可以看出，前3周需要4个开发人员，第4、5周需要3个开发人员，第6~12周只需要2个开发人员，第13周需要1个开发人员。显然，该项目的人力需求波动较大。为了使人力资源尽可能地平衡，我们考察该项目的网络图。从图7.4中可以看出，该项目的关键路径是原型法软件开发、系统测试与转换以及文档写作3项活动,其他活动都处于非关键路径上。因此我们可以将设备采购活动推迟到第6周开始,这样就得到调整后的人力资源分配图,如图7.6所示。

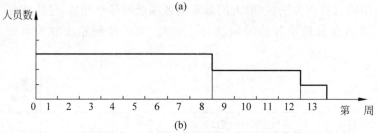

图 7.6 基于资源平衡的人力计划图

从图7.6(a)中可以看出,管理信息系统项目总共还是需要13周的时间,总工作量仍为33人周,也就是说,虽然调整了人力资源分配,但并未影响进度;从图7.6(b)中可以看出,前8周需要3个开发人员,第9~12周只需要2个开发人员,第13周需要1个开发人员。显然,相对图7.5(b)来讲,调整后该项目的人力需求波动较小。

需要解释的是,由于采用原型法开发项目,系统调研、原型制作和原型改造都在项目前期进行,需要的人力较多,相当于直接从Norden-Rayleigh曲线分布的中部开始。

7.1.3 人力资源的获取

人员的获取是项目团队的组建关键,在选拔项目成员时,成员的来源有3种渠道。首先在组织内部选拔合适的人选;其次是通过招聘吸收新成员;第三是通过熟悉的人员介绍,引进所需要的中高级技术人才。由于在项目成员中,项目经理是确保项目成功的关键,因此无论通过何种形式获取项目成员,在任命项目经理时需注意,项目经理应具备的基本素质如下。

1. 良好的交流沟通能力

交流沟通是项目经理的主要工作内容之一,没有良好的交流和沟通能力项目的开展将会遇到困难。项目实施过程中需要与客户沟通,充分理解客户需求,对客户要求做到及时反馈和响应,并及时将项目进展通报给客户。此外,项目进展中需要客户配合的工作、需要客户协调解决的问题都需要良好的沟通才能达到目的。如果项目实施需要在监理方的指导下开展,那么实施中需要及时与监理方进行协商和沟通,以便按照监理的要求开展;同时对监理方不合适的地方提出要求,以便与客户方、监理方达成共识。

2. 良好的文档能力

项目经理要能够将商业需求转化为技术规格说明书,具有起草项目建议书能力,并能对项目的各类技术资料审核把关。项目管理更多地体现在书面文档方面,所以良好的文字组织能力是对项目经理的基本要求。

3. 解决冲突的能力和项目实践经验

在项目实施过程中,项目组内部成员之间、项目经理与上下级成员之间、项目组与客户、监理方、其他供应商之间都可能发生矛盾和冲突。如何化解这些矛盾和冲突,是项目经理领导力和个人魅力的良好体现。解决得好将有助于项目的顺利开展。否则,一旦造成矛盾激化,无法调和时不仅影响相关成员的工作热情,也会对项目的开展带来不利影响。而且作为项目经理一定要具有行业的知识背景,不仅要具有软件实施经验,还要具有成功带领项目的经验。

团队的组建是临时的,人才的选择是双向的。在项目团队选择人才的同时,人才也在选择团队。因此,在获取项目团队人才时应该充分强调项目团队的使命,并展现团队文化,以吸引人才,鼓励实现项目价值和个人价值的最大化。

7.1.4 团队组织和分工

大型软件项目需要很多人的通力合作,花费较长的时间才能完成。为了提高工作效率,保证工作质量,软件项目人员的组织、分工与管理是一项十分重要和复杂的工作,它直接影响到软件项目的结果。组建软件项目团队取决于可供选择的人员、项目的需求以及组织的需求,这里介绍一下各种软件项目团队组织的策略。

1. 软件团队中的角色

一个富有工作效率的软件项目团队应当包括负责各种业务的人员,每位成员扮演一个或多个角色;一般由一个人专门负责项目管理,其他人则积极地参与系统的设计、开发和部署等工作。常见的项目角色包括:项目经理、系统分析员、系统架构师、数据库管理员、程序员、测试员、技术支持工程师、配置管理员、质量保证员、客户代表、供应商代表和项目监理等。项目团队分工职责如下。

(1) 项目经理

对内负责项目组建团队、跟踪项目进度、协调人员配合、分配项目资金使用及相关后勤工作;对外负责与客户、监理方协调,负责起草和签署商务合同、技术合同,负责制作项目建议书和项目建设实施方案,与客户方、监理方协调落实项目的验收,通报项目进度,协商解决项目遇到的问题。

(2) 分项目经理

确保所负责项目的需求、设计、实施、测试、培训和维护升级,按照软件项目建设过程进行项目建设，负责与项目相关方的协调沟通，处理与客户方、监理方的工作，与各分项目经理确定项目公共的设计规则，协商项目公共功能的分工。负责落实项目里程碑事件评审，接受客户方和监理方组织的项目初验、终验。

(3) 系统分析员

全面对该项目的质量和进度负责，是项目的主要组织者和领导者。是用户需求调查的主要负责人，与用户沟通的主要协调人。负责起草项目建议书、用户需求报告、系统可行性分析报告以及系统需求说明和设计任务书等，制订系统开发计划、系统测试方案、系统试运行计划，并参与项目架构设计和项目设计的规范标准的制订。

(4) 系统架构师

参加系统分析和用户需求调查，负责确定整体项目的架构，在整体系统架构基础上进一步确定所在项目的架构设计，制订设计规范和设计标准，并负责项目子系统的划分和功能模块的规划。负责服务器端、客户端和中间层的可行性分析，协助系统分析员完成系统分析报告。制订详细的设计任务书，制订程序设计风格，制订软件界面风格，确定可引用的软件资源，指导程序员的工作。

(5) 数据库管理员

是数据库的唯一负责人，负责项目数据库的设计和建模，负责数据库的初始化和数据库的维护，及时发布数据库变更信息。分项目所有有关数据库的修改、变更，必须经过数据库管理员完成，确保数据库设计的统一。

(6) 程序员

根据设计要求完成项目代码编写、实现软件功能。在架构设计师的直接指导下开展工作，严格按照设计任务书的要求进行设计，不许追求个人风格，强调沟通与协作，培养务实求精的工作作风。

(7) 配置管理员

档案控制员负责保管好项目每一个阶段的文档，统一的编码、登记、归档保存，建好索引，方便查阅，并保证档案的完整、安全和保密。另一个职责是做好软件的版本控制工作，每次正式发布的软件或阶段性的软件，程序员必须将源代码和相关的说明书交给档案控制员统一打包、编译及建档。重点文档要重点保护，如用户需求报告和需求变化的阶段记载，项目进展过程中的每次会议纪要，阶段性的测试报告，每次评审的问题清单，开发过程中遇到的主要技术障碍和解决途径等。参与系统测试，负责系统使用培训和应用维护。

(8) 系统测试员

直接接受项目经理的指导，严格执行项目经理制定的测试方案，深入用户实际工作环境，了解用户的实际工作情况，收集来源于实际的测试用例，做好测试记录和测试报告，开展与程序员和系统设计师的沟通，并跟踪问题的解决。测试报告要交配置管理员归档。

2. 开发人员的组织

按照对人员素质的要求和各人员在项目中担当的角色区分，项目团队的组织有3种方案：垂直方案、水平方案和混合方案。

(1) 水平团队方案

按水平方案组织的团队，成员由各方面的专家组成，每个成员充当一到两个角色。此类团队同时处理多项工作,每个成员都从事有关的内容。

一种较为极端的水平团队的组织形式是基于"主程序员"开发方式的。这种组织方式往往是在开发小组有且仅有一个技术核心,且其技术水平和管理水平较他人明显高出一大截的情况下实施的。这个技术核心就是主程序员。在这种组织方式里,主程序员负责规划、协调和审查小组的全部技术活动。其他人员,包括程序员、后备工程师等,都是主程序员的助手。其中,程序员负责软件的分析和开发。后备工程师的作用相当于副主程序员,在必要时能代替主程序员领导小组的工作并保持工作的连续性。同时,还可以根据任务需要配备有关专业人员,如数据库管理员,以提高工作效率。这一方式的成败主要取决于主程序员的技术和管理水平。

(2) 垂直团队方案

按垂直方案组织的团队,其特点是成员由多面手组成,每个成员都充当多重角色,其组织形式是建立软件民主开发小组。这种组织结构是无核心的,每个人都充当开发的多面手。在开发过程中,用例分配给了个人或小组,然后由他们从头至尾地实现用例。这一组织形式强调组内成员人人平等,组内问题均由集体讨论决定。

(3) 混合型团队方案

以混合方案组织的团队既包括多面手,又包括专家。多面手继续操作一个模块的开发过程。

一般进行团队组织方案选择时,着重考虑可供选择的人员的素质。如果大多数人员是多面手,则往往需要采用垂直方案。同样,如果大多数人员是专家,则采用水平方案。如果引入了一些新人,则仍然需要优先考虑项目和组织。3种团队的组织方式各有其优缺点和成功的关键因素,见表7.2。

表7.2　3种团队的组织方式

形式	水平团队	垂直团队	混合型团队
优点	• 能高质量地完成项目各个方面(需求、设计等)的工作; • 一些外部小组,如用户或操作人员,只需要与了解他们确切要求的一小部分专家进行交互	• 有利于集思广益,组内成员互相取长补短,开发人员能够掌握更广泛的技能; • 以单个模块为基础实现平滑的端到端开发	• 拥有前两种方案的优点; • 外部小组只需要与一小部分专家进行交互; • 专家们可集中精力从事他们所擅长的工作; • 各个模块的实现都保持一致
缺点	• 专家们通常无法意识到其他专业的重要性,导致项目的各方面之间缺乏联系; • "后端"人员所需的信息可能无法由"前端"人员来收集; • 由于专家们的优先权、看法和需求互不相同,所以项目管理更为困难	• 多面手通常是一些要价很高并且很难找到的顾问; • 多面手通常不具备快速解决具体问题所需的特定技术专长; • 主题专家可能不得不和若干开发人员小组一起工作,从而增加了他们的负担; • 所有多面手水平各不相同	• 拥有前两种方案的缺点; • 多面手仍然很难找到; • 专家们仍然不能认识到其他专家的工作并且无法很好地协作,尽管这应该由多面手来调节; • 项目管理仍然很困难

续表

形式	水平团队	垂直团队	混合型团队
成功的关键因素	• 团队成员之间需要有良好的沟通,这样他们才能彼此了解各自的职责; • 需要制订专家们必须遵循的工作流程和质量标准,从而提高移交给其他专家的效率	• 每个成员都按照一套共同的标准与准则工作; • 开发人员之间需要进行良好的沟通,以避免公共功能由不同的组来实现; • 公共和达成共识的体系结构需要尽早在项目中确立	• 项目团队成员需要良好的沟通; • 需要确定公共体系结构; • 必须适当地定义公共流程、标准和准则

7.1.5 团队建设

团队组建完成并不等于团队建设的完成,团队建设是伴随项目整个生命周期的活动。团队建设活动包括为提高团队运作水平而进行的管理和采用的措施,如在项目制订计划过程中建立一套用于发现和处理冲突的基本准则;明确项目团队的方向、目标和任务;邀请团队成员积极参与解决问题和作出决策;积极放权,使成员进行自我管理和自我激励;进行一些特殊培训来帮助个人发展和团队开发;采用体能挑战等拓展项目活动或者心理偏好指示活动等游戏。

"团结就是力量",一个团结的团队不仅目标一致,而且有利于避免矛盾和冲突,鼓舞团队士气,容易形成步调一致的力量,提高团队效率。团队建设的目的就是要保证项目组成员像一个集体一样工作,实现项目目标。尽管有的项目组中有不少非常优秀的成员,但是项目要获得成功还必须依靠整个团队的努力。人力资源管理中的团队开发建设目标就是帮助人们更有效地一起工作来提高项目绩效。因此项目经理必须突破他们理智/思考型的性格偏好,积极地听取他人的意见,解决他们关心的问题,创造个人和项目组共同发展和进步的良好环境。

优秀的项目经理必须是一个出色的项目团队建设者,为保证团队有效,提出以下几点建议:

- 对团队成员要有耐心、友好,认为他们都是最好的。千万不要把他们都认为是懒惰和粗心大意的。
- 解决问题而不是责备人。把注意力放在行为上,从而帮助他们解决问题。
- 召开经常性的、有效的会议。注重项目目标的实现及产生有效的结果。
- 把每个工作组的人数限制在3~7人。
- 计划一些社会性的活动来帮助项目组成员和其他的项目干系人相互了解。使社会活动变得有趣而不是强制性的。
- 强调团队的统一性。创建团队成员喜欢的传统。
- 教育培养项目组组员,鼓励他们互相帮助。提供培训机会,以帮助个人和项目组成一个更有效的整体。
- 认可个人和团队的绩效。

此外,多数项目成功只意味着项目如何按时完成、是否在预算内以及是否满足用户的需要。但是,在如今得到好的软件专业人员较为困难的情况下,必须要将项目成功的定义扩展为提高项目团队的士气。一个软件项目开发完成得好,项目组内的优秀的开发人员能够感到满意,并继续参加项目的工作,是一个项目管理成功的极为重要的条件。如果一个软件项目虽然成功完成,但却因待遇不公而使组织失去了重要的开发人员,这就是所谓的"杀鸡取卵"。衡量项目成功与否的一个重要因素是项目结束后团队的士气。在项目结束之际,项目团队的各个成员是否觉得他们从自己的经历中学到了一些知识、是否喜欢为此次项目工作,以及是否希望参与组织的下一个项目都是非常重要的指标。

1. 建立沟通机制

要做好大型项目的人力资源管理,必须建立良好的沟通渠道和机制,通过沟通才能了解项目干系人的想法,消除理解偏差达成共识。在项目实施过程中,与客户、监理和供应商等能够及时有效地沟通,可以起到事半功倍的效果。通常可以采用的沟通方式有以下几种。

(1) 会议沟通

会议是有效沟通方式之一,项目过程中项目组可以每天早上准时召开项目例会,总结前一天的工作情况,调整安排当天的工作任务;项目经理等主要负责人可以每周、月定期和客户代表等召开项目进展报告会,总结项目进展状况和成果,分析项目存在问题及原因,寻求解决方法等。

(2) 文件沟通

有的软件项目涉及人员众多,地域也比较分散,所以文件沟通是另一种方式,也是比较正式的沟通方式。在项目组内部,规范标准、数据库定义和修改等均通过电子文档进行通报;在与客户、监理方沟通时,每次交流会收到对方的书面文件,都需要形成文档反馈给对方确认或响应对方请求,正式的文件(如合同、计划、需求变更请求和验收资料)均以书面形式提交。

(3) 电子邮件

电子邮件是沟通的良好方式,具有灵活、高效及方便的特点,尤其是项目组内部、项目组之间以及与客户之间的非正式记录沟通,非常适合采用邮件方式。

(4) 电话

电话是效率非常高的沟通方式,主要用在通知、确认等非正规场合,是辅助沟通手段。

2. 培训与学习型组织氛围

在当今的经济和信息技术环境下,没有学习就没有变化,没有变化就没有发展,没有发展就没有生命力,也就意味着消失或倒闭。所以,营造一个不断成长、良好的学习组织和环境无论对企业或个人都有着重要作用。

在项目实施过程中,逐步建立起学习型项目团队是项目成功的另一个标志。因为在项目实施过程中,客户的需求在逐步明确和提高,功能要求更加理性并趋于合理,不仅要求系统的灵活性、适应性和可扩充性,项目成员自身提高的愿望也是学习型组织的动力之一。在项目从开始开发,到运行维护,经过不断修改,对系统应用范围又有了更高的认识,可以应用于更广泛的客户领域。

在项目启动时,也许团队技术力量非常薄弱,但培养团队成员的创新能力和敢于承接重担的精神是确保项目顺利实施的必要条件。经过项目的实践,营造学习型组织不仅是项目的需要,也是公司长期发展战略的需要。不仅带动项目成员的提高,实现知识的有效传播和共享,而且推动和促进IT行业整体实力的提高。

在IT企业里,个人的工作内容可以随着能力的提高而重新分配。随着工作经验的增加,个人能力的提高和企业有计划的培养,人的综合素质也在不断改进。因而可能胜任更具挑战性的工作。图7.7表示了企业的人才类型和素质结构关系。通过3条不同的路线,都可以成为企业需要的高级人才。

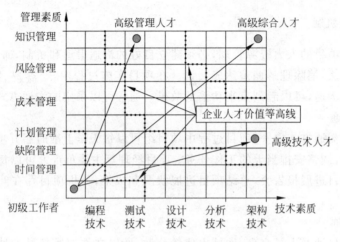

图 7.7 通过学习,成为高级人才

学习型组织的建立,需要"全员参与学习"的氛围。要做到全员参与,就要使每位员工都认识到学习提高的重要意义,在工作中自觉地掌握新的技能,贡献自己的知识。让员工就"学习型组织"达成共识,认同项目价值,把"学习型组织"创建的工作看成是每个项目成员的自觉行动。另外,要把重视和培育团队精神作为出发点和落脚点,把集体利益、员工利益结合起来,在项目成功的同时兼顾项目成员的发展,构建起每位成员发挥主动性、实现人生价值的平台,从而挖掘整个项目团队的潜力和智慧,提升项目团队竞争优势。

7.1.6 人力资源评估

促进团队开发的一个重要手段就是使用奖励和认可制度。如果项目团队得到奖励,就会鼓励和督促员工在团队中更有效率地工作。绩效管理是项目人力资源管理的重要内容之一,绩效管理是对项目以及项目成员评价的手段,也是项目成员晋升的关键依据。绩效考核是评价项目成员绩效的手段,是项目成员晋升的重要参考。通过对项目团队成员工作业绩的评价,来反映成员的实际能力以及对所在工作职位的适应程度。无论采用什么激励方式,好的绩效管理才能发挥激励作用。尤其在工资、奖金透明发放的情况下,良好的绩效管理可以一目了然地反映项目成员的业绩,一切以数据说话,更能体现公平。

绩效考核分项目绩效和个人绩效两部分。项目绩效从项目成本、利润、计划完成情况、项目质量、规范程度、文档水平、技术、产品化和共享度等方面评价项目效果。个人绩效采用员工自评与项目经理考核相结合的方式,从敬业精神、工作责任感、个人技能、个人贡献、团队合作、工作效率及完成情况等方面进行考察,对项目成员进行打分。在绩效考核中需要处理好考核与被考核的关系,如果处理得不好,很容易产生矛盾。由于考核的结果往往直接与

项目奖金挂钩,因此绩效考核时需注意:
- 考核结果的完全公平是很难做到的,也不现实。
- 考核是以激励为目的的,所以考核应以鼓励为原则,但原则问题必须坚持。
- 绩效考核制度一旦发布,必须坚持执行,并在执行过程中逐步完善。
- 考核指标尽量量化,以减少人为因素和模糊指标的干扰。
- 正确对待失败的项目,不管成功还是失败,认真总结其经验教训才有利于成员成长和成熟。

激励是运用有关行为科学的理论和方法,对成员的需要予以满足或限制,从而激发成员的行为动机,激发成员充分发挥自己的潜能,为实现项目目标服务。无论项目大小,也无论项目直接利润如何,项目成员做了工作就要有必要的激励。在各种激励措施中,物质奖励仍然是激励的重要措施。

激励有正激励和负激励,正激励主要以物质奖励、精神鼓励等方式体现;而负激励有提醒、交谈、批评及处罚等方式等。当出现重大责任事故时,必须及时处理以体现教育效果,否则不仅起不到总结教训的目的,还可能导致更不利的后果和隐患。

7.1.7 案例:诺基亚如何建设优秀团队

诺基亚是移动通信市场的领导厂商,在市场竞争日益激烈的情况下,诺基亚的移动电话保持高市场占有率,从1998年起就位居全球手机销售龙头。诺基亚在中国的投资超过17亿美元,建立了8个合资企业、20多家办事处和2个研发中心,拥有员工超过5500人。

面对这样一家拥有如此庞大员工和机构的企业,诺基亚如何建设一支优秀的团队,来保持全球手机销售领先者的地位呢?

1. 提倡平等,开放沟通

诺基亚的团队建设的特色首先体现在鼓励平等的敞开沟通政策。强调开放沟通、互相尊重,使团队内每一位成员感觉到自己在公司的重要性。

公司的高层率先身体力行,倡导企业的平等文化。诺基亚中国公司的中层管理人员对公司强调平等的企业文化也深有体会。据诺基亚的政府关系经理介绍,诺基亚在组织机构上不是等级森严,而是很平等的;有问题可以越级沟通,而且有许多具体制度来保证下情上达,下面的意见不会被过滤。在这方面,诺基亚的具体做法有3种:

(1) 每年请第三方公司作一次员工意见调查,听取员工对自己的工作和公司发展的看法,并和上年的情况进行比较,看在哪些方面需要进行改进。

(2) 公司每年有两次非常正式的讨论,经理和员工之间讨论以前的表现,今后的目标,除了评估员工的表现,也是沟通彼此的途径。

(3) 公司在全球设有一个网站,员工可以匿名表达任何意见,员工甚至可以直接发给大老板,下属的建议只要合理就会被接受。

除了建立正式的开放沟通渠道之外,公司的管理层也会利用适当的时机与员工沟通。如诺基亚(中国)投资有限公司总裁对员工所反映问题的处理方法是:如果牵涉到某个经理人,除非是另有考虑,否则马上把人找来,双方当面讲清楚。这样做让下属看到,上级领导的门永远是敞开着的,既保证沟通的透明度,又保证沟通的有序管理。

诺基亚还有一个值得推广的方法,就是利用员工俱乐部组织和管理员工的活动。俱乐部在管理上体现了诺基亚的企业文化:尊重个人,让员工自己管理自己。

2. 鼓励创新

当前信息技术快速发展,产品的生命周期大大缩短,假如还用老的领导思维应对新的市场变化,难免会失败。现代领导力的核心是如何鼓励团队积极创新。

诺基亚是这样做的。

(1) 关心下属的成长

公司关心的是市场竞争力和业绩,而员工关心的是个人事业的发展。经理充当了协调员的角色,将员工个人的发展和公司的发展有机结合起来。如果只是对下属硬性派指标,是不会有好效果的。

(2) 用人不疑,疑人不用

一旦授权下属负责某一个项目,确定了指导思想后,就放手让他们去做。不要求下属事无巨细地汇报,而让他们自己思考判断,发现了问题由大家共同来解决,如果做出成绩是大家的。

(3) 鼓励尝试创新

给下属成长空间,让他们敢于去尝试,并允许犯错误。否则,下属畏首畏尾,什么都请示领导,自己的主动性、创造性就没了。

虽然诺基亚是一家大公司,很注重团队精神,但也非常强调企业家的奋斗精神,鼓励员工都能有企业家的思想和创新想法,不要墨守成规。

3. 借企业文化塑造团队精神

诺基亚公司的企业文化包括 4 个要点:"客户第一,尊重个人,成就感,不断学习"。公司的团队建设完全以此为中心,不空喊口号,不流于形式。

诺基亚在招聘之初,除了专业技能的考核外,也非常注重个人在团队中的表现,将团队精神作为考核指标中的主要项目之一。通常会用一整天时间来测试一个人在团队活动中的参与程度与领导能力。并考虑候选人是否能在有序的团队中,发挥协作精神、应有的潜能和资源配置。这样就可最大限度地保证员工从上班的第一天起就能接近公司要求团队合作的精神文化。

4. 没有完美的个人,只有完美的团队

诺基亚在中国的 5000 多名员工的平均年龄只有 29 岁。诺基亚希望用年轻人的朝气跟上时代的变化,增强企业竞争力。为体现这个目标,在人力资源管理上,公司采取"投资于人"的发展战略,在公司获得成功的同时,个人也得到成长的机会。

在诺基亚,一个经理就是一个教练,他要知道怎样培训员工来帮助团队做得更好,不是"叫"他们做事情,而是"教"他们做事情。诺基亚同时鼓励一些内部的调动,发掘每一个人的潜能,体现诺基亚的价值观。

当经理人在教他的工作伙伴做事情、建立团队时,还有权设计合理的团队结构,让每个人的能力得到发挥。没有完美的个人,只有完美的团队,唯有建立健全的团队,企业才能立于不败之地。

7.2 软件资源管理

7.2.1 软件资源基本概念

在软件开发的过程中,可以尽可能重复使用以前开发活动中曾经积累或使用过的软件资源,这些软件资源被称为可复用软件资源。可复用软件资源不仅包括源代码,还包括软件开发方法、需求规格说明、设计结构、开发工具、支撑环境、测试分析数据和维护信息等。

7.2.2 软件资源的复用方式

实践已经证明,软件复用技术不仅可以提高软件生产率和软件质量,而且也是降低开发成本、缩短开发周期的重要途径。目前,该技术已成为软件工程学科的一个研究热点。软件资源的主要复用方式有源代码复用、目标代码复用、设计结果复用、分析结果复用、类模块复用和构件复用。下面分别介绍,其中构件的复用在第 6.5 节中已详细介绍过,不再赘述。

1. 源代码的复用

属最低级别复用,无论软件复用技术发展到何种程度,这种复用方式将一直存在。不过它的缺点也很明显,一是程序员需要花费大量的精力读懂源代码;二是程序员经常会在复用过程中因不适当地更改源代码而导致错误的结果。

2. 目标代码复用

这是目前用得最多的一种复用方式。几乎所有的计算机高级语言都支持这种方式,它通常以函数库的方式来体现。这些函数库均能提供清晰的接口,程序员只需弄清函数库的接口及其功能即可使用,从而减少软件开发人员研读源代码的时间,有利于提高软件开发效率。此外,这些函数库一般都经过编译,程序员对其不需进行任何修改,从而减少了因修改源代码带来的错误,可极大地提高应用系统的可靠性。

但这种形式的复用可能会受限于所用编程语言,很难做到与开发平台完全无关。同时由于程序员无法修改函数库源代码,软件复用的灵活性将降低。目标代码级复用最根本的缺点是无法与数据结合在一起,软件开发人员无法在软件工程实践活动中大规模引用。

3. 设计结果复用

这种形式是对某个应用系统的设计模型(即求解域模型)的复用。它有助于把一个应用系统移植到不同的软硬件平台上。例如,当某一应用程序的用户需求与另一系统相同或相近时,可以采用此种软件复用方式,以加快工程进度,节约建设成本。

4. 分析结果复用

这是更高级别的软件复用。当用户需求未改变,而系统体系结构发生根本改变时,可以复用系统的分析模型。

5. 类模块复用

类模块复用是随着面向对象技术的发展而产生的一种新的软件复用技术形式。面向对象的程序设计语言一般都提供类库。类库与库函数一样，都是经过特定开发语言编译后的二进制代码，然而它与库函数有着本质的区别，主要表现在：

① 独立性强，类模块都是经过反复测试、具有完整功能的封装体，其内部实现过程对外界是不可见的。

② 高度可塑性，一个可复用软件不可能满足任何一个应用系统的所有设计需求，这就要求可复用的软件必须具备良好的可塑性，能够根据系统需求进行适应性修改。类可以继承、封装和派生，这使得类模块能够根据特定需求进行扩充和修改，使得软件的复用性及可维护性得到大大增强，大规模的软件复用也将得以实现。

③ 接口清晰、简明，类具有封装性，软件开发人员无须了解类的实现细节，只须清楚类提供的对外接口，就可复用类提供的功能或方法。

根据类的特性，类模块复用又可进一步分为以下 3 种方式：

① 实例复用，这是类最基本的复用方式。软件开发人员只需使用适当的构造函数，就可创建类的实例，然后向所创建的实例发送消息，启动类提供的相应的服务，完成需要的工作。

② 继承复用，类的继承性允许子类在继承父类的属性和方法的基础上，可以添入新的属性和方法。这样，软件开发人员不仅可以对类进行安全的扩充、修改以满足系统需求，还可降低每个类模块的接口复杂度，呈现出一个清晰的继承过程，也使子类的可理解性得到提高。

③ 多态复用，在应用系统运行时，由类的多态性机制启动正确的方法，去响应相应的消息，使得对象的对外接口更加简单，降低了消息连接的复杂程度，使软件复用更加简单可靠。

7.2.3 软件复用的粒度

按照复用粒度大小和抽象层次的不同，软件复用可分为小粒度、中粒度和大粒度复用 3 类。

1. 小粒度复用

小粒度复用即小规模复用，如程序源代码复用和目标代码复用，主要表现为函数、子程序、面向对象中的类、方法的复用。

2. 中粒度复用

中粒度复用即中等规模复用，如软件设计结果的复用。进一步按复用粒度的大小，又分为两种：微体系结构的复用和宏体系结构的复用。前者是注重于如何对系统的局部行为进行要领建模和解释；而后者则以宏体系结构为基础，注重系统的全局结构的建立。在面向对象的程序设计中，微体系结构由描述相关的类及其相互关系的设计和代码两部分组成；而宏体系结构的复用对象则是组成系统的各微体系结构及其相互关系。设计结果复用和分析结果复用均属于中粒度复用。

3. 大粒度复用

大粒度复用即大规模复用,如应用于系统的复用。复用对象是独立开发的应用程序或子系统。在复用过程中,它们不能进行任何修改和扩充。通过一些标准协议,可使这些大粒度构件复用程序协同工作,共同实现某些功能。类模块复用和构件技术属于大粒度复用。

到目前为止,人们对小粒度复用进行了长期的研究和实践,发现这类复用方式有许多局限性。所以,人们转向中、大粒度复用的研究,并且发现:通过中粒度复用,软件开发人员在开发一个新的软件系统时,可以利用已有的需求分析、设计的思想和结果;通过大粒度复用,可以利用已有的系统来组建新的应用系统。设计新的应用系统时,只需考虑各子系统相互作用的框架结构,而不必关心设计和实现的细节,从而缩短了开发时期,降低了开发成本。

7.2.4 可复用软件资源的管理

为提高软件生产率和软件质量,需要把有重用价值的软件模块或构件收集起来,再把相关的资料组织在一起,标注说明,建立索引,从而建立可复用的软件构件库。

一旦建立了可复用的软件构件库,那么当项目开发需要时,就可以根据具体情况,对软件构件进行加工,以构成所需的软件系统。目前流行的软件复用思想正是如此。其具体方法是通过利用现有的构件技术建立可复用的软件构件库。因而,软件构件库的建立、使用和维护,是实现可复用软件资源管理的主要内容。

第 6.5 节中已详细介绍了构件的概念和基于构件实现的软件配置管理的思想。在下面从可复用软件资源管理的角度来讨论构件库的管理技术。

1. 构件资源的分类

构件资源的分类是以构件分类体系为依据对构件进行的一种预处理。这一过程通过对构件添加其在分类过程中所产生的分类信息,为构件的检索提供支持。在分类体系中,可按构件的标准、使用范围、系统类型、应用领域、应用场合、功能和粒度等属性对构件进行划分。

① 根据构件是否满足标准,可将构件分为两种:一种是可以跨平台、跨语言使用的标准构件,如 ActiveX 构件和 COBRA 构件;另一种则是某个特定环境中使用的专用构件,如只能在 Delphi、Visual Basic 和 PowerBuilder 等环境下才能使用的窗口、菜单、用户对象和模板等。

② 根据使用的范围,可将构件分为通用构件和领域专用构件。

③ 根据构件适用的操作系统类型,可以划分为基于 Windows、UNIX/Linux 等的构件。

④ 根据构件适用的计算机应用领域,可以分为数据库、网络、多媒体和人工智能等领域的构件。

⑤ 根据构件服务的业务领域,可以分为工商、银行和电信等各个业务领域的构件。

⑥ 根据构件的功能分类,如数据库领域中的数据查询构件、报表构件等。

⑦ 根据构件粒度的大小,可分为大、中、小型构件。大粒度构件可实现高级功能,而小粒度构件则功能相对简单些。

一个构件的典型的分类可以用以下特征集来描述:

① 对象,即构件实现或操作的软件工程抽象,如 Stack、Windows 等。

② 功能,构件提供的过程或动作,如 Sort、Assign 或 Delete。

③ 算法,与某个功能或对象相关联的特殊方法名,如冒泡排序法就是一种算法。

④ 构件类型,构件所处的特定的软件开发阶段,如编码阶段、设计阶段及需求分析阶段等。

⑤ 语言,构造构件所用的方法或语言,如 Java、C++或 Ada 等。

⑥ 环境,构件专用的软硬件或协议,如 UNIX、SQL 等。

通过对构件的各个特征分类即可完成构件分类,建立构件库,用户可据此来检索构件。表 7.3 为一个遍历构件的分类模式。

表 7.3 遍历构件的分类模式

构件标识	A0000001
功能	遍历
算法	二进制查找
构件类型	Code
语言	C++

上述分类模式还可以进一步进行修改和扩充。表 7.4 给出了一种更详细的分类模式。

表 7.4 构件的详细分类模式

构 件 标 识	构 件 作 用 对 象	构 件 作 者
构件名称	构件作用领域	构件完成日期
构件功能描述关键字	构件应用场所	构件最近一次修改日期
所用数据结构	特别需求信息	辅助软件
数学模型	错误处理及异常信息	可用的文档描述及测试用例描述

2. 构件库的检索

系统开发人员根据自己的需要从构件库中查找与之匹配的构件的过程,称之为可复用构件的检索。

其一般的检索步骤如下:

(1) 系统分析员对需求(也就是问题空间)进行综合分析,得到理解后的需求,压缩问题空间。

(2) 以形式化的语言表达需求,并构造查询条件。查询条件可以是简单的字符串搜索命令或组合的 SQL 查询语句,也可是复杂的构件检索语言规约。

(3) 针对可复用的构件库,按照某种分类方法将构件按照标准划分为构件类,对构件类的编码进行描述并建立索引。

(4) 通过构件匹配算法将需求表达与构件库中的编码描述进行比较,从而查找出精确匹配或模糊匹配的构件。

匹配结果是指检索后得到的符合要求的构件集合。其内容可能是与用户需求精确匹配的构件,也可能存在与给定用户需求不完全匹配的构件,此时,需要对这些构件进行适当改造,以满足用户的需求。图 7.8 所示构件检索模型给出了一个构件检索模型。

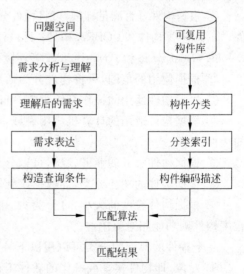

图 7.8 构件检索模型

7.2.5 CASE 工具及其管理

1. CASE 工具的概念

CASE(Computer-Aided Software Engineering,CASE)是计算机辅助软件工程。CASE 作为软件开发自动化支持的代名词,目前已被软件工程界普遍接受。

CASE 吸收了计算机辅助设计(Computer-Aided Design,CAD)、操作系统、数据库和计算机网络等许多研究领域的原理和技术,把软件开发技术、方法和工具集成为一个统一的整体。因此,CASE 工具是除操作系统之外的所有软件工具的总称。我们可以简单地把 CASE 理解为:CASE＝软件工程＋自动化工具。

目前市场上已经出现了较多的 CASE 工具,按其应用类型可分为以下 3 类:

① 辅助设计工具,具体包括分析和设计工具、原型工具、接口设计和开发工具、编程工具和测试工具等。

② 辅助计算工具,具体包括风险分析工具、测试分析工具和项目计划工具等。

③ 辅助管理工具,具体包括项目管理工具、需求跟踪工具、文档管理工具、质量管理工具和配置管理工具等。

按照 CASE 对于软件工具之间的集成方式,也有以下 3 种:

① 单独运行方式,这一类 CASE 的内部直接集成了多个工具,这些工具相互独立运行,因而要求设计人员运行每个模块时需要重新输入设计信息。

② 工具与工具之间直接连通,这一类 CASE 在内部建立了工具与工具之间的专用接口。优点是形成了一个统一的整体,缺点是这种方式可能会导致接口急剧增加。

③ 通过集成式项目支持环境(Integrated Project Support Environment,IPSE)连通。这样,CASE 内部各工具只需和 IPSE 建立接口,就可以完成相互之间的集成,因此是较为理想的方式。

2. CASE 工具产品

目前常见的 CASE 工具产品见表 7.5。

表 7.5 CASE 工具产品

工 具 类	产 品 列 表
报表工具	QRHTMLExport filter,Report builder enterprise
界面工具	Layout controlls,Venus,Toolbar
数据库工具	PowerBuilder,EmsMySQLmanager,Erwin,Quickdesk,Develop
分析和设计工具	Powerdesigner Playcase,Rational Rose,Object maker SQA
配置管理工具	Rational clearcase
测试工具	SQA,Safepro/c,TestBytes
安装工具	Install Shield,Install express

3. CASE 工具的选用

在选择 CASE 工具时应考虑以下两个方面：其一是 CASE 工具自身的特点；其二是应用 CASE 工具的软件开发机构的特点。选择与评价 CASE 应考虑以下性能指标：

① 可靠性，能长时间完成规定性能，而极少出现死机现象。
② 可用性，易安装，易学，用户界面通用性等。
③ 高效能，优化内存需求、存储器需求等。
④ 可维护性，如厂商对问题的反应速度、产品维护能力等。
⑤ 可移植性，能在不同的操作系统、平台上运行。

以上述性能指标为原则，具体在选用 CASE 工具时，还要落实以下原则：

① 掌握 CASE 工具间的接口和信息关系，保证高端 CASE 工具的信息向低端 CASE 工具能流畅传递，进而使工具之间、人员之间以及软件工程各过程之间均能便利地通信。
② 注重商业化程度高的 CASE 工具。
③ 较少地涉及软件实现工具，例如编程工具、界面工具和报表工具等。

同时，在选择和评价 CASE 时，还应结合项目组的自身因素来考虑，具体内容包括以下几个方面。

(1) 软件开发组织的背景

如果软件开发组织在长期开发过程中，积累了丰富的软件开发技术和管理经验，则可直接构造集成化软件开发环境；如果该组织从事开发时间较短，可从容易操作的 CASE 工具入手。

(2) 软件系统规模

对于大中型软件系统来说，其软件覆盖面广，业务需求复杂且需求易变，因而 CASE 工具的集成技术变得非常重要。而开发中小型软件系统，由于软件功能简单，参与人员不多，需求变更较少且易控制，那么需要的 CASE 工具的种类、数目就少，可离散也可集成地使用 CASE 工具。

(3) 软件系统类型

若开发嵌入式软件系统，就必须选用与该系统相关的 CASE 集成开发环境，而不能选用支持通用软件系统开发的 CASE 工具。

(4) 人员素质

必须考虑软件开发机构现有人员的素质，包括理论知识水平、接受新事物和学习的能力、团队精神及可管理性等。

只有当软件开发的方法、过程模型、软件开发的管理以及文档编写的标准切实符合软件开发组织的实际情况时，CASE 工具的选择与集成开发环境的构建才能行之有效，才能起到很好的支撑和帮助作用。因此，一个软件开发组织首先应对承接项目的特点、成员的技术水平和管理水平进行分析，确定软件开发的方法、模型和规范，并在此基础上，分析市场上 CASE 工具的功能、特点等因素，才能选出能够更加有效地支持该组织的 CASE 工具。

经过对表 7.5 的分析与筛选，给出两种典型的 CASE 工具集成方案以供参考，见表 7.6。

表 7.6 CASE 工具集成方案

系统类型	活动	结构化方法(方案 1)	面向对象方法(方案 2)
大中型软件系统	系统建模分析设计	系统建模：Objectmaker,PlayCASE 数据库建模：ERWin(可选)	系统分析设计：Objectmaker 数据库建模：ERWin(可选)
	测试	SQA(黑盒测试),SafePro/C,TestBytes(数据库测试),C 程序测试分析	SQA,TestBytes,SafePro/C++
	文档	BPWin、ERWin 等工具提供报表功能	用 ParadigmPlus 中的 Publisher 可生成项目文档
	项目管理	CCC/Harvest	CCC/Harvest
小型软件系统	系统建模分析设计	系统建模：Objectmaker,PlayCASE 数据库建模：ERWin	系统建模：ParadigmPlus 数据库建模：ERWin(可选)
	测试	SQA(黑盒测试),SafePro/C,TestBytes(数据库测试)	根据软件特点可选用：SQA,SafePro/C,TestBytes
	文档	BPWin、ERWin 等工具提供报表功能，也可将有关模型输入到程序中，但不支持特定的软件开发规范的自动生成	用 ParadigmPlus 中的 Publisher 可生成项目文档

7.3 硬件资源管理

7.3.1 硬件资源管理概念

硬件资源的管理是指硬件设备运行全过程的管理，包括对设备经济状态和技术状态的全面管理。软件项目中的硬件资源包括：

- 宿主机，软件开发阶段所使用的计算机和外围设备。
- 目标机，运行软件产品的计算机和外围设备。
- 其他硬件设备，专用软件开发时所需要的特殊硬件资源。

7.3.2 硬件设备的经济管理

硬件设备的经济管理首先是固定资产的管理。软件开发组织要根据设备的特点要求，制订本组织设备固定资产管理的政策和方法，以使设备生命周期费用最经济、综合效能最高。作为固定资产的硬件设备，一般具有周转速度较慢、价值补偿和实物更新过程在时间上分离、受无形损耗较大等特点，因此硬件资源管理包括硬件设备的计价与硬件设备的折旧两项具体内容。

1. 硬件设备的计价

硬件设备固定资产价值有 3 种计量标准：原始价值、重置完全价值和折余价值。

2. 硬件设备的折旧

折旧随设备固定资产的损耗而逐渐转移到产品成本中。设备固定资产折旧要考虑有形损耗和无形损耗两个因素。计算固定资产的折旧依据的主要是设备的年限、原价和净残值。企业设备固定资产折旧的计算方法有：直线法、工作量法、双倍余额递减法和年限总和法。其中，双倍余额递减法和年限总和法是加速折旧的方法，目的是为了减少企业设备固定资产因竞争和新技术的出现而遭受无形损耗的风险，使企业在进行技术革新、开发新产品和开拓市场方面掌握主动权。

7.3.3 硬件设备的技术管理

硬件设备的技术管理包括硬件设备的选择、维护及更新。

1. 设备的选择

设备的选择应满足企业生产经营的需要，综合考虑如下要求：
① 高效性，设备能满足企业提高生产效率的要求。
② 可靠性，设备在规定条件下和规定时间内达到规定功能的能力。
③ 维修性，设备要便于维修，能够节省维修费用。具体要求是设备的零部件互换性好，符合通用化、系列化、标准化的要求，结构简单、安排合理，容易拆卸和检查。
④ 成套性，设备的配套性要好，能够尽快形成生产能力。
⑤ 适应性，设备对加工对象改变的适应能力要强。
⑥ 安全性，设备要确保生产使用过程中的安全。

2. 设备的维护与修理

（1）设备的维护

设备在使用过程中的有形磨损可以分为 3 个阶段：初期磨损阶段、正常磨损阶段和剧烈磨损阶段。为了使设备处于良好状态，保证其正常运转，企业必须对设备进行维护保养和检查修理。设备的维护保养是指对设备进行日常的清扫、检查、润滑、坚固以及调整等工作。其目的是防止设备劣化、维持设备性能。按照工作量的大小，可以把设备维护保养分为日常保养、一级保养、二级保养和三级保养。日常保养是维护保养工作的基础，是不占设备工时的经常性例行维护保养；一、二、三级保养都要占一定的设备工时。

（2）设备的修理

设备的修理是对由于正常或不正常原因造成的设备故障破坏进行修复的工作。设备修理一般有两种方式：事后修理和预防性计划维修。事后修理是在设备由于磨损不能继续使用时进行的修理。预防性计划维修是在设备已有磨损，但尚未发生故障时根据设备日常检查、定期检查得到的设备技术状态信息，预先按计划进行的修理。这样可以避免因设备故障影响生产而造成重大损失。

设备的修理应强化计划预修制、保养修理制和全员生产维修制。计划预修制是为防止设备意外损坏，根据设备的磨损规律，有计划地对设备进行日常维护保养、检查、校正和修理，以保证设备经常处于良好运行状态的一种设备管理制度。其主要内容有：加强日常设备维护保养；按计划定期检查；计划进行小修、中修和大修。

保养修理制是在总结计划预修制基础上建立的一种设备维修制，它由一定类别的保养和修理组成：日常保养、一级保养、二级保养和计划大修。它有利于操作工人和维修工人共同协作,开展设备的各项保养和维修工作。

全员生产维修以设备综合效率为最高目标,建立以设备整个寿命周期为对象的生产维修总系统,建立由设备的计划、使用、保养、维修等所有部门及从企业最高领导到第一线操作工人都参加的设备管理网络,强化生产维修保养的思想,开展生产维修目标管理活动。

3. 设备的改造与更新

设备的不断磨损与设备的有限寿命决定了设备改造与更新的必要性。设备的磨损一种是有形磨损,它造成设备的物质技术劣化;一种是无形磨损,它造成设备的经济性劣化。设备的寿命可分为3类:设备的物质寿命,它由设备的有形磨损决定;设备的经济寿命,从设备投入使用到终止使用所经历的时间称为设备的经济寿命,它主要由设备的使用费用决定;设备的技术寿命,设备从开始使用到因为技术落后被淘汰为止所经历的时间,它主要由设备的无形磨损决定。

设备的改造是指应用现代科学技术成果,改变原有设备的结构,或增添新部件、新装置,使原有设备的技术性能和使用指标得到改善,局部或全部达到现代新设备的技术水平的工作总称。企业对设备进行改造,要根据生产经营需要,选择恰当的方式。设备改造的形式主要有改装和现代化改造。设备改装是为满足增加产量或加工要求而对设备的容量、功率、形状进行改造。设备现代化改造是把科学技术新成果应用于企业现有设备,以提高现有设备现代技术水平,如提高设备的自动化程度,实现数控化、联动化;提高设备零部件通用化、系列化、标准化水平,增强其可靠性和维修性;改装设备监测监控装置等。设备现代化改造是设备改造的主要形式。

设备更新是企业对设备有形磨损和无形磨损的完全补偿,是对在技术上或经济上不宜继续使用的设备,用新设备更换替代。企业要根据需要,抉择是进行设备的原型更新,还是进行设备的技术更新,或是两者相结合。设备的原型更新是同型号的设备以旧换新,它不具有技术进步性质,因而企业不应仅局限于此种设备更新。设备的技术更新,是用技术更先进的设备更换技术陈旧的设备。它能够恢复并提高设备性能,提高设备现代技术水平,优化企业设备结构,因此它应是企业设备更新的主要形式。

设备改造与设备更新相结合,并以设备改造为主,逐步实现企业设备更新。设备更新应讲究综合经济效益,要尽可能在技术上先进,生产上适用,经济上合理;设备更新应因地制宜,考虑企业自身资源条件,如厂房、技术水平和产品等,全面规划,分期进行。

7.4 案例故事解析

项目终止是非常令人痛心的事情,在本章前面的案例故事中,可以发现人力资源管理的失败是导致项目失败的首要因素。比起项目利润为负和项目中途而废,最大的失败是人力资源管理出现严重问题,导致人才流失。

在本案例中,我们不难发现奥威公司的人力资源管理在以下几个方面都出了问题。

1. 团队组织和分工

在人力资源匮乏的情况下,及时招聘项目成员到岗是当时项目组面临的首要问题。但在团队组建时需要注意的是，项目经理是该项目的主要领导，将在很大程度上影响项目的成败。因此对于一个新的大项目而言，安排一个有其他项目在身的项目经理监管该项目即存在很多的风险。有其他项目需要分神，导致项目经理不能专注该项目的管理工作。而且新招聘的分项目经理在没有进行必要培训的情况下即分管子项目，各分项目经理间的合作以及总项目经理和分项目经理间的配合都存在隐患。既然是新业务、大项目，最好选择一个有类似项目经验的专职项目经理管理项目，而且要协调和监控各分项目经理和项目组的工作状况，及时平衡任务分配情况。

2. 团队建设

即使项目组成员都是新人，如果项目团队建设情况良好，也不会出现案例故事中那样失败的结局。因为项目组成员来自不同项目、不同组织，成员们遵守的规范和工作规则都不同，工作习惯不一样，沟通方式也不一样。在这种情况下，项目组成立以后，一项非常重要的工作就是培训，包括了解公司规章制度、讲解项目规范、明确沟通机制和绩效考核机制等。

其次，为了追赶项目进度，项目组成员可能面临加班。如果项目经理和分项目经理能做好团队建设，尤其是营造一个和谐、团结、温暖、积极互助、努力学习的团队氛围，情况就不会这么糟。项目经理可以做自己力所能及的事情，以真诚的态度关爱项目组成员，让项目组成员切身感受到在团队的优越感、自豪感。这样每一个项目组成员对工作会更加有热情，更愿意以主动的、积极的热情努力工作。而且越是在时间紧、任务重的情况下，越应该花时间做团队建设方面的努力，因为建好一个团队对项目成功而言是事半功倍的作用。即使该项目终止，也能为下次类似项目储备人才，而不至于导致人才流失。在实践中，可以经常采用诸如聚会、郊游及打球等方式，增进项目组成员之间的了解。这些措施的间接效应就是无形中提高了团队的管理水平。

3. 软件资源的管理

在这个案例中，不知道项目组是否对软件资源进行了良好的管理，但可以发现对软件成果是缺乏有效管理的。作为技术人员，遵守行业规约和行业标准，形成良好的工作习惯和风格，将更有利于工作的规范化、标准化。而且一个项目在启动时，就应制定好项目规范和成果积累计划。由此，项目成员可以结合行业标准和项目规范工作，形成风格统一的代码和文档等成果。

虽然该项目最终失败，但如果能留下可读性强、易于维护和推广的项目成果，不仅将作为该项目的价值体现，也能为其他项目提供资源和经验，而不是现在的情形，随着项目的失败，人才流失了，任何成果也没留下。

7.5 小结

本章从人力资源、软件资源和硬件资源 3 个方面分别论述了软件项目开发过程中的资源管理。

软件项目人力资源管理的主要内容在于人力资源规划和分析,本章讨论了软件开发人员的组织与分工的原则和主要方法,举例说明了平衡人力计划的方法,并分析了如何构建一个软件开发团队。软件项目软件资源的管理包括可复用软件资源的管理和软件开发工具的管理,在分别对这两者进行讨论的基础上,还介绍了目前流行的软件资源管理工具以及软件复用的主要方法。软件项目硬件资源包括宿主机、目标机和其他硬件设备。本章对于硬件设备的经济管理和技术管理进行了讨论。

CHAPTER 8

第 8 章 软件项目质量管理

案例故事

财智软件公司是一家为金融行业开发交易平台的专业软件供应商。一年前,他们为海华证券公司开发一个证券柜面交易系统。此柜面系统已经投入使用。由于某些方面还不够完善,加上证券市场上交易规则发生部分变动,因此需要对此系统进行升级。

财智软件经过一段时间的研发,升级版本的开发工作基本完成。为了对现有线上运行的柜面交易系统进行升级,负责此次升级的研发部李经理率领主要技术人员来到证券公司进行系统升级。

由于证券交易时间为周一到周五,因此李经理决定在周五证券市场休市后开始升级工作,以便能够利用周末的时间对系统进行升级。这样在下周一股市开市的时候就可以使用升级后的柜面交易系统了。

然而,由于在升级版本的开发过程中,项目的工期比较紧,工作量估计不充分,因而很多修改后的功能都没有进行严格的测试。再加上系统升级工作只有周末的两天时间,系统集成过程也发生了一些数据不一致的情况。这些问题在周一股市开市时就集中爆发了。系统出现瘫痪,公司的全部客户无法正常交易,给客户带来了经济损失。证券公司对此意见也很大,指责该软件公司工作不严谨,出现重大事故,并要求进行经济赔偿。

8.1 质量管理的概念

8.1.1 软件质量

质量是产品的固有属性。软件作为一种特殊的产品,它的质量又是如何定义的呢?用户会认为是软件运行可靠,不死机,界面友好,系统运行速度快,结果正确,产品交付及时以及服务好。软件开发人员会认为质量好的软件应该是技术上没有差错,符合标准及规范的要求,技术文档齐全正确,并且系统容易维护。还有一种用以衡量软件质量的指标,那就是每千行代码中包含的缺陷数。从不同的角度看待软件质量反映了软件质量的多属性与多侧面。实际上对于软件质量的定义也多采用不同的质量特性。

McCall 提出了代表软件质量的 11 种特性,见表 8.1。

表 8.1 McCall 提出的软件质量特性

质量特性	含 义	可回答的问题
正确性	程序满足规格说明和完成用户业务目标的程度	它做了该做的事吗?
可靠性	程序按要求的精确度实现其预定功能的程度	它总能准确地工作吗?
效率	程序实现其功能所需要的计算资源量	它能在硬件上尽力工作吗?
完整性	软件或数据不受未授权人控制的程度	它是安全的吗?
使用性	学习、操作程序、为其准备输入数据、解释其输出的工作量	它可用吗?
维护性	对运行的程序找到错误并排除错误的工作量	它可调整吗?
测试性	为保证程序执行其规定的功能所需的测试工作量	它可测试吗?
灵活性	修改程序所需的工作量	它可修改吗?
移植性	将程序从一种硬件配置和/或环境转移到另一硬件配置和/或环境所需的工作量	可以在其他机器上使用吗?
复用性	程序可被用于其他应用问题的程度	可以重复使用它的某些部分吗?
共运行性	一个系统与另一个系统协同运行所需的工作量	它能与其他系统联接吗?

国际标准化组织和国际电工委员会 1991 年制定了软件质量标准 ISO/IEC 9126—1991。我国于 1996 年将其等同采用,成为国家标准《GB/T 16260—1996 软件产品评价质量特性及其使用指南》。标准规定了软件质量可用 6 个特性来评价:功能性、可靠性、易用性、效率、可维护性和可移植性。

1. 功能性

系统功能性是与一组功能及其指定的性质有关的一组属性,包括适合性、准确性、互操作性、依从性和安全性。这里的功能是指满足明确或隐含的需求的那些功能。这组属性是以软件为满足需求做些什么来描述的,而其他属性则以何时做或如何做来描述。

2. 可靠性

在保证系统功能性的前提下,系统的可靠性、可维护性是非常重要的,它们的好坏直接或间接地影响其他因素。系统可靠性是与在规定的一段时间和条件下,软件维持其性能水平的能力有关的一组属性。即一个系统按照用户需求和设计者的相应设计,执行其功能的正确程度,包括成熟性、容错性和易恢复性。可靠性的种种局限是由于需求、设计和实现中的错误造成的。由这些错误引起的故障取决于软件产品使用方式和程序任选项的选用方法,而不取决于时间的流逝。例如,在发生意外时,如何采取有力措施及时处理,控制事故的蔓延,防止信息的丢失,并使系统易于恢复原形等。

3. 易用性

易用性是以一组规定或潜在的用户为软件使用对象,所需做的努力和对这样的使用所做的评价相关的一组属性,包括易理解性、易学习性和易操作性。用户可包括操作员、最终用户和受使用该软件影响或依赖该软件使用的非直接用户。易用性必须针对软件涉及所有各种不同用户的环境,可能包括使用的准备和对结果的评价。

通俗地讲,易用性是用户评价系统是否有效、易学、高效、好记、少错和令人舒适满意的质量标准。

4. 效率

系统效率是与在规定的条件下,软件的性能水平与所使用资源量之间有关的一组属性,包括时间特性、资源特性。资源可以包括其他软件产品、硬件设施、材料(如打印纸、软盘)和操作服务以及维护和支持人员。

5. 可维护性

系统的可维护性是与进行指定的修改所需的努力有关的一组属性,包括易分析性、易更改性、稳定性和易测试性。修改可以包括为了适应环境的变化以及要求和功能规格说明的变化而对软件进行的更改或改进。

6. 可移植性

系统可移植性是与软件从一个环境转移到另一个环境的能力有关的一组属性,包括适应性、易安排性、一致性和易替换性。环境可以包括系统体系结构环境、硬件或软件环境。

8.1.2 软件产品质量与过程质量

软件产品的质量是开发者和用户都十分关心的问题。传统的质量管理注重的是最终的产品质量,实行的是如软件测试一类的质量检验方法。经过测试的产品,就被认为是符合质量要求的产品。但是,随着软件技术与用户需求的发展,软件的规模与复杂性导致了软件缺陷的增加,单纯依靠软件测试来纠正错误无论在时间,还是在经济方面都是用户和开发组织所无法承受的。

近年来质量管理向过程质量的控制发展。它所遵循的思想是,开发过程的质量直接影响着交付产品的质量,过程的改进自然就会得到高质量的产品。

过程改进的思想最早是由美国工程师戴明(William Edwards Deming)提出来的。他在质量管理中引进了统计质量控制的概念。这一概念的基础是在产品的缺陷数和过程之间建立关系,以降低产品缺陷数作为过程改进的目标,并一直进行到过程成为可以重复的为止,也即过程的结果成为可以预期的为止,这时缺陷数就降下来了。然后将过程标准化,并且下一步的改进又开始了。软件能力成熟度模型 SEI-CMM 就是依据这一思想提出来的。它已经成为软件组织改进质量管理的重要标准。软件质量和过程改进的关系如图 8.1 所示。

重视软件过程质量并不意味着可以不重视产品的检验,忽视质量控制。相反,我们对于软件测试工作也丝毫不能放松。不能把产品质量控制和过程质量控制对立起来。重视软件过程质量控制的原因是,相对于产品质量控制来说,过程质量控制是主动的、系统的、先期的;而产品质量控制是被动的、个体的(逐个产品或产品部件的质量检验)、后期的(项目已经接近完成)。但是,产品质量控制仍是确保最终产品质量的不可或缺的手段。

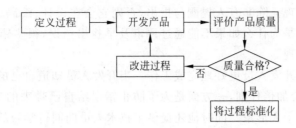

图 8.1　软件质量和过程改进的关系

8.1.3　软件质量保证

管理学有一条重要的公理:"未经跟踪的工作等于没做"。软件工作尤其如此。假如当你在空中刚刚整理好降落伞,准备跳伞,这时有一专业人员出来帮你再检查一下降落伞的安全性,这时你会非常乐意。在软件业中这个专业检查员的身份就是软件质量保证人员,他所从事的工作就是软件质量保证活动。

从广义上讲,软件质量保证的目标包括:
- 通过适当的监控系统及其开发过程来保证软件质量。
- 确保软件及其开发过程与已定的标准和规程要求完全一致。
- 确保能及时发现产品、过程和标准的任何不足并提醒管理者注意,以便及时弥补。

软件质量保证组织的职责本身并不是生产高质量的产品,也不是制订高质量的计划,这些都是开发人员的工作。软件质量保证的职责在于审核组织的质量活动,当出现与标准、规程以及计划背离时,提醒管理者注意。

软件质量保证的作用有赖于管理者的强有力支持,要充分发挥其作用需要赋予软件质量保证组织如下职责:
- 对所有开发计划和质量计划的完整性进行评审。
- 作为审查主持人,参与设计和代码的审查。
- 对所有测试计划是否符合标准进行评审。
- 对所有测试结果的显著样本进行评审,以确定是否按计划执行。
- 定期审核软件配置管理的执行情况,以确定是否符合标准。
- 参与所有项目的各类阶段评审,如果没有达到相关标准和规程的要求,应对不符项及缺陷进行登记并跟踪解决情况。

8.2　软件评审

1. 评审的概念

软件评审又称技术评审或同行评审,它是指由开发人员的技术同行在项目实施的各个阶段进行的有组织的软件浏览、文档与代码审读活动,验证工作是否符合预定的标准,其目的是协助软件开发人员在项目早期找出工作的错误。

软件开发的大量事例表明,错误往往来源于开发者认识的误解或者思维的疏忽与盲点,且常常从一开始就出现。除非有人提醒与指出，否则它会在设计、编码、文档编写甚至测试阶段不断重复。这也是为什么如果不能通过评审及早找出错误，很多错误会在集成测试甚至最终使用时才能发现。

软件评审能促使开发人员更好地完成工作。当开发人员知道自己的工作将由同行进行严格的评审时，他们会加倍仔细，一方面是为了防止错误给自己带来的难堪，另一方面展示高质量的产品会提升个人形象。同时他还提供了技术人员向同行学习的机会。同行可以纠正开发人员的错误，开发人员也可以在审读别人的代码中学习他们的经验。

软件评审不能解决项目的所有问题，但是如果运用得好，可以发现大量的倾向性错误，而且由于评审处于活动的早期，因此纠正错误的成本要低得多。据贝尔实验室的报告，在对拨号中心交换系统进行开发时，在发现错误的成效方面，软件评审是测试的20倍。软件评审是项目早期软件质量保证的主要手段，软件测试则是项目后期的主要手段。

2. 评审的实施

(1) 确定参加评审的人员

参加审查的人员包括评审活动主持人（负责领导与组织审查工作）、开发人员（被评审工作的人员）、评审员和记录员。为了保持评审会议的效率，评审员一般控制在5～6人左右。

主持人一般由富于评审经验的资深开发同行担任，而不能由被评审工作的管理人员担任，其他参与人员都必须是技术上的同行人员。管理人员的参与会改变评审的客观性。不论管理人员行为如何，开发人员都会以为是在评审自己而不是产品。项目组以及管理人员应该尊重评审员对产品的判断。管理人员应该把评审数据作为评价项目的依据，而不是对开发人员的责备上。

(2) 人员培训

开发组织进行项目初次评审前，应该对主持人和评审人员进行相关培训，使其熟悉组织的评审程序与相关标准，统一认识，达成对项目评审的一致意见，以便提高评审工作的有效性和效率。培训课程通常包括评审的基本原则、有关检查单、评审的程序以及评审案例等。如果组织具有水平较高的主持人和评审员，软件人员会通过参加其领导的技术评审，学会如何做好一个评审员，使组织进入良性循环。

(3) 评审准备

开发人员和管理人员应确定待评审产品是否已经准备好进行评审，对于审查的目的是否已经达成一致，是否准备好评审会所需的材料等。准备工作结束时，要通知主持人启动评审程序。

(4) 分发评审材料，评审员审读评审材料

组织者要在会议前1～2天将材料和评审表格发给每一位评审员。经验表明，有3/4的错误是在会前的准备阶段发现的。

(5) 评审会议

由主持人、评审员、评审产品的开发人员和记录员参加。主持人要使会议的议题始终保持在产品的技术问题上，会议的重点是查找问题，无需过多争论。为保持会议的效率，一次会议一般只评审一个产品，会议时间要控制在2小时以内。会议最后要确认产品是否通过评审，责成记录员整理评审报告。

(6) 评审报告

记录员依据会议意见整理评审报告,填写评审总结表,由主持人签字后生效。评审报告分别交管理人员、开发人员和缺陷跟踪人员。管理人员据此可以判断哪些评审已经正确完成,产品的哪些部分存在设计弱点以及如何改进产品质量;产品开发人员据此执行缺陷修复,修复完成后要再次申请评审,直至通过评审;缺陷跟踪人员将评审出的缺陷录入缺陷跟踪数据库,实施缺陷跟踪与监督活动。

3. 取得评审成功的关键

(1) 应为评审及改正评审发现的问题预留项目资源

制订项目计划时就应为评审及修正评审工作发现的问题预留时间,评审是项目正常工作的组成部分。

(2) 评审应以发现问题为重点

技术评审的焦点就是找出软件的缺陷,如果过多地讨论解决方案就会浪费时间。

(3) 保证评审的技术化

管理人员和技术权威不宜参加评审,如果他们参加,焦点就会转移到他们身上,而他们所关心的问题往往并不是评审的议题。

(4) 制订检查单和标准

对于不同类型的评审,应制订相应的通用检查单和标准,必要时可依据具体项目进行剪裁以适应具体项目的要求。检查单应涵盖计划、准备、实施、退出和报告准则。

(5) 限制会议人数,并且坚持事先做准备

两个人的头脑好过一个,但是 14 个人的头脑未必就好过 4 个。将评审涉及的人员数量保持在最小值上。所有参与会议的人员要事先作好准备。

(6) 对所有的评审者进行有意义的培训

为了提高效率,所有参与评审会议的人都应当接受正式的培训。

8.3 软件测试

8.3.1 软件测试的概念

软件测试是指为了寻找软件缺陷而执行程序的过程。测试的目的是尽可能发现软件的缺陷,而不是证明软件正确。

软件缺陷包含以下内容:

- 软件未达到产品说明书标明的功能。
- 软件出现了产品说明书指明不会出现的错误。
- 软件功能超出产品说明书指明的范围。
- 软件未达到产品说明书虽未指出但应达到的目标。
- 软件界面与操作方式违反相关标准或习惯。
- 软件测试员认为软件难以理解,不易使用,运行速度缓慢,或者最终用户认为不好等。

软件测试是保证软件质量的重要组成部分，没有经过测试的软件肯定不能正常运行。但是改善软件质量不能仅依靠软件测试本身，它是在软件编码与集成后实施的抽样检查。而且软件测试人员要仔细研究这种抽样的准则，也就是要确定测试方案和测试用例。

好的测试方案极可能发现迄今为止尚未发现的错误的方案。测试用例是指为了实施测试行动而开发的一组系统输入和预期输出，通过执行而得出对系统表现的评价。

白盒测试与黑盒测试是最常见的两种不同软件测试方法。白盒测试又称结构测试、路径测试，是指将程序看成一个透明的盒子，进入程序内部，通过对程序的结构与语句进行测试，从而得出对程序质量判断的过程。黑盒测试又称功能测试，着眼于程序的外部特征，而不过多考虑程序的内部构造，通过接收适当的输入数据，检查程序结果的正确性从而判断程序质量的过程。

软件测试的过程包括：制订测试计划、组建测试团队、设计与开发测试用例、执行测试及报告测试结果。

8.3.2 软件测试类型

1. 单元测试

单元测试通常采用白盒测试，由程序员或项目组成员完成。这种测试以相对较少的部分代码作为关注的焦点，主要测试程序的内部逻辑路径。路径是一个指令序列，从开始进入到最终退出，贯穿程序全过程。要找出单元程序的缺陷，最基本的要求是确保所有语句都经过测试。更进一步的要求是要涵盖程序的所有路径。然而要涵盖所有的路径，即使对较小的程序，工作量也往往难以承受。即使测试了所有的路径也不能保证发现所有的问题。实际的做法是，至少检查一次每个判断语句的所有条件，确保所有的变量和参数都经过正常值和异常值的测试。

白盒测试是发现程序错误的重要手段，塞尔和利普沃的一项研究指出，大型项目中通过完全路径和参数测试，可以找出用户可能遇到问题的 72.9%。

2. 集成测试

大型系统一般由若干不同功能的系统组件构成，这些组件由不同的程序员或者不同的小组甚至是不同的组织开发而成。为保证系统能够有效地集成运行，需要进行系统集成测试。很多组件，如编译器和数据库管理系统，常常是单独发挥某种功能的系统组成部分，如果分别进行功能测试与集成，就可以比采用一个简单的集成周期更早地发现问题。这还简化了总体系统集成过程，在一个更加简单的组件环境中处理大部分问题。

集成测试按系统的构造方式又分为自底向上和自顶向下测试。

在自底向上测试中，需要使用提供必要系统功能的驱动程序对各个模块进行独立测试。随着集成模块的增多，这些驱动程序可以由执行这些功能的实际模块代替。自底向上测试的缺点是一方面需要驱动程序，另一方面是要在功能测试前进行大量测试。

自顶向下测试本质上采用了原型法的思路。测试开始时，从系统顶部建立一个基本系统框架，逐步集成进来的新模块会不断增加框架系统的功能。自顶向下测试的优点是能很快测试出不同组件间的接口缺陷。它的缺点是：第一，测试前期没有包括底层模块的功能，需要专门编写程序模拟模块功能；第二，集成过程中难以全面测试每个模块；第三，在集成大部分系统组件之前，很难甚至不能测试诸如错误处理或特殊检查之类的逻辑条件。

在自底向上和自顶向下测试之间，Myers 还提出了一些折中方法，改变自顶向下测试的程度，对将要集成进来的模块进行全面测试。经过这些调整后，为了满足单个模块测试和每个模块集成过程中对大量模块依存关系的需要，就对控制提出了更高的要求，从而带来了控制问题。在这类测试的计划中，还必须考虑个别模块对进度的影响。当关键模块发生问题时，整个集成工作就要推迟。

3. 功能测试

功能测试即黑盒测试。它是指根据产品的规格说明执行测试。测试人员不关心程序的内部构造，也不会对软件设计产生偏见，而从类似于用户的立场实施测试。功能测试从检查程序将要执行的功能开始，通过设计一系列的输入对程序进行测试。测试用例的设计要按正常值、边界值、界外值以及无效和非法输入进行分组，以全面检查程序的表现。完全的功能测试需要使用穷尽法，但这通常是不可能的，因此它仍然是抽样检查。测试人员通过恰当地设计测试用例，找出可能出现问题的地方，然后再对其进行进一步分析与测试。

4. 回归测试

软件的复杂性常常超出人们的预料。对测试问题的修复往往会破坏那些看似无关的功能，因此对于那些已经测试并经程序员修复的软件要重新进行测试，把这样的测试定义为回归测试。对于大型系统，回归测试尤其普遍。

回归测试的基本方法是选择某些测试用例，定期运行以检测回归问题。回归测试常常需要建立一个回归测试用例集合，并定义一个子集。整个集合只是偶尔运行，对于每个构件运行其子集。这一子集包括用于测试新集成功能的所有测试用例，以及测试用例集合的一个样本。

5. 验收及安装测试

该类测试是指在软件开发及所有测试完成后，在真实的用户环境下对系统进行的最后测试。当依据合同开发专用软件时，一般都要求在真实或模拟的用户环境下进行验收及安装测试。有些组织为了节约成本往往走过场，实际上为此付出的维护费用往往远大于测试的成本。验收及安装测试一般要有最终用户参加，以保证测试的实效。

6. Beta 测试

Beta 测试是指在软件开发周期行将结束时，由软件开发组织将软件分发给选定的潜在客户群，请他们在实际环境中使用软件，然后定期搜集他们在使用中遇到的问题。Beta 测试的目标可以很广泛，从寻找软件缺陷，到界面友好性和对软件的印象。Beta 测试运用得好可以成为寻找配置、软件兼容性和易用性缺陷的好方法，还可以起到培养客户群和宣传产品的功效。

Beta 测试不能代替实际测试。一方面 Beta 测试在项目开发末期进行，如果仅靠此寻找软件缺陷，那么软件修复的费用就要比早期测试后修复大得多；另一方面 Beta 测试缺乏系统性与专业性,因此他们只能找出明显的大问题。

7. 配置测试

查找软件配置缺陷的最直接方法就是在不同的计算机上执行软件测试。同样,判断软件缺陷是否是配置问题最直接的方法就是在不同硬件配置的计算机上执行导致问题的相同操作。如果缺陷没有发生,就极有可能是配置问题;如果缺陷在多数配置中出现,就可能是其他缺陷。

软件的配置缺陷尤其容易出现在通用商业软件中,因为这种软件需要在大量不同的计算机上运行。那么,对于配置测试中出现的问题,是应该由项目组还是硬件商负责修复?这常常是代价很高的问题。

对于配置测试,首先要确定可能运行该软件产品的硬件类型。对于大量的硬件配置类型,也不需要在每一种配置中测试全部软件,只需测试那些与硬件有交互的特性即可。接下来对于发现的问题,软件测试人员要和程序员紧密合作,分析问题原因,判断所发现的缺陷是源于硬件还是软件本身。如果缺陷源于硬件,就要向硬件厂商报告问题,并附上相关的测试用例及细节,以便迅速发现问题。

对于软件的硬件使用要求及限制一定要在产品包装或相关文档中详细说明。这种限制应该越少越好。

8. 兼容性测试

兼容性对于软件的含义取决于项目的产品定位。如独立的医疗设备软件使用自己的唯一操作系统,不与其他设备连接,那它就不存在兼容性问题。然而,对于一个通用字处理软件,它就存在一系列兼容性问题,如从其他字处理软件读取文件,支持图片和不同对象的链接与嵌入,以及在不同操作系统下运行等。兼容性往往在很大程度上影响软件的命运。再好的产品如果不具备良好的兼容性,也会影响产品的推广。

兼容性测试是指检查软件之间能否正确地交互与共享信息。这种交互可以是在同一台计算机上不同软件之间,也可以是互联网上不同计算机上两个软件之间进行。

对一个软件执行兼容性测试需要回答以下问题:

① 软件设计要求与何种平台(如操作系统、Web 浏览器或操作环境)和应用软件保持兼容?如果要测试的软件自身是一个平台,那么设计要求什么应用程序在其上运行?

② 应该遵守何种定义软件之间交互的标准或者规范?

③ 软件使用何种数据与其他平台和软件交互和共享信息?

关于兼容性测试,常常提及向前兼容与向后兼容问题。向前兼容是指可以使用软件的未来版本;向后兼容是指可以使用软件的历史版本。并非所有软件都要求提供向前或向后兼容,这是设计者需要决定的产品特性,而软件测试员要做的是为检查软件提供相应的输入。

同配置要求类似,对于软件的兼容性要求及限制一定要在产品包装相关文档中详细说明。

9. 语言测试

随着软件产品的全球化,一个好的商业软件的发布范围往往并不局限于本土,常常是面向世界。如微软公司的 Windows 98 配置了 73 种不同语言的支持。除了语言,还需要考虑地域与文化特征。使软件适用于特定的地域特征。照顾到语言、方言、地区习俗和文化的过程称为软件的本土化。因此此类测试又称本土化或本地化测试。

要执行语言测试,一定要有人对测试的语言比较熟悉。当然,如果像微软的产品那样附带 70 余种语言,难度就更大了。解决的办法可以与本地化测试公司进行合作,它们可以完成各种语言的测试。

除了语言外,还需对声音、图片、图表、产品包装、视频、市场宣传材料、有边界争议的地图、帮助文件以及 Web 链接等进行测试。有些工作虽然简单,但是疏漏了会造成不可挽回的后果。

10. 易用性测试

易用性是指交互适应性、实用性和有效性的集中体现。在软件缺陷的定义中曾提到,软件测试员认为软件难以理解、不易使用、运行速度缓慢,或者最终用户认为不好,这就是易用性测试的失败。

软件的易用性主要来自用户界面的友好性,因此易用性测试又称用户界面测试。由于易用性缺陷的主观性,因此测试员和程序员常常产生分歧。易用性是软件缺陷报告的敏感问题,但是仍然包括一个规范性问题。易用性测试包括:

① 标准与规范测试。测试用户界面要素是否符合有关现行标准与规范。如微软的标准在微软出版社出版的《Microsoft Windows User Experience》中进行了详细的规定。每一个细节都有定义。

② 直观性测试。直观性测试主要考虑用户界面是否洁净、唐突、拥挤,所需功能或者期待的响应是否明显,是否出现在预期的地方?界面的组织与布局是否合理?是否允许用户从一个功能转到另一个功能?任何时刻都可以决定放弃、返回或者退出吗?菜单或者窗口是否深藏不漏?有冗余功能吗?是否感到操作太复杂?帮助系统有效吗?

③ 一致性测试。软件与其他软件的一致性是软件产品的一个关键属性。用户总是希望新软件的操作方式无论是自身还是以前的软件能够具有一致性。

④ 灵活性测试。软件产品应该为用户提供便捷的使用条件。如用户希望以多种方式输入数据或查看结果。为了在写字板文档中插入文字,可以由键盘输入、粘贴、从不同文件格式读入、作为对象插入,或者用鼠标从其他程序拖动。

⑤ 舒适性测试。软件应该用起来舒适,处处考虑人的需求;界面的风格应该适合用户的特点;软件应该在用户执行有严重后果的操作之前给予警告;应该尽可能设置撤销/重做(Undo/Redo)功能;对于需要花费较长时间的操作需要给出进度提示等。

⑥ 正确性测试。灵活性与舒适性有时是主观的,但正确性测试是客观的。如界面的按钮标识是否与实际功能一致?有没有遗漏的功能?

⑦ 实用性测试。实用性不是指软件本身的实用性,而是指具体特性是否实用。

⑧ 残疾人功能测试。为残疾人考虑是软件人性化的考虑,也是相关法规的要求。残疾有多种,对使用计算机软件影响较大的有:视力损伤、听力损伤、运动损伤以及认知和语言障碍。

8.3.3 测试的原则

1. 完全测试程序是不可能的

有人可能认为,为了确保软件的正确性可以对软件进行完全的测试。但即使对于一个很小的程序,这样做也是不可能的。例如一个程序需要分析仅有 10 个英文字母组成的字符串,则可能的组合就有 26^{10} 种。假设确定一种组合用时 0.1 微秒,则总共需要测试 45 万年,这还不包括非法字符及其他输入等。实际上即使能够实现完全测试,也是不必要的。测试员应该把测试作为一个发现程序错误的试验,把测试结论不只是单单用来查找某一个或某几个缺陷,而应该将其作为查找程序共同特性的手段。已发现的错误必须修复,测试获取的数据更重要。通过对这些数据的分析,就可以发现程序中哪些部分只存在少许错误,哪些部分错误很多。

2. 软件测试需要由专门的测试人员完成

为了使测试有效,软件应该由该软件项目开发人员之外的人员来进行测试。开发人员可以在自己的代码中找出一定量的缺陷与错误,但是要全面系统地找出程序的缺陷,还是需要由专门的测试人员完成。这一方面是因为很少有人能胜任自己给自己挑毛病的角色;另一方面,软件测试是一项从需求分析就开始的系统工作,工作量很大,程序员难以有精力承担。

3. 从一开始就执行测试

有人认为,软件测试是软件开发后期的事,其实不然。有一种说法——"质量是免费的",就是说早期采取措施可以避免损失。软件的需求一旦确定,就应制定出测试计划。如果系统采用分阶段交付的方式,那么可执行软件在第一阶段中期就存在了,此时测试就应立即开始。即使不采用分阶段交付,也应在单元编码完成时马上开始,并且随着系统的集成,逐渐展开。缺陷发现得越早,造成的损失越小。

4. 打破对测试的过分依赖

测试本身并不能改善软件的质量,正如称体重并不能使一个人减肥一样。测试是考查软件质量的手段,而不是提高软件质量的方法。软件测试只有与纠正缺陷活动结合才能成为保证软件质量的手段。而更有效的手段是与过程管理、用户界面原型及技术评审等相结合的手段。

5. 为软件测试提供适当的资源

制订项目计划时就应考虑软件的测试费用,包括时间与人员。疏忽大意必然造成项目损失。恰当地测试计算机软件需要的资源是由开发的软件种类决定的。对于生命攸关的软件,需要大量的测试。太空飞船的飞行控制软件,测试人员与开发人员的比例可以达到 10∶1。而一般机构或组织内部使用的软件,这个比例也许只有 1∶4 左右。

6. 注意"杀虫剂"现象

农作物总是使用一种农药,害虫就会有抵抗力,农药的作用就会大打折扣。1990年,Boris Beizer用"杀虫剂"现象来比喻软件测试越多,其免疫力越强的现象。为此需要编写不同的测试用例,对程序进行测试,以找出更多的软件缺陷。

8.3.4 测试计划

软件测试的目标是找出软件缺陷,并尽可能早一些修复。利用组织良好的测试计划、测试用例和测试报告交流和制订测试工作是达到目标的保证。

ANSI/IEEE 829/1983标准这样表述软件测试计划:规定测试活动的范围、方法、资源和进度;明确正在测试的项目、要测试的特性、要执行的测试任务、每个任务的负责人以及与计划相关的风险。

测试计划并不是由少数人闭门造车的计划文档,即使这一文档再出色也不会有好的结果。测试计划是"计划测试工作",而不只是"编制测试计划文档"。测试计划工作的最终目标是交流与确认软件测试小组的意图与期望,以及对将要执行任务的理解。

测试计划应该在项目需求分析阶段就开始,当测试已经开始再进行计划就太晚了。好的测试计划需要的一些内容必须从需求阶段产生,并在整个开发过程中进行跟踪。测试组应参与项目需求审查工作,以确保需求能够为测试提供一个合理的基础。

测试计划应该包括:

- 建立每个测试阶段的目标。
- 确定每项测试活动的进度和职责。
- 确定工具、设备和测试库的可用性。
- 建立用于计划和进行测试以及报告测试结果的规程和标准。
- 制订衡量测试成功与完成的准则。

测试计划确定后要进行测试计划的评审,Beizer给出了一个测试计划评审检查单,见表8.2。

表8.2 测试计划评审检查单

测试机构
  是否已经定义了测试级别?是否已经说明了每个测试级别的范围和目标?
  是否确定了测试所需要的支持硬件与软件?
  是否确定了负责每个测试级别的组织?其职责是否已经定义清楚?测试人员是否独立于开发人员?
  是否计划了独立的内部评审?是否确定了负责这些评审的组织?这些评审是否包括:
    软件设计
    测试计划
    测试程序
    测试结果
  这些评审是否有标准依据?是否已经规定纠正程序?
  是否对测试活动进行了进度安排?
  是否确定了正式评审和审核?每个列出的评审与审核是否有相关文档?

是否确定了独立的质量保证组织？是否清楚质量保证在软件测试中的角色？是否知道质量保证与配置管理的关系？

测试控制
是否确定了控制软件产品和文档的组织？
是否确定了需要控制的产品和文档？
配置管理计划是否已经说明了这些项何时进入基线？
开发计划是否已经说明了在正式建立基线前如何控制这些项？
是否已经确定某种机制已实施下列控制：
　　如何提出受控项的变更？
　　如何评审和解决变更请求？
　　如何改变受控项？
　　以上各项活动分别由谁负责？

测试标准
是否已经列明了各项测试活动的标准？
是否确定了负责标准增强的组织？该组织是否在已经完成的程序和报告上"签字"？
是否已经确定了一种机制以将需求和规格说明与测试用例对应起来？

测试目标和次序
是否已经定义了测试的基本原则？该原则是否表明该如何进行最终测试？
可测试性的重要性是否与其他讨论过的软件特性相关？

文档
是否讨论了编制文档的方法？
是否标示了所有合同规定的可交付测试文档？
是否表明了负责每个合同规定的可交付测试文档的组织？

8.3.5 测试用例的开发

1. 测试覆盖技术

解决测试覆盖问题的方法之一是把程序看作由节点组成的图形，并确保测试充分涵盖这些节点以及节点之间的路径。对于白盒测试，可以把程序的结构简化为一幅节点图。一般来说，分支指令定义节点，其余指令组成路径。设计出能够尽可能多地覆盖节点图的方法。可以通过比较节点图的复杂性和执行的测试路径的数量来粗略评估测试覆盖的充分性。模块越复杂，需要的测试越多。

2. 单元测试中的路径选择

要在测试中覆盖所有的路径常常是不现实的。为解决这一难题，需要把覆盖的路径数压缩到一定限度内，例如程序中的循环体只执行一次。通过分析程序控制流，导出基本可执行的路径集合，从而设计测试用例方法。设计出的测试用例要保证被测程序的每一个可执行语句至少执行一次。

3. 黑盒测试中的路径覆盖

在进行黑盒测试时,可以根据功能路径选择测试用例。这里,程序功能被看作是构成贯穿整个程序的功能路径的一系列事务流。可以像在白盒测试中一样,将这些事务流简化为节点和路径,再次对这些测试进行设计,以覆盖这些节点和路径。这样,与单元测试相似,他们就构成了功能测试需要覆盖的路径。所有功能路径都应在需求中进行定义,并明确说明相关程序的目的。如果不对这些路径进行明确定义,就没能正确设计程序。

8.3.6 测试的执行与报告

单元测试一般由程序员自己完成,因为他们熟悉程序的内部结构,可以设计出执行所有程序语句的测试用例。对于单元测试应进行评审与监督。

单元测试结束后,其他的测试工作就应移交给专门的测试小组来执行。

应把测试当作物理试验一样对待,精心记录,以便过程能够重复。试验要求注意和查清所有异常行为。测试就是不懈地探索,对发现的每一点异常都要紧追不舍。有时一点意外的发现都会挖掘出大的问题。同时要避免总是停留在对细枝末节问题纠缠不休,要善于透过现象发现软件缺陷的倾向性苗头与本质。

测试还要求精心定义和记录测试环境、规程和测试用例。建立一个包含上述信息以及测试报告、故障表、测试分析和测试计划的数据库是非常有价值的。

每项测试结束时,要编写测试报告。报告应包括如下信息:

- 测试项目和程序名称、ID 号、测试目的和对应的测试计划。
- 涉及的项目开发人员与测试人员。
- 具体测试用例名称、ID 号、程序和数据,包括标识号、报告参考资料、版本和日期。
- 辅助工具、驱动程序、占位程序等。
- 测试采用的软硬件配置,包括类型、特点、模型、工程变更级别、配置联系、布局以及内存和文件地图。
- 测试结果,包括按类型和报告编号列出的所有问题、所有错误,发现这些问题和错误的测试用例以及测试操作,包括测试的时间、运行次数和人员需求的任何统计资料。
- 测试实施和监督人员的签字,已正确执行有关程序并记录结果的证明。

虽然这些内容数量巨大,但是只要保存测试日志并记录测试中发现的每个事件,获取它们并不难。想要事后补充是很费时的,有时甚至是不可能的。

8.3.7 案例:微软的软件测试技术

微软是全球最大的软件开发商,他们的多种软件产品在市场上的占有率都非常高。微软的软件测试技术和管理方法也值得我们学习。

1. 微软的测试项目管理特征概述

微软的软件测试项目具有以下特征。

(1) 详细的测试项目计划和测试用例文档规划

每一个测试项目在进行测试之前,都要制订详细的测试计划,并且要整理和准备充分的测试用例。

(2) 完善的软件缺陷管理系统

在项目组的内部使用专用的缺陷跟踪系统,项目管理人员、软件开发人员、软件测试人员和Build编译人员等都可以访问该系统,并向此系统提交发现的软件缺陷。微软的缺陷跟踪系统具有以下特点:

- 完整的缺陷数据库字段设置。
- 整个产品组的中央记录和控制。
- 强大的查询功能,有效地跟踪项目的状态。
- 所有的记录无法删除,对于每个记录只能一直添加内容。

(3) 丰富的报表功能,为产品发布提供判断标准

(4) 里程碑式驱动的测试阶段过程

如图8.2所示,微软产品的研发一般要经历调研、启动、规划、设计、开发、测试、本地化和发布几个阶段。在产品研发的后期,就要着手进行软件测试。这时的软件产品会依次经历几个不同的版本:Complete Code、Free UI、Alpha Build、Beta Build、RC Build 和 RTM Build。其中每一个版本的生成都是一个新的里程碑事件。

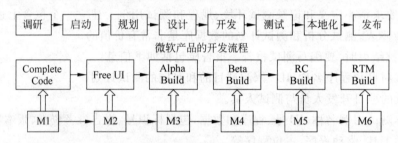

图 8.2 微软产品测试阶段的里程碑

(5) 每日构建 Build 的软件开发

(6) 测试团队的完整梯队和组织形式

如图8.3所示,微软产品组的配置一般包括程序经理、规划人员、UI设计、开发人员、测试人员、本地化人员、技术支持、网络管理人员、可用性评估人员及市场人员等。其中,测试人员的类型包括:测试经理、测试主管、软件测试开发工程师及软件测试工程师等。测试人员与开发人员的比例在(1∶1.5)~(1∶2.5)之间。

(7) 内部测试与外包测试相结合的测试方式

2. 如何完成一个里程碑测试

微软的软件测试是伴随着软件开发一同进行的,采用里程碑式管理,每个里程碑完成部分功能

图 8.3 产品组的人员构成

和测试要求,便于团队集中力量完成一个又一个功能,而且提供多个机会以适应需求的更改。完成一个里程碑的测试一般需要 4 个阶段:达成共识、完成项目计划、完成功能和稳定与发布。

(1) 达成共识

在这个阶段中,产品经理负责完成基本的用户需求调研和分析;确定大方向和长中短期目标;所有角色都参与讨论并真正认同结论。要完成编写 80% 以上的用例和项目前景。

(2) 完成项目计划

在这个阶段中,项目经理负责组织编写详细的功能规格说明,并引导用户明确需求;所有角色都参与审阅功能规格说明;开发团队制订开发计划和进度表;测试团队制订测试计划和进度表;同时项目经理负责制订人力和成本计划,分配资源。要完成的文档有功能规格说明、开发计划、测试计划(用例)、项目综合计划、开发进度表、测试进度表和综合进度表等。

(3) 完成功能

在这个阶段,开发人员分别完成分配给自己的功能模块,及时进行模块集成,以便及早发现问题;测试人员对每项可测试的功能进行测试,无需等待,并使用缺陷跟踪系统记录所有程序问题;项目经理按照综合进度表不断检查进度。

(4) 稳定与发布

在这个阶段,测试组全面测试产品功能,包括产品性能和可靠性的所有方面;开发组要全力配合解决缺陷;项目经理预测产品发布日期;同时引进专家会诊机制,协助判评产品估计缺陷的优先级,决定哪些缺陷必须尽快修复,哪些可以等到下个里程碑或版本再解决,由谁解决某个缺陷。

这个阶段使用的工具包括:版本控制工具、缺陷跟踪工具和测试用例管理工具。

8.4 软件缺陷跟踪

缺陷跟踪包括缺陷记录和缺陷跟踪。缺陷来源于软件评审、测试的成果和其他缺陷来源。缺陷的跟踪要从缺陷的发现开始,一直到缺陷改正为止。缺陷跟踪既要在单个缺陷水平上进行,即一个一个缺陷地进行跟踪;也要在统计的水平上进行,包括未改正缺陷的总数、已改正缺陷的百分比和改正缺陷花费的时间等。

对于一个项目来说,及早开始缺陷跟踪,可以了解早期清除缺陷的重要性,而且可以取得软件缺陷的准确信息。因此,软件缺陷的跟踪最好在对软件需求的基线已经确定、工作产品已置于变更控制状态时即开始。当程序员在编程时发现了一个设计缺陷,因为设计已经过评审,基线已经确定,虽然缺陷是由程序员发现的,该缺陷也应被跟踪。如果程序员在新的尚未确定基线的代码中发现了代码缺陷,这种缺陷则不加以跟踪。但是,如果该代码经过评审,确定了基线之后,同一缺陷又被发现了,则该缺陷要加以跟踪。

缺陷的报告应置于变更控制之下。所有的缺陷要在项目组公布,可以提供有关软件质量的有价值的数据,项目组可以据此估计在软件中存留的缺陷数目。已排除的缺陷数的统计可以用来衡量工作的进度。表 8.3 列出了对于每个缺陷的跟踪信息。

表 8.3　缺陷报告中的跟踪信息

缺陷标识号：
缺陷描述：
使该缺陷出现的步骤：
硬件平台信息：
缺陷的当前状态：（是否已改正）
缺陷的发现者：
缺陷发现日期：
缺陷的严重程度：
缺陷产生的阶段：（需求阶段、体系结构设计阶段、详细设计阶段、构造阶段或集成阶段等）
缺陷改正人：
改正日期：
改正缺陷花费的项目资源（资金、人数、小时）：
其他事项：

8.5　软件缺陷预防

8.5.1　问题的提出

缺陷预防是软件项目管理的新课题，也是软件项目管理的更高要求。CMM 将其列为软件过程等级的最高级——优化过程。

寻找和修复错误要消耗掉大量的软件开发和维护成本。如果把审查、测试和返工的成本包括在内，那么会有一半的资金被用在发现和清除错误上。更糟的是，修改过的软件往往更容易出错。这就是人们常说的，好产品一开始就是好的，决不是改出来的。随着社会需求的增长，需要设计越来越大、越来越复杂的软件，而且这些软件将用于越来越敏感的应用领域，可靠性要求更高，而软件本身的错误可能越来越多，越来越难以接受。

为此人们想到了能不能预防缺陷？进行缺陷预防的理由包括：在软件开发过程中，随着时间的推移，寻找和修复缺陷的成本会成指数地增长；即使在开发过程的初期，预防缺陷的代价通常也比发现和修复它们低。

惠普公司在介绍其缺陷预防的经验时指出：有 1/3 以上的错误是由于不熟悉用户对界面的需求而引起的。通过建立大量的原型和设计评审计划，极大地减少了产品发布后的缺陷数。在他们 4 次公布的缺陷数据中，前两次发布后发现的缺陷所占的百分比为 25％，第 3 次降到了 10％以下，第 4 次则为零。可见缺陷预防是可以实现的。惠普公司消除缺陷的过程正是我们所要研究的缺陷预防过程。

8.5.2　缺陷预防的原则

软件工程领域已经设计出了许多缺陷预防的方法，如形式化的规格说明、改进的设计技术、面向对象技术和原型技术。这些技术以及其他技术创新将有助于我们设计出高质量的软件。但是实践表明，即使采用了这些先进的技术，在一个没有经过规范培训与严格科学管理的组织中，照样得不到高质量的软件产品。

软件缺陷预防的基本思想与目标就是确保错误在被标识并被解决后不会再一次发生。聪明的人可以避免两次犯同一个错误,聪明的组织也应如此。但是对一个组织来说难度将会大得多。软件项目无法靠个别人来完成,也不能零零散散地进行。因为所有人员都参与其中,所以就要改变整个组织。

软件缺陷预防的准则包括:

- 程序员必须对自己的错误作出评价。他们最适合进行此项工作,并且能从中获得最大收获。
- 反馈是缺陷预防的基本组成部分。如果不及时加强行动,工作人员将无法一致地改进正在进行的工作。
- 能解决所有问题的"万灵丹"是不存在的。软件过程改进要求每次只能清除一个错误原因。这是一个长期任务,因为有多少种错误类型,就会有多少错误原因。许多实实在在的小改进,要比任何一次短期的突破要好得多。
- 过程改进必须是整个软件开发过程的有机组成部分。由于过程的变化量在不断增长,因此在缺陷预防上投入的人力和制订的规格说明应该与在缺陷检测和修复上投入的一样多。这就要求我们去构建和设计过程,实施审查和测试,建立基线,写出问题报告,并跟踪和控制所有变化。
- 学会过程改进需要时间。只要能持续地、长期地将注意力集中在过程改进上,那么就有可能获得不间断的、稳固的进步。

8.5.3 缺陷预防的步骤

1. 缺陷的发现与报告

前面我们已经讲过,缺陷预防的基本思想是确保错误在被标识并被解决后不会再一次发生。因此缺陷本身的信息对于缺陷预防非常重要,因此必须在标识缺陷的同时,尽可能收集缺陷信息,并填写问题报告。该报告包括:缺陷位置、发现缺陷的方式、问题报告者、问题描述、产生缺陷的阶段、缺陷的种类以及缺陷可能的原因等。

2. 缺陷原因分析

在着手进行缺陷预防时,我们必须以新的方式认识缺陷。以前的重点是怎样修复缺陷,有时也包括怎样更有效地发现缺陷。而现在更需要的是了解问题的起因。这通常要了解程序员的真实想法,因此程序员就成为原因分析工作的基本组成部分。当然并不需要把每一个制造缺陷的程序员都找来分析一遍,重点是对软件的缺陷要有更高层次的认识,要分析缺陷的类别及倾向性问题,将分析的信息量控制在最小范围之内。

一旦发现了一类缺陷,就应尽早分析原因。通常是在充分掌握相关信息的基础上举行原因分析会议。会议的目标是确定如下问题:

① 是什么原因导致了缺陷?
② 主要的原因种类是什么?
③ 为了预防该类错误或缺陷再次发生,需要采取哪些措施与行动?
④ 应怎样安排这些行动的优先级?

原因分析会议的成果是一份关于缺陷问题的详细报告。

3. 缺陷预防行动

至此,主要问题就是采取实际预防行动,而不再是通过专家组研究,必须有管理人员的参与,也必须分配职责并跟踪执行情况。缺陷预防行动需要一支行动组。该组的成员应包括:

① 负责执行行动的管理人员,通常是过程组的领导。
② 一位过程组代表。
③ 培训经理。
④ 一位工具和方法方面的专家。
⑤ 来自相关产品组的管理层代表。
⑥ 质量保证人员。
⑦ 配置管理人员。

行动组的职责是:

① 设置各行动项的优先级。
② 为优先级高的项制订实现计划。
③ 分配职责。
④ 跟踪执行状况。
⑤ 向管理人员汇报进展情况。
⑥ 确保能发现所有的成功事迹和所有负责任的人。
⑦ 继续进行下一优先级的项。

表8.4是一个典型的缺陷预防行动的记录。

表8.4 行动记录

行动号	用来标识行动的唯一号码
产品	产品名称或标识符
程序员	提交行动的程序员
创建日期	行动项被输入系统的日期
优先级	1,2,3,4等
区域代码	在哪里实施(过程、工具等)
生产线项	该领域中的特定项
检查点信息	条目的当前状况——已关注的、已筛选过的、调查中的、结束的
成本估计	预期用来实施行动的每程序员天数
目标日期	预计完成日期
关闭日期	关闭的原因代码、程序员识别号、日期
最终成本	实际实施行动占用的程序员天数
行动概要	行动的简短描述
相关缺陷	与该行动有关的所有缺陷的列表
应答文本	行动的完整介绍
数据库中的活动日志	该行动的所有检查点活动的跟踪记录

4. 预防反馈

建立反馈系统，以确保开发人员能得知其改进行动的结果。

5. 改进过程以预防缺陷

为配合缺陷预防，需要改进软件过程，其要素有：
① 对相关缺陷预防方法进行评审。
② 将来自过程任务的数据输入过程数据库。
③ 召开原因分析评审会议，将其作为检查问题和提出改进建议任务的一部分。
④ 原因分析组定期评审过程数据库，看看是否有任何需要注意的跨项目问题。
⑤ 将所有的改进建议保存在行动跟踪系统中。
⑥ 由行动组来决定优先级，选择要立即实施的项，并分配实施责任，然后跟踪进展，以确保有效并及时实施行动。
⑦ 建立反馈系统。

8.6 ISO 9000:2000 质量认证体系

ISO 9000 族是国际标准化组织耗时多年制定出来的一套关于质量管理的国际标准，它集中了各国质量管理专家和众多成功企业的经验。ISO 9000 国际标准已经成为规范企业质量管理并被各国广泛采用的标准。

8.6.1 ISO 9000 的概念

ISO 是国际标准化组织的英文缩写，它的英文全称是 International Organization for Standardization。ISO 是由各国标准化团体（ISO 成员团体）组成的世界性的联合会，成立于 1947 年。制订国际标准工作通常由 ISO 的技术委员会完成。各成员团体若对某技术委员会确定的项目感兴趣，均有权参加该委员会的工作。与 ISO 保持联系的各国际组织（官方的或非官方的）也可参加有关工作。

ISO 的宗旨是"在世界范围内促进标准化及其相关活动的开展，以便于商品及服务的国际交换，在智力、科学、技术和经济领域开展合作"。

ISO 通过其 2856 个技术机构开展活动，其成果就是国际标准。ISO 负责除电工、电子以外的所有领域的标准化活动。电工、电子领域的标准化活动由国际电工委员会（International Electrotechnical Commission，IEC）负责。ISO 与 IEC 在电工技术标准化方面保持密切合作的关系。

ISO 制定出来的国际标准编号的格式是：

$$\text{ISO} + 标准号 + [- + 分标准号] + 冒号 + 发布年号 \tag{8-1}$$

其中，方括号中的内容为可选项。例如，ISO 9000-1:1994，ISO 9001:2000 等。

ISO 9000 不是指一个标准，而是涉及质量保证与质量管理活动的一族标准的总称。它是由 ISO/TC176/SC2 质量管理和质量保证技术委员会质量体系分技术委员会制定的。

ISO 9000:1994 是大家比较熟悉的一个版本。它是 ISO 9000 标准的第二版。其中与软件企业关系最密切的是《ISO 9001:1994 质量体系-设计、开发、生产、安装和服务的质量保证模式》和《ISO 9000-3:1994 质量管理和质量保证标准 第三部分：ISO 9001:1994 在计算机软件开发、供应、安装和维护中的指南》。

ISO 9001:1994 标准从 20 个方面全面定义了质量体系要素,规定了质量体系的要求。如果产品开发者、生产者或供应方达到了这些要求,就表明具备了质量保障能力。尽管 ISO 9001:1994 标准全面明确地定义了质量管理工作的各个方面,包括了软件开发活动的全过程,但是 ISO 9001:1994 主要是针对制造业制定的,没能详尽地描述软件企业的质量管理工作。因此,ISO 专门制定了 ISO 9000-3:1994 作为 ISO 9001:1994 标准的实施指南。

2000 年 12 月 15 日,ISO 9000:2000 族标准(第三版)正式发布实施。其核心标准有 4 个:

- ISO 9000:2000 质量管理体系——基础和术语(以下简称 ISO 9000),它表述了质量管理体系的基本原则,规定了质量管理体系的基本术语,其基本模型如图 8.4 所示。
- ISO 9001:2000 质量管理体系——要求(以下简称 ISO 9001),它用于组织证实组织具有提供满足客户要求和适用的法规要求的产品的能力,目的在于增进客户满意度。
- ISO 9004:2000 质量管理体系——业绩改进指南,它提供了质量管理体系的有效性和效率两方面的指南。该标准的目的是组织业绩的改进及其他相关方满意。
- ISO 19011:2000 质量和环境管理体系审核指南。

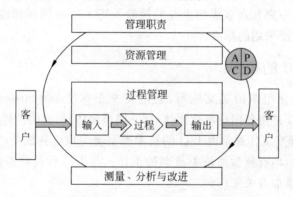

图 8.4 ISO 9000:2000 基本模型

与 1994 年版标准相比,新版标准在许多方面得到了改进,强化了对软件行业的适用性。根据 ISO 9000《基础和术语》标准规定,它适用于以下 4 类通用产品的组织,并专门将软件列为一类:

- 服务(涉及金融、贸易、饭店和教育等 12 类 68 种)。
- 软件。
- 硬件(如各类产品制造业等)。
- 流程性材料(如供电、供水及供气业等)。

ISO 9000 标准颁布后,1994 年版于 2003 年 12 月 15 日失效。2000 年版标准的特点是将 ISO 9001,9002,9003 标准合而为一,即 ISO 9001,并将原来的 20 个要素调整为 5 大模块的结构。今后,企业只需采用 ISO 9001 标准来申请外部认证。

8.6.2　ISO 9000 标准的 8 项质量管理原则

ISO 9000 标准指出，8 项质量管理原则形成了 ISO 9000 族质量管理体系标准的基础。它总结了 1987 年世界各地众多组织在推行 ISO 9000 族标准的实践中总结出的理论，考虑了大多数质量奖的有关内容，是 2000 年版的重要技术成果。因此，组织的管理者在应用 ISO 9000 建立质量管理体系的时候，应该注重贯彻有关的质量管理原则。

1. 以客户为关注焦点

以客户为关注焦点的意思是：组织依存于客户，因此组织应当理解客户当前和未来的需求，满足客户要求并争取超越客户期望。

2. 领导作用

领导作用的内容是领导者确定组织统一的宗旨和方向，他们应该创造并保持使员工能充分参与实现组织目标的内部环境。

3. 全员参与

全员参与的内容是：各级人员都是组织之本，只有他们的充分参与，才能使他们的才干为组织带来收益。

4. 过程方法

过程方法的内容是：将活动和相关的资源作为过程进行管理，可以有效地得到期望的结果。ISO 9000 把过程方法作为质量管理体系的基础。过程方法的定义是："系统识别和管理组织所应用的过程，特别是这些过程之间的相互作用，称为过程方法"。过程管理方法是相对于目标管理的方法而言的。目标管理的方法只注重宏观目标的制约，不求微观过程的管理。而过程管理的方法既要宏观目标的制约（如质量目标），又强调微观过程的管理。

5. 管理的系统方法

管理的系统方法的内容是：将相互关联的过程作为系统加以识别、理解和管理，有助于组织提高实现目标的有效性和效率。

依据系统理论，在质量管理体系中，所有过程都是相互关联的，不应把单个过程从体系中割裂出来进行管理，而应对系统中过程之间的联系以及过程的组合和相互作用进行连续的控制。针对设定的目标，识别、理解并管理一个由相互关联的过程所组成的体系，这一原则贯穿于 ISO 9000 国际标准中。

6. 持续改进

持续改进的内容是：持续改进总体业绩应该是组织的永恒目标。持续改进质量管理体系的目的在于增加客户和其他相关方满意的机会。改进活动包括下述内容：

① 分析和评价现状，以识别改进区域。

② 确定改进目标。
③ 寻找可能的解决办法，以实现目标。
④ 评价这些解决办法并作出选择。
⑤ 实施选定的解决办法。
⑥ 测量、验证、分析和评价实施的结果，以确定这些目标已经实现。
⑦ 正式采纳更改。

必要时还可对结果进行评审，以确定进一步改进的机会。客户和其他方的反馈和质量管理体系的审核与评审均能用于识别改进的机会。

7. 基于事实的决策方法

基于事实的决策方法的内容是：有效决策是建立在数据和信息分析的基础上的。决策是人们为了实现特定的目标，在拥有信息和经验的基础上，依据客观条件，提出各种备选方案，借助科学的理论和方法进行分析判断，从中选择一个最满意的方案，作为未来的行动指南。上述"在拥有信息和经验的基础"上决策方法就是基于事实的决策方法。

组织应确定、收集和分析适当的数据，以证实质量管理体系的适宜性和有效性，并评价在何处可以持续改进质量管理体系的有效性。这应包括来自监视和测量的结果以及其他有关来源的数据。

8. 与供应商互利的关系

与供应商互利的关系的内容是：组织与供应商是相互依存的，互利的关系可增强双方创造价值的能力。依据 ISO 的定义，供应商是指提供产品的组织或个人。

8.6.3 获得 ISO 9000 认证的条件和程序

1. 获得 ISO 9000 认证的条件

一般说来，获得 ISO 9000 认证需要满足以下条件：
① 建立了符合 ISO 9001:2000 标准要求的文档化的质量管理体系。
② 质量管理体系至少已运行 3 个月以上，并被审核判定为有效。
③ 外部审核前至少完成一次或一次以上全面有效的内部审核，并可提供有效的证据。
④ 外部审核前至少完成了一次或者一次以上有效的管理评审，并可提供有效的证据。
⑤ 体系保持持续有效，并同意接受认证机构每年一次的年审和每 3 年一次的复审，作为对体系是否得到有效保持的监督。
⑥ 承诺对认证证书及认可标志的使用符合认证机构和认可机构的有关规定。

2. ISO 9000 认证的程序

如图 8.5 所示是认证机构执行认证工作的典型程序。

（1）预评审

若组织需要，认证机构在对组织进行正式的初次审核之前，可以应组织的要求对组织实施预评审，以确保组织质量管理体系的适宜性、充分性和有效性，使组织顺利通过认证。

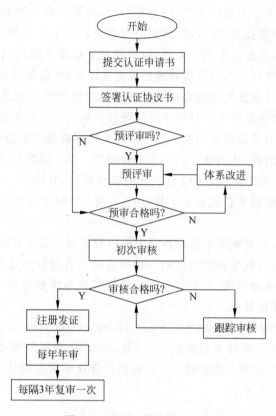

图 8.5　认证工作的典型程序

(2) 初次审核

即对组织的认证注册审核。通常按以下步骤进行：文件审核，即对组织的质量管理体系文件的适宜性和充分性进行审核，重点是评价组织的体系文件与 ISO 9001:2000 标准的符合情况；现场审核，即通过观察、面谈等多种形式对组织实施和保持质量管理体系的有效性进行审核，审核过程将严格覆盖标准的全部要求，审核天数按规定执行。

(3) 年审

认证机构每年将对获得认证的组织进行审核。年审通常只对标准的部分要求进行抽样审核。

(4) 复审

认证机构每 3 年对组织进行一次复审。复审将覆盖标准的全部要求，复审合格后换发新证。

8.7　能力成熟度集成模型 CMMI

8.7.1　CMM 的提出

随着计算机硬件技术的发展和需求的扩充，软件产品的成本及规模不断膨胀，软件产品的质量及成本与进度的控制成为软件业面临的重要问题。为此，学术界、工业界在软件工程、技术和工具方面投入了大量的人力、物力和财力,希望找到一种有效的解决方法。他们致力于探索开发软件的新技术、新方法,试图借此提高软件生产率和质量。而这些新技术、新方法也确实为解决软件危机提供了帮助,但都没有从根本上解决问题。在一些不成熟的软件开发组织中,缺乏有针对性的管理制度和规范化标准,成功在很大程度上取决于某些个别人的努力,而不是通过重复使用具有成熟软件过程的组织的经过验证的方法。软件开发过程可视性差,发现、解决软件生产过程中的问题和判断产品的质量好坏没有一个客观的标准,因而导致软件产品的质量很难预测。当项目的实施面临进度压力时,为了赶进度不得不压缩项目测试、评审的时间,从而使产品留下质量隐患。当产品出现质量问题时只能匆匆忙忙于"救火"。1995 年,美国共取消了 810 亿美元的软件项目,其中 31% 的项目未做完就取消了,53% 的软件项目进度通常要延长一半的时间,只有 9% 的软件项目能够及时交付并且费用不超支。

针对这一情况专家们开始着手从软件开发的过程管理方面来解决问题。软件过程是指将用户需求转化为有效的软件解决方案的一系列活动。通过恰当定义这一过程,实现过程的透明与规范,从而有效地管理、控制与改进软件的开发与维护过程,确保软件的质量。这一思想正是 CMM 的理论基础。

CMM 即软件能力成熟度模型(Software Capability Maturity Model)的英语缩写。它是美国卡内基·梅隆大学软件工程研究所(CMU/SEI)应美国联邦政府的要求与资助,于 1991 年正式公布的研究成果。该项成果已经得到世界众多国家的认可,成为了事实上的软件过程管理与改进的工业标准。

8.7.2 CMM 的基本内容

任何一个软件的开发、维护和软件组织的发展都离不开软件过程,而软件过程经历了不成熟到成熟、不完善到完善的发展过程。过程的改进包含许多小的、进化的步骤,不是朝夕之间就能成功的,需要持续不断的努力才能取得最终结果。CMM 就是根据这一指导思想设计出来的。

CMM 强调的是软件过程的规范、成熟与不断改进。为了正确和有序地引导软件过程活动的开展,CMM 提供了一个框架,将软件开发过程按成熟度分成 5 个等级,为过程持续改进奠定了基础。这 5 个成熟度等级定义了一个有序的尺度,用以测量组织软件过程成熟度和评价其软件过程能力。这些等级还能帮助组织对其改进工作排出优先次序。

1. 模型等级

成熟度等级(Maturity Level,ML)是妥善定义的在向成熟软件组织前进途中的平台。每一个成熟度等级为过程继续改进提供一个台阶和基础。每一等级包含一组过程目标,当目标满足时,能使软件过程的一个重要成分稳定。每达到成熟度框架的一个等级,就建立起软件过程的若干不同的成分,导致组织过程能力的增长。

将 CMM 组织成如图 8.6 所示的 5 个等级,对旨在增加软件过程成熟度的改进行动按优先级排序。图中带有标记的箭头,指示在成熟度框架的每一步骤上,组织应予以规范化的过程能力的类型。

下列的 5 个成熟度等级的特性突出说明了在每个等级上过程的主要特点。

第8章　软件项目质量管理

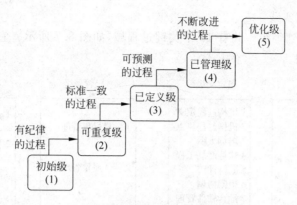

图8.6　CMM软件能力成熟度模型的分级

① 初始级软件过程的特点是无秩序的，有时甚至是混乱的。几乎没有什么过程是经过定义的，成功完全依赖于个人的努力。

② 可重复级已建立基本的项目管理过程去跟踪成本、进度和功能性。必要的过程纪律已经就位，使具有类似应用的项目能重复以前的成功。

③ 已定义级管理活动和工程活动两方面的软件过程均已文档化、标准化并集成到组织的标准软件过程中。全部项目均采用供开发和维护软件用的组织标准软件过程的一个经批准的剪裁版本。

④ 已管理级已采集详细的有关软件过程和产品质量的度量。无论软件过程还是产品均得到定量了解和控制。

⑤ 优化级利用来自过程和来自新思想、新技术的先导性试验的定量反馈信息，使持续过程改进成为可能。

以上CMM的5个级别的划分，给出了软件组织开展实施活动的应用范畴。等级1实际上是一个起点，大部分准备按CMM体系进化的软件企业都自然处于这个起点上，并通过这个起点向等级2迈进。除等级1外，每一级都设定了一组目标，如果达到了这组目标，则表明达到了这个成熟级别，自然可以向上一个级别迈进。CMM体系不主张跨级别的进化，因为从等级2起，每一个低级别的实现均是高级别实现的基础。只要持续不断地进行软件过程改进，遵循分级标准的规定，将会逐步地过渡到上一级别的成熟阶段。这种分级方式使得CMM模型具有了可操作性，软件组织也可以通过这种方式达到自己的目标。

2. 关键过程域（Key Process Area，KPA）

除初始级外，每个成熟度等级都被分解成若干关键过程区域，指明为了改进其软件过程组织应关注的区域。关键过程域识别出为了达到某个成熟度等级所必须着手解决的问题。每个关键过程域识别出相关活动，当这些活动全部完成时，能达到一组对增强过程能力至关重要的目标。每个关键过程域按定义存在于某个成熟度等级上。达到关键过程域目标的途径可能因项目而异，这是因为在应用领域或环境上有差异。不过，为了使得组织实现某个关键过程域，必须达到该关键过程域的全部目标。当在此基础上，所有项目均已达到一个关键过程域的目标时，则该组织已使以此关键过程域为特征的过程能力规范化了。为了达到一个成熟度等级，必须实现该等级上的全部关键过程域的目标。目标确定了关键过程域的范围、边界、内容和关键实践。

CMM 从等级 2 到等级 5 共有 18 个关键过程域,如图 8.7 所示。它们在 CMM 的实践中起着决定性的作用。

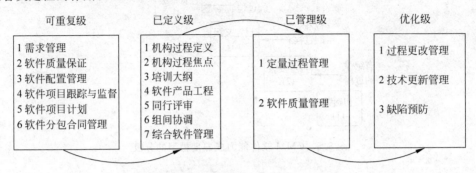

图 8.7 能力成熟度级别及关键过程域

在图 8.7 中 CMM 没有给初始级规定必需关键过程域,是因为任何一个软件组织均可达到这个等级。如果从管理、组织和工程方面划分,关键过程域可以归结为表 8.5 所示情况。

表 8.5 CMM 关键过程分类表

域分类等级	关键过程	管理方面	组织方面	工程方面
1		无	无	无
2		需求管理 软件质量保证 软件配置管理 软件项目跟踪与监控 软件项目计划 软件分包合同管理	无	无
3		综合软件管理 组间协调	机构过程定义 机构过程焦点 培训大纲	软件产品工程 同行评审
4		定量过程管理	无	软件质量管理
5		无	技术改革管理 过程变更管理	缺陷预防

从表 8.5 可以看出,CMM 非常注重软件过程的管理,其 18 个关键过程域中就有 9 个关键过程域属于管理方面的。另外,软件企业达到 CMM 的等级越高,其软件产品的质量就越高,生产效率也越高。

8.7.3 从 CMM 到 CMMI

CMM 的成功促使其他学科也相继开发类似的过程改进模型,这些改进模型均从 CMM 衍生出来,比如:

- 软件工程 CMM(Software CMM,SW-CMM)。

- 系统工程 CMM(System Engineering CMM,SE-CMM)。
- 软件采购 CMM(Software Acquisition CMM,SA-CMM)。
- 集成产品群组 CMM(Integrated Product Team CMM,IPT-CMM)。
- 集成的产品和过程开发 CMM(Integrated Product and Process Development CMM,IPPD-CMM)。
- 人力资源 CMM(People CMM,P-CMM)。

按照 SEI 原来的计划,CMM 的改进版本 2.0 应该在 1997 年 11 月完成,然后在取得版本 2.0 的实践反馈意见之后,于 1999 年完成准 CMM 2.0 版本。但是美国国防部办公室要求 SEI 推迟发布 CMM 2.0 版本,而要先完成一个更为紧迫的项目 CMMI,原因是同一个组织可能同时采用多个过程改进模型,而这些模型对同一事物说法不一致引起混淆,或活动不协调,甚至互相冲突。CMMI 的提出就是为了解决这些模式之间的协调问题。其设想是通过把当时已有的以及将被发展出来的各种能力成熟度模型集成到一个自动的、可扩展的框架中去,从而消除各个模型的不一致性,减少模型间的重复,增加透明度和可理解性,最终从总体上改进组织的效率,提高产品和服务的开发、获取和维护能力。

能力成熟度集成模型(Capability Maturity Model Integration,CMMI)是以 3 个基本成熟度模型为基础综合形成的,分别是面向软件开发的"软件工程 CMM(SW-CMM)"、面向系统工程的"系统工程 CMM(SE-CMM)"和面向并行工程的"集成的产品和过程开发 CMM(IPPD-CMM)"。但在实践过程中,很少有企业自主开发系统的所有部分,其中必然会有某些部分是采用外购或协同开发模式进行。如何去管理这些协作过程成为项目或产品成功的关键,因此后来又引入外购协作 CMM(Supplier Souring CMM,SS-CMM)作为 CMMI 第 4 个模型源。

在具体实践中,不同组织可根据需要选择 CMMI 模块,也可同时选择多个模块。例如:纯软件企业可以选择 CMMI 中的软件工程的内容;设备制造企业可以选择系统工程和外购协作;集成企业可以选择软件工程、系统工程和集成的产品和过程开发。CMMI 中的大部分内容对各个领域都是适用的,但是实施中会有显著的差别,因此模型中提供了"不同领域应用详解"。

8.7.4　CMMI 的表示

1. CMMI 有两种表示方式

就目前而言,CMMI 模型是软件工程模型、系统工程模型、集成化产品模型和过程开发模型以及集成化供应管理模型等多个模型的集合。这是一个多学科的模型集成。虽然 CMMI 是由多个模型而集成的,但这些模型之间保持了一致性和可扩充性。因此,这些 CMMI 的子模型均具有共同的结构。

基于 SW-CMM、SE-CMM、IPPD-CMM 和 SS-CMM 模型源的 CMMI 模型,在表示方式上继承了模型源的两种不同方式:连续性表示和分阶表示。虽然这两种表示方式不同,但在实质内容上是一致的,在本节最后会给出两种表示方式的等价形式。

组织可以根据需要选择不同的表示方式。选择依据的策略有:

① 可以根据以前采用过的模型的表示方式选择分阶或连续模型。例如以前使用过

SW-CMM，则可以选用分阶表示方式。

② 如果没有进行过程改进或流程重组，建议采用分阶表示。这样可以根据标准描述寻找工作的焦点。

③ 如果组织在过程改进方面具有经验，如推行过 6σ、质量圈等活动，建议采用连续性模型。这样可根据组织的实际情况，选择相应的过程作为改进的重点。

④ 不过要注意，有时即使按照分阶表示方法推进时，也不一定就不可以跨越成熟度等级进行过程改进。例如在采用等级 2 过程改进时，也可以同时使用等级 3 中部分的过程，像组织过程焦点（Organization Process Focus，OPF）和组织过程定义（Organization Process Definition，OPD）。

在 CMMI 中的基本单元称为过程域（Process Area，PA），可以分为 4 个类型：项目管理、组织过程、工程和保证支持，对应各组的过程域完成相应的功能。表 8.6 给出了 CMMI 的过程域表示及分类。

表 8.6 CMMI 中过程域的四维表示

组别(维度)	过 程 域	成熟层次
项目管理	项目计划 PP	2
	项目监督和控制 PMC	2
	供应商合同管理 SAM	2
	集成项目管理 IPM	3
	风险管理 RSKM	3
	集成组 IT	3
	集成供应商管理 ISM	3
	量化项目管理 QPM	4
组织过程	组织(层)过程定义 OPD	3
	组织(层)过程焦点 OPF	3
	组织(层)培训 OT	3
	组织(层)过程性能 OPP	4
	组织改革和实施 OID	5
工程	需求管理 REQM	2
	需求开发 RD	3
	技术解决方案 TS	3
	产品集成 PI	3
	验证 VER	3
	确认 VAL	3
保证支持	配置管理 CM	2
	过程和产品质量保证 PPQA	2
	度量和分析 MA	2
	决策分析和解决方案 DAR	3
	组织集成环境 OEI	3
	原因分析和解决方案 CAR	5

下面重点介绍 CMMI 的两种表示方法。

2. 连续性表示——6个能力等级

与CMM不同，CMMI不但提出了软件能力成熟度集成模型，还提出了软件过程能力等级(Capability Level,CL)模型。在CMMI中，软件过程能力等级模型是用连续性表示法表示的。

软件过程能力等级显示一个组织在实施和控制其过程以及改善其过程性能等方面所具备的或设计的能力。一个软件过程能力等级由这个过程的若干相关的特定实践和共性实践构成。这些特定实践和共性实践如果得以执行，则将使该组织的这个过程的执行能力得到提高，进而增强该组织的总体过程能力。

软件过程能力等级模型中的能力等级着眼点在于使软件组织走向成熟，以便增强实施和控制软件过程的能力并且改善过程本身的性能。这些能力等级有助于软件组织在改进各个相关过程时跟踪、评价和验证各项改进过程。该模型中规定的6个能力等级依次从0～5编号，分别是：

① CL 0,不完备级(Incomplete)。
② CL 1,已执行级(Performed)。
③ CL 2,受管理级(Managed)。
④ CL 3,已定义级(Defined)。
⑤ CL 4,定量管理级(Quantitatively Managed)。
⑥ CL 5,持续优化级(Optimizing)。

通过对实施特定实践和共性实践的情况和达到某个能力等级规定目标的情况的审查来确定具体的能力等级。软件过程能力等级从0级到5级逐步提高。能力等级0是最低等级；能力等级1是在能力等级0上进行改进的结果；能力等级2是在能力等级1上进行改进的结果，以此类推直到能力等级5。

6个能力等级具有不同的过程特征。

(1) CL 0——不完备级

不完备级也称为未执行级。它的过程是一个未执行或仅部分执行的过程。该过程的一个或多个特定目标未被满足。

(2) CL 1——已执行级

已执行级表示组织中有执行这一过程，但是更多的是自发行为，并没有采用一个系统化的步骤，或者只是做了不得不做的动作，不具备完全的计划、跟踪、分析、提高以及经验传播等活动。随着项目参与人的不同，项目运作方式有相当的差别，也会有完全不同的处理效果。

不完备级别与已执行级过程之间的关键差别在于，已执行级过程满足相应的过程域的所有特定目标。

(3) CL 2——受管理级

管理表示组织具有在项目级别上管理工作的能力，此时工作者需要制订计划、分配责任、培训如何执行动作、跟踪活动的展开以及利用支持工具完成轨迹记录等活动。这时一个项目处于一种可以控制的状态。

受管理级过程与已执行级过程的基本区别在于过程受到管理的程度不同。受管理级过程是有计划的,当实际结果和性能明显偏离该计划时,会采取纠正措施。受管理级过程要实现该计划的各项具体目标并且被制度化,以保证性能的一致性。

(4) CL 3——已定义级

定义是指可以在组织层上对过程相关流程进行明确的定义,表示组织吸收、总结和提高了项目组的活动过程。这时项目组可根据特定项目要求去裁剪相关流程。注意利用到的"裁剪"准则来表达是动作实例化,根据需要选择可选动作。

已定义级过程与受管理级过程之间的关键区别在于标准、过程描述和规程的应用范围不同。对受管理级过程来说,标准、过程描述和规程只在该过程的某个特例中使用。对已定义级过程来说,因为标准、过程描述和规程是从本组织的标准过程集合剪裁而来并且与组织的过程财富相关,所以在整个组织里执行的各个已定义级过程就比较一致。与受管理级的另一个重要区别是,已定义级过程的描述比较详细,执行比较严格。

(5) CL 4——定量管理级

定量管理级过程是利用统计和其他定量技术进行控制的已定义级过程。按照管理该过程的准则来建立和利用质量和过程性能的定量目标。从统计意义上反映质量和性能目标,并且在整个过程周期里管理这些质量和过程目标。

软件组织的标准过程以及客户、最终用户、组织和过程实施人员的需要等是定量目标的基础。执行该过程的人直接参与对该过程的定量管理。

定量管理级过程与已定义级过程的一个关键差别是过程性能的可预测性。定量管理意味着使用适当的统计技术或其他定量技术来管理某过程的一个或几个关键子过程,能做到可以预测该过程未来的性能。

(6) CL 5——持续优化级

优化是在前几个级别的基础上,对相应流程能进一步定量预测和控制,根据组织活动的成本、效率和质量要求,进一步分析流程和优化流程。这种定量预测和控制需要数据收集、能力评估、项目预测能力以及过程性能评估等一系列动作之后才能达到。对改进项目作出选择的基础是定量地了解它们在实现组织过程改进目标中的预期贡献与成本和对组织的影响的关系。处于持续优化级的过程其性能将不断得到改善。

持续优化级过程与定量管理级过程之间的一个关键区别在于,持续优化级过程是通过处理过程变化的共性原因而不断地进行改进。定量管理级过程关心的是处理过程变化的特殊原因和提供对过程结果的统计意义上的可预计性。持续优化级过程关心的是处理过程变化的共同原因,并且调整过程(如变更该过程性能的平均值)以改善过程性能(同时保持统计可预测性),从而实现规定过程定量目标。

3. 分阶表示——5个成熟度等级

和CMM一样,CMMI也将软件能力成熟度划分为5个等级(Maturity Level,ML)。这样做的目的,一方面是为了与CMM兼容,保护软件组织已经取得的CMM过程改进成果;另一方面是便于进行软件组织的软件能力成熟度的评估,以便在软件组织之间进行能力成熟度的比较,为项目客户方选择项目承包商提供依据。

成熟度等级将所有的过程域分置到各个层次,管理级、定义级是形成组织工作模式的基础,关注项目级别和组织级别的活动是否能够完备;而定量管理级和优化级是在前面的基础上,根据实际需要,选择相应的活动进行改进。模型成熟度分级表示见表8.7。

表8.7 模型成熟度分级表示

等级	关注重点	项目管理类	组织过程类	工程类	保证支持类
ML 5 持续优化级	持续改进		组织改革和实施 OID		原因分析和解决方案 CAR
ML 4 定量管理级	侧重量化和预防	量化项目管理 QPM	组织(层)过程性能 OPP		
ML 3 已定义级	组织级别过程定义	集成项目管理 IPM	组织(层)过程定义 OPD	需求开发 RD	决策分析和解决方案 DAR
		风险管理 RSKM	组织(层)过程焦点 OPF	技术解决方案 TS	组织集成环境 OEI
		集成供应商管理 ISM	组织(层)过程培训 OT	产品集成 PI	
		集成组 IT		验证 VER	
				确认 VAL	
ML 2 受管理级	项目基本管理	项目计划 PP		需求管理 REQM	配置管理 CM
		项目监督和控制 PMC			过程和产品管理保证 PPQA
		供应商合同管理 SAM			度量和分析 MA

在分阶模型中,并不是所有的过程都有1~5个级别,不同活动会相对限制在特定成熟度级别中进行描述。在所有分阶模型中,ML 4 和 ML 5 的级别实际需通过在 ML 2 和 ML 3 过程域中体现;而在连续模型中,CL 4 和 CL 5 中的通用实践在过程描述中没有对应展开,需要根据企业的实际情况进行落实。

5个成熟度等级的过程特征及主要区别如下。

(1) ML 1——初始级

处在 ML 1 的组织,过程一般是专门化的和无序的,一般不具备稳定的开发环境,项目的成功往往取决于个人的能力和拼搏精神。这类组织在专门化、无序的环境中也能生产出可以工作的产品,但往往会超过预算和拖延进度。

(2) ML 2——受管理级

一个软件组织达到了 ML 2,就意味着该软件组织已经确保有关的过程在项目一级得到策划,形成了文件,得以执行,受到监督和控制,并且能实现过程目标。在这个成熟度等级,软件项目是在受控状态下运行的,或者说软件组织已经营造出稳定的、受控的开发环境。在这一级上,项目要达到所确定的诸如成本、进度和质量目标之类的具体目标。

ML 2 和 ML 1 之间的一个重要区别在于过程受到管理的程度。在 ML 2,项目中的具体过程均受到组织的严格控制,项目的成本、进度和质量目标之类的具体目标能够得到实现。在 ML 1,项目中的具体过程由项目开发人员个人控制,组织无法完全控制项目的过程,项目的成本、进度和质量目标之类的具体目标难以实现。

(3) ML 3——已定义级

处于 ML 3 的软件组织是已经达到了 ML 2 和 ML 3 的各个过程域的全部目标的组织。在 ML 3,项目执行的过程是通过剪裁组织的标准过程集合和组织过程财富产生的"已定义过程",并且有着与该过程相适应的运行环境。已定义过程是项目理解和恰当地反应项目特性的过程,并且对用的标准、规程、工具和方法予以描述。

ML 3 与 ML 2 之间的一个重要区别在于标准、过程描述和规程的适用范围不同。在 ML 2,标准、过程描述和规程可能只在某个过程的某个特定事例中使用。而在 ML 3,项目用的标准、过程描述和规程通过已定义过程在这个组织中的各个项目使用,在执行过程中是一致的。

(4) ML 4——定量优化级

处于 ML 4 的组织是达到了为 ML 2、ML 3、ML 4 的各个过程域规定的全部目标的组织。在这个等级上,建立了关于产品质量、服务质量以及过程性能的定量目标,运用统计技术和其他定量技术对各个过程实施控制,并且把这些定量目标作为判断过程管理成功与否的标准。在过程的整个生命周期中,对产品质量、服务质量和过程性能做到统计意义上的了解和管理。在 ML 4,强调把产品质量、服务质量和过程性能的度量项目纳入到组织的度量数据库,以便支持以事实为根据的决策。

ML 4 与 ML 3 之间的关键区别在于过程性能的可预见性。在 ML 4,对过程的性能是以统计技术或其他定量技术进行控制,并且从统计意义上说是可预见的。在 ML 3,过程性能仅具备定性的可预见性。

(5) ML 5——持续优化级

处于 ML 5 的组织是达到了对 ML 2、ML 3、ML 4、ML 5 级各个过程域规定的全部目标的组织。在这个模型的最高成熟度等级上,一个突出的特征是过程性能的持续改进。可以是渐进式的改进,也可以是变革式的改进。在这个成熟度等级上,软件组织建立起了整个组织的定量过程改进目标,并且把它们作为过程改进管理成功与否的判断标准。这些目标适时修改,以反映不断变化的本组织的业务目标。

ML 5 和 ML 4 之间的关键区别在于所处理的造成过程变化的原因类型。在 ML 4 上,过程涉及处理特殊的变化原因,并且提供统计意义上的可预见性。虽然过程可以产生可以预计的结果,但这种结果可能达不到已确定的目标。在 ML 5 上,过程涉及处理变化的共性原因以及通过改变过程来改进过程性能(持续维持统计意义上的可预见性),从而达到所确定的过程改进定量目标。

4. CMMI 两种表示的对应

成熟度等级 2~5 的名字与能力等级 2~5 是重叠的。虽然这些能力等级和成熟度等级有相同的名字,但它们具有本质的差别。能力等级可以独立地应用于任何单独的过程域,而成熟度等级则指定了一组过程域,这组过程域包括一组必须达到的目标。具体说明见表 8.8。

在表 8.8 中,ML 代表成熟度等级,CL 1、CL 2、CL 3、CL 4 和 CL 5 分别表示过程能力等级 1、等级 2、等级 3、等级 4 和等级 5。

对于成熟度级别 ML 2 和 ML 3 和过程域能力级别的对应关系是比较直观的。软件组织要达到 CMMI 的成熟度等级 2,则必须满足成熟度等级 2 中的 7 个过程域的特定目标,并使其每个过程域的能力等级达到 2 级;如果要达到 CMMI 的成熟度等级 3,则必须满足成熟度等级 2 中的 7 个过程域和成熟度等级 3 中的 14 个过程域的特定目标,并使其每个过程域的能力等级达到 3 级。

表 8.8　CMMI 成熟度等级与过程能力等级之间的关系

ML		过程域 PA	缩写	CL 1	CL 2	CL 3	CL 4	CL 5
ML 2 受管理级	1	需求管理	REQM		目标轮廓 2			
	2	度量和分析	MA					
	3	项目监督和控制	PMC					
	4	项目计划	PP					
	5	过程和产品管理保证	PPQA					
	6	供应商合同管理	SAM					
	7	配置管理	CM					
ML 3 已定义级	8	决策分析和解决方案	DAR			目标轮廓 3		
	9	产品集成	PI					
	10	需求开发	RD					
	11	技术解决方案	TS					
	12	验证	VER					
	13	确认	VAL					
	14	组织(层)过程定义	OPD					
	15	组织(层)过程焦点	OPF					
	16	集成项目管理	IPM					
	17	集成供应商管理	ISM					
	18	风险管理	RSKM					
	19	集成组	IT					
	20	组织(层)过程培训	OT					
	21	组织集成环境	OEI					
ML 4 定量管理级	22	组织(层)过程性能	OPP			目标轮廓 4		
	23	量化项目管理	QPM					
ML 5 持续优化级	24	组织改革和实施	OID			目标轮廓 5		
	25	原因分析和解决方案	CAR					

但是对于成熟度等级 4 和成熟度等级 5 的对应关系则不是非常直观。CMMI 并不要求在达到成熟度等级 4 和成熟度等级 5 时,要求过程域的能力等级达到 4 级或 5 级,而是仅要求达到 3 级即可。当然,软件组织可以自己将其过程域的能力等级达到 3 级以上。

8.7.5　CMMI 过程的可视性

软件过程的可视性与 CMMI 的成熟度级别相对应。随着 CMMI 级别的提高,软件过程的可视性也跟着提高。通过各个过程成熟度级别的可视性,项目各级人员,特别是高层管理人员,能及时地掌握有关项目的状况及执行情况。

ML 1 中,软件过程是一个不定型的黑盒子,项目过程的可视性是非常有限的。由于没有很好地定义活动的实施,管理人员要花大量时间确定项目的进度和活动的状况。需求以失控方式进入软件过程,结果导致产品开发的失控。客户只有在软件交付后才能评定该产品是否满足需求。

ML 2 中,客户需求和工作产品受到控制,已建立基本的项目管理实践。在确定的情况下,管理控制允许项目具有可视性。生成软件的过程可看成是一系列黑盒相连,即在传输节点(项目里程碑)上具有管理可视性,可以了解盒子之间的各种活动。尽管管理部门不了解盒子内发生的细节,但过程和用于确认过程正在工作的检查点是确定的和已知的。在软件过程执行期间,客户能够在定义的检查点上对产品进行评审。

ML 3 中,盒子的内部结构,即项目定义的软件过程中的任务,具有可视性。管理人员及工作人员都了解自己的职责,以及他们各自的活动如何在一定程度上进行细节方面的相互交流。管理部门对可能发生的风险也做了提前的准备。因为项目定义的软件过程对项目活动提供了相当全面的可视性,所以客户可以得到准确的和最新的情况。

ML 4 中,定义的软件过程得到定量使用和控制。管理人员可以测量项目的进度和存在的问题,在做决策时有客观的和定量的依据,其预测结果的能力稳步提高。随着过程可变性因素的减少,预测准确性也越来越高。在项目开始之前,客户就能对过程能力和风险有定量的认识。

ML 5 中,不断尝试新的和改进的软件开发方法,以受控方式提高生产率和软件质量。可视的范围从现有的过程扩展到对过程进行可能的更改后会造成的影响。管理人员能够估计和定量跟踪更改的效果和影响。客户和软件组织不断保持合作,建立密切的客户与供应商关系。

8.7.6 CMMI 的实施

组织要推行流程改进和制度改进,必须设定相应的责任单位。可能会根据需要外聘第三方咨询单位,同时制定改进计划,判定现有的状态、需要更改的方向、达到的目标,确定其中的风险和相应的工作量,安排相应的工作计划和利益相关者,申请资源,达成一致意见,生成相应的活动纲领,还要划分若干工作阶段,确定产出物以及度量标准,然后进入实施阶段。在每一个阶段,根据项目预定的阶段点,检查工作的展开。同时在整个过程中,依据事先确定的方法定期检查项目计划中约定的活动是否展开、资源是否依然存在、风险是否发生以及是否会有新的风险出现和相应的应对措施。评估是否按计划推进工作,还是需要更改计划以获得新的批准和资源承诺。在结束阶段,采用约定的验收标准,去检验在流程、文化和绩效方面是否达到了设定的目标。评估人员可以是高层的管理者或外聘的第三方单位,可以包括这个制度的使用者,如项目经理或使用这个制度的员工。

从以上过程可以看出,组织的过程改进完全就是一个项目,有计划、项目启动、项目结束、验收标准和阶段点。从表 8.9 所示的 ML 1~ML 5 级别的变革过程,可以了解组织在各个层次关注的工作要点。

表 8.9 过程改进的所有阶段

阶段	达到目标	主要工作	细节处理	文化要求
ML 4~ML 5	ML 5 持续优化级	建立一个主动文化,发现问题解决问题,并发动组织变革	根据需要,选择流程和新方法进行改进和推广	主动和民主的文化,是所有人在努力工作的文化
ML 3~ML 4	ML 4 定量管理级	建立一个预防和客观的文化,采用定量管理方法(如 6σ 方式)进行度量和控制	项目定量管理,组织过程的性能度量和管理	建立预防文化,具备更加客观和准确的控制能力

续表

阶段	达到目标	主要工作	细节处理	文化要求
ML 2～ML 3	ML 3 已定义级	建立一个共享的文化,建立组织流程责任体系、培训体系以及知识共享体系	组织流程;产品开发工程;并行工程(IPPD,根据需要)	建立共享文化,开放层次、方法和手段;形成协同的能力
ML 1～ML 2	ML 2 已管理级	建立尊重质量的纪律文化,其关键在于认识到流程的重要性、如何执行流程和有效利用流程	项目管理;支持工程	如何建立一个质量文化——遵守流程的文化
ML 0～ML 1	ML 1 已执行级	能够完成客户要求的动作	完成项目	这是应客户要求而动的生存文化

1. ML 1 到 ML 2 过程改进

ML 3 级以上是全组织协同工作,而在 ML 2 级别可以看成是 ML 3 的前导工作,需要完成项目层上的工作,如项目计划 PP、项目监督和控制 PMC、供应商合同管理 SAM、需求管理 REQM、配置管理 CM、过程和产品质量保证 PPQA 以及度量和分析 MA。这是一个针对项目必须完成的所有动作,要求组织对传统的作业模式有彻底的更改。

ML 2 级别的重要性在于认知的转变,其中需要关注的要点应从单纯关注项目准时完成,转向如何具备流程意识、探索在方法上的改进,并能按事先的约定展开项目。这一个改变特别在项目压力较大以及项目组技能缺乏时,试图坚持约定规则行事是非常困难的。除了遵守流程和准时完成项目之外,在 ML 2 还必须建立项目组内技术共享以及组内成员的技能评定工作,项目组技能共享的目的是提高整个项目组及其成员技能的有效方法。在项目组内由于比较容易界定个人的贡献,所以在项目经理的倡导下组内共享是比较容易实现的。员工的技能则是关注个人的技能发展,这个工作应在组织的人力资源部门的协助下完成。

2. ML 2 到 ML 3 过程改进

此时整个组织分为两个部分,一部分进入了 ML 2,一部分仍停留在 ML 1。由于 ML 3 和 ML 2 有衔接的部分,也有相当的差异,因此此时组织可以通过实施 ML 3 帮助 ML 1 团队快速提升到 ML 2,同时原有的 ML 2 部门开始进行 ML 3 的试点,这时候 SEPG 组中所关注的重点是不同的。

对于 ML 1 和 ML 2 的部门,需要关注如何从原有的成功的 ML 2 组织流程中过滤和扩展,以满足新部门加入的需要。提供相应的剪裁指南,保证 ML 2 的组织流程在这些部门中的应用,同时采集相应的数据并进行分析,保证这些部门能够达到 ML 2 的要求。这实际是利用成熟的 ML 2 过程域作为载体,实践组织层的过程:组织过程定义 OPD、组织过程焦点 OPF 和组织培训 OT。对于 ML 2 和 ML 3 的部门则必须根据需要建立相应的工程类和项目管理类的展开工作,这些工作将会是细节化的处理。

当 ML 1 部门进化到 ML 2 之后,可同步跟上进入到 ML 3。注意这时候可能在组织中存在两种不同成熟度的部门。一旦组织中所有部门都进入到 ML 2 之后,则有关 ML 3 和 ML 2 的所有过程都必须进入到标准过程库,并需要有针对性地制作相应的裁剪指南,构建相应的对技术和流程进行讨论的共享环境,建立各种形式的培训和知识推广计划。培训体系、技术共享体系以及流程维护和负责体系是支持 ML 3 过程展开和实施的关键,同时也是共享文化形成的基础。

3. ML 3 到 ML 4 层次过程改进的工作展开

ML 4 是在 ML 3 全组织展开工作的基础上,充分利用历史数据去分析组织流程的性能模型,这是组织层全面考评流程的质量过程,为以后改进和提高奠定了基础,同时根据组织需要,选择部分过程进行定量管理,这一个过程是奠定一种预防的文化,其中过程的关键在于利用 6σ 定量方法对某些过程域进行控制。由于在 ML 4,已经奠定了质量文化和共享文化,相应 6σ 中的培训推广工作量相对减少,这里更需要的是客观和寻找突破机会的文化,这也是 ML 5 层主动文化的基础。相对而言,如果奠定了扎实的 ML 2 和 ML 3 的文化和作业体系,ML 4 是比较容易达到的。但是,如果没有 ML 2 培养的质量客观文化、ML 3 提供的共享文化,那么 ML 4 主动预测和控制的文化是很难形成的,此时数据的采集和处理以及使用则形成一种形式主义,这就是人们在推行 6σ 时常常遇到的问题。

4. ML 4 到 ML 5 层次过程改进的工作展开

ML 5 的关键过程是组织变革 OID 和原因分析 CAR,这两个过程实际是以组织的自我更新和提高为目标的,利用定量技术,主要动力是外部客户、组织效率提高以及个人技能提高的愿望,这是一个不断优化的过程。ML 5 更需要的是主动的文化。然而,发自于内心的主动文化是很难获得的,并不是一个主人翁或"以人为本"的口号就能解决的,还需要更多的尊重员工个人发展的组织文化,以及更多的员工的觉醒和自主意识的强化才可以达到,这是一个社会文化、组织机制、考核体系以及利益分享体系密切相关的阶段。针对不同的环境,可以有不同的方法,但是核心是组织的成员必须从内心认为组织的利益和个人的利益是完全或绝大部分是一致的,员工愿意去探寻更有效的工作方式和更好地为客户服务的能力。

卡内基·梅隆大学软件工程研究所在推出 CMM/CMMI 的同时,还给出了相应的如何去改进组织软件过程的生命周期模型 IDEAL,如图 8.8 所示。IDEAL 是 5 个英文字母的缩写,分别为:初始化(Initiating)、诊断(Diagnosing)、建立(Establishing)、行动(Acting)和扩充(Leveraging)。其中初始化阶段是组织层上下同心、拟定目标和愿望的状态,是对将来有一个共同思考的过程;诊断过程对组织当前状态进行判断,发现存在的缺点和问题,并根据组织战略要求,确定需要进一步改进的方向;建立阶段是建立相应的规则、模板和过程,作为改进和实施的基础;行动阶段则是一个不断试点、总结和推广的过程,在这个过程中组织的所有人员都积极参与,在提高技能、绩效的同时,也在提高组织对过程改进的信心;扩充是一个总结、再学习和提高的过程。

8.7.7 CMMI 的评估

CMMI 评估是判断软件组织软件过程改进程度的重要手段。在 CMMI 中有两种类型的评估,一种是软件组织的关于具体的软件过程能力的评估;另一种是软件组织整体软件能力的评估。后一种也就是软件组织的软件能力成熟度等级的评估。软件能力成熟度等级的评估是目标软件组织最感兴趣的一种评估,因而是目前应用最广泛的一种评估。

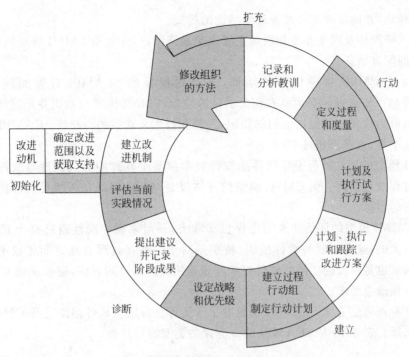

图 8.8 IDEAL 模型

CMMI 产品集中涉及评估的一部分是过程改进的标准 CMMI 评估方法（Standard CMMI Appraisal Method for Process Improvement，SCAMPI）。这种评估方法是由 CMMI 产品开发群组卡内基·梅隆软件工程研究所（CMU/SEI）开发的，用来对软件组织的 CMMI 过程改进的结果进行评估，以判断软件组织的软件过程能力等级或软件能力成熟度等级。

SCAMPI 评估方法继承了原用于 CMM 评估的基于 CMM 的内部过程改进（CMM-Based Appraisal for Internal Process Improvement，CBAIPI）评估方法的大部分特征，是指导 CMMI 的评估过程的标准评估方法。中国国家认证认可监督管理委员会和中国国家信息产业部《软件过程及能力成熟度评估指南》是此评估方法的一个中文版本。

SCAMPI 的关键原则如下：
- 高级主管部门主持。
- 关注组织的业务目标。
- 使用已文档化的评估方法。
- 使用过程参考模型，如 CMMI 模型。
- 为被采访者保密。
- 采用分工协作的方法。
- 集中于过程改进的后续措施。

SCAMPI 评估分为 3 个阶段：最初的计划和准备、现场评估和报告结果。每个阶段包括多个步骤：
- 第一阶段包括标识评估范围、拟定计划、准备评估群组、向参与者进行简要介绍、提供并检查评估调查表以及进行最初的文档评审。
- 第二阶段集中于现场调查、进行访谈、综合信息、准备和提交评估草案、综合结论（有选择地)并确定评定及准备最终结论的提交。
- 第三阶段涉及向主办者和现场主管提交最终结论,并收集 CMMI 管理机构(SEI)需要的所有信息。

只有经过 CMMI 管理机构的培训,并得到授权的 SCAMPI 首席顾问才能领导 SCAMPI 评估。首席顾问必须要有相关学科的经验,CMMI 模型的知识并经过评估技术的培训。评估群组成员也是根据他们的知识、经验和技术来选拔的。建议 SCAMPI 评估群组最少要有 4 个人,最多不超过 10 个人。

CMMI 模型的评估的前提是软件组织已经参照某个软件能力成熟度等级的规定进行了相应的过程改进实践。而 CMMI 模型的评估仅是判断该组织是否满足软件能力成熟度等级所规定的目标。

由于 CMMI 模型的评估涉及的工作量非常大,一般来说一次性通过整个 CMMI 模型的代价是巨大的,这对一般的软件组织(特别是对于一些在过程管理方面还很不成熟的组织)来说,风险也是巨大的。因此软件组织应该采用循序渐进的方法,逐步实现 CMMI 模型所规定的过程改进要求。

CMMI 标准评估方案 SCAMPI 中推荐了 3 类评估方法供软件组织进行 CMMI 模型评估时适当选择。表 8.10 是 SCAMPI 的 3 类评估类型的特征表。

表 8.10 评估类型特征

特 征	A 类	B 类	C 类
用途模式	1. 严格而深入的过程调查 2. 为改进活动打基础	1. 初次 2. 增加(部分) 3. 自我评估	1. 快速查看 2. 增加
优点	覆盖全面;给出所调查的每个过程的强项和弱项;可以得到一致的可重复的结果;客观	可以使组织洞察自己的能力;找出最需要注意的方面作为改进的启动点;可促进高层接受改进建议	开销不大;持续时间短;反馈迅速
缺点	要求很多资源	不强调深度、严格程度和覆盖面,不能用于成熟度等级评定	评估结果只能自己用,难以令高层接受;不足以制定出和谐的过程改进计划
评估发起人	组织的最高管理者	主持过程改进大纲的任何经理	任何内部单位经理
评估组组成	外部的和内部的人	外部的或内部的人	外部的或内部的人
评估组规模	4~10 人+评估组长	1~6 人+评估组长	1~2 人+评估组长
评估组资格	有经验	有适当经验	有适当经验
对评估组长的要求	主评估师	主评估师或有评估经验的人	接受过评估方法培训的人

- A 类评估是全面综合的评估方法,要求在评估中全面覆盖评估中所使用的模型,并且在评估结果中提供对组织的成熟度等级的评定结果。
- B 类评估较少综合,花费也较少。在开始时进行部分自我评估,并集中于需要关注的过程域。不评定组织的成熟度等级。
- C 类评估也称为快估。主要是检查特定的风险域,找出过程中的问题所在。该类评估花费很少,需要的培训工作也不多。

对于一个准备全面实施 SCAMPI 的组织来说，可以将其过程改进分成几个层次进行，在不同层次间逐渐引入较高水平的评估：先通过几次 C 类评估找出过程缺陷，改进之后再导向 B 类评估。同样，B 类评估也可以执行多次，慢慢导向进行全面 SCAMPI 基准评估。整个评估过程可参照图 8.9。

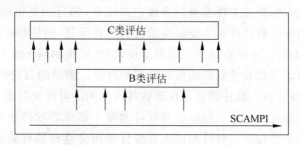

图 8.9　评估时序示例

8.8　案例故事解析

因为海华证券公司的柜面交易系统已经投入使用，对这种在线的系统进行升级会有一定的风险。在进行升级以前，应该对可能包含的风险和可能带来的问题进行仔细分析和评估，并有针对性的制订风险预案和升级计划。在升级前，一定要对软件的升级版本进行系统测试，并采用真实生产数据和在接近真实的系统环境下模拟运行，以发现系统集成过程中可能出现的问题。在升级失败或者出现问题影响系统使用的情况下，应该实施风险预案来保证系统的正常使用，尽可能地减少损失。

另外，软件系统的升级和开发一样，也要制订相应的开发计划和质量保证计划。如果缺少必要的计划和质量保证措施，也会导致很大的问题。软件系统的升级如果出现质量问题，带来的损失可能比在开发过程中出现问题后果更严重。因为这是一个正在使用的系统，如果无法正常使用，可能带来直接的经济损失。如果这样的事情出现在关键领域，甚至会造成生命的损失。因此我们必须向软件开发一样采取必要的质量保证措施来避免或尽可能地减少经济损失。在这个案例故事中，如果因为客户要求的工期比较短，则应该马上与客户进行协商，要求更加充裕的开发和测试时间，并向客户讲明利害关系，获得客户的理解和支持。

针对升级可能出现的风险，为了保险起见，需要制定一套或多套风险预案，并且进行预演。一般在出现问题时马上采用风险预案来减少或避免产生经济损失。在这个案例故事中，李经理应该考虑到如果系统升级失败，应该如何在周一开市时，让用户正常使用该系统。一个可以使用的方案是采取某种措施，使得系统可以较快地恢复到升级前的原始状态，使用老系统提供服务。

8.9　小结

质量是产品的固有属性，是产品性能的度量。McCall 提出了代表软件质量的 11 种特性，它们是：正确性、可靠性、效率、完整性、使用性、维护性、测试性、灵活性、移植性、复用性以及共运行性。ISO/IEC 9126—1991 规定了评价软件质量的 6 个特性：功能性、可靠性、可用性、效率、可维护性和可移植性。一个有效的软件质量保证及管理活动主要包括：软件评审、软件测试、软件缺陷跟踪和缺陷预防等。

软件评审是指由开发人员的技术同行在项目实施的各个阶段进行的有组织的软件浏览、文档与代码审读活动，验证工作是否符合预定的标准，其目的是协助软件开发人员在项目早期找出工作的错误。软件评审不能解决项目的所有问题，但是如果运用得好，可以发现大量的倾向性错误，而且由于评审处于活动的早期，因此错误的纠正成本要低得多。

软件测试是指为了寻找软件缺陷而执行程序的过程。测试的目的是尽可能发现软件的缺陷，而不是证明软件正确。软件测试是保证软件质量的不可或缺的重要组成部分，没有经过测试的软件肯定不能正常运行。但是改善软件质量不能依靠软件测试本身，它是在软件编码与集成后实施的抽样检查。软件测试人员要仔细研究这种抽样的规则，也就是要确定测试方案和测试用例。白盒测试与黑盒测试是最常见的两种不同的软件测试方法。软件测试的过程包括：制订测试计划、测试的组织、测试用例的设计与开发以及测试的执行与报告。

缺陷跟踪包括记录和跟踪缺陷，缺陷来源于软件评审、测试的成果和其他缺陷来源。缺陷的跟踪要从缺陷的发现开始，一直到缺陷改正为止。缺陷的跟踪既要在单个的缺陷水平上进行，即一个一个缺陷地进行跟踪；也要在统计的水平上进行，包括未改正缺陷的总数、已改正缺陷的百分比、改正缺陷花费的时间，等等。

缺陷预防是软件项目管理的新课题，也是软件项目管理的更高要求。软件缺陷预防的基本思想与目标就是确保错误在被标识并被解决后不会再一次发生。实现这一目标的办法就是建立规范的软件缺陷预防过程。书中还介绍了软件质量管理的两个最常用的国际标准：ISO 9001:2000 和 CMM2 软件能力成熟度集成模型。

第三篇
实　践　篇

　　在学习了软件项目管理的各种方法和理论后,读者在遇到实际的软件项目时,仍然可能会感到无从下手,不知道"何时"、"如何"将"哪些"方法和理论应用在项目中,也无法预知使用它们的效果如何。软件过程是综合应用软件管理方法和理论的框架,它为我们有效地进行软件项目管理提供了高层的指导。

　　软件过程是为了获得高质量软件所需要完成的一系列任务的框架,它定义了运用方法的顺序、应该交付的工件、为保证软件质量和协调变化所需要采取的管理措施,以及标志软件开发各个阶段完成的里程碑。

　　为获得高质量的软件产品,软件过程必须将项目管理知识体系PMBOK中9个相对独立的领域融合在一起,并在实践中集中运用。Rational统一过程、敏捷软件开发等都是成功的软件过程,在实际应用中取得很好的效果。通过学习这些软件过程,我们能够掌握在软件开发实践中,如何进行需求管理、成本管理、进度管理、风险管理、配置管理、资源管理和质量管理。

　　另外,将 6σ 管理思想方法引入到软件开发中,能够保证开发出高质量和让用户满意的软件产品。

第 9 章 Rational 统一过程

9.1 什么是 Rational 统一过程

在《Rational 统一过程白皮书》中，对 Rational 统一过程（Rational Unified Process，RUP)描述如下。

1. RUP 是一种软件工程化过程

它提供了在开发组织中分派任务和责任的方法。它的目标是：在可预见的预算前提下，以合理的进度，开发出满足用户需求的高质量软件产品。

2. RUP 还是由 Rational 公司（2003 年被 IBM 收购）开发和维护的一套过程产品

这套产品包括工作指南、模板和工具，可以帮助开发团队提高生产力。通过使用 RUP 产品，无论进行哪种活动（需求分析、设计、测试、项目管理或配置管理），团队成员都能共享已经取得的成果。RUP 的工具支持开发过程的自动化。这些工具可以用来创建和维护软件开发过程中各种工件（也称为"制品"），尤其是各种模型。在变更管理和配置管理工作流程中，这些工具能够帮助开发团队自动更新和维护多种工件。表 9.1 和表 9.2 分别展示了 RUP 提供的部分文档模板和软件工具清单。

表 9.1 RUP 提供的部分模板

文档标题	Word 模板文件名
目标组织评估	rup_tarorgass.dot
业务架构文档	rup_barchdoc.dot
业务词汇表	rup_bgloss.dot
业务规则	rup_brul.dot
业务前景	rup_bvis.dot
业务用例规约	rup_bucs.dot
业务用例实现规约	rup_bucr.dot
补充业务规约	rup_sbs.dot

表 9.2　RUP 提供的软件工具

开 发 工 具	说　　明
流程和项目管理	
Rational Unified Process	IBM Rational 统一开发流程，软件开发方法论
Rational Portfolio Manager	企业级软件开发平台
Rational ProjectConsole	项目管理工具，为项目经理提供很多量化指标来了解项目进展的状态
需求和分析	
Rational RequisitePro	需求管理工具，建立和维护需求之间的追踪关系
Rational Software Modeler	基于 Eclipse 平台的新一代建模工具，支持 UML 2.0 标准
设计与构建	
Rational Rose XDE	可视化建模工具，支持基于 UML 的业务建模、用例建模、应用建模和数据建模
Rational Application Developer	基于 Eclipse 平台的集成化开发环境
Rational Software Architect	基于 Eclipse 平台的新一代开发工具，是 RSM 和 RAD 功能的总和
Rational PurifyPlus	白盒测试工具，包括内存分析工具 Purify、代码覆盖率报告工具 PureCoverage 和性能瓶颈检测工具 Quantify
软件质量保证	
Rational TestManager	测试管理平台，支持测试计划、设计、运行和分析的整个测试过程
Rational Functional Tester	功能回归测试工具，提供录制回放功能来自动化执行测试用例，提高测试效率
Rational Performance Tester	性能测试工具，模拟虚拟用户来对被测系统施加压力，考查被测系统在高负载下工作是否正常
软件配置管理	
Rational ClearQuest	变更请求管理工具，追踪管理项目开发过程中所有的变更请求
Rational ClearCase	配置管理工具，管理项目开发过程中所有工件的版本及基线

3. RUP 还是统一建模语言(Unified Modeling Language，UML)的使用指南

UML 是一种用于交流用户需求、系统设计和系统架构的工业标准语言。UML 由 Rational 公司创建，现在由对象管理组织(Object Management Group，OMG)维护。图 9.1 展示了 RUP 提供的部分工作指南的目录。

4. RUP 本身是可配置的过程

没有一个通用的软件过程能适合所有的软件项目。对于 RUP 来说，可以通过配置和剪裁，使其既能够适合小型开发团队，也能适合大型开发组织。RUP 建立在一个清晰的过程体系基础上，对各种软件开发过程具有一定的通用性。并且，针对不同情况，可以对 RUP 进行配置和剪裁。在 RUP 提供的开发工具包中，有专门的工具对 RUP 进行配置，以适合特定的组织。

图 9.1　RUP 提供的工作指南目录

为适合各种形式的软件项目和开发组织，RUP 还提炼了许多现代软件开发过程的最佳实践。以 RUP 为指导，实施这些最佳实践将为开发团队提供核心竞争优势。RUP 的开发

团队与客户、合伙人、Rational 产品小组及顾问公司协作，以确保 RUP 本身持续更新和提高，并反映最新的开发经验和业界最佳实践。

9.2 核心概念

可以通过一个示意图的形式，把 RUP 的一些核心概念展示出来，如图 9.2 所示。核心概念是图中的节点（图标），概念之间的关系用箭头表示。在理解了 RUP 的核心概念之后，就能进一步了解 RUP 的最佳实践和在软件项目开发中的工作流程了。

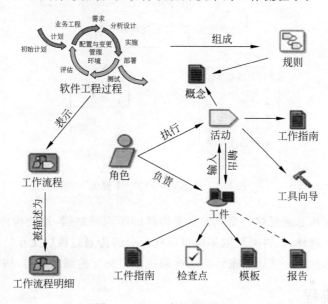

图 9.2　RUP 中的核心概念

9.2.1　架构

架构（Architecture）是关于捕获系统高级层次结构的策略。《UML 参考手册》把架构定义为："系统的组成结构，包括系统的组成部分、组成部分之间的关联性、交互机制和指导原则。它们提供系统设计的信息"。IEEE 把架构定义为"系统在其所处环境中的最高层次的概念"。

描述架构的一个通用方法是"4＋1 视图"，由 Philippe Kruchten 于 1995 年在《IEEE Software》上提出，并被 RUP 采纳。该方法使用的不同架构视图表示不同的架构设计决策，支持不同的目标和用途。

系统架构的主要方面被抽象为该系统的 4 张视图：逻辑视图、开发视图、处理视图和物理视图。它们由第 5 个视图——用例视图整合到一起。如图 9.3 所示。

- 逻辑视图，当采用面向对象的设计方法时，逻辑视图即对象模型。
- 开发视图，描述软件在开发环境下的静态组织。
- 处理视图，描述系统的并发和同步方面的设计。
- 物理视图，描述软件如何映射到硬件，反映系统在分布方面的设计。

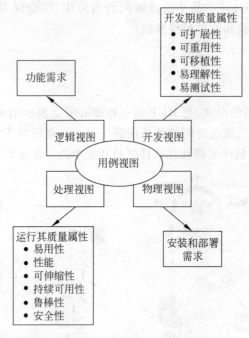

图 9.3 描述架构的"4+1 视图"

软件系统的架构是通过接口交互的重要构件的组织或结构,这些构件又由一些更小的构件和接口组成。这样,软件系统的架构可以逐层分解为通过接口交互的部件、部件之间的关联性以及组装部件的一些限制条件。那些通过接口交互的部件有类、构件和子系统。

9.2.2 工作流程

在 RUP 中,工作流程(Workflow)就是一系列预定义的活动,这些活动产生的结果是建立可见的价值。工作流程不是各种角色、活动和工件的简单组合,而是按照某种特定顺序排列并分配给不同角色的各种活动,在执行完这些活动后,能够产生有价值的结果,并且角色之间存在相互作用。

在 UML 中,工作流程可以表示为序列图、协作图和活动图;在 RUP 中,工作流程可以表示为活动图。对于本章后面将要讲述的每个核心工作流程,都对应了一张活动图。例如,图 9.4 展示了 RUP 中"需求工作流程"中的一系列活动。需求工作流程是 RUP 的一个核心工作流程,它包括了一系列根据实际情况而选择的活动。每个活动又可以用工作流程明细表示。

为了能很好地组织 RUP 中出现的各种工作流程,RUP 将其划分为 9 大核心工作流程,每个核心工作流程都由工作流程明细详细展开说明。图 9.4 表示的"需求工作流程"就是一个核心工作流程,它由分析问题、理解项目干系人需要、定义系统、改进系统定义、管理系统规模和管理需求变更等工作流程明细进行更详细的说明。

1. 核心工作流程

核心工作流程(Core Workflow)是在整个项目中与主要"关注领域"相关的活动的集

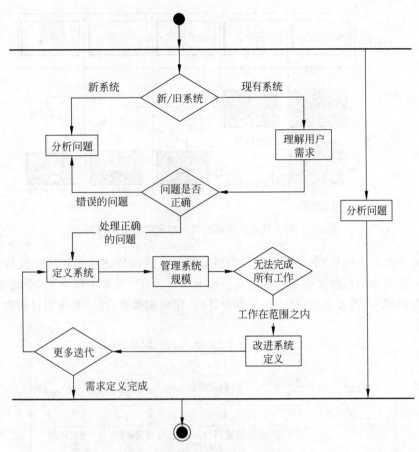

图 9.4 需求工作流程

合。RUP 划分了 9 大核心工作流程,如图 9.5 所示。将活动划分出核心工作流程主要是帮助开发人员从传统的瀑布模型角度了解项目。例如,在通常情况下,软件的开发可以按照业务建模、需求、分析设计、实施、测试和部署的顺序进行,而配置与变更管理、项目管理和环境管理则贯穿项目整个生命周期。将活动分成不同的核心工作流程使活动更容易理解;但也会使时间安排变得比较困难,很多时候不同的工作流程在时间上是有重叠的。

图 9.5 采用树形结构表示的 RUP 9 大核心工作流程

以"需求工作流程"为例,核心工作流程是半条理化的顺序活动,要达到特定的结果才能执行这些活动。核心流程"半条理"的性质强调核心工作流程不能反映出安排"真实工作"的实际细微差别,因为它们不能描述活动的可选性或实际项目的迭代性。然而它们仍然是有价值的。通过将流程分解成较小的"关注领域",它为我们提供了一种了解流程的方法。

如图 9.6 所示,每个核心工作流程都有一个或多个相关的模型,这些模型又是由相关的工件组成的。最重要的工件是每个核心工作流程结束时产生的模型,如用例模型、设计模型、实施模型和测试模型等。

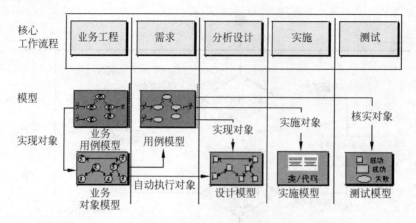

图 9.6 每个核心工作流程都与特定的模型集相关

对于每个核心工作流程,还关联着一个活动概述。活动概述显示该工作流程中的所有参与人员角色和每个角色需要执行的活动。图 9.7 展示了"需求工作流程"中的活动概述。在这个工作流程中,需要系统分析员、架构设计师、用例阐释者、用户界面设计员和需求复审员的参与。

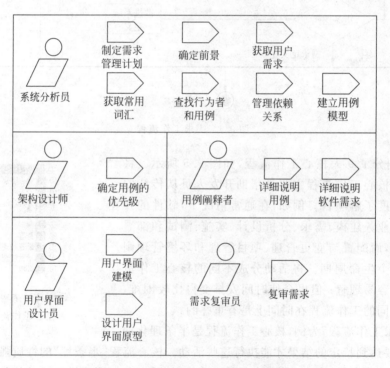

图 9.7 "需求工作流程"中的活动概述

另外,每个核心工作流程也还关联着一个工件概述。工件概述显示工作流程中涉及的每个角色要完成的所有工件。图 9.8 展示了"需求工作流程"的工件概述。在这个工作流程中,系统分析员、用例阐释者和用户界面设计员都需要完成指定的工件。

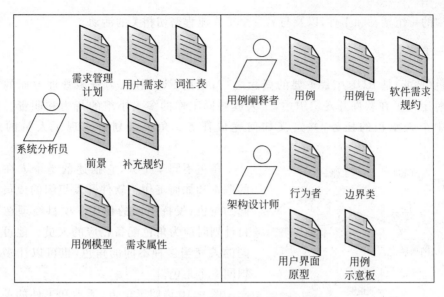

图 9.8 "需求工作流程"中的工件概述

2. 工作流程明细

对于大多数核心工作流程，还可以把它细化，表示为一组详细的工作流程明细图（Workflow Detail）。这些图展示了核心工作流程所涉及的角色、输入和输出工件以及要执行的活动之间的相互关系。例如，图 9.9 展示了"需求工作流程"中"分析问题"活动的工作流程明细。

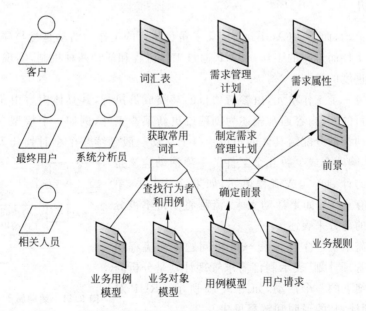

图 9.9 "需求工作流程"中"分析问题"活动的工作流程明细

核心工作流程之间不是完全独立的。例如，在实施和测试工作流程中都有集成情况发生，并且在实际情况中，从来不会执行其中一个而不执行另一个。工作流程明细可以显示工作流程中的一组活动和工件,以及与另一个工作流程密切相关的活动。

9.2.3 角色

角色(Role)是 RUP 中最重要的概念之一,也是 RUP 在人力资源管理方面的重要实践。角色定义了在软件开发组织中,个人或协同工作的多人小组的行为和职责。角色代表项目中个人承担的任务,并定义如何完成任务。角色的划分实现了人员的组织与分工。

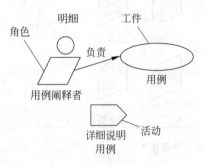

图 9.10 角色、活动和工件 3 者之间的关系

角色不同于个人,它描述的是个人在业务中的职责和如何工作。软件开发组织的成员充当不同的角色,发挥不同的作用。项目经理在制订项目计划时应为角色配备相应的人员。他可以让不同的人充当多种不同的角色,也可以让多个人承担同一个角色。

图 9.10 说明了角色、活动和工件的关系。每个角色要执行一组相互联系的活动。这些活动紧密相关,在功能上互相补充,所以最好由同一个人来执行,因而也就归属于同一个角色。活动与工件密切相关:工件是活动的输入和输出,并提供活动之间的通信机制。

RUP 中定义了数量众多的角色,包括分析员角色、开发人员角色、测试专业人员角色、经理角色和其他角色等。它们构成了一个角色集。

9.2.4 活动

角色从事活动,而活动(Activity)定义了角色执行的工作。活动是参与项目的角色为提供符合要求的工件而进行的工作。RUP 通过工作流程和活动两种机制,实现对软件项目的分解和对项目进度的控制。

一项活动是一个工作单元,由参与项目的某类成员执行,其具体内容由角色进行说明。活动有明确的目的,其内容通常表述为创建或更新某些工件,例如一个模型、一个类或一个计划。每个活动都被分配给具体的角色。一个活动一般延续几个小时到几天,它通常涉及一个角色,只影响一个或少数几个工件。一项活动应该是一个便于实施的计划单元或流程单元,如果活动太小,单独划分出来没有意义;如果活动太大,流程将不得不被分解为一项活动的部分来表述。

例如,用"需求核心工作流程→分析问题工作流程明细→制订需求管理计划"表示制订需求管理计划是分析问题工作流程明细下的一个活动,如图 9.11 所示。RUP 对"制订需求管理计划"的说明和解释见表 9.3。

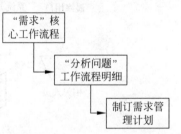

图 9.11 活动属于工作流程明细

有时可能要对同一的工件重复进行多次活动,特别是当由同一角色从一次迭代到另一次迭代,对系统进行改进和扩展的时候更是如此。

表 9.3 RUP 对"制订需求管理计划"活动的说明

目的	记录需求、需求属性以及记录可追踪性和产品需求管理的指南
输入工件	业务规则 前景
生成工件	需求管理计划 需求属性
角色	系统分析员
工作流程明细	◆ 核心工作流程：需求 　■ 分析问题
说明	应该制订需求管理计划,以便指定一些要收集的信息和控制机制,用于评测、报告和控制对产品需求的变更 在开始说明项目需求之前,必须决定如何记录并组织它们,还要决定在整个项目生命周期内需求管理是如何使用需求属性 将所有决定信息(涉及需求文档、需求类型、需求属性和可追踪性的指南和策略)都记录在需求管理计划中

9.2.5 步骤

大部分活动还可细分为步骤(Step)。步骤主要分为以下 3 类：
- 构思步骤,在这一步骤中,角色了解任务的实质,收集并检查输入工件,规划输出结果。
- 执行步骤,在这一步骤中,角色创建或更新某些工件。
- 复审步骤,在这一步骤中,角色按某些标准检查结果。

一项活动并非在每次实施时都一定执行所有步骤,它们可以表示为备用流程的形式。例如,"查找用例(use case)和行为者(actor)"的活动可以分解为以下步骤：

① 查找行为者。
② 查找用例。
③ 说明行为者和用例的交互方式。
④ 将用例和行为者打包。
⑤ 在用例图中显示用例模型。
⑥ 生成用例模型的概览。
⑦ 评估结果。

查找部分步骤①～③需要一些思考,属于构思步骤；执行部分步骤④～⑥涉及在用例模型中获得结果,属于执行步骤；在复审部分,步骤⑦角色评估结果的完整性、鲁棒性、可理解性或其他品质,属于复审步骤。

9.2.6 工件

工件(Artifact)是工作流程的产品,角色使用工件执行活动,并在执行活动的过程中制造出新的工件。工件分为输入工件和输出工件。工件是单个角色的职责,它体现的是这样一种思想：工作流程中的每条信息都必须由一个具体的人负责。当然,即使一个人可能"拥有"某个工件,其他人仍可以使用该工件。如果授予适当的权限,或许其他人还可以更新这个工件。

图 9.12 显示了信息如何通过工件在项目中流动。箭头表示一个工件的变更如何沿着箭头的方向影响到其他工件。

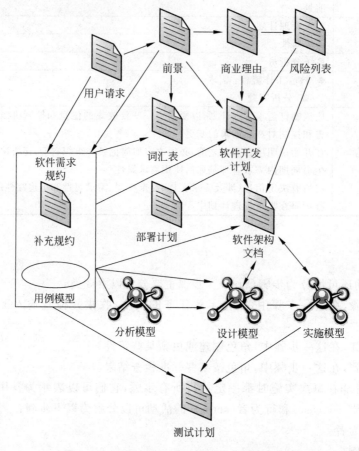

图 9.12　流程中的主要工件和工件间的信息流

工件有多种形式,可交付工件只是所有工件的一部分,它最后将被交付给客户和最终用户。有些工件并不需要交付给客户和最终用户。工件可以是下面几种形式:

- 模型,例如用例模型或设计模型,它包含其他工件。
- 模型元素,即模型中的元素,例如设计类、用例或设计子系统。
- 文档,例如用户需求或软件架构文档。
- 源代码或某种构件。
- 可执行程序。

工件最容易受版本控制和配置管理的影响。有时因为工件的粒度太小,配置管理工具无法对基本的被包容工件进行版本控制,只能对容器工件进行版本控制。例如,可以控制整个设计模型(或设计包)的版本,但无法控制它们所包含每个类的版本。

还要注意,在 RUP 中工件通常不是文档。其他许多软件开发过程(例如瀑布模型)将注意力过多地放在文档上,特别是书面文档上。RUP 并不鼓励系统地编写书面文档。管理项目工件最有效和实用的方法是在创建和管理工件的相应工具中维护工件。如果需要,可以随时利用这些工具直接生成文档。也可以考虑将工件和工具一起（而不是书面文档）交付给组织内部相关各方。这种方法可以确保信息总是最新的，是基于实际项目工作的，并不必专门制作。

下面列出了一些典型的工件示例，它们都不是简单的书面文档，而是通过相应工具来制作和维护的阶段性工作成果。
- 存储在 Rational Rose 中的设计模型。
- 存储在 Microsoft Project 中的项目计划。
- 存储在 Clear Quest 中的缺陷。
- Requisite Pro 中的项目需求数据库。

为了简化工件的组织结构，RUP 以"信息集"或"工件集"的形式将工件组织起来。工件集是打算用来完成相似目的的一组相关的工件。图 9.13 展示了采用树状结构表示的工件和工件集。

图 9.13　采用树状结构表示的工件和工件集

在一个迭代开发过程中，在进入下一个阶段之前，各种工件并不会在一个阶段产生、完成甚至固定下来。工件集在整个迭代周期中是不断完善的和不断积累的。到了迭代周期的某个阶段，才会产生比较完备的工件集。图 9.14 展示了工件集的演进过程。

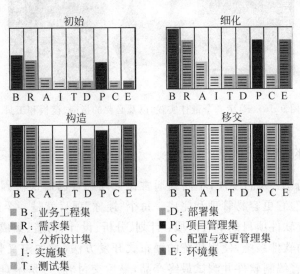

- B：业务工程集
- R：需求集
- A：分析设计集
- I：实施集
- T：测试集
- D：部署集
- P：项目管理集
- C：配置与变更管理集
- E：环境集

图 9.14　不断增长的工件集

9.3　6个最佳实践

软件项目失控的原因已经在第 1.5.2 节中分析过了。如果解决了软件项目失控的原因，那么不仅消除了那些症状，而且可以更好地以一种可循环的、可预测的方式来开发和维护高质量的软件产品。这需要我们使用"最佳的软件实践"。

"最佳实践"是指在商业中综合运用,并能够解决软件开发根本问题的策略。之所以称为"最佳实践",不仅是因为它创造的价值可以被精确量化,还因为它被 IT 工业界很多成功的组织广泛使用。

在 RUP 中就存在着这样一些优秀的软件开发策略,它们能够帮助软件开发组织有效开发和部署经过商业化验证的软件。它们就是 RUP 的"最佳实践"。为使整个团队有效运用最佳实践,RUP 还提供了必要的工作指南、模板和自动化的工具,它们之间的关系如图 9.15 所示。RUP 的 6 个最佳实践是:

- 迭代式的软件开发。
- 需求管理。
- 使用基于构件的架构。
- 可视化软件建模。
- 验证软件质量。
- 控制软件变更。

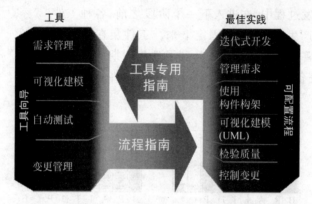

图 9.15　RUP 6 个最佳实践,以及必要的指南、模板和工具

9.3.1　迭代式的软件开发

迭代的思想很简单:人们发现,小问题通常比大问题容易解决。因此把软件项目划分成更小的"迷你项目",它更容易管理和完成。每个"迷你"项目就是一个迭代。而事实上,每个迭代都包含了传统软件项目的所有阶段:计划、分析、设计、构造、集成、测试和部署等。

对于当今复杂的软件系统,使用传统的瀑布式开发方法(首先定义整个问题,然后设计完整的解决方案,接着编制软件并测试最终产品,最后交付客户)是困难的。迭代方法能够通过一系列细化和若干个渐进的反复的过程生成有效的解决方案,因而是一种可行的软件开发方法。

每次迭代结束时,都会产生最终系统的一部分和任何项目相关文档的基线。通过逐步迭代构造新的基线,直到完成最终系统。两个连续基线之间的差异被称为增量。

参考图 9.16 所展示的过程,具体的操作方法是:首先把项目划分成小的子项目,也就是迭代;然后在每个迭代中,通过逐步细化的方式,构造系统的可运行的功能模块,也就是增量;最终不同的模块集成在一起,产生完整的功能系统。

RUP 的迭代式软件开发方法,极大地减少了项目的风险。首先,每个迭代过程以系统

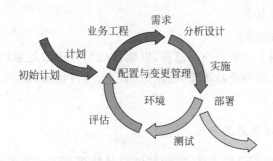

图 9.16 RUP 的迭代和增量过程

的可执行版本告终,开发队伍停留在产生结果上。这样至少每个迭代结束后,都会产生可运行的系统或子系统。其次,在迭代过程中,最终用户不断介入和提出反馈意见,使得需求上战略性的变化更为容易满足。第三,软件开发的每个阶段都要满足的里程碑约束、频繁的状态检查和大量可验证的方法等措施,能够确保项目按计划进行。

通过对比图 9.16 和图 1.3 的瀑布模型可以看出,RUP 的迭代式软件开发方法同传统瀑布模型之间有很大的不同。对于 RUP 而言,在软件项目的整个过程中将多次经历 RUP 的核心工作流程。

总结下来,迭代过程具有以下优点:
- 减小了项目风险。
- 更容易对需求变更进行控制。
- 高度的可重用性。
- 项目小组可以在开发中学习。
- 更佳的系统总体质量。

9.3.2 需求管理

1. 在 RUP 中进行需求管理的意义

RUP 把需求定义为"正在构建的系统必须符合的条件或具备的功能",并描述了如何提取组织需要的功能和限制;跟踪和文档化折中方案和决策;捕获和进行商业需求交流。需求管理是一种系统性的方法,用于抽取、组织、交流和管理软件密集型系统或应用程序中不断改变的需求。有效的需求管理具有以下优点。

(1) 更好地控制复杂项目

RUP 认为缺乏对需求的理解是造成项目失控的普遍原因,会导致预期的系统功能和已确认需求的扩大。

(2) 提高软件质量和客户满意度

最根本的软件质量度量标准是检查一个系统是否完成了它应该完成的目标。只有当所有的项目干系人对于必须构造什么和必须测试什么有着共同的理解时,他们才能评估这个系统。

(3) 降低项目成本和延迟

修正需求中错误的代价是十分昂贵的,因此在开发周期的早期减少错误可以降低项目成本并防止项目移交的延迟。

(4) 增强团队中的交流

需求管理有利于用户在早期介入过程,以确保应用程序满足他们的需求。好的需求管理确立了对项目需求和各种项目干系人(用户、客户、项目经理、设计人员、开发人员和测试人员)的责任的共识。

2. RUP 捕获和描述需求的方法

RUP 使用用例和视图两种工具,它们被证明是捕获和描述需求的卓越方法,并确保由它们来驱动随后的系统设计、实现和系统测试,使最终的系统更能满足用户的需要。它们给开发和部署系统提供了连续的和可被跟踪的依据。

用例方法是完全站在用户的角度上来描述系统的功能,所要回答的问题是"系统应该为每个用户做什么"。它把系统看作一个黑箱,先不去关心系统内部是如何完成功能,而仅描述被定义系统有哪些外部使用者会与其发生交互。针对每一个参与者,用例仅描述系统为这些参与者提供了什么样的服务,或者说系统是如何被这些参与者使用的。

在所有用例构成的用例模型中,判断系统各项功能是否重要或有价值的标准,是考虑系统为每个用户提供的价值,包括该功能辅助哪个用户进行工作?需要提供什么业务?能够为业务增加多少价值?因此,用例能够用于发现每个用户需要的功能,避免冗余功能,从而有效确定系统的范围和行为,使整个系统的业务为每个用户提供最大的价值。

3. "4+1 视图"帮助捕获和描述需求

在第 9.2.1 节中已经介绍了 Philippe Kruchten 的"4+1 视图"。下面不从架构的角度,而是从捕获和描述需求的角度进一步说明。

① 逻辑视图关注功能,不仅包括用户可见的功能,还包括为实现用户功能而必须提供的辅助功能模块,它们可能是逻辑层、功能模块等。

② 开发视图关注程序包,不仅包括要编写的源程序,还包括可以直接使用的第三方 SDK(Software Development Kit,软件开发工具包)、构件、现成框架和类库,以及开发的系统将运行于其上的系统软件或中间件。开发视图和逻辑视图之间可能存在一定的映射关系,比如逻辑层一般会映射到多个程序包等。

③ 处理视图关注进程、线程和对象等运行时概念,以及相关的并发、同步和通信等问题。处理视图和开发视图的关系是:开发视图一般偏重程序包在编译时期的静态依赖关系,而这些程序运行起来之后会表现为对象、线程和进程;处理视图关注的正是这些运行时单元的交互问题。

④ 物理视图关注目标程序及其依赖的运行库和系统软件最终如何安装或部署到物理机器,以及如何部署机器和网络来配合软件系统的可靠性、可伸缩性等要求。物理视图和处理视图的关系是:处理视图特别关注目标程序的动态执行情况,而物理视图重视目标程序的静态位置;物理视图是综合考虑软件系统和整个 IT 系统相互影响的架构视图。

在第 9.3.7 节,将通过一个案例说明在 RUP 中,如何利用视图和用例来捕获和描述需求。

9.3.3 使用基于构件的架构,以架构为中心的过程

在整个生命周期中,用例对 RUP 起着驱动作用,但是设计活动则是以架构为中心的。在全力以赴开发之前,RUP 关注早期开发,将健壮的、可执行的系统架构作为基线。它描述了如何设计灵活的、可修改的,直观的、容易理解的,并且促进有效构件重用的弹性结构。在项目初期的几次迭代中,主要目标是产生并验证一个可用的软件架构。这个架构以一个可执行的架构原型的形式存在,在后来的迭代周期中此架构将逐步演化为最终的系统。

RUP 提供了一个设计、开发和验证架构的系统性的方法。它还提供了一个模板,用以描述建立在多重架构视图概念基础上的架构。它规定了架构风格、设计原则和约束。设计过程包括确定架构约束、架构重要元素,以及确定如何选择架构的指导原则等专门活动。管理过程告诉我们如何计划早期的迭代过程,其中要考虑到架构设计和主要技术风险的解决方法。

RUP 支持基于构件的软件开发。构件是实现清晰功能的模块、包或子系统,它完成一个明确的功能,有着明确的界限,并且能够集成到一个定义良好的架构中。它是抽象设计的物理实现。RUP 提供了使用新的及现有构件定义架构的系统化方法。它们被组装为定义良好的结构,或是特殊的、底层结构,如 EJB、CORBA 和 COM 等的工业级重用构件。

基于构件的开发可以有不同的方式:

- 在定义一个模块化的架构时,要确定、分离、设计、开发和测试已成型的构件。这些构件可以分别测试并逐渐集成,最终成为完整系统。
- 还有一些构件,尤其是那些可以为很多普遍存在的问题提供共同解决方案的构件,可以被开发成可复用的构件。这些可复用构件要比纯粹的公用程序或类库的集合大很多。它们形成了一个组织中复用的基础,提高了整个软件的生产率和质量。
- 支持软件构件概念的基础结构在商业上也取得了成功,这促进了用于不同领域的现成商业构件的发展。开发人员可以购买并集成商业构件,而不用自行开发。

上面所述的第一条使用了模块和封装等旧的概念,并对面向对象技术的基础概念做了进一步深化。后面两条将软件的开发从编写软件代码转型到组装软件构件,是"软件作坊"到"软件工厂"的飞跃和发展。

RUP 通过以下几种方式支持基于构件的开发:

- 迭代方法允许开发人员逐渐确定构件,并决定哪些构件需要开发,哪些构件可以复用,哪些构件要去购买。
- 利用系统架构的概念,可以使开发团队明确整个系统的结构。架构列举了构件和集成它们的方法,同时也描述了它们交互作用的基础机制和模式。正如上面的案例所说明的情况。
- 在分析和设计中将用到如包、子系统和层这样的概念来组织构件和指定接口。
- 开始对独立构件组织测试,随后将逐渐扩大到对更大的集成构件进行测试。

9.3.4 可视化软件建模

RUP 的很大部分是在开发过程中开发和维护系统模型。模型有助于系统分析员理解

并找到问题,形成问题的解决方案。模型是现实的简化,可以帮助项目团队掌握很难完全把握的较大的复杂系统。开发过程显示了对软件如何可视化建模,捕获系统架构和构件的结构与行为。这允许项目团队隐藏细节,并使用"图形构件块"来书写代码。可视化的抽象帮助程序员沟通软件的不同方面,观察各元素如何配合在一起,确保构件模块接口一致,保持设计和实现的一致性,促进明确的沟通。

工业级标准 UML 是成功进行可视化软件建模的基础。UML 是一种图形语言,用来将软件密集型系统的工件可视化、具体化、构造并记录这些工件。UML 提供一种规划系统蓝图的标准方法,其中包括概念性内容,如业务过程和系统功能;也包括具体内容,如用某种特定的语言编写的类、数据库模式和可复用的软件构件。事实上,UML 是整个 RUP 不可分割的部分,它们是共同发展起来的。

UML 是描述不同模型的通用语言,但是它不能告诉项目团队如何开发软件。它提供了词汇表,但是它没有告诉我们如何书写。这就是 Rational 联合 UML 开发 RUP 的原因,这样 RUP 指导开发团队如何有效地使用 UML 建模,它描述了开发团队需要什么样的模型,为什么需要这样的模型以及如何构造这样的模型。

9.3.5 验证软件质量

应用程序的拙劣性能和可靠性是当今软件的诟病。质量应该基于可靠性、功能、应用和系统性能,并且根据需求来进行验证。RUP 帮助计划、设计、实现、执行和评估这些测试类型。质量评估内建于过程和活动,包括全体成员,使用客观的度量和标准,并且不是事后型的或单独小组进行的分离活动。

9.3.6 控制软件变更

在迭代开发中很多工件常常会被修改。由于迭代开发中开发的计划和执行都具有灵活性,并允许变更需求,因此迭代开发非常强调跟踪这种变更和确保每一个人、每件事的同步进行。变更管理密切关注开发组织的需求,它是对需求、设计和实现中的变更进行管理的一种系统性方法。它也涵盖一系列重要的活动,如跟踪错误、误解和项目任务,同时将这些活动与特定工件和发布版本联系起来。变更管理与配置管理和产品度量有着密切的关系。

RUP 的核心工作流程描述了如何控制、跟踪和监控修改以确保成功的迭代开发。它同时指导如何通过隔离修改和控制整个软件产品(如模型、代码和文档等)的修改来为每个程序员建立安全的工作区。另外,它通过描述如何进行自动化集成和建立管理使开发团队如同单独的个体一样工作。

9.3.7 案例:利用视图和用例来捕获和描述需求

新世纪软件公司的项目组要针对某种型号的设备开发一套调试系统。用户的基本需求是:设备调试员使用调试系统,可以实时查看设备状态和发送调试命令。设备的状态信息由专用的数据采集器实时采集。

1. 用例图描述需求

根据需求描述,可以设计出该系统的用例图,如图 9.17 所示。

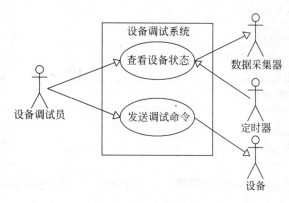

图 9.17 设备调试系统的用例图

经过项目组同用户的多次讨论和细化,最终确定的需求归纳为表 9.4。

表 9.4 设备调试系统的用户需求

非功能需求			功能需求
约束	运行期质量属性	开发期质量属性	
程序的嵌入式部分必须用 C 语言开发 一部分开发人员没有嵌入式开发经验	高性能	易测试性	查看设备状态 发送调试命令

随后,项目组运用"4+1 视图"方法,用不同视图进行架构设计,分门别类地满足不同方面的用户需求。

2. 使用逻辑视图设计满足功能需求的架构

首先根据功能需求进行初步设计,进行大粒度的职责划分,如图 9.18 所示。
① 应用层负责设备状态的显示,并提供模拟控制台供用户发送调试命令。
② 应用层使用通信层和嵌入层进行交互,但应用层不知道通信的细节。
③ 通信层负责在 RS232 协议之上实现一套专用的"应用协议"。
④ 当应用层发送来包含调试指令的协议包,由通信层负责按 RS232 协议将之传递给嵌入层。
⑤ 当嵌入层发送来原始数据,由通信层将之解释为应用协议包发送给应用层。
⑥ 嵌入层负责对调试设备控制,并高频度地从数据采集器读取设备状态数据。
⑦ 设备控制指令的物理规格被封装在嵌入层内部,读取数据采集器的具体细节也被封装在嵌入层内部。

3. 使用开发视图设计满足开发期质量属性的架构

软件架构的开发视图应当为开发人员提供切实的指导。任何影响全局的设计决策都应由架构设计来完成,这些决策如果放到了后边,最终到了大规模并行开发阶段才发现,可能造成大量出现"程序员拍脑门临时决定"的情况,软件质量必将下降甚至导致项目失败。

其中,采用哪些现成框架、哪些第三方 SDK 和哪些中间件平台,都应该考虑是否由软件架构的开发视图确定下来。图 9.19 展示了设备调试系统的一部分软件架构开发视图:应用层将基于 MFC 设计实现,而通信层采用了某串口通信的第三方 SDK。

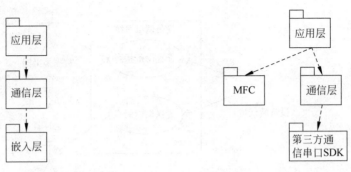

图9.18 设备调试系统架构的逻辑视图　　图9.19 设备调试系统架构的开发视图

4. 使用开发视图说明系统的目标程序如何而来

对于约束性需求来说,约束应该是每个架构视图都应该关注和遵守的设计限制。例如,考虑到"部分开发人员没有嵌入式开发经验"这条约束,架构师有必要明确说明系统的目标程序是如何编译而来的。图9.20展示了整个系统的桌面部分的目标程序 pc-module.exe 和嵌入式模块 rom-module.hex 是如何编译而来的。这个全局性的描述对没有经验的开发人员提供了真实感,有利于全面地理解系统的软件架构。

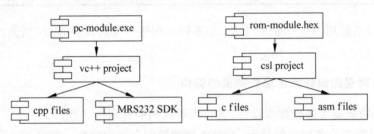

图9.20 设备调试系统架构的开发视图

5. 使用处理视图设计满足运行期质量属性需求的架构

性能是软件系统运行期间所表现出的一种质量水平,一般用系统响应时间和系统吞吐量来衡量。为了达到高性能的要求,软件架构师应当针对软件的运行时情况进行分析与设计,这就是所谓的软件架构的处理视图的目标。处理视图关注进程、线程和对象等运行时概念,以及相关的并发、同步和通信等问题。图9.21展示了设备调试系统架构的处理视图。

可以看出,架构师为了满足高性能需求,采用了多线程的设计:

① 应用层中的线程代表主程序的运行,它直接利用了MFC的主窗口线程。无论是用户交互,还是串口的数据到达,均采取异步事件的方式处理,杜绝了任何"忙等待"无谓的耗时,也缩短了系统响应时间。

② 通信层有独立的线程控制着"进进出出"的数据,并设置了数据缓冲区,使数据的接收和数据的处理相对独立,从而数据接收不会因暂时的处理忙碌而停滞,增加了系统吞吐量。

③ 在嵌入层的设计中,分别通过时钟中断和RS232口中断来触发相应的处理逻辑,达到轮询和收发数据的目的。

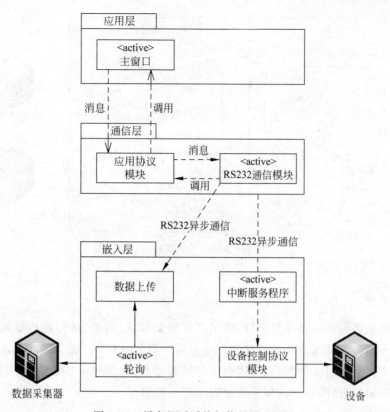

图 9.21 设备调试系统架构的处理视图

6. 使用物理视图表示和部署相关的架构决策

软件最终要驻留、安装或部署到硬件才能运行,而软件架构的物理视图关注目标程序及其依赖的运行库和系统软件最终如何安装或部署到物理机器,以及如何部署机器和网络来配合软件系统的可靠性、可伸缩性等要求。图 9.22 所示的物理架构视图表达了设备调试系统软件和硬件的映射关系。可以看出,嵌入部分驻留在调试硬件中,而 PC 上是常见的应用程序的形式。

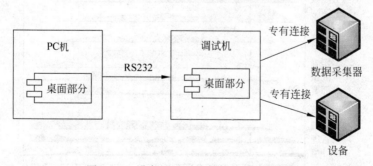

图 9.22 设备调试系统架构的物理视图

项目组还可能根据具体情况的需要,通过物理架构视图更明确地表达具体目标模块及其通信结构,如图 9.23 所示。

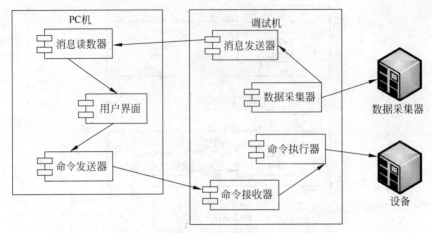

图 9.23 设备调试系统架构的物理视图

7. 案例小结

深入理解软件需求分类的复杂性,明确区分功能需求、约束、运行期质量属性和开发期质量属性等不同种类的需求才能设计和开发出用户满意的软件产品。各类需求对架构设计的影响截然不同。通过案例的分析,展示了如何通过 RUP 的"4+1 视图"和用例方法,针对不同需求进行架构设计,从而确保重要的需求一一被满足。

9.4 RUP 的二维结构

在了解了 RUP 的 8 个核心概念和 6 个最佳实践之后,我们来看在实际过程中 RUP 如何指导软件的开发。RUP 的开发过程可以用二维结构或沿着 X、Y 两个坐标轴来表达,如图 9.24 所示。

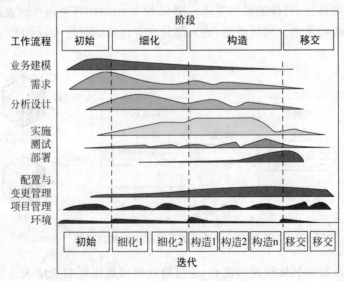

图 9.24 RUP 的二维结构

- 横轴代表了项目计划持续的时间（历时），体现了过程的动态结构，称为阶段和迭代时间轴。它以术语周期、阶段、迭代和里程碑来表达。
- 纵轴代表了每个阶段都要经历一个（或多个）核心工作流程，体现了过程的静态结构，称为工作流程轴。每个工作流程通过活动、工件和角色等术语来描述。
- 在坐标里面，不同颜色的区域对应左侧不同的工作流程。同一工作流程在不同阶段的区域的面积不同，面积越大，说明这个阶段该工作流程的活动越多，是这个阶段的重点工作；面积越小，说明活动越少，不是这个阶段的重点工作。

9.4.1 动态结构：阶段和迭代时间轴

这是开发过程按时间推移的动态组织结构。在这里，RUP 将软件生命周期划分为若干个更为细致的迭代周期，每一个周期都在上一个周期开发的产品基础上工作。周期被划分为 4 个连续的阶段：初始（Inception）阶段、细化（Elaboration）阶段、构造（Construction）阶段和移交（Transition）阶段。

每个阶段又可以进一步被分解为迭代过程。迭代过程是生成可执行产品版本的完整开发循环。每个迭代过程的输出工件都是最终产品的一个子集，它们从一个迭代过程到另一个迭代过程递增式增长形成最终的系统。图 9.25 表示了 RUP 的阶段和里程碑的含义。

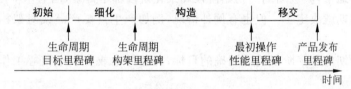

图 9.25　RUP 的阶段和里程碑

从管理的观点来看，每个阶段的结束都有一个主要的里程碑标志，必须达到关键的目标才算到达了里程碑；每个阶段就是两个主要里程碑之间的时间跨度。在每个阶段结束时要进行评估，以确定是否实现了此阶段的目标。良好的评估可使项目顺利进入下一阶段。

在进度和工作量方面，所有阶段都各不相同。尽管不同的项目有很大的不同，但对于一个中等规模项目，在初始开发周期应该预先考虑到工作量和进度间的分配，见表 9.5。这种分配比例关系也可表示为图 9.26 所示的形式。

表 9.5　工作量和进度间的预先分配

	初始	细化	构造	移交
工作量	5%	20%	65%	10%
进度	10%	30%	50%	10%

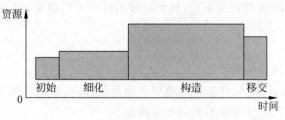

图 9.26　工作量和进度间的预先分配

根据表 9.5 和图 9.26 的数据显示,初始和细化阶段的工作量较少,构造阶段的工作量相当大。但是,通过使用某些自动构建工具,可以缓解此现象,使构造阶段的工作量比初始阶段和细化阶段之和要小。

如图 9.27 所示,每次完成这 4 个阶段就是一个开发周期;每个开发周期都会产生新一代软件产品。除非产品"死亡",否则通过重复同样顺序的 4 个阶段,产品又将演进为下一代产品。当然,每一次迭代都会侧重于不同的阶段。只有第一个开发周期被称为初始开发周期,随后的周期都称为演进周期。随着产品经历了几个开发周期,新一代完整的产品诞生了。

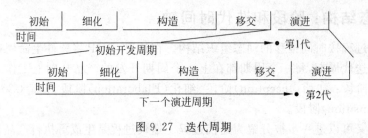

图 9.27　迭代周期

用户建议的扩展、用户环境中的变更、基础技术方面的变更和对竞争的反应等都会引发新的演进周期。通常,演进周期的初始阶段和细化阶段都小得多,因为基本产品定义和架构在前面的开发周期就决定了。但也有例外情况,例如产生重要产品或对架构进行重新定义的演进周期。

一个迭代周期的每个阶段均有明确的目标,涵盖一个或者多个核心工作流程和必须完成的里程碑。

1. 初始阶段

初始阶段用来为系统建立商业案例和确定系统的边界,也就是获得项目的基础。为了达到该目的,必须识别所有与系统交互的外部实体,在较高层次上定义外部实体与系统之间的交互关系。这包括识别所有用例和描述一些重要的用例。其他活动还包括制订验收规范、风险评估、所需资源估计以及制订体现主要里程碑日期的阶段计划。初始阶段主要对新的开发工作具有重大意义,新工作中的重要业务风险和需求风险问题必须在项目继续进行之前得到解决。

从图 9.24 中可以看出,初始阶段的重点是业务建模工作流程和需求工作流程。如何决定构造技术或者概念验证原型,需要做一些设计和实现。由于仅有的软件工件是将要抛弃的原型,所以测试工作流程对于本阶段不适用。

本阶段具有非常重要的意义。参与该阶段的主要角色是项目经理和系统架构师。而且对于重点是扩展现有系统的项目来说,初始阶段的时间可能很短,但重点仍然是确保项目值得进行而且可以进行。

(1) 目标

初始阶段的主要目标包括:
- 捕获基本需求,明确软件系统的范围和边界条件,包括从功能角度的前景分析,产品验收标准,哪些做与哪些不做的相关决定。
- 明确区分系统的关键业务用例和主要的功能场景。

- 建立可行性模型,包括验证技术决策的技术原型和验证业务需求的概念模型。展现或者演示至少一种符合主要场景要求的候选软件架构。
- 对整个项目进行最初的项目成本和进度估计。
- 识别潜在的风险,主要指各种不确定因素造成的潜在风险。
- 准备好项目的软硬件支持环境。

(2) 核心活动
- 明确地说明项目规模。这涉及了解环境以及最重要的需求和约束,以便于得出最终产品的验收标准。
- 计划和准备商业理由。评估风险管理、人员配备、项目计划和成本/进度/收益率折中的备选方案。
- 综合考虑备选架构,评估设计和自制/外购/复用方案的折中,从而估算出项目成本、进度和资源。此处的目标在于通过对一些概念的证实来证明可行性。该证明可采用可模拟需求的模型形式或用于探索被认为高风险区域的初始原型。初始阶段的原型设计工作应该限制在确信解决方案可行就可以了,该解决方案在细化和构造阶段实现。
- 准备项目的环境,评估项目和组织,选择工具,决定流程中要改进的部分。

(3) 里程碑

初始阶段末是第一个重要的项目里程碑,即"生命周期目标里程碑",用来评估项目的基本可行性。此时,需要评审项目的生命周期目标,并决定继续进行项目还是取消项目。

里程碑的评审标准是:
- 规模定义和成本/进度估算结果可行。
- 对是否已经获得正确的需求集达成一致意见,并且对这些需求的理解是相同的。
- 对成本/进度估算、优先级、风险和开发流程是否合适达成一致意见。
- 已经确定所有风险并且有针对每个风险的风险缓解策略。

如果项目无法达到该里程碑,则它可能中途失败或需要再进行更深入的考虑。

(4) 交付工件

见表 9.6。

表 9.6 初始阶段交付的工件

核心工件(按照重要性排序)	里程碑状态
前景	已经对核心项目的需求、关键功能和主要约束进行了记录
商业理由	已经确定并得到了批准
风险列表	已经确定了最初的项目风险
软件开发计划	已经确定了最初阶段及其持续时间和目标。软件开发计划中的资源估算(特别是时间、人员和开发环境成本)必须与商业理由一致 资源估算可以涵盖整个项目直到交付所需的资源,也可以只包括进行细化阶段所需的资源。此时,整个项目所需的资源估算应该看作是大致的"粗略估计"。该估算在每个阶段和每次迭代中都会更新,并且随着每次迭代变得更加准确 根据项目的需要,可能在某种条件下完成了一个或多个附带的"计划"工件。此外,附带的"指南"工件通常也至少完成了"草稿"

续表

核心工件(按照重要性排序)	里程碑状态
迭代计划	第一个细化迭代的迭代计划已经完成并经过了复审
产品验收计划	完成复审并确定了基线;随着其他需求的发现,将对其在随后的迭代中进行改进
开发案例	已经对 RUP 的修改和扩展进行了记录和复审
项目专用模板	已使用文档模板制作了文档工件
用例建模指南	确定了基线
工具	选择了支持项目的所有工具。安装了初始阶段工作所必需的工具
词汇表	已经定义了重要的术语;完成了词汇表的复审
用例模型	已经确定了重要的行为者和用例,只为最关键的用例简要说明事件流
可选工件	里程碑状态
领域模型(也称为业务对象模型)	已经对系统中使用的核心概念进行了记录和复审。在核心概念之间存在特定关系的情况下,已用作词汇表的补充
原型	概念原型的一个或多个证据,以支持前景和商业理由、解决非常具体的风险

2. 细化阶段

细化阶段的目标是分析问题领域,建立比较健全的架构基础,编制项目计划,淘汰项目中最高风险的元素。为了达到该目的,必须对系统进行广泛和深入的观察。架构的决策要在理解整个系统的基础上做出,内容包括:系统的范围、主要功能和性能等需求。

细化阶段是 4 个阶段中最关键的阶段。该阶段结束时,可以认为硬"工程"已经结束,项目要经历评审以决定是否提交给构造阶段和移交阶段。对于大多数项目,这也相当于从轻松的、灵活的、低风险的运作过渡到高成本、高风险并带有较大惯性的运作上,而且过程必须能应对变化。细化阶段活动确保了架构、需求和计划是足够稳定的,风险已被充分降低,所以可以为开发结果预先决定成本和进度安排。下面展开详细说明。

(1) 目标

细化阶段的主要目标包括:

- 确保架构、需求和计划足够稳定,充分降低风险,从而能够确定完成开发所需的成本和进度。对大多数项目来说,达到此目标也就相当于从简单快速的低风险运作转移到高成本、高风险的运作,并且在组织结构方面面临许多不利因素。
- 处理在架构方面具有重要意义的所有项目风险。
- 建立一个已确定基线的架构,它是通过处理架构方面重要的场景得到的,这些场景通常可以显示项目的最大技术风险。
- 建立一个包含高质量构件的演进式产品原型,也可能同时制作一个或多个可放弃的探索性原型,以减小特定风险。例如设计/需求折中、构件复用、产品可行性或向投资者、客户和最终用户进行演示。
- 证明已建立基线的架构将在适当时间、以合理的成本支持系统需求。
- 建立支持环境。这包括创建开发案例、创建模板和指南、安装工具。

(2) 核心活动
- 快速确定架构、确认架构并为架构建立基线。
- 根据此阶段获得的新信息改进前景，深入了解关键用例。
- 为构造阶段创建详细的迭代计划并为其建立基线。
- 改进开发案例，定位开发环境，包括流程和开发团队所需的工具和自动化支持。
- 改进架构并选择构件。评估潜在构件，充分了解自制/外购/复用决策，以便有把握地确定构造阶段的成本和进度。集成所选架构构件，并按主要场景进行了评估。通过这些活动得到的经验有可能导致重新设计架构，考虑替代设计或重新考虑需求。

(3) 里程碑

细化阶段里程碑是"生命周期架构里程碑"。它为系统架构建立管理基线，并使项目团队能够在构造阶段调整规模。此时，可以检查详细的系统目标和规模、选择的架构以及主要风险的解决方案。

里程碑的评审标准是：
- 产品前景和需求是稳定的。
- 架构是稳定的。
- 可执行原型表明已经找到了主要的风险元素，并且得到妥善解决。
- 构造阶段的迭代计划足够详细和真实，可以保证工作继续进行。
- 构造阶段的迭代计划由可靠的估算支持。
- 所有相关角色一致认为，如果在当前架构环境中执行当前计划来开发完整的系统，则当前的前景可以实现。
- 实际的资源耗费与计划的耗费相比是可以接受的。

如果项目无法达到该里程碑，则它可能中途失败或需要进行相当多的重新考虑。

(4) 交付工件

见表 9.7。

表 9.7 细化阶段交付的工件

核心工件（按照重要性排序）	里程碑状态
原型	已经创建了一个或多个可执行架构原型，以探索关键功能和架构上的重要场景
风险列表	已经进行了更新和复审。新的风险可能是架构方面的，主要与处理非功能性需求有关
开发案例	已经基于早期项目经验进行了改进。已经部署好开发环境（包括流程和开发团队所需的工具和自动化支持）
项目专用模板	已使用文档模板制作了文档工件
工具	已经安装了用于支持细化阶段工作的工具
软件架构文档	编写完成并确定了基线，如果系统是分布式的或必须处理并行问题，则包括架构上重要用例的详细说明（用例视图）、关键机制和设计元素的标识（逻辑视图），以及（部署模型的）进程视图和部署视图的定义
设计模型以及所有组成工件	制作完成并确定了基线。已经定义了架构方面重要场景的用例实现，并将所需行为分配给了适当的设计元素。已经确定了构件并充分理解了自制/外购/复用决策，以便有把握地确定构造阶段的成本和进度。集成了所选架构构件，并按主要场景进行了评估。通过这些活动得到的经验有可能导致重新设计架构、考虑替代设计或重新考虑需求

续表

核心工件(按照重要性排序)	里程碑状态
数据模型	制作完成并确定了基线。已经确定并复审了主要的数据模型元素(如重要实体、关系和表)
实施模型以及所有组成工件,包括构件	已经创建了最初结构,确定了主要构件并设计了原型
前景	已经根据此阶段获得的新信息进行了改进,对推动架构和计划决策的最关键用例建立了可靠的了解
软件开发计划	已经进行了更新和扩展,以便涵盖构造阶段和移交阶段
指南,如设计指南和编程指南	使用指南对工作进行了支持
迭代计划	已经完成并复审了构造阶段的迭代计划
用例模型	用例模型(大约完成80%),已经在用例模型调查中确定了所有用例、确定了所有行为者并编写了大部分用例说明(需求分析)
补充规约	已经对包括非功能性需求在内的补充需求进行了记录和复审
可选工件	里程碑状态
商业理由	如果架构调查不涵盖变更基本项目假设的问题,则已经对商业理由进行了更新
分析模型	可能作为正式工件进行了开发;进行了经常但不正式的维护,正演进为设计模型的早期版本
培训材料	用户手册与其他培训材料。根据用例进行了初步起草。如果系统具有复杂的用户界面,可能需要培训材料

3. 构造阶段

构造阶段的目标是阐明剩余的需求,并基于已建立基线的架构完成系统开发。构造阶段从某种意义上来说是一个制造过程。在此过程中,所有剩余的构件和应用程序功能被开发并集成为产品,所有的功能被详尽地测试。构造阶段的重点在于管理资源和控制操作,以便优化成本、进度和质量。许多项目规模较大,能够产生许多并行的增量构建过程,这些并行的活动可以极大地加速产品的发布;但同时也增加了资源管理和工作流程同步的复杂性。

(1) 目标

构造阶段的主要目标包括:

- 通过优化资源和避免不必要的报废和返工,使开发成本降到最低。
- 快速达到足够好的质量。
- 快速完成有用的版本(Alpha版、Beta版和其他测试发布版)。
- 完成所有所需功能的分析、开发和测试。
- 迭代式、递增式地开发随时可以发布用户群的完整产品。这意味着需要描述剩余的用例和其他需求,充实设计,完成实施,并测试软件。
- 确定软件、场地和用户是否已经为部署应用程序作好准备。
- 开发团队的工作实现某种程度的并行。即使是较小的项目,也通常包括可以相互独立开发的构件,从而使各团队之间实现自然的并行。这种并行性可较大幅度地加速开发活动；但同时也增加了资源管理和工作流程同步的复杂程度。如果要实现任何重要的并行,健壮的系统架构至关重要。

(2) 核心活动
- 资源管理,控制和流程优化。
- 完成构件开发并根据已定义的评估标准进行测试。
- 根据前景的验收标准对产品发布版进行评估。

(3) 里程碑

构造阶段里程碑是"最初操作性能里程碑"。最初操作性能里程碑确定产品是否已经可以部署到 Beta 测试环境。

在最初操作性能里程碑,产品可以随时移交给产品化团队。此时,已开发了所有功能,并完成了所有 Alpha 测试。除了软件之外,用户手册也已经完成,而且有对当前发布版本的说明。

里程碑的评审标准是:
- 该产品发布版本是否足够稳定和成熟,是否可以部署在用户群中?
- 所有相关人员是否已准备好将产品发布到用户群?
- 实际的资源耗费与计划的相比是否仍可以接受?

如果项目无法达到该里程碑,产品化可能要推迟一个发布版本。

(4) 交付工件

见表 9.8。

表 9.8 构造阶段交付的工件

核心工件(按照重要性排序)	里程碑状态
系统	已开发好的可执行系统,随时可以进行 Beta 测试
部署计划	已开发最初版本、进行了复审并建立了基线
实施模型,以及所有组成工件,包括构件	对在细化阶段创建的模型进行了扩展;构造阶段末期完成所有构件的创建
测试模型	为验证构造阶段所创建的可执行发布版而设计并开发的测试
培训材料	用户手册与其他培训材料。根据用例进行了初步起草。如果系统具有复杂的用户界面,可能需要培训材料
迭代计划	已经完成并复审了移交阶段的迭代计划
设计模型	已经用新设计元素进行了更新,这些设计元素是在完成所有需求期间确定的
开发案例	已经基于早期项目经验进行了改进。已经部署好开发环境,包括流程和支持产品化团队所需的工具和自动化支持
项目专用模板	已使用文档模板制作了文档工件
工具	已经安装了用于支持构造阶段工作的工具
数据模型	已经用支持持续实施所需的所有元素进行了更新,如表、索引和对象关系型映射等
可选工件	里程碑状态
补充规约	已经用构造阶段发现的新需求进行了更新
用例模型	已经用构造阶段发现的新用例进行了更新

4. 移交阶段

当基线已经足够完善,可以部署到最终用户领域中时,则进入移交阶段。通常,这要求系统的某个可用部分已经达到了可接受的质量级别并完成用户文档,向用户的转移可以为所有方面都带来积极的结果。

移交阶段的重点是确保最终用户可以使用软件。移交阶段可跨越几个迭代,包括测试处于发布准备中的产品和基于用户反馈进行较小的调整。在生命周期中的该点处,用户反馈应主要侧重于调整产品、配置、安装和可用性问题,所有较大的结构上的问题应该在项目生命周期的早期阶段就已得到解决。

在移交阶段生命周期结束时,开发目标应该已经实现,项目应处于将结束的状态。对于某些项目,当前生命周期的结束可能是同一产品另一生命周期的开始,从而导致产品的下一代或下一版本。还有一些项目,移交阶段结束时可能就将工件完全交付给第三方(不是最终用户方),由第三方负责已交付系统的操作、维护和扩展。

根据产品的种类,移交阶段可能非常简单,也可能非常复杂。例如,发布现有桌面产品的新版本可能十分简单,而替换一个国家的航空交通管制系统可能就非常复杂。

移交阶段的迭代期间所进行的活动取决于目标。例如,在进行调试时,实施和测试通常就足够了。但是如果要添加新功能,迭代内容就会类似于构造阶段中的迭代,需要进行分析设计。

(1) 目标

移交阶段的主要目标是:

- 进行 Beta 测试,按用户的期望确认新系统。
- Beta 测试和相对于正在替换的遗留系统进行并行操作。
- 转换操作数据库。
- 培训用户和维护人员。
- 市场营销、进行分发和向销售人员进行新产品介绍。
- 与部署相关的工程,例如接入、商业包装和生产、销售介绍以及现场人员培训。
- 调整活动,如进行调试、性能或可用性的增强。
- 根据产品的完整前景和验收标准,对部署基线进行的评估。
- 实现用户的自我支持能力。
- 部署基线已完成。
- 部署基线与前景的评估标准一致。

(2) 核心活动

- 执行部署计划。
- 对最终用户支持材料定稿。
- 在开发现场测试可交付产品。
- 制作产品发布版。
- 获得用户反馈。

- 基于反馈调整产品。
- 使最终用户可以使用产品。

（3）里程碑

交付阶段的里程碑是"产品发布里程碑"。这时将确定是否达到目标，或者是否需要开始另一个开发周期。有时候，该里程碑可能与下一周期的初始阶段末重合。产品发布里程碑是"项目验收复审"这个活动成功完成的结果。

里程碑的评审标准是：

- 用户是否满意？
- 实际的资源耗费与计划的耗费相比是否可以接受？

在产品发布里程碑处，产品进行规模生产，同时发布后的维护周期开始。这涉及开始一个新的周期，或某个其他的维护发布版。

（4）交付工件

见表9.9。

表 9.9 移交阶段交付的工件

核心工件（按照重要性排序）	里程碑状态
产品工作版本	已按照产品需求完成。用户应该可以使用最终产品
发布说明	完成
安装工件	完成
培训材料	完成，以确保用户自己可以使用和维护产品
最终用户支持材料	完成，以确保用户自己可以使用和维护产品
可选工件	里程碑状态
测试模型	在客户想要进行现场测试的情况下，可以提供测试模型
"市售"产品包装	在制造市售产品的情况下，承包商需要必要的包装工件支持产品零售

9.4.2 静态结构：工作流程轴

RUP 的动态结构（阶段和迭代时间轴）告诉开发团队，随着时间的推移和进入不同的阶段，他们应该完成什么样的工作。也就是说，他们知道了要做"某事"。但是应该"如何"去做，却并没有涉及。

RUP 的静态结构（工作流程轴）解决了上述问题。工作流程定义了"谁"在"何时"要"如何"做"某事"。RUP 的静态结构中有4类主要的建模元素，它们依次是：

- 角色，对应了"谁"，说明完成工作的主体。
- 活动，对应"如何"，说明完成任务的方式。
- 工件，对应"某事"，说明完成工作的客体。
- 工作流程，对应"何时"，说明完成任务的时机。

在 RUP 的工作流程轴中，定义了9个核心工作流程。每个工作流程都通过角色、活动及工件等术语来描述。在每个迭代周期，开发团队都需要按部就班执行核心工作流程，以便能够按照合理的进度，在合理的资源耗费下，开发出质量可靠的软件产品。

9.5 核心工作流程

RUP 中的核心工作流程代表了所有角色和活动的逻辑分组情况。核心工作流程分为 6 个核心工程工作流程：业务建模工作流程、需求工作流程、分析和设计工作流程、实现工作流程、测试工作流程和部署工作流程；以及 3 个核心支持工作流程：配置和变更管理工作流程、项目管理工作流程和环境工作流程。

尽管 6 个核心工程工作流程使人想起传统瀑布模型中的几个阶段，但应注意在实际操作过程中是截然不同的。它们不像瀑布模型那样每个阶段只被访问一次，这些工作流程在整个生命期中一次又一次不断地被访问。9 个核心工作流程在项目中被轮流使用，但在每一次迭代中会以不同的重点和强度重复。在每个阶段的重要程度和使用强度依据图 9.24 上工作流程在本阶段的面积大小和实际情况决定。

9.5.1 业务建模工作流程

绝大多数商业工程化的主要问题，是软件工程人员和商业工程人员之间不能正确地交流。这导致了商业工程的输出没有作为软件开发输入而正确地被使用，反之亦然。RUP 针对该情况为两个群体提供了相同的语言和过程，同时显示了如何在商业和软件模型中创建和保持直接的可跟踪性。

在商业建模中，使用用例来文档化商业过程，从而确保了组织中所有支持商业过程人员达到共识。当然，许多规模较小的项目可能不需要进行商业建模。

1. 业务建模工作流程的目的

① 了解目标组织（将要在其中部署系统的组织）的结构及动态特性。
② 了解目标组织中当前存在的问题并确定改进的可能性。
③ 确保客户、最终用户和开发人员就目标组织达成共识。
④ 导出支持目标组织所需的系统需求。

为实现这些目标，业务建模工作流程说明了如何拟定新目标组织的前景，并基于该前景来确定该组织在业务用例模型和业务对象模型中的流程、角色以及职责。

2. 业务建模工作流程说明

图 9.28 给出了业务建模流程的流程图。工作人员可以根据业务建模的不同目的以及在开发生命周期当中所处的位置，选择不同的路径完成这个工作流程。对业务建模流程的说明如下：

① 在第一次迭代中，系统分析员将评估目标组织（要在其中部署最终系统的组织）的状态。在评估结果的基础上，将决定该迭代将如何继续进行，以及在随后的迭代中如何工作。

② 如果系统分析员认为不需要完整的业务模型，只需要领域模型，他将采用该工作流

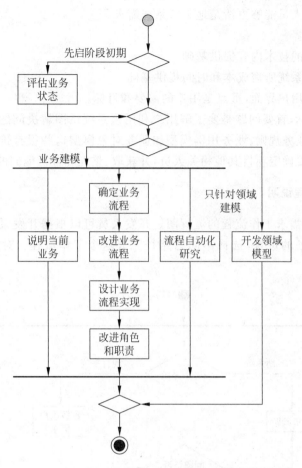

图 9.28 业务建模流程图

程的另一种路径领域建模。在 RUP 中，领域模型被认为是业务对象模型的子集，其中包括相应模型的业务实体。

③ 如果系统分析员决定不对目标组织中当前业务流程进行大的更改，那么只需将这些流程制作成流程图，并推导出系统需求。不必保留当前组织的一组特殊模型，可以将重点直接放在说明目标组织上。这时，要选择业务建模路径，但要跳过"说明当前业务"这一步。

④ 如果进行业务建模的目的是改进或重建现有业务，则需要对当前业务和新业务进行建模。

⑤ 如果进行业务建模的目的是从零开始开发一种全新业务，那么需要预想新业务，并构建该新业务的模型，就要跳过"说明当前业务"这一步。

9.5.2 需求工作流程

1. 需求工作流程的目的

① 与用户和其他项目干系人在系统的工作内容方面达成一致。

② 使系统开发人员能够更清楚地了解系统需求。
③ 定义系统边界。
④ 为计划迭代的技术内容提供基础。
⑤ 为估算开发系统所需成本和时间提供基础。
⑥ 定义系统的用户界面,重点是用户的需要和目标。

为实现这些目标,首要问题是要了解用户利用该系统试图解决问题的定义和范围。业务建模期间涉及的业务规则、业务用例模型和业务对象模型这些很有价值的内容将增进开发团队的了解。还要确定项目其他相关人员,并获取、整理和分析他们的请求。

2. 需求工作流程说明

图 9.29 给出了需求工作流程的流程图。开发人员可以根据开发系统的不同以及在开发生命周期当中所处的位置,选择不同的路径完成这个工作流程。对需求工作流程说明如下:

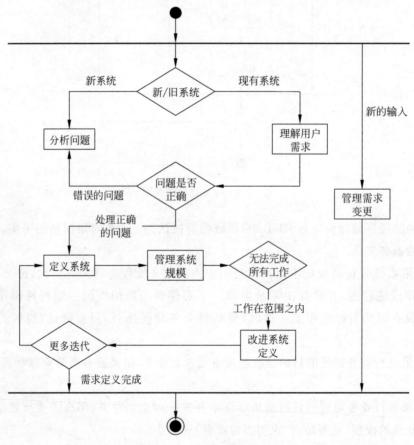

图 9.29 需求工作流程图

① 分析问题的目的是对试图解决的问题的描述达成一致;确定项目工作人员;确定系统的边界和约束。
② 理解项目干系人需求的目的是使用不同的获取技术,收集项目干系人的请求,明确

理解系统用户和项目干系人的真正需求。

③ 定义系统的目的是根据项目干系人的输入，明确要交付的一组系统特征；确定项目交付准则，与项目干系人对于要交付的特征来设置现实的期望；确定每一个关键特征需要的活动和用例。

④ 管理系统的范围的目的是收集项目干系人的重要信息，将它们作为需求属性（用于确定优先级以及设定以达成一致的需求的范围），同需求一起进行维护，从而可以按时、按预算交付产品，满足客户的期望。

⑤ 细化系统定义的目的是通过用例模型细化系统软件需求，从而在系统功能上与客户达成一致，并捕获其他重要的需求，如非功能需求、设计约束等。

⑥ 管理变更需求的目的是应用需求属性和可跟踪性来评估变更需求所产生的影响；应用一个中央控制机构（如变更控制委员会）控制需求的变更；维护与客户达成的一致，并预计真正需要交付哪些特征。

3. 需求工作流程同其他工作流程的关系

① 业务建模工作流程提供了业务规则、业务用例模型和业务对象模型，包括了领域模型和系统的组织环境，是需求工作流程的输入工件。

② 在需求工作流程中创建的用例模型和词汇表是分析设计工作流程中的主要输入工件。在分析设计中可以发现用例模型的缺陷；随后将生成变更请求，并应用到用例模型中。

③ 测试工作流程对系统进行测试，以便验证代码是否与用例模型一致。用例和补充规约为计划和设计测试中使用的需求提供输入。

④ 环境工作流程用于开发和维护在需求管理和用例建模中使用的支持性工件，如用例建模指南和用户界面指南等。

⑤ 管理工作流程用于制订项目计划，并制订需求管理计划及各次迭代计划。用例模型是迭代计划活动的重要输入。

9.5.3 分析和设计工作流程

分析和设计是需求和实现之间的桥梁。分析和设计工作流程使用用例来标识一系列后来被细化为类、子系统和包的对象。分析设计的目的在于将需求转换为未来系统的设计；逐步开发健壮的系统架构；使设计适合于实施环境，为提高性能而进行设计。如图9.30所示，分析和设计工作流程包括以下明细：定义一个候选架构，细化架构，分析行为，设计构件，设计实时构件和设计数据库。

分析和设计中的职责分配给了软件架构师，他们处理最重要的蓝图问题。设计人员处理细节问题；数据库设计人员需要具有处理永久对象的专业知识。

分析和设计产生设计模型，设计模型可以抽象为3个架构视图。逻辑视图将系统分解为一系列逻辑元素，如类、子系统、包和构件等。处理视图将这些元素映射为系统的进程和线程。物理视图将这些进程转变为一组执行进程的节点。这些已经在第9.3.7节的案例中展示过了。

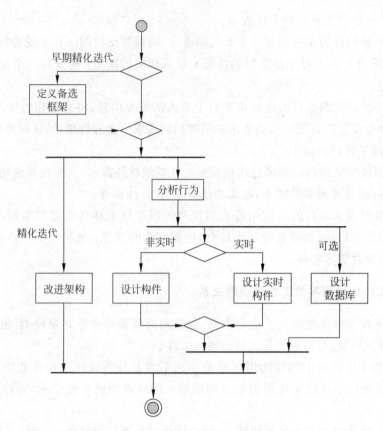

图 9.30 分析和设计工作流程图

9.5.4 实现工作流程

1. 实现工作流程的目的

① 对照实施子系统的分层结构定义代码结构。
② 以构件(源文件、二进制文件、可执行文件以及其他文件等)的方式实施类和对象。
③ 对已开发的构件按单元进行测试。
④ 将各实施单位完成的结果集成到可执行系统中。

系统通过完成构件而实现。RUP描绘了如何重用现有的构件,或实现经过良好定义的新构件,使系统更易于使用,提高系统的可重用性。构件被组装成子系统。子系统表现为带有附加结构或管理信息的目录形式。

实现工作流程的主要工作在细化阶段的早期完成。理想状况下,能够以构件和构造尽可能无冲突过程的方式来实现系统。

2. 实现工作流程说明

图 9.31 给出了实现工作流程的流程图。对于每一轮迭代,实现工作流程都要完成以下工作流程明细。

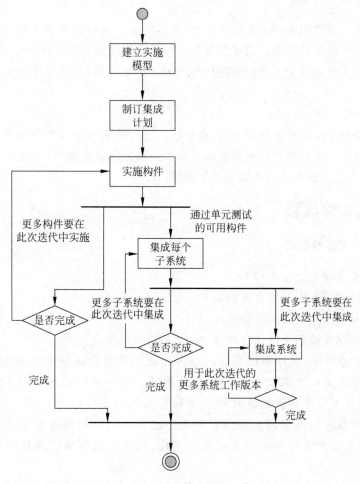

图 9.31　实现工作流程图

(1) 建立实施模型

计划要实现哪一个子系统,以及在当前迭代中集成子系统的顺序。本工作流程明细的目的在于确保以某种适当的方式组建实施模型,尽可能避免在构件开发过程中出现冲突。一个精心构造的模型不仅可以防止产生配置管理问题,而且还可以在逐步增大的集成工作版本的基础上构造产品。

(2) 制订集成计划

对于每一个子系统,负责它的实现人员要计划子系统的集成,也就是要定义实现类的顺序。计划应实施哪些子系统,以及在当前迭代中按照什么顺序集成子系统。

(3) 实施构件

实现人员在设计模型中实现类和对象,包括编写源代码、调整现存构件、编译、链接和执行。如果实现人员在设计中发现缺陷,他们应该递交有关设计进行返工的反馈。实现人员还可以修复代码缺陷,并执行单元测试以检验所进行的更改。然后复审代码,评估其质量以及是否符合编程指南。

(4) 集成子系统

当几个实现人员使用同一子系统工作时,其中应有一人负责将各人员新建和变更过的构件集成到新版本的子系统中。集成的结果是在子系统集成工作区内产生一系列的工作版本。然后由测试人员对每个工作版本进行集成测试。测试后,实施子系统将交付到系统集成工作区。

(5) 集成系统

集成人员依据集成计划来集成系统,逐步将已交付的实施子系统添加到系统集成工作区并创建工作版本。然后由测试人员对每个工作版本进行集成测试。在最后一次循环递增后,测试人员可对工作版本进行全面的系统测试。

9.5.5 测试工作流程

1. 测试工作流程的目的

① 核实对象之间的交互。
② 核实软件的所有构件是否正确集成。
③ 核实所有需求是否已经正确实施。
④ 确定是否存在缺陷并确保在部署软件之前将缺陷解决。

尽管在很多组织中,软件测试费用已经占到软件开发费用的 30%~50%,但大多数人仍然认为软件在交付之前没有进行充分的测试。这一矛盾根源于以下两个事实:第一,测试软件本身十分困难。给定程序大多具有无数的不同行为方式。第二,测试通常是在没有明确的方法和不采用必需的自动化手段及工具支持的情况下进行的。尽管如此,依靠采用周密的方法和最新技术水平的工具,仍然可以明显提高软件测试的生产率和有效性。

在软件生命周期的早期启动测试,可以明显降低开发和维护软件的开支。它还可以大大降低与质量低劣相关的责任和风险。测试的执行必须在受控环境中进行。这需要一个不受非测试因素影响的测试平台,以及为测试系统设置已知初始状态并在测试结束时返回该初始状态的能力。

2. 测试工作流程说明

图 9.32 给出了测试工作流程的流程图,测试工作流程的工作流程明细如下。

(1) 制订测试计划

此工作流程明细的目的是确定和描述要实施和执行的测试。这是通过生成包含测试需求和测试策略的测试计划来完成的。可以制订一个单独的测试计划,用于描述所有要实施和执行的不同测试类型,也可以为每种测试类型制订一个测试计划。两者都可以采用。

完成制订测试计划后可以评测和管理测试工作。可以通过访谈、调查问卷和功能监测等方法得到正确的测试信息。

(2) 设计测试

此工作流程明细的目的是确定、描述和生成测试模型及其工件,也就是测试过程和测试用例。

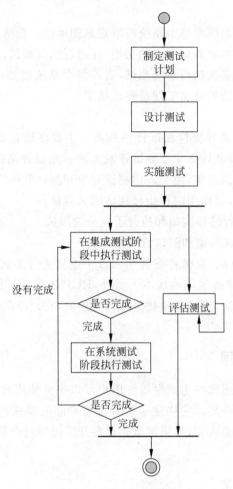

图 9.32　测试工作流程图

(3) 实施测试

此工作流程明细的目的是实施测试过程。输出工件是测试过程的计算机可读版本，称为测试脚本。测试脚本的生成可以在测试自动化工具环境中或编程环境中完成。

可以使用多种方法生成测试脚本，包括：

- 录制，使用录制/回放工具来记录与测试对象的交互，然后执行测试对象。
- 编程，使用开发环境编写执行和获取执行测试对象结果的程序。
- 自动生成，在没有用户介入的情况下，使用测试生成工具生成测试脚本。

(4) 集成测试

集成测试阶段的目的是确保各构件组合在一起后能够按既定意图协作运行，并确保增量构件的行为正确。系统集成人员在各增量中编译并链接系统。每一增量都需要测试增加的功能，并进行回归测试。

在一次迭代中有可能多次执行集成测试，直到整个系统集成成功。该活动的输出工件是测试结果。在迭代的最后阶段，应该测试整个系统。这时，系统测试的重点通常在系统与其行为者之间的交互上。

(5) 系统测试

系统测试阶段的目的是确保整个系统按既定意图运行。系统集成人员在各增量中编译并链接系统。每一增量都需要测试增加的功能，并进行回归测试。

在一次迭代中有可能多次执行系统测试，直到整个系统能够按既定意图运行并达到测试完成的标准为止。该活动的输出工件是测试结果。

(6) 评估测试

评估测试的目的是生成并交付测试评估摘要。主要活动包括通过复审并评估测试结果，确定并记录变更请求以及计算主要测试评测方法。测试评估摘要以规定的格式提供主要测试评测方法说明和测试结果，用于评估测试对象和测试流程的质量。

在此工作流程明细中，要使用两种指标评估测试质量：

- 覆盖指标，判定是否已经实施和执行了充分的测试。
- 质量指标，确定测试对象和测试流程的质量。

RUP 提出了迭代的方法，意味着在整个项目中重复进行测试，从而允许尽可能早地发现缺陷，从根本上降低了修改缺陷的成本。另外，RUP 还描述了何时以及如何引入测试自动化策略。使用迭代的方法，测试自动化是非常重要的，它允许在每次迭代结束前为每个新产品进行回归测试。

9.5.6 部署工作流程

部署工作流程用来描述那些为确保最终用户可以正常使用软件产品而进行的活动，它是软件开发工作中的最后一环。它描述了 3 种部署产品的模式：自定义安装、市场销售和通过互联网下载。在每个模式中，都强调事先要在开发场所对产品进行测试，并在产品最终发布之前进行 Beta 测试。

1. 部署工作流程的目的

尽管部署活动主要集中于移交阶段，但在较早的一些阶段中也会有一些为部署进行计划和准备的活动。部署工作流程的目标是成功地生成版本，将软件分发给最终用户。它包括以下活动：

① 生成软件产品。
② 软件打包。
③ 安装软件。
④ 给用户提供帮助。

许多情况下，还包括如下的活动：

① 计划和进行 Beta 测试。
② 移植现有软件，导入现有数据。
③ 正式验收。

2. 部署工作流程说明

图 9.33 给出了部署工作流程的流程图，部署工作流程的工作流程明细如下。

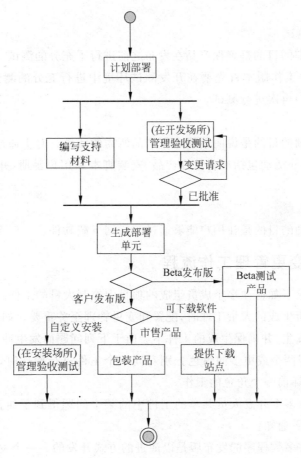

图 9.33 部署工作流程图

(1) 制订部署计划

计划部署开始于项目生命周期的初期。它不仅考虑到软件的生产，而且还考虑到对培训材料和系统支持材料的编写。这些材料用于确保最终用户可成功地使用软件产品。

(2) 编写支持材料

支持材料涵盖了最终用户在安装、运行、使用和维护已交付的系统时所需的所有信息。它还包含不同职位的人员有效使用新系统时所需的培训材料。

(3) 管理验收测试

此工作流程明细的目的是确保产品在发布之前进行了充分的测试。

(4) 生成部署单元

此工作流程明细的目的是创建一个部署单元，它由该软件以及该软件自带的、有效安装和使用该软件时所必需的工件组成。部署单元可以是为进行 Beta 测试而创建，也可以根据其成熟度为最终产品而创建。

(5) Beta 产品测试

此工作流程明细的目的是创建 Beta 程序，由此从一部分预期用户处获得对正在开发的产品的反馈；通过 Beta 程序获得的反馈被视为用户需求，将在开发产品功能时对此加以考虑。

（6）管理验收测试

此工作流程明细的目的是确保产品在发布之前进行了充分的测试。验收测试需要考虑两种测试环境，软件工作版本首先要在开发测试环境中进行充分的测试，然后在安装场所（通常是"客户地点"）再次进行测试。

（7）包装产品

此工作流程明细的目的是说明创建市售产品所需的活动。对于通过市场销售的软件来说，包装产品所描述的活动包括准备软件产品、安装脚本和用户手册，并将它们打包以进行大规模的生产。

（8）提供下载站点

此工作流程明细的目的是让用户能够通过互联网下载软件。

9.5.7 配置和变更管理工作流程

本工作流程描绘了如何在多个成员组成的项目中控制大量的工件。在控制由参与同一个项目的许多人员所生成的大量工件时，配置和变更管理至关重要。如果进行控制，就有助于避免混乱情况的发生，并确保生成的工件不会由于下列问题而发生冲突：

- 同时更新，当两个或更多的角色分别对同一个工件进行操作时，最后进行变更的那个角色将破坏前一个角色的工作。
- 有限通知，由多个开发人员共享的工件中的某个问题得到了纠正，但有些开发人员并未收到变更通知。
- 多个版本，大多数程序的发布版是以演进的方式开发的。一个发布版可能正在被用户使用，另一个发布版正在测试，而第 3 个发布版则尚在开发之中。如果在任何一个版本中发现了问题，则需要将修复方案通报给所有这些版本。除非对变更进行了控制和监测，否则可能会引起混乱，并且由于混乱导致的修复和返工，其成本往往很高。

图 9.34 给出了配置和变更管理工作流程的流程图。在项目开始时调用前两个工作流程明细：计划项目配置与变更控制、创建项目配置管理环境，其他工作流程明细则是在项目生命周期中根据进展情况加以调用。

9.5.8 项目管理工作流程

1. 项目管理工作流程的目的

项目管理工作流程要为软件密集型项目提供管理框架；为项目的计划、人员配备、执行和监测提供实用的准则；为管理风险提供框架。但是 RUP 并不涵盖项目管理的所有方面，例如它不涉及人力资源管理、预算管理以及供货方和客户方的合同管理等。

RUP 的项目管理工作流程主要侧重于迭代式开发流程的以下方面：

① 风险管理。

② 为软件项目制订贯穿整个开发周期的计划和每个具体迭代过程的计划。

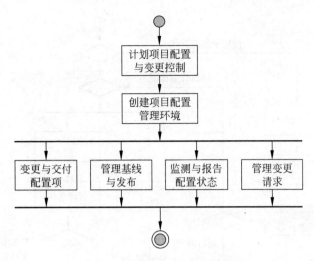

图 9.34　配置和变更管理流程图

③ 监测迭代式项目的进度、指标。

2. 项目管理工作流程说明

图 9.35 给出了项目管理工作流程的流程图,项目管理工作流程的流程明细如下:

① 在初始阶段的最初迭代中,由构思新项目开始项目管理工作流程。这个时期,将创建并复审最初的前景、商业理由和风险列表等工件,目标是获得足够的资金支持,以便继续进行限定规模和计划等重要工作。

② 在完成软件开发计划的制订后,应当对项目的风险和可能的商业回报有足够的了解,以便作出明智的决定:是为初始阶段的其余部分争取资金还是放弃该项目。在这里,项目管理工作流程将合并到所有后续迭代的公用流程。

③ 在计划下一次迭代时,项目经理和架构设计师决定在下一次迭代中要改进或实现的需求。在早期的迭代中,重点是发现和改进需求;而在后期的迭代中,重点是构建软件来实现这些需求。迭代计划在管理迭代中执行,管理迭代最后以对迭代的评估和复审结束,判断是否已经实现了迭代的目标。如果迭代明显无法达到目标,并且已断定在随后的迭代中无法挽回项目前景,则通过迭代验收复审来判断是否应当终止项目。

④ 另一种选择是,可以在迭代的中点附近进行迭代评估标准复审,对迭代测试计划进行复审。这时,测试计划应当是明确的。通常,这种可选的复审只用于长期(如 6 个月或更长)的迭代。它使项目管理人员有机会进行中期更正。

⑤ 在进行管理迭代的同时,将在监控项目中执行每天、每周和每月的例行项目管理任务。其间,将监测项目的状态,并在出现问题和错误时进行处理。

⑥ 当某个阶段的最后迭代完成时,将进行主要里程碑复审。并且假定项目将继续进行,需对下一个阶段作出计划。在项目结束时,将进行项目验收复审并终止项目,除非复审确定所交付的产品不可接受。如果出现这种情况,则还要计划进行下一次迭代。

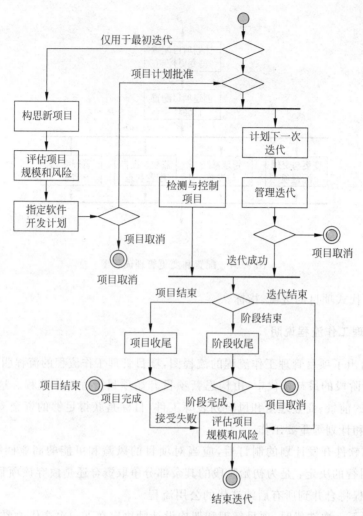

图 9.35 项目管理工作流程图

⑦ 在迭代评估和验收复审之后以及计划下一次迭代之前,将在评估项目规模和风险中重新检查前景、风险列表和商业理由,同时有可能需要根据上次迭代的经验重新确定预期目标。在计划下一次迭代中进行详细计划,然后开始下一次迭代。

9.5.9 环境工作流程

1. 环境工作流程的目的

环境工作流程的目的是给软件开发组织提供软件开发环境,如软件过程和工具等。软件开发队伍需要这些开发环境的支持。其中的活动包括:

① 工具的选择和获取。
② 安装并配置工具,使其适应开发组织。
③ 软件过程配置。
④ 软件过程改进。

⑤ 支持软件过程的技术服务,包括 IT 基础设施、账户管理和备份工作等。

下面的一些活动说明了一个组织或团体在实际使用 RUP 过程框架指导他们的软件开发时,必须要完成的工作。

(1) 配置 RUP

RUP 过程框架包含了大量的指南、工件和角色。但是没有一个项目会用到所有的工件,所以开发团队需要为特定的项目制订一个 RUP 子集。这可以通过选择或产生一个 RUP 过程配置来完成。它含有某个特定项目需求所需的所有过程。开发团队可以直接使用一个现成的配置而不进行修改;也可以把一个现成的配置修改成开发团队所需的配置;也可以从头创建一个全新的配置。

(2) 实例化 RUP

每个开发团队应该决定他们将如何使用 RUP 配置;使用哪些工件以及如何使用这些工件;使用哪些工具以及如何使用这些工具;需要哪些角色以及由什么人来担任这些角色。这些在"开发实例"中描述。开发实例是在环境工作流程中产生的主要工件。

(3) 定制 RUP

一些组织可能需要以不同方式创建 RUP 配置。他们可能想要将自己特有的过程指南增加到 RUP 中;或者修改、扩展 RUP 现有的元素。他们也可能想要持续改善他们的过程,使用在每一次迭代、每一个阶段或项目中获得的经验教训来改进他们的过程。那么他们可以通过开发自己的 RUP 插件来实现。

(4) 实现 RUP

对于过程工程师,最具有挑战性的任务无疑是在组织内使用 RUP。通常部署 RUP 本身就是一个项目,包含配置和定制 RUP、评估组织现状、建立目标、组织培训和指导。

2. 环境工作流程说明

图 9.36 给出了环境工作流程的流程图。在项目的早期迭代中,将通过执行准备项目环境来启用工作流程,它将开发组织评估作为其主要输出。然后,为每次迭代执行准备迭代环境和准备迭代指南。

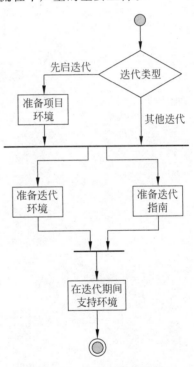

图 9.36 环境工作流程图

9.6 小结

RUP 是一个软件开发过程,是一个将用户需求转化为软件系统所需要的活动的集合。然而,RUP 不仅是一个简单的过程,而是一个通用的过程框架,可用于各种不同类型的软件系统、各种不同的应用领域、各种不同类型的组织、各种不同功能级别以及各种不同的项目规模。

  RUP 是基于构件的,即所构造的软件系统是由软件构件相互连接所建造起来的;RUP 使用 UML 来制订软件系统的所有蓝图,UML 是 RUP 的一个完整的部分;RUP 的突出特点是:用例驱动、以架构为中心、迭代和增量的。

  使用 RUP 指导软件开发有 6 个最佳实践。在 RUP 的二维结构中,包含了 9 个核心工作流程和 4 个开发阶段。9 个核心工作流程包括 6 个核心工程工作流程:业务建模工作流程、需求工作流程、分析和设计工作流程、实现工作流程、测试工作流程和部署工作流程;以及 3 个核心支持工作流程:配置和变更管理工作流程、项目管理工作流程和环境工作流程。4 个开发阶段分别是初始阶段、细化阶段、构造阶段和移交阶段。

敏捷软件开发   第 10 章

10.1 敏捷软件开发的诞生

1. 传统的软件过程成为过去

瀑布模型由 Royce 在 1970 年提出,他把大型软件的开发分为分析、设计与编程。经过在 IT 工业界长期的应用,瀑布模型以及它的一些扩展模型为应用软件的开发发挥了巨大的价值,但同时也暴露出一些弊端。瀑布模型的主要弊端有:

- 过分强调软件开发的顺序性,导致往往要到开发的后期,用户才能看到软件的模样,为软件的开发增加了极大的风险。
- 没有迭代与反馈,导致无法应对客户的需求变化。而当今的软件开发,由于市场带动软件需求发生变化和项目初期用户对需求认识不清楚,都为瀑布模型的使用带来了困难。
- 采用瀑布模型开发的软件,带来了极大的变更成本。

综上分析,我们需要一种能够针对需求变化作出快速有效反馈并且能够让客户在短期内看到软件模型,减少风险的开发方法。

2. 新的软件工程过程发展失控

许多程序员都经历过项目失败,其中很大一部分原因是缺少理论和实践的指导。项目缺乏有效的计划会导致进度失控、错误频出以及资源浪费。进度延期、预算增加和质量低劣致使客户对程序员丧失信心。长期的努力却换来低劣的软件产品和客户的怨言,程序员同样也感到沮丧。

程序员一旦经历过失败,他们就会担心在今后的软件项目中重蹈覆辙。于是,这种顾虑促使他们创造一个过程(流程)来约束开发人员和客户的活动,要求在这个过程中的某些阶段要制造出人工制品。他们根据过去的经验来规定有什么样的约束和输出;挑选那些在以前的项目中看起来好像有用的方法，希望这些方法下次同样有效。这些方法就是各种软件工程过程模型，各种人工制品就是所谓的软件开发文档和里程碑。于是，一个个新的软件工程过程不断涌现。

然而，项目并没有简单到使用一些约束和人工制品就能够有效防止错误的地步。当连续地犯错后，程序员会对错误进行诊断，并在过程中增加更多的约束和人工制品来防止以后重犯同样的错误。经过多次这样的增加以后，一套重型的软件工程过程模型诞生了。在这个过程模型里面，有非常多的约束、非常多的工具以及非常多的方法和步骤。在整个软件开发过程中，开发人员要付出巨大的工作量，管理众多的资源，支出高昂的成本。或许，第9章中讲述的RUP，如果不经过适当的剪裁，就会是这种典型的重型软件工程过程。

一个大而笨重的过程会产生更多它本来企图去解决的问题。它降低了团队的开发效率，使得进度延期，预算超支；它降低了团队的响应能力，使得团队经常创建错误的产品。遗憾的是，许多开发人员认为，这种结果是因为他们没有采用更多的过程方法引起的。因此，在这种失控的过程膨胀中，过程会变得越来越臃肿。

2000年前后，在许多软件公司，失控的软件工程过程大行其道。尽管也有许多团队在工作中并没有使用过程方法，但是采用庞大、重型的过程方法的趋势却在快速地增长。

以RUP为例，尽管可以对其工作流程进行适当的剪裁，但是在开发过程中仍然需要维护大量的工件。对于一个小开发团队，这个工作量是相当大的。

3. 敏捷软件开发诞生

在20世纪90年代中期，由于看到许多公司的软件团队陷入了不断增长的过程的泥潭，涌现了一批软件行业的激进人士，他们反对那些以过程为本的重型软件开发方法。2001年，17位专家齐聚一堂，讨论正在兴起的各种轻量级软件开发方法学。专家们给这类方法学起了一个新的名字叫做敏捷软件开发(Agile Software Development)，并发布了敏捷开发者宣言。他们称自己为敏捷联盟。

敏捷方法强调以人为本，专注于交付对客户有价值的软件。在高度协作的开发环境中，使用迭代式的方式进行增量开发，经常使用反馈进行思考、反省和总结，不停地进行自我调整和完善。目前列入敏捷软件开发的方法有：

- 极限编程(Extreme Programming, XP)。
- Scrum。
- 软件开发节奏(Software Development Rhythms, SDR)。
- 敏捷数据库技术(Agile Database Techniques, ADT)。
- 敏捷建模(Agile Modeling, AM)。
- 自适应软件开发(Adaptive Software Development, ASD)。
- 水晶方法(Crystal)。
- 特性驱动开发(Feature Driven Development, FDD)。
- 动态系统开发方法(Dynamic Systems Development Method, DSDM)。
- 精益软件开发(Lean Software Development, LSD)。
- 测试驱动开发(Test-Driven Development, TDD)。
- XBreed。

4. 敏捷软件开发的特点

敏捷软件开发是一些新型软件开发方法和软件项目管理思想,是一种应对需求快速变化环境下的软件开发能力。每种方法的具体名称、理念、过程和术语不尽相同,但相对于"非敏捷",它们拥有共同的特点:

- 敏捷软件开发更强调程序员与业务专家、用户之间的紧密协作、面对面的沟通,认为这种方式比书面的文档更有效。
- 能够很好地根据需求的变化编写代码。
- 频繁交付新的软件版本。
- 采用紧凑和自组织的软件开发团队。
- 更注重个体在软件开发中的作用。

10.2 敏捷软件开发宣言

在2001年的会议上发布了敏捷宣言,内容如下:

"我们正在通过亲身实践以及帮助他人实践,揭示更好的软件开发方法。通过这项工作,我们认为:

个体和交互	胜过	过程和工具
可以工作的软件	胜过	面面俱到的文档
客户合作	胜过	合同谈判
响应变化	胜过	遵循计划

虽然右项也具有价值,但我们认为左项具有更大的价值。"

1. 个体和交互胜过过程和工具

人力资源是获得成功的最重要因素。如果团队中没有优秀的成员,那么就是使用最好的软件过程也不能挽救失败的项目。优秀的评价标准是什么呢?一个技术一流的程序员未必就是一个优秀的团队成员。一个优秀的团队成员可能是一个平均水平的程序员,但是却能够很好地和他人合作。合作、沟通以及交互能力要比单纯的编程能力更为重要。一个由普通水平的程序员组成的项目团队,如果具有良好的沟通能力,要比那些虽然拥有一批高水平程序员,但是成员之间却不能进行有效交流的团队更有可能获得成功。

合适的工具对于成功来说是非常重要的。像编译器、集成开发环境和版本控制系统等,它们对于开发人员正确地完成工作至关重要。然而,工具的作用可能会被过分地夸大。使用过多的庞大、笨重的工具就像缺少工具一样,都是不好的。

敏捷方法建议从使用小工具开始,尝试一个工具,直到发现它无法适用时再更换它。例如,不必急着购买先进的、价格昂贵的版本控制系统,可以先使用一个免费的开源系统直到该系统不再适用;在决定购买最好的用例工具前,可以先尝试白板、白纸和即时贴,直到有足够的理由表明需要更多的功能;在决定使用庞大的、高性能的数据库系统前,可以先使用数据文件。不要认为更大的、更高级的工具可以自动地帮你做得更好。很有可能,它们造成的障碍要大于带来的帮助。

所以,开发团队的打造要比开发环境的建造更为重要。许多团队和管理者就犯了先建造环境,然后期望团队自动凝聚在一起的错误。相反,应该首先致力于打造团队,然后再让团队根据需要来配置环境。

2. 可以工作的软件胜过面面俱到的文档

没有文档的软件是一种灾难。代码不是传达系统原理和结构的理想媒介。团队更需要编制易于阅读的文档,来对系统及其设计决策进行描述。

然而,过多的文档比过少的文档更糟。编制众多的文档需要花费大量的时间,并且要使这些文档和代码保持同步和一致,就要花费更多的时间。如果文档和代码之间不能同步更新,那么文档无非就是庞大的、复杂的谎言,会造成重大的误导。

项目团队仍然需要编写并维护一份系统原理和结构方面的文档,但是这份文档应该内容短小、主题突出。"短小"是说只描述重点部分,忽略套话、空话;"主题突出"是说应该仅描述系统的高层结构和概括的设计原理。

如果项目组拥有的全部文档仅是系统原理和结构设计的说明,那么如何来培训新的团队成员,使他们能够从事与系统相关的工作呢?没关系,项目组本身会非常密切地和用户在一起工作。他们紧挨着用户坐下来并亲自辅导用户,将他们的知识传授给用户。项目组通过近距离的培训和交互使用户真正成为团队的一部分。

在给新的项目组成员传授知识方面,最好的两份文档是代码和团队。代码真实地表达了它所做的事情。虽然从代码中提取系统的原理和结构信息可能比较困难,但是代码是唯一没有二义性的信息源。在团队成员的头脑中,应当保存着时常变化的系统的路线图。人和人之间的交互是把这份路线图传授给他人的最快、最有效的方式。

许多团队因为注重文档而非软件本身,结果导致进度滞后。这常常是一个致命的缺陷。有一个叫做"Martin文档第一定律(Martin's first law of document)"的简单规则可以预防该缺陷的发生:"直到迫切需要并且意义重大时,才来编制文档"。

3. 客户合作胜过合同谈判

不能像订购日用品一样来订购软件。客户不能够仅写下一份关于他设想的软件的描述,就让人在固定的时间内以固定的价格开发它。在项目开发期间,客户和开发人员也不再见面。开发人员闭门造车。在消失了一段时间后,突然有一天,开发团队带着一套满足需要的系统来到客户面前,这是不现实的。所有用这种方式和态度来对待软件项目,都以失败告终,有时甚至是惨败。

成功的项目需要有序、频繁的客户反馈。不是依赖于合同或者关于工作的陈述,而是让客户和开发团队密切地在一起工作,并尽量经常提供反馈。

那些指明了需求、进度以及项目成本的合同是存在缺陷的。因为在大多数的情况下,合同中指明的条款远在项目完成之前就变得没有意义了。因为项目的需求基本处于一个持续变化的状态,会出现某个功能被减掉而加进来另外一些功能的情况,甚至大的变更都是很常见的。项目开发成功的关键在于同客户进行真诚的协作,利用合同指导这种协作,而不是试图用合同规定项目范围的细节和进度。那些为开发团队和客户的协同工作方式提供指导的合同才是最好的合同。

4. 响应变化胜过遵循计划

响应变化的能力常常决定着一个软件项目的成败。在构建计划时，应该确保计划是灵活的并且易于适应商务和技术方面的变化。

计划不能考虑得过远。首先，商务环境很可能会变化，这会引起需求的变动。其次，一旦客户看到系统开始运作，他们很可能会改变需求。最后，即使程序员熟悉需求，并且确信它们不会改变，他们仍然不能很好地估算出开发需要的时间。

对于一个缺乏经验的项目负责人来说，创建一张优美的甘特图并把它贴到墙上是很有诱惑力的。他也许觉得这张图赋予了他控制整个项目的权力。他能够跟踪单个人的任务，并在任务完成时将任务从图上去除。他可以对实际完成的日期和计划完成的日期进行比较，并对出现的任何偏差作出反应。

但是敏捷开发认为在当前的环境下，这张图的组织结构不再适用。当团队增加了对系统新的认识，当客户增加了对需求新的认识，图中的某些任务可能会取消，而新的需求会出现并增加到开发任务中。简而言之，随着开发过程的推进，计划本身的内容将会改变，而不仅是时间上的改变。

对于制订项目计划，敏捷开发认为更好的策略是：为未来两周做详细的计划，为未来3个月做粗略的计划，再以后就做极为粗糙的计划。团队成员应该清楚地知道下两周要完成的任务，粗略地了解以后3个月要实现的需求。至于系统一年后将要做什么，有一个模糊的想法就行了。不要认为这是一种"无为而治"的思想，这恰恰是根据实际情况做出的有效的方法。

计划中这种逐渐降低的精度，意味着项目组仅对于迫切的任务才花费时间进行详细的计划。一旦制订了这个详细的计划，就不能进行改变，因为团队会根据这个计划启动工作并做相应的投入。当然，由于计划仅支配几周的时间，计划的其余部分仍然保持着灵活性。

10.3 敏捷宣言遵循的原则

从敏捷宣言的价值观中可以引出下面的12条原则，它们是敏捷开发区别于其他重型软件工程过程的特征所在。宣言中包括的12条原则如下：

- 对我们而言，最重要的是通过尽早和持续交付有价值的软件满足客户需要。
- 我们欢迎需求的变化，即使在开发后期。敏捷过程能够驾驭变化，保持客户的竞争优势。
- 经常交付可以工作的软件，间隔可以从几个星期到几个月，时间跨度越短越好。
- 业务人员和开发人员应该在整个项目过程中始终在一起工作。
- 围绕斗志高昂的人进行软件开发，给开发者提供适宜的环境，满足他们的需要，并相信他们能够完成任务。
- 在开发小组中最有效率也最有效果的信息传达方式是面对面的交谈。
- 可以工作的软件是进度的主要度量标准。
- 敏捷过程提倡可持续开发。开发人员、客户和用户应该总是维持恒定的开发速度。
- 不断追求卓越的技术和良好的设计将有助于提高敏捷性。
- 简单——尽可能减少工作量的艺术至关重要。

- 最好的架构、需求和设计都源于自组织的团队。
- 每隔一定时间,团队就要总结如何更有效率,然后相应地调整自己的行为。

① 对我们而言,最重要的是通过尽早和不断交付有价值的软件满足客户需要。

MIT Sloan 管理评论杂志刊登过一篇论文,分析了对于公司构建高质量产品方面有帮助的软件开发实践。该论文发现了很多对于最终系统的质量有重要影响的实践。其中一个实践表明,尽早交付实现部分功能的系统和系统的质量之间有很强的相关性。该论文指出,初期交付的系统中所包含的功能越少,最终交付的系统的质量就越高。该论文的另一项发现是,以逐渐增加功能的方式经常性地交付系统和最终质量之间有非常强的相关性。交付得越频繁,最终产品的质量就越高。

敏捷开发会尽早地、经常地进行交付。项目团队努力在项目刚开始的几周内就交付一个具有基本功能的系统,它不像简单的原型系统那样,在了解到用户的需求后就会被抛弃,而是会像滚雪球一样越滚越大。之后,项目组坚持每两周就交付一个功能渐增的系统。如果客户认为目前的功能已经足够了,客户可以选择把这些系统加入到产品中。或者,他们可以简单地选择再检查一遍已有的功能,并指出他们想要做的改变。

② 我们欢迎需求的变化,即使在开发后期。敏捷过程能够驾驭变化,保持客户的竞争优势。

这是一个关于态度的声明。敏捷过程的参与者不惧怕变化。他们认为改变需求是好的事情,因为那些改变意味着团队已经学到了很多如何满足市场需要的知识。

敏捷团队会非常努力地保持软件结构的灵活性,这样当需求变化时,对于系统造成的影响是最小的。这需要在开发系统时使用面向对象设计的原则和多种设计模式。

③ 经常交付可以工作的软件,从几星期到几个月,时间尺度越短越好。

项目组交付可以工作的软件,并且尽早地(项目刚开始很少的几周后)、经常性地(此后每隔几周)交付它。敏捷软件开发方法不赞成交付大量的文档或者计划。因为那些不是客户真正想要的东西。因此,项目组关注的首要目标是交付满足客户需要的软件。

④ 业务人员和开发者应该在整个项目过程中始终在一起工作。

为了能够以敏捷的方式进行项目的开发,开发人员、客户以及其他相关人员必须要进行有意义的、频繁的交互。软件项目不像能够自动制导的导弹,它需要在全程持续不断地被引导和约束。

⑤ 围绕斗志高昂的人进行软件开发,给开发者提供适宜的环境,满足他们的需要,并相信他们能够完成任务。

在敏捷软件开发过程中,人被认为是项目取得成功的最重要的因素。所有其他的因素(过程、环境及管理等)都被认为是次要的,并且当它们对于人有负面的影响时,就要对它们进行改变。例如,如果办公环境对团队的工作造成阻碍,就需要对办公环境进行改变。如果某些过程步骤对团队的工作造成阻碍,就需要对那些过程步骤进行改变。总之,敏捷软件开发体现了一种"以人为本"的思想。在这方面,项目经理应当想方设法为团队营造一个良好的开发环境。

⑥ 在开发小组中最有效率也最有效果的信息传达方式是面对面的交谈。

在敏捷软件开发过程中,人们之间相互进行交谈。首要的沟通方式就是交谈。也许会编写文档,但不会企图在文档中包含所有的项目信息。敏捷团队不需要书面的规范,书面的计划或者书面的设计。团队成员可以去编写文档，如果对于这些文档的需求是迫切并且意义重大的，但是文档不是默认的沟通方式，默认的沟通方式是交谈。

⑦ 可以工作的软件是进度的主要度量标准。

敏捷项目通过度量当前软件满足客户需求的数量来度量开发进度。它们不是根据所处的开发阶段、已经编写的文档的多少或者已经编写的代码的数量来度量开发进度的。只有当30%的必需功能可以工作时，才可以确定进度完成了30%。

⑧ 敏捷过程提倡可持续开发。开发人员、客户和用户应该总是维持不变的节奏。

敏捷项目不是百米冲刺，而是马拉松式长跑。团队不是全速启动并试图在整个项目开发期间维持那个速度。相反，他们以快速但是可持续的速度行进。跑得过快会导致团队在短期内就精力耗尽、出现冲刺行为以至于崩溃。敏捷团队会测量他们自己的速度。他们不允许自己过于疲惫。他们不会借用明天的精力来在今天多完成一点工作。他们工作在一个可以使在整个项目开发期间保持最高质量标准的速度上。因此，加班是不被鼓励的。

⑨ 对卓越技术与良好设计的不断追求将有助于提高敏捷性。

高水平的产品质量是获取高开发速度的关键。保持软件尽可能的简洁和健壮是快速开发软件的途径。因而，敏捷团队的所有成员都致力于编写他们能够编写的最高质量的代码。他们不会编写混乱的代码以追赶工程进度，然后告诉自己等有更多的时间时再来清理它们。如果他们在今天制造了混乱，他们会在今天把混乱清理干净，然后再考虑下一步的工作。

⑩ 简单——尽可能减少工作量的艺术至关重要。

敏捷团队不会试图去构建那些华而不实的系统，他们总是更愿意采用和目标一致的最简单的方法。他们并不看重对于明天会出现的问题的预测，也不会在今天就对那些问题进行防范。相反，他们在今天以最高的质量完成最简单的工作，深信如果在明天发生了问题，也会很容易进行处理。

⑪ 最好的架构、需求和设计都源自于自组织的团队。

敏捷团队是自组织的团队。任务不是从外部分配给单个团队成员，而是分配给整个团队，然后再由团队来确定完成任务的最好方法。

敏捷团队的成员共同解决项目中所有方面的问题。每一个成员都具有项目中所有方面的参与权力。不存在单一的团队成员对系统架构、需求或者测试负责的情况。整个团队共同承担这些责任，每一个团队成员都能够影响它们。

⑫ 每隔一定时间，团队都要总结如何更有效率，然后相应地调整自己的行为。

敏捷团队会不断地对团队的组织方式、规则、规范和关系等进行调整，这也正是为什么敏捷团队是自组织的团队。敏捷团队知道团队所处的环境在不断地变化，并且知道为了保持团队的敏捷性，就必须要随环境一起变化。

10.4 对比其他的方法

敏捷软件开发有时候被误认为是无计划性和纪律性的方法，实际上更确切的说法是敏捷软件开发强调适应性而非预见性。

适应性集中体现在快速适应现实的变化。当项目的需求起了变化，团队能够迅速适应。当然，这个团队可能很难确切描述未来将会如何变化。

1. 对比迭代方法

相比迭代式开发，两者都强调在较短的开发周期提交软件，敏捷软件开发的周期可能更短，并且更加强调团队中的高度协作。而且因为敏捷开发更加看重可以工作的软件而不是各种文档，因此在文档维护的工作量上应该更少。迭代开发在每个迭代周期既要更新代码，又要使文档与代码保持一致，因而工作量会相当大，也更容易出现不匹配的情况。

2. 对比瀑布式开发

两者没有多少的共同点，瀑布模型式是最典型的预见性的方法，严格遵循预先计划的需求、分析、设计、编码和测试等步骤顺序进行。步骤的阶段性成果作为衡量进度的方法和项目进展的里程碑，例如需求规格说明书，设计文档，测试计划和代码审阅等。

瀑布式的主要问题是它的严格分级导致了软件和开发的自由度降低。在项目早期即做出承诺导致对后期需求的变化难以调整，代价高昂。瀑布式方法在需求不明并且在项目进行过程中可能变化的情况下基本是不可行的。

相对来讲，敏捷软件开发则在几周或者几个月的时间内完成相对较小的功能，强调的是尽早将尽量小的可用功能交付用户使用，并在整个项目周期中持续改善和增强。

在每个迭代周期这个小范围内，可以使用瀑布式开发方法。也可以选择将各种工作并行进行，例如第 10.6 节提到的极限编程。

10.5　敏捷软件开发的适用性

和其他的软件开发方法相比，敏捷软件开发有其独特之处，也有很多共同之处。比如迭代式开发方法，关注与客户的以及项目组内部的沟通，减少中介过程的无谓资源消耗等。通常可以在以下方面衡量敏捷软件开发的适用性：从产品角度看，敏捷软件开发适用于需求模糊并且快速改变的情况，如果系统有比较高的可靠性、安全性方面的要求，则可能不完全适合；从组织结构的角度看，组织结构的文化、人员和沟通决定了敏捷软件开发是否适用。跟这些相关联的关键成功因素有：

- 组织文化必须支持协商讨论。
- 人员彼此信任。
- 人少而精。
- 程序员所做决定得到认可。
- 环境设施满足成员间快速沟通的需要。

最重要的因素是项目组的规模。规模越大，面对面的沟通就越困难，因此敏捷软件开发更适用于较小的队伍，40 或 20 人甚至更少。大规模的敏捷软件开发尚在研究中。

10.6　极限编程概述

极限编程（eXtreme Programming，XP）是敏捷软件开发中最著名的一个过程和方法。供中小型开发团队用于开发需求快速变化的软件。不同于以往的软件开发方法和软件生命周期模型,它没有定义一套严格的软件开发过程,而是由一系列简单却互相依赖的价值观、原则、行为和实践组成。它们结合在一起形成了一个胜于部分结合的整体。图 10.1 说明了它们彼此之间的依赖关系,其中行为贯穿于项目的整个生命周期。

图 10.1 极限编程的组成

10.6.1 价值观

极限编程是由 4 项共享的价值观驱动的,这些价值观决定了极限编程开发的基调。

1. 简单

如同敏捷软件开发的第 10 条原则,在极限编程中,同样推崇"简单"。"简单"被定义为"在管用的前提下,做最简单的事情"。只解决今天的问题,并相信明天的问题也将是能解决的。在极限编程团队中,有这样一种说法:"你不会需要它",这是说,在考虑到简单性时,开发团队实现客户实际需要的,而不是他们预期可能需要的。

2. 交流

如同敏捷软件开发的第 6 条原则,"交流"是极限编程的核心价值观。它侧重于口头交流,而不是文档、报表和计划。如果团队成员之间不进行有效的交流,协作将无从谈起。极限编程包含诸如结对编程等实践,它们要求通过交流进行工作。制作文档的目的只是为了方便人们之间的交流。

3. 反馈

反馈对于任何软件项目的成功都是至关重要的。在极限编程中,有关软件状态的问题是通过持续、明确的反馈来监督的。软件开发处于不断的演进状态,项目团队必须快速编写软件,然后向客户演示。之后将获取客户到目前为止对产品的意见,从而确保软件的有效性和可靠性。

4. 勇气

勇气是快速工作并在必要时重新进行开发的信心;是面对复杂软件项目的有效行动。如果没有其他价值观的平衡,勇气是危险的。不顾后果的盲目行事不是高效的团队合作方式。表达愉快或不愉快真相的勇气会有助于沟通和信任的建立;放弃失败的解决方案和寻求新方案的勇气会有助于开发出更实用的软件产品;寻求真实具体答案的勇气有助于增加反馈。

10.6.2 原则

1. 快速反馈

开发人员通过简短的反馈循环迅速了解其产品是否满足了客户的需求。

2. 简单性假设

将每个问题都视为很容易解决,只需计划当前的迭代,无需判断未来可能需要什么。

3. 逐步修改

通过一系列细微的修改来解决问题,它适用于规划、设计和开发各个阶段。例如,如果客户需要开发一个网站,极限编程团队可以进行大量的小型发布,而不是在一次发布中推出整个网站。

4. 拥抱变化

采用保留选项,同时解决紧迫问题的策略。

5. 高质量的工作

工作质量不能打折扣。极限编程采用测试驱动的编程方式,强调编码和测试的重要性。

10.6.3 行为

在软件项目的生命周期中,多种行为贯穿了其始终。

1. 倾听

极限编程以交流为基础,并要求积极倾听。这种行为对正式的书面文档的依赖性更低,因此要求要有高质量的口头交流。不仅开发人员要倾听客户,客户也要倾听开发人员,这样才能创造一个良好的交流氛围。

2. 测试

在极限编程中,测试并非在开发出产品之后才开始的,是整个开发过程不可或缺的重要内容。开发人员在编写代码之前就要编写测试程序。测试不限于准确性和检查缺陷方面,还要检查性能和一致性。这样做的效果就是:在编码时,代码的质量就是有保证的,而不是等到开发的后期才寻找产品缺陷。

3. 编码

极限编程仍然强调编码。编码是一种工艺,通过重构、结对编程和代码复核等实践,能够改进代码质量。

4. 设计

设计在极限编程过程中是不断演进的。极限编程接收系统的自然演进,而不是通过限制设计行为,对用户提出的要求视而不见。

10.6.4 实践

那么,软件开发团队如何实施极限编程行为呢?极限编程将这些行为表示为 14 种核心实践。极限编程团队每天都使用这些实践来开发系统。

1. 客户作为团队成员

极限编程提倡客户和程序员在一起紧密地工作,以便于彼此了解对方所面临的问题,并共同解决这些问题。

首先,开发团队要弄清楚谁是客户。团队中的客户是指定义产品的特性并排列这些特性优先级的人或者团体。有时客户是和程序员同属一家公司的一组业务分析师或市场专家;有时客户是用户团体委派的用户代表;有时客户是支付开发费用并最终使用系统的人。但是在极限编程项目中,无论谁是客户,他们都是能够和团队一起工作的团队成员。

最好的情况是客户和程序员在同一个办公室中工作,次一点的情况是客户和程序员之间的工作距离在100米以内。距离越大,客户就越难成为真正的团队成员。如果客户工作在另外一幢建筑或另外一个城市,那么他将会很难融合到团队中来。

如果确实无法和客户在一起工作,极限编程建议去寻找能够在一起工作、愿意并能够代替真正客户的人。尽管不能百分之百地取代真正的客户,但是这样做能够使开发工作继续下去。

2. 用户故事

为了进行项目计划,开发团队必须先要知道和项目需求有关的内容,但是却无需知道的太多。对于做计划而言,了解需求只需要做到能够估算它的程度就足够了。传统的软件开发方法认为,为了对需求进行估算,必须要了解该需求的所有细节。然而,其实并非如此。开发团队必须要知道存在很多细节,也必须要知道细节的大致分类,但是不必知道每一项需求特定的细节。

需求的特定细节很可能会随时间而改变。在客户真正使用集成到一起可以工作的系统之前,所有的需求都是假想的和不确定的。新系统的问世才是关注需求的最好时刻,因为只有这时,抽象的描述才变为具体的实物;设想的需求才得到验证。因此,在离真正实现需求还早时就去捕获该需求的特定细节,很可能会导致做无用功以及对需求不成熟的关注。

在极限编程中,程序员和客户反复讨论,以获取对于需求细节的理解,但是不去捕获那些细节。他们更愿意客户在索引卡片上写下一些关键的词语,这些只言片语就可以提醒他们回想起这次谈话的内容。在客户书写关键词语的同时,程序员在同一张卡片上写下对此需求的估算。估算是根据和客户进行交谈期间所得到的对于细节的理解进行的。

用户故事就是正在进行的关于需求谈话的助记符。它是一个计划工具,客户可以使用它并根据它的优先级和估算代价来安排实现该需求的时间。表10.1给出了一个用户故事的样例。

表 10.1　用户故事样例

运行处理退款请求故事(优先级:高　技术风险:低)		
编号	估算:开发时间 2~3 周	时间
2.1	获得某时间段银行的退款明细	0.5 天
2.2	分页显示某时间段银行的退款明细列表,提供选择退款记录	2.5 天
2.3	运行处理退款	2 天

续表

编号	运行处理退款请求故事(优先级：高　技术风险：低)	时间
	估算：开发时间 2~3 周	
2.4	(约束)2.3 可以补充退款信息卡号、姓名信息,如果要求输入卡号要输入2遍复核	
2.5	(约束)2.4 输入卡号提供3个4位输入第4个不限位数的分割输入,利于校对	
2.6	(约束)2.4 卡号栏目后面要留输入标注(本)(异)来区分本地卡和异地卡的空间	
2.7	(约束)2.3 可以选择部分或全部明细进行退款处理	
2.8	(约束)2.3 处理后退款明细记录状态要变更为运行已处理状态,并置运行处理日期	
2.9	(约束)2.3 确认后要出现一个确认对话框,防止误操作	
2.10	可以按条件获得退款明细列表	1天
2.11	(约束)2.10 条件可以为：银行 & 退款处理状态 & 退款请求日期段	
2.12	(约束)2.10 条件可以为：商户 & 退款处理状态 & 退款请求日期段	
2.13	(约束)不需要查询还在申请状态的退款	
2.14	分页显示按条件获得运行已处理的退款明细列表	1.5天
2.15	(约束)2.14 表头里须含查询条件信息及总笔数与金额信息	
2.16	可以下载退款明细列表	2.5天
2.17	(约束)2.16 数据组织成 Excel 表格格式	
2.18	(约束)2.16 表可以按每个支付网关生成一份	
2.19	(约束)2.16 表可以按每个商户生成一份	
2.20	(约束)在2.16 表中,部分支付网关除基本栏目外,一些栏目可以配置打印与否	
2.21	可以把运行已经处理过的退款交易回退给运行部门重新处理	3天
2.22	(约束)2.21 可回退的退款交易必须是还没有被财务退过款的	

3. 短交付周期

极限编程项目每两周交付一次可以工作的软件。每次迭代都实现一些优先级相对较高的用户故事。在每次迭代结束时,项目团队会给用户演示迭代生成的系统,以得到他们的反馈。

(1) 迭代计划

每次迭代通常耗时两周。这是一次较小的交付,可能会被加入到最终的产品发布中,也可能不会。迭代计划就是为一次迭代制订的进度时间表,它由一组用户故事、时间估算和成本估算组成。用户故事由项目经理和客户根据优先级大小和项目预算协商选取。

项目经理通过度量在之前迭代中完成的工作量来为本次迭代设定预算。只要估算成本的总量不超过预算,客户就可以为本次迭代选择任意数量的用户故事。

一旦迭代开始,客户就同意不再修改当次迭代中用户故事的定义和优先级别。迭代期间,开发人员可以自由地将用户故事分解成任务,并依据最具技术和商业意义的顺序来开发这些任务。

(2) 发布计划

团队通常会创建一个计划来规划随后大约6次迭代的内容,这就是所谓的发布计划。一次发布通常需要3个月的工作。它表示了一次较大的成果交付,通常此次交付会被加入到产品中。发布计划是由一组客户根据程序员给出的预算所选择的、排好优先级别的用户故事组成。

程序员通过度量在以前的发布中所完成的工作量来为本次发布设定预算。只要估算成本的总量不超过预算，客户就可以为本次发布选择任意数目的用户故事。客户同样可以决定在本次发布中用户故事的实现顺序。如果程序员强烈要求的话，客户可以通过指明哪些用户故事应该在哪次迭代中完成的方式，制订发布中最初几次迭代的内容。

与迭代计划不同的是，发布计划不是一成不变的，客户可以随时改变计划的内容。他可以取消用户故事，提供新的用户故事，或者改变用户故事的优先级别。

4. 测试驱动的开发方法

测试驱动开发（Test Driven Development，TDD）是极限编程的重要特点，它以不断的测试推动代码的开发，既减少了编码返工，又保证了软件质量。

以往很多项目在实现阶段的后期还要修改某个类的属性和方法的定义。为什么会发生这样的事情？除去需求变更的因素外，另一个原因是直到这部分代码真正被其他代码使用时，才发现原来的设计并不能满足实际的使用要求。结果在时间进度的压力下，临时更改设计，重新定义接口。这么做最终会导致软件质量的下降。

测试驱动开发就是通过编写测试用例，在编写代码之前先考虑代码的使用要求（包括功能、过程和接口等）。通过编写这部分代码对应的测试程序和测试用例，可以对其功能的分解、使用过程和接口等进行梳理和设计。而且这种从使用角度对代码进行设计通常更符合后期开发的需求。因此测试驱动开发不仅是测试软件的过程，它也是一种代码设计的过程。

另外，程序员通常对编写文档缺乏热情，但要使用别人的代码时又希望能有文档指导。而测试驱动开发过程中产生的测试代码和用例就是对代码的最好的解释。

在编写代码时，程序员经常担心"代码是否正确"，"修改的新代码对其他部分有没有影响"。这种担心甚至导致对某些代码应该修改却不敢修改。测试驱动开发提供的测试集可以大大增强程序员的信心。如果刚刚编写好的代码能够顺利通过测试，则会使代码的作者备受鼓舞。即使不能马上通过测试，他仍然能够根据测试的输出结果迅速发现、定位问题所在。这样，测试驱动的开发方法还为正确修改代码提供了良好的支持。

5. 验收测试

用户故事的验收测试计划和测试用例是在就要实现该用户故事之前或实现该用户故事的同时进行编制的。验收测试使用能够让它们自动并且反复运行的某种脚本语言编写，这些测试共同来验证系统按照客户指定的行为运转。

编写验收测试所使用的语言随着系统的演化而演化。客户可以召集程序员开发一个简单的脚本系统，或者他们拥有一个可以开发脚本系统的独立的质量保证部门。许多客户借助于商业的验收测试工具，并自己编写验收测试。

一旦通过一项验收测试，就将该测试加入到已经通过的验收测试集合中。决不允许该测试两次失败。这个不断增长的验收测试集合每天会被多次运行，每当系统被创建时，都要运行这个验收测试集。如果一项验收测试失败了，那么系统创建就宣告失败。因而，一项需求被实现，就再不会遭到破坏。

6. 结对编程

在极限编程中,所有产品的代码都是由结对的程序员使用同一台计算机共同完成的。就像图 10.2 所展示的那样,结对人员中的一位控制键盘并输入代码,另一位观察输入的代码并寻找着代码中的错误和可以改进的地方。两个人强烈地进行着交互,他们都全身心地投入到软件的编写中。

两人频繁互换角色。控制键盘的可能累了或者遇到了困难,他的同伴会取得键盘的控制权。在一个小时内,键盘可能在他们之间来回传递好几次。最终的代码是由他们两人共同设计、共同编写的,两人功劳均等。

图 10.2 结对编程

结对的关系每天至少要改变一次,以便于每个程序员在一天中可以在两个不同的结对中工作。在一次迭代期间,每个团队成员应该和所有其他的团队成员在一起工作过,并且他们应该参与了本次迭代中所涉及的每项工作。

这将极大地促进知识在团队中的传播。仍然会需要一些专业知识,并且那些需要一定专业知识的任务通常需要合适的专家去完成,但是那些专家几乎会和团队中的所有其他人结过对。这将加快专业知识在团队中的传播。这样,在紧要关头,其他团队成员就能够代替所需要的专家。

7. 集体所有权

结对编程中的每一对程序员都有从版本控制服务器上下载任何模块并对它进行改进的权力。没有程序员对任何一个特定的模块或技术单独负责。每个人都参与 GUI 方面的工作;每个人都参与中间件方面的工作;每个人都参与数据库方面的工作。没有人比其他人在一个模块或者技术上具有更多的权威。

这并不意味着极限编程不需要专业知识。如果某个程序员的专业领域是有关 GUI 的,那么他最有可能去从事 GUI 方面的任务。但是他也会被邀请去和别人结对从事有关中间件和数据库方面的任务。项目组的每个成员不会被限制在自己的专业领域。

8. 持续集成

程序员每天会多次将他编写好的代码提交到版本控制服务器上,同服务器上其他代码集成。规则很简单:某一源文件的第一个提交者只要提交到服务器上就可以了,之后谁修改了源文件,谁就负责把修改之后的源文件合并到版本控制服务器上。

项目团队使用非阻塞的源代码控制工具。这意味着程序员可以在任何时候下载任何模块,而不管是否有其他人已经下载同一个模块。当程序员完成对模块的修改并把该模块提交回去时,他必须要把他所做的改动和在他前面提交该模块的程序员所做的任何改动进行合并。为了避免合并的时间过长,团队的成员会非常频繁地提交他们的模块。

结对人员会在一项任务上工作 1~2 个小时,他们创建测试用例和产品代码。在某个适当的间歇点，也许远远在这项任务完成之前，他们决定把代码提交到服务器。最重要的是要确保所有的测试都能够通过，不能提交没有通过测试的产品代码。他们把新的代码集成进代码库中。如果需要，他们会对代码进行合并。如果有必要，他们会和先于他们提交的程序员协商。一旦集成进了他们的更改，他们就构建新的系统。他们运行系统中的每一个测试，包括当前所有运行着的验收测试。如果他们破坏了原先可以工作的部分，他们会进行修正。一旦所有的测试都通过了，他们就算完成了此次提交工作。

综上，项目团队每天会进行多次系统构建，他们会重新创建整个系统。如果系统的最终结果是一张 CD，他们就录制该 CD；如果系统的最终结果是一个可以访问的 Web 站点，他们就安装该 Web 站点，或许会把它安装在一个测试服务器上。

9. 可持续的开发速度

软件项目不是百米冲刺，它是马拉松长跑。那些一离开起跑线就开始尽力狂奔的团队在远离终点前就会筋疲力尽。为了快速地完成开发，团队必须要以一种可持续的速度前进。团队必须保持旺盛的精力和敏锐的警觉。团队必须要有意识地保持稳定、适中的速度。

极限编程的规则是不允许团队加班工作。在版本发布前的一个星期是该规则唯一的例外。如果发布目标就在眼前并且能够一蹴而就，则允许加班。

10. 开放的工作空间

团队在一个开放的房间中一起工作，房间中有一些桌子，每张桌子上摆放了 2～3 台微机，每台微机前有给结对编程的人员预备的两把椅子，墙壁上挂满了状态图表、任务明细表和 UML 图等。

房间里充满了交谈的嗡嗡声，结对编程的两人坐在互相能够听得到的距离内，每个人都可以得知另一人何时遇到了麻烦，每个人都了解对方的工作状态，程序员们都处在适合于激烈地进行讨论的位置上。

这就是极限编程所提倡的开放式的工作空间。可能有人认为这种环境会分散人的注意力，很容易让人担心由于持续的噪音和干扰而一事无成。事实并非如此。有研究表明，在一个充满"积极讨论气息"的房间里工作，效率非但不会降低，反而会成倍地提高。

11. 计划游戏

计划游戏的本质是划分客户和程序员之间的职责。客户决定产品特性的重要性，开发人员决定实现一个特性所花费的代价。每次发布和每次迭代的开始，程序员基于在最近一次迭代或者最近一次发布中他们所完成的工作量，为客户提供一个预算。客户选择那些所需的成本合计起来不超过该预算的用户故事。依据这个简单的规则，采用短周期迭代和频繁的发布，很快客户和程序员就会适应项目的开发节奏：客户能够了解程序员的开发速度，程序员能够及时从客户那里得到必要的反馈。基于这种了解，客户能够确定项目会持续多长时间，以及会花费多少成本。

12. 提倡简单的设计

项目团队使他们的设计尽可能地简单、具有表现力。此外，他们仅关注计划在本次迭代中要完成的用户故事，而不会考虑那些未来的用户故事。在一次次的迭代中，他们不断演进系统设计，使其对正在实现的用户故事来说，始终保持在最优结构。

这要求项目团队的工作可能不会从搭建基础设施开始，他们可能并不先去选择使用数据库或者中间件。团队最开始的工作是以尽可能最简单的方式实现第一批用户故事。只有当出现一个用户故事迫切需要某些基础设施时，他们才会引入该基础设施。

项目团队总是尽可能寻找能实现当前用户故事的最简单的设计。在实现当前的用户故事时，如果能够使用数据文件，就不去使用数据库或者 EJB(Enterprise Java Bean)；如果能够使用简单的 Socket 连接，就不去使用 ORB(Object Request Broker)或者 RMI(Remote Method Invoke)；如果能够不使用多线程，就不用它。尽量考虑用最简单的方法来实现当前的用户故事。然后，选择一种最实际的解决方案。

消除重复最好的方法就是抽象。毕竟，如果两种事物相似的话，必定存在某种抽象能够统一它们。这样，消除重复的行为会迫使团队提炼出更多的抽象，并进一步减少了代码间的耦合。

13. 时常对现有代码进行重构

就像房间如果不经常打扫会变脏乱，代码如果不经常维护，往往也会退化。随着不同的程序员添加一个又一个特性，处理一个又一个错误，代码的结构会逐渐臃肿和退化。如果对此置之不理，这种退化最终会导致模块之间关系纠结不清，代码混乱难于维护。

项目团队通过经常性的代码重构来扭转这种退化。重构是在不改变代码行为的前提下，对其进行一系列小的改造，旨在改进系统结构的实践活动。每个改造都是微不足道的，几乎不值得去做。但是所有的这些改造叠加在一起，就形成了对系统设计和架构显著的改进。

极限编程团队不能容忍重复的代码。无论在哪里发现重复的代码，他们都会消除它们。导致代码重复的因素有许多，最明显的是用鼠标选中一段代码后四处粘贴。当发现那些重复的代码时，可以通过定义一个函数或基类的方法来消除它们。有时两个或多个算法非常相似，但是它们之间又存在着微妙的差别，那可以把它们变成函数，使用不同的参数表示；或者使用模板方法模式。无论是哪一种原因导致代码重复，只要被开发人员发现，就会被消除。

在每次细微改造之后，项目团队执行回归测试以确保改造没有造成任何破坏，然后再去进行下一次改造。如此往复，周而复始，每次改造之后都要运行回归测试。通过这种方式，系统可以在改造设计的同时，依旧可以工作。

重构是持续进行的，而不是在项目结束时、发布版本时、迭代结束时甚至每天下班前才进行。重构可以每隔一个小时或者半个小时就去做。通过重构，项目团队可以持续地保持尽可能干净、简单并且具有表现力的代码。

14. 隐喻(Metaphor)

隐喻是所有极限编程实践中最难理解的一个。它是将整个系统联系在一起的全局视图；它是系统的未来景象，是它使得所有单独模块的位置和外观变得明显直观。如果模块的外观与整个系统的隐喻不符，那么你就知道该模块是错误的。

隐喻通常可以归结为一个名字系统。这些名字提供了一个系统组成元素的词汇表,并有助于定义它们之间的关系。

例如,在应用程序的开发中,经常会讲到"池",如连接池、线程池等。它是一个缓冲区,里面维持一定量的资源。如果系统在运行时需要一些资源,它不必构造新的资源,只需要向"池"中索取即可。当用完这些资源后,也不必销毁它们,而是把它们重新放回到"池"中即可。这样可以共享很多资源。其中"池"就是一种隐喻,用来比喻这个缓冲区。而同时,可以用图书馆来形象地比喻整个系统的运作过程。当读者要阅读某本书时,他不需要自己花钱购买,只需要到图书馆索取即可。当看完这本书,他不会随手扔掉,而是要还回图书馆。这样,少量的图书可以满足大量读者的需要。这也是一种隐喻。图书馆就是"池";馆藏的"图书"代表"池"中的资源;资源的使用者就是"读者";获取资源是"借书";归还资源是"还书"。所有的名字相互吻合,这有助于项目团队从整体上去考虑系统。

10.6.5 极限编程小结

极限编程是一组简单、具体的实践,这些实践结合在一起形成了一个敏捷开发过程。该过程已经被许多团队使用过,并且取得了好的效果。极限编程是一种优良的、通用的软件开发方法。项目团队可以拿来直接采用,也可以增加一些实践,或者对其中的一些实践进行修改后再采用。

10.7 Scrum

1986 年,日本学者竹内弘高和野中郁次郎阐述了一种新的"整体性方法",该方法能够提高商业新产品开发的速度和灵活性。他们将这种新的"整体性方法"与橄榄球运动相比较。前者各阶段相互重叠,并且由一个跨职能团队在不同的阶段完成整个过程;而后者的团队作为一个整体在比赛中统一推进。他们对来自汽车、照片机器、计算机和打印机等产业的案例进行了研究。

1991 年,DeGrace 和 Stahl 在《Wicked Problems, Righteous Solutions》一书中将这种方法称为 Scrum,表示"两队并列争球",如图 10.3 所示。

1995 年,在奥斯汀举办的 OOPSLA'95 上,Jeff Sutherland 和 Ken Schwaber 联合发表了论文,形式化了 Scrum 开发过程,首次提出了 Scrum 敏捷软件开发的概念。Schwaber 和 Sutherland 在接下来的几年里合作,将上述文章、他们的经验以及业界的最佳实践融合起来,形成目前看到的 Scrum。

2001 年,Schwaber 与 Mike Beedle 合著了《敏捷软件开发——使用 Scrum 过程》一书,介绍了 Scrum 方法。

图 10.3　Scrum 的本意是指"两队并列争球"

Scrum 成为领先的敏捷开发方法之一,目前世界上有超过 500 家公司在使用 Scrum。

10.7.1 一个简单的框架

如图 10.4 所示，Scrum 是一个敏捷开发框架，是一个增量迭代的开发过程。它把软件开发的整个周期划分为若干个小的迭代周期。每个小的迭代周期称为一个冲刺（Sprint），每个冲刺跨度为 2～4 周。在每个冲刺中，Scrum 团队拿到一个排列好优先级的需求列表，称为冲刺订单（Sprint Backlog）。Scrum 团队先开发的是对客户具有较高价值的需求。在每个冲刺结束后，都会开发完成可交付的产品。

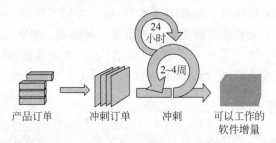

图 10.4　Scrum 是一个增量迭代的开发过程

10.7.2　Scrum 过程

1. Scrum 过程

如图 10.5 所示，Scrum 遵循敏捷软件开发方法，它包括一系列实践和预定义的角色。Scrum 中的主要角色包括同项目经理类似的 Scrum 主管，负责维护过程和任务；产品负责人代表利益所有者；开发团队包括了所有程序员。

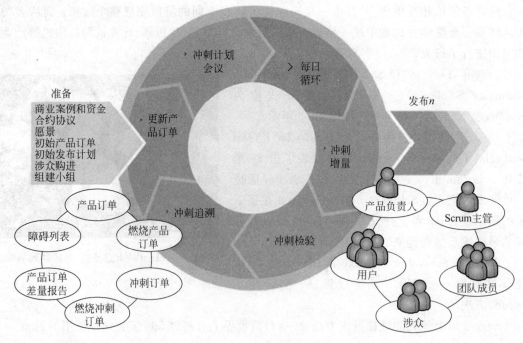

图 10.5　Scrum 的完整过程

在每一次冲刺中,Scrum 团队创建可用的软件增量。每一个冲刺所要实现的特性来自产品订单。产品订单是按照优先级排列的待完成工作的概要需求。哪些订单条目会被加入下一个冲刺,由冲刺计划会议决定。在会议中,产品负责人告诉 Scrum 团队他需要完成产品订单中的哪些订单条目。开发团队决定在下一次冲刺中他们能够承诺完成多少订单项。在冲刺的过程中,没有人能够变更冲刺订单,这意味着在一个冲刺中需求是被冻结的。

在敏捷刚出现的时候,极限编程一直是主流,但是敏捷方法开始在全世界流行的今天,最红火的却是 Scrum。这是因为 Scrum 更容易普及和推广。同时,Scrum 非常容易学习,应用 Scrum 不需要太多的投入。

2. Scrum 的 3 个角色,3 项活动,3 种工具,1 个冲刺

管理 Scrum 过程有很多实施方法,可以使用简单的即时贴,也可以使用复杂的商业软件包。尽管如此,Scrum 过程可以简单地归结为由"3 个角色"、"3 项活动"、"3 种工具"和"1 个冲刺"组成。

① 3 个角色依次是负责项目商业价值的产品主管;负责团队运作的 Scrum 主管;以及自组织的 Scrum 团队。

② 3 项主要的活动是迭代计划会议、每日站立会议和迭代评审会议。

③ 3 种工具用来排列任务的优先级和跟踪任务,包括显示待开发任务列表的产品订单,显示迭代任务列表的冲刺订单和显示迭代进度的燃烧进度图。

④ 1 个冲刺是指一个时间周期,通常在 2~4 周之间,开发团队会在此期间完成所承诺的一个冲刺订单的开发。

10.7.3　3 个角色

1. 产品负责人(Product Owner)

产品负责人是负责维护产品订单的人,代表了客户的意愿。他保证了从业务角度来说,Scrum 团队在做正确的事情。产品负责人编写用户故事,排出优先级,并放入产品订单。具体的职责如下:

① 确定产品的功能。

② 决定产品发布的日期和发布内容。

③ 为产品的投资收回率负责。

④ 根据市场价值确定功能优先级。

⑤ 在 30 天内调整功能和调整功能优先级。

⑥ 接受或拒绝 Scrum 团队的工作成果。

⑦ 参与 Scrum 计划。

2. Scrum 主管(Scrum Master)

为 Scrum 过程负责的人,确保 Scrum 在团队中正确使用,并使得 Scrum 的收益最大化。Scrum 主管促进 Scrum 过程,他的主要工作是去除那些影响团队交付冲刺订单的障碍。由于 Scrum 团队是自组织的，因而 Scrum 主管并非团队的领导，他只是负责屏蔽外界对开发团队的干扰的人。Scrum 主管确保 Scrum 过程按照初衷使用，是规则的执行者。

Scrum 主管和产品负责人紧密地工作在一起，他可以及时地为团队成员提供帮助。他的职责归纳如下：

① 保证团队资源完全可被利用并且全部是高产出的。
② 保证各个角色及职责的良好协作。
③ 保证开发过程按计划进行，组织 Scrum 的 3 种活动。
④ Scrum 主管需要知道哪些任务刚刚开始，哪些任务已经完成，哪些新的任务已被发现，哪些任务估计可能会发生变化。Scrum 主管需要根据以上的情况更新反映每天完成的工作量以及还有多少没有完成的燃烧进度表。
⑤ 作为团队和外部的接口，解决团队开发中的障碍，屏蔽外界对团队成员的干扰。

3. Scrum 团队(Scrum Team)

由负责自我管理开发产品的人组成的团队，负责产品的交付。团队由 5~9 名具有不同特长的成员（如设计者和开发者等）组成，完成实际的开发工作，包括：

① 确定冲刺目标和具体说明的工作成果。
② 在项目向导范围内有权利做任何事情已确保达到冲刺的目标。
③ 高度的自我管理能力。
④ 向产品负责人演示产品功能。

10.7.4　3 项活动

1. 冲刺计划会议(Sprint Planning Meeting)

根据产品负责人制定的产品或项目计划在冲刺的开始时做准备工作。对于产品型的公司，客户就是市场，产品负责人扮演市场代理的角色。一个产品负责人需要一个确定产品最终目标的远景，规划出今后一段时间产品发展的路线图，以及根据对投资回报的贡献确定的产品特性。他要准备一个根据商业价值排好序的客户需求列表。这个列表就是产品订单，一个最终会交付给客户的产品特性列表，它们根据商业价值来排列优先级。

当为一个冲刺定义好足够多的产品订单，并且排列好优先级后 Scrum 就可以开始了。冲刺计划会议是用来细化当前迭代的开发计划的。计划会开始的时候，产品负责人会和 Scrum 团队一起评审版本、路线图、发布计划及产品订单。Scrum 团队会评审产品订单中功能点的时间估计并确认这些估计尽可能的准确；Scrum 团队会根据资源情况看有多少特征可以放在当前的冲刺中；Scrum 团队按照优先级的高低来确定开发的先后次序。

冲刺计划会议阶段需要控制在 4 个小时。当产品订单确定后，Scrum 主管带领 Scrum 团队去分解这些功能点，细化成冲刺的一个个任务。

2. 每日站立会议(Daily Scrum Meeting)

一旦冲刺计划会议结束，以 30 天为周期的冲刺就开始了。除了每天的开发工作外，Scrum 主管需要组织团队成员每天举行项目状况会议，此会议被称为"每日站立会议"或"晨会"。这个会议用 15 分钟的时间让团队成员过一下 Scrum 的状态。在会上,每个团队成员需要回答 3 个问题:我昨天做了什么,今天做什么,遇到哪些障碍。谁都可以参加这个会议,但只有 Scrum 团队成员有发言权。这个会议的目标是得到一个项目的全局观,用于发现任何新的依赖,定位项目成员的要求,实时调整当天开发计划。"站立会议"有一些具体的指导原则:

① 会议准时开始。对于迟到者,团队常常会制订轻微的惩罚措施,如做俯卧撑、在脖子上挂玩具等。

② 任何人都可以参加会议,但只有团队成员可以发言。

③ 不论团队规模大小,会议被限制在 15 分钟内。

④ 所有出席者都应站立,这有助于保持会议简短。

⑤ 会议应在固定地点和每天的同一时间举行。

⑥ 在会议上,每个团队成员需要回答 3 个问题:我昨天做了什么,今天做什么,遇到哪些障碍和困难。

⑦ "没有问题被藏在地毯下"是 Scrum 的一个重要指导原则。Scrum 鼓励每一个团队成员描述他所遇到的困难,而这个困难可能会对整个团队的工作造成影响。

⑧ Scrum 主管需要记下这些障碍和困难。

3. 冲刺评审会议(Sprint Review Meeting)

在一轮冲刺结束时,要召开冲刺评审会。举行冲刺评审会是为了进行持续的过程改进。在会议上所有团队成员都要反思这个冲刺。这个会议最多不超过 4 个小时。产品负责人会组织这阶段的会议并且邀请相关人员参加。业务、市场和技术都要做相关的评审。

会议的前半时间用来给产品负责人演示在这个冲刺中开发的产品功能。由产品负责人来决定产品订单中的哪些功能已经开发完成,并和 Scrum 团队及利益相关者讨论下一个冲刺订单项的优先级。下一个冲刺的目标在这个时候被确定下来。

会议的后半时间是由 Scrum 主管和 Scrum 团队一起回顾当前的冲刺。团队评估大家在一起的工作方式,找出好的方式继续发扬,找出需要改进的地方,想办法提升。这些有助于创造并完善自组织的团队。

冲刺评审会结束后,新一轮的冲刺又继续开始。冲刺会一直持续,直到开发了足够多的功能来交付一个完整的产品。

10.7.5 3 种工具

1. 产品订单(Product Backlog)

在项目开始的时候,产品负责人要准备一个根据商业价值排序和涵盖所有客户需求的产品特性列表,这个列表就是产品订单,如图 10.6 所示。产品订单描述将要创建什么样的产品,是整个项目的概要文档,是按照优先级排序的高层需求。产品订单包括所有所需特性的粗略的描述,也包括技术上的需求。Scrum 团队会根据这个来做工作量的估算,通常以天为单位。估算将帮助产品负责人衡量时间表和优先级。例如,产品订单上会写:如果增加"拼写检查"特性,估计需要花 10 天。这将影响产品负责人对该特性的期望程度。

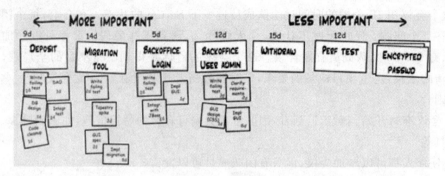

图 10.6　产品订单

一些高优先级的产品特性需要足够细化以便 Scrum 团队进行工作量估计和准备测试用例。那些低优先级的特性将在后面的冲刺中交付，目前可以不加细化。

2. 冲刺订单(Sprint Backlog)

如图 10.7 所示，冲刺订单是冲刺计划会议上产出的一个产品特性列表。当 Scrum 团队选择并承诺了产品订单中要交付的一些高优先级的产品功能点后，这些功能点就会被细化成为冲刺订单：一个完成产品订单功能点的必需的任务列表，包含团队在下一个冲刺中实现的需求的信息。

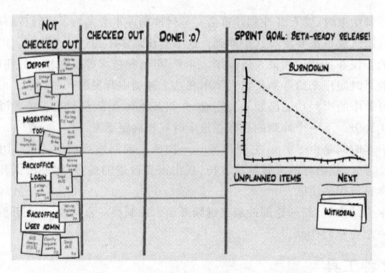

图 10.7　冲刺订单

任务都被分解为以小时为单位，没有任务可以超过 16 个小时(2 个工作日)。如果一个任务超过 16 个小时，那么它就应该被进一步分解。冲刺订单上的任务不会被分派，而是由团队成员签名认领其中的任务。

冲刺订单完成后，Scrum 团队会根据这次的经验重新估计其余的工作量。如果这些工作量和原始估计的工作量有较大差异，Scrum 团队将和产品负责人协商，调整合理的工作量到冲刺中，以确保冲刺的成功实施。

3. 燃烧进度表(Burn-down Chart)

如图 10.8 所示,燃烧进度表是一个公开展示的图表,在冲刺长度上显示每天的进展,显示当前冲刺中未完成的任务数目,或在冲刺订单上未完成的订单项的数目,是一个反映工作量完成状况的趋势图,是对工程进度进行控制的有效工具。

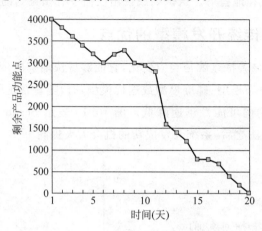

图 10.8　燃烧进度表,冲刺时间为 20 天

在冲刺开始的时候,Scrum 团队会标示和估计在这个冲刺需要完成的详细的任务。所有这个冲刺中需要完成,但没有完成的任务的工作量是累积工作量。Scrum 主管会根据进展情况每天更新累积工作量。如果在冲刺结束时,累积工作量降低到 0,冲刺就成功结束。

产品订单功能点被放到冲刺的固定周期中,冲刺订单会因为如下原因发生变化:

① 随着时间的变化,开发团队对于需求有了更好的理解,有可能发现需要增加一些新的任务到冲刺订单中。如图 10.8 所示,在第 6～8 天时,由于发现新的功能点,导致未完成的功能点增多。

② 程序缺陷作为新的任务加进来,这个都作为承诺交付任务中未完成的工作,这些也许可以分开进行跟踪。

产品负责人也可以和 Scrum 团队一起工作,以帮助团队更好地理解冲刺的目标。Scrum 主管和团队也许会觉得小的调整不会影响冲刺的进度,但会给客户带来更多商业价值。

10.7.6　自适应的项目管理

Scrum 是一套自适应的项目管理方法。也就是说,在项目随时间进展的同时,项目管理也更加科学、合理,项目团队也不断进步和完善。这主要归因于除了敏捷软件开发的通用方式方法外,Scrum 采用了以下特有的措施。

- 频繁的风险评估和应对措施。在每一个冲刺阶段,项目团队都会承诺完成一份冲刺订单。在冲刺计划会议上,会根据承诺进行风险评估和管理,这都是由 Scrum 团队自己制订的。

- 通过每日站立会议,让计划和模块开发保持透明,让每一个人知道谁负责什么,以及什么时候完成。
- 以冲刺评审会为主要形式,频繁召开利益所有人会议,以跟踪项目进展,保持项目开发的节奏。
- 没有问题会被藏在地毯下。认识到或说出任何没有预见到的问题并不会受到惩罚。

10.7.7　Scrum 较传统开发模型的优点

Scrum 模型的一个显著特点就是响应变化,它能够尽快地响应变化。图 10.9 表示使用传统的软件开发模型(瀑布模型、螺旋模型或迭代模型)时,随着系统因素(内部和外部因素)的复杂度增加,项目成功的可能性迅速降低。图 10.10 表示 Scrum 模型和传统模型的对比。在使用了 Scrum 方法之后,系统开发成功的机会大大提高。

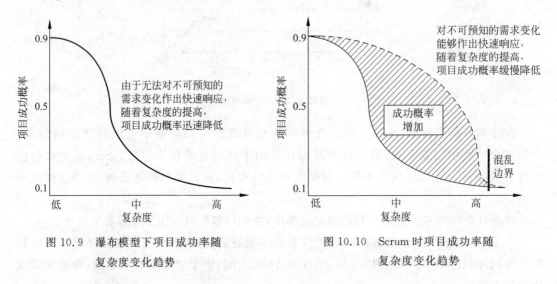

图 10.9　瀑布模型下项目成功率随复杂度变化趋势

图 10.10　Scrum 时项目成功率随复杂度变化趋势

10.7.8　案例:Scrum 在开发中的应用

在管理项目实施过程中,失败可以理解为使用 Scrum 不当,没有达到预先的期望,直至最后团队放弃了 Scrum。成功意味着大家还在继续使用 Scrum,从某种程度上说,就是 Scrum 达到了团队的预先期望,至少是可以接受的期望。

1. 失败案例一

某互联网公司的一名工程师 David 为我们讲述了公司应用 Scrum 的一个场景。

"我们公司的高层领导在一次与同行的电话交谈中了解到了 Scrum 和敏捷软件开发的概念。由于当时公司的许多项目都存在进度滞后和用户对产品不满意的问题,因此领导似乎看到了一剂包治百病的灵丹妙药。于是,公司在多个项目组开展试点,快速导入 Scrum,采用敏捷软件开发进行项目管理。

然而,由于仓促上马,团队没有经过培训,又没有历史经验供参考,项目经理在传统软件开发观念的支配下，Scrum 很快开始走形，敏捷也变得形式化。

不了解 Scrum 的项目经理是这样在项目中使用每日站立会议的。他发现这个东西挺好，就单独把每日站立会议拿来推广。结果他把会议变成了每日汇报：每个员工都要在会上把当天的工作计划报告给他，他来决定工作量是否饱满。如果发现哪个员工没有完成前一天的任务，就会对他进行批评。如果员工报告了自己遇到的问题，他只是告诫这位员工要在什么时间解决这个问题，而没有任何帮助措施。

经过短暂的试验，项目的进度不仅没有改善，项目组成员的积极性却受到不同程度的打击。最终，项目团队放弃了 Scrum。"

该公司对 Scrum 的理解很初级，对每日站立会议的应用也不正确。其实，在其他很多的软件开发方法中都有这个实践。他们的问题是：由于没有系统的培训，项目经理和项目团队根本不知道什么是 Scrum。

以每日站立会议为例，在 Scrum 中明确提到，在会议中每个成员只可以说三件事情：我昨天做了什么；今天准备做什么；在工作中遇到了什么障碍。召开每日站立会议的目的有两点：第一，加强团队交流和信息共享。互相了解别人都在做什么工作，完成了什么任务。每日的信息传递，可以让每个人更多地了解整个项目的业务和技术状况。并且如果在工作中遇到障碍或问题，也可以在这时候提出来，请求大家的帮助。第二，促使每个人在早上做好一天的工作计划。这样，每个人一天的工作就会有具体明确的目标，会直接提高工作效率。

反观上面的情况，项目团队根本谈不上是在使用 Scrum，而是上级在检查下级的工作。实施效果当然可想而知了。

2. 失败案例二

第二个失败案例是一个从事离岸开发的软件外包公司。

"某一天，国外的项目经理突然发来几个链接，一看讲的是一个闻所未闻的词——Scrum。项目组用了一两天的时间熟悉 Scrum 的文档，然后就开始了 Scrum。

项目组按照 Scrum 框架的方式工作：按照要求划分角色；在冲刺计划会议上分解任务；有迭代式的冲刺也有每日站立会议。尽管如此，Scrum 实践也只坚持了一个冲刺就被终止了。在这次冲刺中，实际只完成了冲刺订单的一半工作量。"

为什么会出现这样的结果呢？让我们看看到底发生了什么。原来，项目组分成了两个离岸的开发团队。他们的工作地点、工作时间和语言都存在差异，很容易就会导致沟通和交流不畅，这时候再生硬的引入 Scrum，无疑是火上浇油。下面我们来看看他们是如何使用 Scrum 的。

(1) 每日站立会议

"其实大家都知道沟通进度的重要性，但我们双方有七八个小时时差，那边刚上班这边就快收拾东西走人了，就这样还要讲自己今天要做些啥，遇到啥困难，一点意义都没有。很快每日站立会议就成了形式，就放弃了。"

其实，每日站立会议是 Scrum 最有效果的实践之一。那为什么最后会流于形式而放弃了呢？第一点原因是会议的时间不好。实践证明，每日站立会议的最佳时间是早上。比如 9 点上班，会议时间可以定在 9：30。到点了就按时地举行 15 分钟的会议，然后全身心地投入到一天的工作中。这样很自然，开发节奏也很平稳。第二点原因是缺少前期培训。因为事先没有培训和方法导入阶段，就马上在实际项目组中使用。项目组成员已经习惯过去的工作方式，不愿意另外接受新的变化，因而无形中会抵触 Scrum。这样必然导致 Scrum 实践失败。第三点原因是团队的氛围。在每日站立会议上，Scrum 主管有责任营造一个轻松和谐的氛围，让每个人说出真正发生的事情，就算是昨天遇到技术问题，没有任何的工作成果，也能得到谅解，而不是担心受到主管的指责。

针对这个公司的特殊性，如何有效组织每日站立会议呢？如图 10.11 所示，对于分布在不同地理位置的团队，他们的管理方式主要分为两种：分散的团队成员和分散的团队。

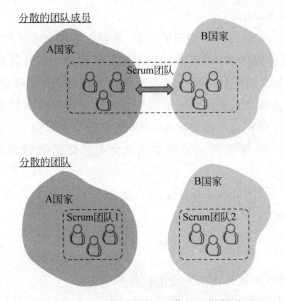

图 10.11 管理不同地理位置上的团队

由于语言、距离和时差等因素的限制，第二种方式是可行的选择。不过我们可以第一种方式作为起点，导入 Scrum 方法。具体的做法就是除了每日站立会议单独召开以外，冲刺计划会议、冲刺评审会议以及日常的开发工作都尽量保持协同。从长期来看，会顺利过渡到"分散的团队"这种方式上。此时，团队之间的交流工作会主要落在产品负责人和两个团队的 Scrum 主管身上。

(2) 冲刺计划会议

"在第一次使用 Scrum 的时候，产品负责人还能来设置优先级，我们估算时间，最后决定哪些产品订单项放到下一个冲刺里面。可是后来，每个人都能往冲刺订单里扔任务，也不知道哪些重要哪些不重要，我们自己程序员看着办，最后剩下几百个小时的订单任务完不成再扔到下一个冲刺订单里面"。

显然，这样的 Scrum 是很随意的，松松散散没有任何约束。敏捷方法表面上看去管理松散，没有规章制度，其实不然。它有很多的准则要求每个人能够自觉遵守，养成工作习惯，成为一种职业素质,最终目标是形成一个自组织的团队。例如,谁可以往产品订单里扔任务? 这是产品负责人的职责。就算是团队成员想往上扔任务,也应该和产品负责人以及整个团队讨论,明确任务的价值、优先级、工作量和风险之后,再决定是否可以把任务放到当前的冲刺订单上。

总之,如果只是学了 Scrum 的形,却没有敏捷的意,没有掌握敏捷的思想和精神,那么再怎么使用 Scrum,仍然只是在生搬硬套。

3. 成功案例

在使用敏捷方法的时候,应该尽可能多了解某些具体的敏捷软件开发方法,并深入学习其中几种,这才能够做到融会贯通。在实际工作的时候,要忘掉学到的条条框框,分析自己的所处环境,找出最主要的矛盾,然后根据团队状况,运用所掌握的方法解决具体问题。

并且,一个新的措施只有得到大多数人的认可,它的实施才不会受到过多的阻力。要做到被大家认可,就要在平时经常性地给予这方面的培训,而不是上来就迫不及待地推行新方法、新思维。否则,只能欲速不达。

下面看某网络公司是如何在项目中导入 Scrum 的。

他们的路线是这样的:"我们不是采用纯粹的 Scrum,而是将敏捷中的很多理念,包括极限编程的部分做法,结合现有的开发环境与要求,用 Scrum 的评审不断地做改进,从而走出一条自己的路。如果一个冲刺下来,我们回顾时觉得代码审查部分做得不好,下一个冲刺就会改进代码审查机制;如果发现代码中重复的错误出现较多,下个冲刺就会引入缺陷预防机制。我们是自底向上,先做小范围试点,再全面推广,中间对过程进行不断改进。"

他们的具体做法是:"其实我们一开始并没有把 Scrum 这个说法拿出来。只是和业务员一起商量什么时候系统上线,商量出来的结果是每个月定期上线。于是就有了一月一个发布版本的进度计划。我们是线上服务,有一堆新的需求过来,对技术来说就是在这一个月内完成这些需求。我们就把这一个月的工作称为一个版本。然后为了管理,我们开始开晨会。然后为了改进,我们开始开项目总结会,把产品审查和团队评审放在一起,既有产品经理介绍现状,也有大家讨论成绩、不足和挑战。后来总结会上觉得质量不好,就加入了单元测试和代码审查机制。至于计划会议,一开始我们就采用了 Scrum 的方法。"

通过上面的叙述,我们可以看到:成功采用 Scrum 开发的团队,就是通过循序渐进的方式一步一步推进,把 Scrum 成功地引入到了各自的项目和项目团队中。

10.8 小结

每一位软件开发人员、每一个项目团队的职业目标,都是给客户交付最大可能的价值。可是,软件项目经常陷入失败:或者未能给客户交付任何价值,或者在客户漫长的等待之后看到差强人意的交付产品。虽然在项目中采用过程方法是出于好意的,但是膨胀的过程方法对于软件项目的失败要承担一些责任。敏捷软件开发是一种面临迅速变化的需求快速开发软件的能力。敏捷软件开发的原则和价值观构成了一个可以帮助团队打破过程膨胀循环的方法,这个方法关注的是可以达到团队目标的一些简单的技术。

极限编程是敏捷软件开发中最著名的一个过程和方法。它没有定义一套严格的软件开发过程,而是由一系列简单却互相依赖的价值观、原则、行为和实践组成。它们结合在一起形成了一个胜于部分结合的整体。

Scrum是目前应用最广的敏捷软件开发方法,Scrum过程可以简单地归结为由"3个角色"、"3项活动"、"3种工具"和"1个冲刺"组成。

将 6σ 管理引入软件开发　　第 11 章

11.1　6σ 的故事

1. 初探 6σ

6σ(六西格玛)概念于 1986 年由摩托罗拉公司的 Bill Smith 提出,此概念属于质量管理范畴。西格玛(Σ,σ)指统计学中的标准差。6σ 旨在生产过程中降低产品及流程的缺陷次数,防止产品变异,提升品质。

6σ 最初的含义是建立在统计学中最常见的正态分布基础上,并考虑 1.5 倍的漂移,这样落在 6σ 外的概率只有百万分之 3.4(3.4ppm),即一百万次机会中只有 3.4 次发生的可能。若以 6σ 用来严格要求合格率,则一般而言,相同的流程、程序,重复一百万次只允许有 3.4 次错误。若达 4 次错误即是未达 6σ 所设定的高合格率水平。6σ 的实质就是不要做错,建立做任何事一开始就要成功的理念。目前以美国的老牌企业最积极导入 6σ,除前述的摩托罗拉,还有福特汽车、通用电气、微软、美林证券、希捷、雷斯安和 3M 等知名公司。

目前来讲,6σ 有 3 层含义:
- 统计学上的意义,即为百万分之 3.4 的缺陷率。
- 改进的过程,即采用定义、测量、分析、改进和控制等 5 个步骤的过程改进方法。
- 一套科学的质量改进方法集,包含了质量改进所需的各种工具方法。

6σ 开始主要针对制造业,通过数据收集、研究分布规律,利用正态分布分析它可能产生的缺陷数,然后进行改进和控制。以后逐步发展到其他多种产业的过程改进,其中也包括服务业。目前,6σ 正逐步在软件公司推广,成为改善软件项目管理和提升软件质量、用户满意度的有效工具。

2. 6σ 在摩托罗拉诞生

20 世纪 80 年代,美国企业曾发出这样的感叹:"第二次珍珠港事件爆发了!"原因是越来越多质优价廉的日本产品不断击败美国产品,日本企业不断蚕食美国企业的市场份额,这其中就包括了摩托罗拉。

摩托罗拉被迫于1974年卖掉了它的电视机业务,又于1980年在日本竞争者面前失去了音响市场。买下摩托罗拉电视机业务的日本松下公司令摩托罗拉感到震惊:日本松下同样使用美国工人,然后进行适度的生产线改进,运用戴明(William Edwards Deming)的质量管理原理,竟然将制造过程的缺陷率从15%降到了4%。这一惊人的数据,让摩托罗拉深刻地领教了与日本竞争对手之间的巨大差距,摩托罗拉认识到最严重的问题是产品质量问题。

在认识到差距后,摩托罗拉投入了大量的资源进行研究,他们发现:"在制造任何产品时,高质量和低成本完全可以成为孪生兄弟,而不是普遍认为的互不相容。"

通信工程部的工程师Bill Smith是整个改进行动中的关键人物。他利用空余时间收集了大量的数据研究产品的竞争力与产品的返修率之间的关联性。Bill Smith的研究以及公司的评估结果表明,正是因为缺陷导致产品竞争力受到打击,而摩托罗拉的产品缺陷率远远高于日本竞争者。一份题为《6σ机械设计公差》的文件,提出了如何减少或消除缺陷、提高产品质量的具体办法。那时,摩托罗拉的统计数据表明他们当时的质量水平处于4σ,即每一百万个机会中有6800个缺陷,而6σ则是通过改进要实现的目标,即每一百万个机会中只有3.4个缺陷。

"6σ质量"作为摩托罗拉命名的方案管理以及一整套的行动计划在摩托罗拉运营中开始被严格地执行,从而使摩托罗拉的产品质量有了质的飞跃,并且节约了数量可观的制造成本。1991年节约了7亿美元,而从开始推动6σ的时候算起,已经节约了24亿美元。正是由于在6σ方面创造性的工作,6σ的名字永远和摩托罗拉联系在了一起。

3. 6σ在通用电气获得巨大成功

推行6σ管理是一项需要企业高层领导参与和支持的事业。通用电气公司的Jack Welch就是一位不知疲倦地推行6σ管理的强有力的领导者和支持者。1995年,正处于3σ水平的通用电气在废品、返工零件、交易错误修正、低效率和生产损失上多付出70亿~100亿美元的费用。Welch在调查公司质量水平的状况、分析实施6σ的成本与效益后,决定实施6σ计划。

由于6σ的作用,通用电气的营销利润从1996年的14.8%上升到2000年的18.9%。6σ为公司带来了上百亿美元的成本节约,并直接构成了公司的利润收益。

随着6σ管理在通用电气的深入开展,公司的管理层水平不断提高,整个公司保持着让人难以想象的持续增长能力。Welch曾这样形容6σ管理:"6σ管理像野火一般燃烧着整个通用电气公司,并在改造我们所做的一切"。

在取得巨大成功后,通用电气将6σ不断扩展至更多更广的领域。

- 1998年,将6σ应用于对客户的管理,大大提高了客户满意度,使产品的销售量得以成倍的提高。
- 1999年,将6σ管理应用到供应链管理中,改善了供应链管理,使整体运作周期缩短。
- 2000年,将6σ管理继续延伸到了网络化管理、网上采购以及其他一些电子商务活动中。
- 2001年,着重于供应链管理中的6σ管理,用6σ管理解决供应商交货质量以及交货

- 2002年,提出供应商应该做好6σ管理,并提出相应的对供应商的奖励机制,激励供应商开展6σ管理。

目前,6σ管理在通用电气已得到了长足的发展,公司实践并不断完善6σ管理。

11.2 6σ理论基础

在生活中,平均值往往蒙蔽了我们的眼睛,使我们忽略了波动的存在。这种方式延伸到质量管理领域,习惯于用"平均"这个词语来描述结果。可实际上"平均"掩盖了波动,而波动问题才是质量管理的主要问题,解决好波动问题是关键。

6σ用自己的独特语言描述事物的内在规律和赢利的学问。6σ的语言主要有:波动(σ)、能力(C_p、P_p)、缺陷(DPU、DPO、DPMO)和流通合格率(RTY)等。6σ站在质量管理发展的阶梯上点燃了卓越质量的"火焰",照亮了长期被我们忽视的"隐蔽工厂",以追求"完美"的理念挑战卓越质量——百万分之3.4,也吸引着越来越多的世界级优秀企业加入到6σ行列中来。

11.2.1 平均值屏蔽了问题,波动成了焦点

愉快的休假……碧波荡漾……到东海度假的张先生希望通过跳水来消除长期积存的压力与疲劳。于是他爬到了跳台上。跳台上贴着这样一张告示:"注意——平均水深4米"。对游泳水平非常自信的张先生想到平均水深是4米,便毫不犹豫跳进大海里……

接着……他被送进了医院。

尽管平均水深为4米,但是海底并不平坦,有起伏,如图11.1所示。是海底的波动把张先生送进了医院。

图11.1 平均水深不是4m吗?

再看另外一个例子。A、B两家公司是竞争对手,都承诺客户按订单准时交付产品,时间是接到订单后的4~8天。不能早于4天,否则会造成客户原料库存积压;也不能迟于8

天，否则会造成客户原料短缺。A 公司的订单产品交付时间记录显示，产品交付时间平均为 6 天，应该是一种理想的状况，见表 11.1。然而仔细分析发现，A 公司竟有超过 30% 的订单不合格，也就是有 30% 的产品没有遵照承诺要求交付。这显然是一个糟糕的业绩。B 公司的订单产品交付时间记录显示：产品交付时间平均也是 6 天，并且没有不合格订单，见表 11.2。

表 11.1 A 公司 2007 年 1 季度 20 批产品交付时间记录

订单编号	1	2	3	4	5	6	7	8	9	10	11	12	13	14	15	16	17	18	19	20
交付时间	6	6	5	5	4	3	2	7	7	8	12	6	6	7	8	9	6	5	4	3

表 11.2 B 公司 2007 年 1 季度 20 批产品交付时间记录

订单编号	1	2	3	4	5	6	7	8	9	10	11	12	13	14	15	16	17	18	19	20
交付时间	5	5	6	6	4	6	7	8	7	7	4	5	5	6	6	6	7	8	8	4

平均交付时间相同，但订单的实际合格率却相差悬殊，为什么会出现这样的情况呢？将表 11.1 和表 11.2 的数据分别表示在图 11.2 和图 11.3 上，就会对两个公司的订单情况有更多的认识。从图中可以直观地看出，A 公司交付时间起伏大，所以不合格的订单数也多；B 公司起伏小，交付时间集中在客户要求的范围内，所以不合格的订单就少。

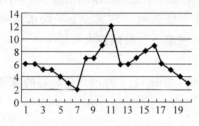
图 11.2 A 公司订单交付时间波动

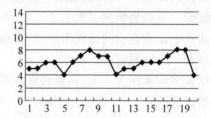
图 11.3 B 公司订单交付时间波动

再以图 11.4 为例，从图中可以看出，尽管左边的选手有一次击中靶心，似乎他的实力超过了右边的选手。但是他的发挥并不稳定。相反，尽管右边的选手没有一次击中靶心，但是他的发挥稳定，只要找到偏移的原因，今后应该更容易取得进步。

击中靶心一次并不是最好的，
因为该选手的偏差较大。

虽然没有一次击中靶心，但飞镖位置一致，只要
调整姿势，就能击中靶心。也就是该选手更加稳定。

图 11.4 哪个选手更好？偏差的图示法

上面的 3 个例子告诉我们，我们生活在一个波动的世界，波动时刻存在。因为波动，每次交货时间可能不同，有的高于 8 天，有的低于 4 天；因为波动，我们上班有时早到，有时迟到。如果仅统计数据的平均值,以整体衡量,往往就把存在的问题隐藏起来了。谁能发现波动,并且有效控制波动,谁就能够在竞争中取得更大的优势。

11.2.2 "波动"问题的数学描述

1. 对波动的描述

6σ管理法通过减少波动,以达到降低成本、缩短生产周期、提高生产效率和产品质量的目的。6σ管理法解决问题的思路是针对实际问题,运用统计方法发现和寻找规律,揭示和把握事物的规律,从而在根本上解决问题。在整个过程中,6σ用数学方法描绘"隐蔽工厂"和生产过程中的"缺陷",形象地展示了企业在生产、经营过程中存在的质量问题。

任何一个产品或流程的质量特性 X 总是有波动的,这种波动是随机的。当我们观察了大量同一质量特性时,隐藏在随机性后面的统计规律性就会显现,这就是 X 的概率分布。在质量管理领域中,当生产过程处于稳定的状况下,大多数质量特性都服从正态分布,即 $N(\mu, \sigma^2)$。在正态分布中,有两个重要的特征量:均值与标准差。随机变量的均值(记为 $E(X)$)常用希腊字母 μ 表示;随机变量的取值与均值的差,称为偏差,反映了波动。由于这种偏差也是随机的,为避免正负抵消,用它的平方的均值,也就是 $Var(X)=E(X-E(X))^2$,来表示其大小,称为方差(σ^2)。方差的算术根便是标准差(σ)。

正是因为 σ 能够表示质量特性这种随机变量的偏差,σ 可以用来度量质量特性波动的大小,是衡量质量好坏的一个重要指标。σ 越大,表示数据波动越明显,产品质量就越不稳定;σ 越小,表示数据越集中,波动越小,产品质量就越稳定。

如前面所提到的 A、B 公司,分别随机抽取的一季度 20 批产品的交付时间数据记录(表 11.1 和表 11.2)进行计算。

从样本数据分析可得:A 公司的 σ 比较大,$\sigma=2.30$ 天;B 公司的 σ 比较小,$\sigma=1.26$ 天。B 公司的 σ 值小于 A 公司的 σ 值,所以 B 公司的绩效好于 A 公司。

从上面的分析可知 σ 的大小往往反映了过程波动的大小,也反映了质量水平的高低,所以 6σ 管理中常采用"σ 尺度式"来衡量绩效。

2. 对过程能力的描述

过程能力是指过程加工质量方面的能力,这种能力表示过程稳定的程度。过程能力指数将过程能力与客户要求相比较,来度量一个过程满足客户要求的程度。大多数客户的要求是可以量化的,生产者根据客户的要求设计公差,公差的宽度常用 T 来表示,过程中心常用 μ 来表示。

客户的要求有 3 种类型:

① 望小特性,就是希望质量特性值越小越好,如含杂质量。这种情况往往有一个上限 USL,质量特性 $x<$ USL。这时,定义上侧过程能力指数为:$C_{pU}=(USL-\mu)/3\sigma$。

② 望大特性,也就是质量特性值越大越好,如产品的机械强度。这种情况往往有一个下限 LSL,质量特性 $x>$ LSL。这时,定义下侧过程能力指数为:$C_{pL}=(\mu-LSL)/3\sigma$。

③ 望目特性,就是要求质量特性值在目标值的公差范围内(LSL$<x<$USL)。记公差的宽度为 $T=USL-LSL$,规范的中心为 $M=(USL+LSL)/2$。如果规范中心 M 与过程中

心 μ 重合,定义过程能力指数为客户要求与过程能力之比:$C_p = T/(6\sigma)$。如果规范中心 M 与过程中心 μ 不重合,则实际的过程能力指数 $C_{pk} = \min\{C_{pU}, C_{pL}\}$。

C_p 值与不合格品率有一定关系,C_p 值越大,不合格品率就越低。这样 C_p 值与质量水平就能联系起来了。

过程能力指数分为长期过程能力指数与短期过程能力指数。在实际中,正态分布涉及的参数 μ 与 σ 常常是未知的,需要从过程中抽取数据获得其估计值。从短期获得的数据来估计,能够得到短期过程能力指数,也就是上面所说的 C_p 或 C_{pk}。长期过程能力指数也称为过程性能指数,记为 P_p 或 P_{pk},使用长期收集的数据来估计。

长期过程能力指数与短期过程能力指数的关系将在第 11.2.3 节中解释。

3. 对缺陷的描述

用来描述缺陷的指标有:DPU、DPO 和 DPMO。

单位产品平均缺陷数 DPU(Defects Per Unit)反映了产品上缺陷的多少,是客户能够量化的质量指标。设 x 表示单位产品上的缺陷数,其平均值就是 DPU。不同合格率同 DPU 的关系是 $P(x=0) = e^{-DPU}$,因此要提高合格率就要降低 DPU。

一件产品上有 10 个位置可能产生缺陷,并且每个位置上最多出现一个缺陷。此位置称为一个机会(opportunity)。如一块印刷电路板上有 50 个焊点,那么虚焊、漏焊和焊锡过多等缺陷只能出现在这 50 个位置上,这 50 个位置就是 50 个机会。DPO(Defects Per Opportunity)表示每个机会的平均缺陷数,DPMO(Defects Per Million Opportunity)表示每百万个机会的平均缺陷数。

【**例 11-1**】 假如一个产品(或一项服务)有 10 个机会,用 10 个长方格表示,缺陷用"·"表示,如图 11.5 所示。若抽取 60 个这样的产品共发现 18 个缺陷,则单位产品平均缺陷数为

$$DPU = \frac{缺陷总数\ d}{产品总数\ p} = \frac{18}{60} = 0.3$$

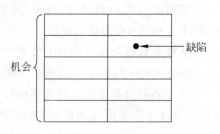

图 11.5 什么是 DPO

每个机会的(平均)缺陷数定义为

$$DPO = \frac{缺陷总数\ d}{机会总数\ o} = \frac{18}{60 \times 10} = 0.03$$

若把 DPO 乘以 10^6 就得到每百万个机会的缺陷数(DPMO),为

$$DPMO = 0.03 \times 10^6 = 30000$$

DPU 是对不合格品率这种传统描述方法的深化,而 DPMO 是对 DPU 的深化。

【**例 11-2**】 一批牙刷(每支出现缺陷的机会是 5),100 件共检出 10 个缺陷;一批手机(每部出现缺陷的机会是 50),100 件共检出 10 个缺陷。分别计算两件产品的 DPU 和 DPO。

牙刷和手机的 DPU 都是 0.1,牙刷的 DPMO=0.02,手机的 DPMO=0.002。

计算结果表明:手机的 DPMO 要比牙刷的低。因此 DPMO 这个指标解决了两种不同生产难度的产品对质量水平进行比较的问题。

4. 对过程绩效的描述

现在大多数公司使用两种标准来评价过程的绩效——首批合格率和最终合格率。其核心思想都是建立在过程的某一个环节中输出与输入之比的基础上。这具有直观性,却忽略了周转时间、全面质量和生产成本。例如,一个产品有8道工序,其中第2道工序的合格品率为0.955,第5道和第8道的合格品率分别为0.97,0.944,另外5道工序无不合格品,则该产品的首批合格率或最终合格率都是94.4%。

计算每一道制造工序合格率的乘积,$0.955 \times 0.97 \times 0.944 = 87.4\%$。该数字说明,如果产品在中间的工序中即便发现缺陷也不返工,则最终的合格率仅为87.4%。这样看来,最终合格率94.4%忽视了中间工序发现的缺陷。实际情况是在生产线上每一道工序都可能产生缺陷,一些缺陷可以通过返工修复成为合格的,而最终的合格率并不能反映中间工序返工所造成的损失(这些损失被称为"隐蔽工厂")。6σ因此提出了流通合格率的概念。定义每一道制造工序合格率的乘积为流通合格率,也就是上面的87.4%,用流通合格率(Rolled Throughput Yield,RTY)表示。6σ管理就是使用流通合格率来评价过程的绩效。

流通合格率反映了生产过程的效率和成本,也揭示了生产中存在的浪费问题,图11.6显示出了该指标的实际意义。流通合格率实际揭开了"隐蔽工厂"的面纱。

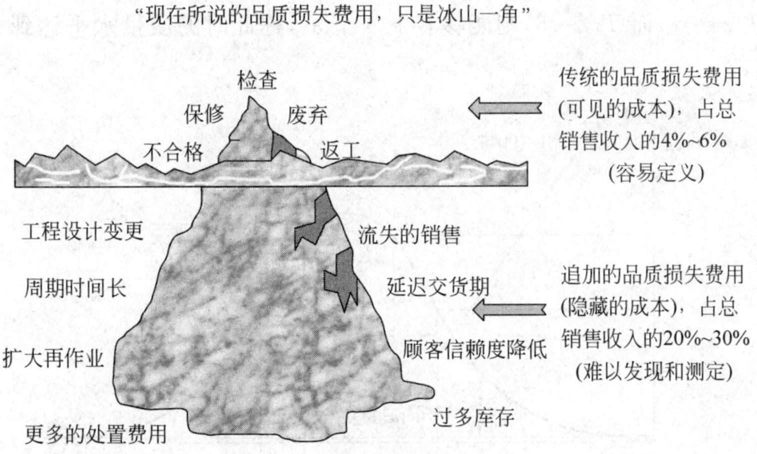

图11.6 "隐蔽工厂"是隐藏在水面下面的巨大损失费用

11.2.3 6σ的数学含义

6σ从统计意义上计算是百万分之3.4,赋予6σ管理法的意义为3.4DPMO,即一百万次机会中仅有3.4个缺陷。那么,这个数值是怎样计算出来的呢?请看例题。

【例 11-3】 假设客户约定零件轴径的公差范围是60 ± 6,即USL=66,LSL=54。第一批轴径的分布为$N(60,2)$,即这批轴径的均值为60,$\sigma_1 = 2$,计算产品的不合格品率。

解:
T为公差范围,$T = \text{USL} - \text{LSL} = 12$;
M为规范中心,$M = (\text{USL} + \text{LSL})/2$;

USL 到 M 以及 M 到 LSL 的距离均为 USL$-M=6$，而 $\sigma_1=2$，因此 $T/2$ 能容下 3 个 σ_1，则称此时的质量水平为 3σ 质量水平，p 表示不合格品率，p 的计算如下：

$$\begin{aligned}
p &= p(x>\text{USL})+p(x<\text{LSL}) \\
&= 1-p(x<\text{USL})+p(x<\text{LSL}) \\
&= 1-\phi\left(\frac{\text{USL}-\mu}{\sigma}\right)+\phi\left(\frac{\text{LSL}-\mu}{\sigma}\right) \\
&= 1-\phi\left(\frac{66-60}{2}\right)+\phi\left(\frac{54-60}{2}\right) \\
&= 1-\phi(3)+\phi(-3) \\
&= 0.135\%+0.135\% \\
&= 0.27\% \\
&= 2700\text{ppm}
\end{aligned}$$

ppm(parts per million) 表示百万分之一，DPMO 表示百万个机会中缺陷的个数。不满足客户要求的即为缺陷，而有可能成为缺陷的地方即为机会。如果轴径大于 USL 或小于 LSL，就不满足客户要求，也就是缺陷。每一个产品在轴径这个质量特性上都有出现缺陷的可能性，所以每个产品的轴径都是一个机会。DPMO 在此例中表示为不满足客户要求的比例或概率。所以 $p=2700\text{DPMO}$。

【例 11-4】 第二批的分布为 $N(60,1)$，此时轴径的均值仍为 60，但波动减小了一半，曲线变瘦。因为 $\sigma_2=1$，而 $T/2=6$，则能够容下 6 个 σ_2，称此时的质量水平达到了 6σ 水平，如图 11.7 所示。

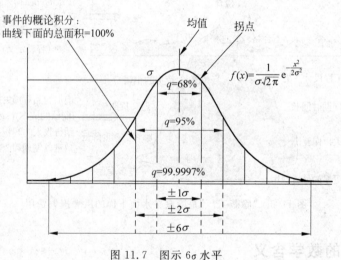

图 11.7 图示 6σ 水平

令 p 表示不合格品率，p 的计算如下：

$$\begin{aligned}
p &= p(x>\text{USL})+p(x<\text{LSL}) \\
&= 1-p(x<\text{USL})+p(x<\text{LSL}) \\
&= 1-\phi\left(\frac{\text{USL}-\mu}{\sigma}\right)+\phi\left(\frac{\text{LSL}-\mu}{\sigma}\right) \\
&= 1-\phi\left(\frac{66-60}{1}\right)+\phi\left(\frac{54-60}{1}\right)
\end{aligned}$$

$$= 1 - \phi(6) + \phi(-6)$$
$$= 0.002\text{ppm}$$

上面所述的只是一种理想状态，即过程中心 $\mu=60$ 与规范中心重合，此时所出现的缺陷概率最小。在这种状况下计算出的过程能力指数是短期过程能力指数。但是这种状况只能维持很短一段时间。

如图 11.8 所示，实际情况是过程存在着偏移与漂移，尤其是在长期的生产过程中，均值会出现漂移。例如，有的批次的轴径均值为 61，有的批次为 59.5 等。因此，长期的质量水平就得将各种短期的情况综合起来考虑。总体的 σ 值要增大，缺陷概率变大，这种情况称为长期过程能力（指数）。根据经验，得到关于两种过程能力的近似转换计算公式：允许短期过程偏离规范中心 1.5σ 所计算出来的缺陷率（DPMO）即为长期过程能力。

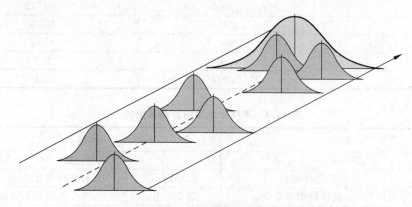

图 11.8 将各种短期过程能力转换为长期过程能力

在第一批产品中，$\sigma_1=2$，$1.5\sigma_1=3$，所以过程中心为 63，则不合格品率 p 计算如下：
$$p = p(x > \text{USL}) + p(x < \text{LSL})$$
$$= 1 - p(x < \text{USL}) + p(x < \text{LSL})$$
$$= 1 - \phi\left(\frac{\text{USL}-\mu}{\sigma}\right) + \phi\left(\frac{\text{LSL}-\mu}{\sigma}\right)$$
$$= 1 - \phi\left(\frac{66-63}{2}\right) + \phi\left(\frac{54-63}{2}\right)$$
$$= 1 - \phi(1.5) + \phi(-4.5)$$
$$\approx 0.0668$$
$$= 66800\text{ppm}$$

在第二批产品中，$\sigma_2=1$，$1.5\sigma_2=1.5$，过程中心为 61.5，则不合格品率 p 计算如下：
$$p = p(x > \text{USL}) + p(x < \text{LSL})$$
$$= 1 - p(x < \text{USL}) + p(x < \text{LSL})$$
$$= 1 - \phi\left(\frac{\text{USL}-\mu}{\sigma}\right) + \phi\left(\frac{\text{LSL}-\mu}{\sigma}\right)$$
$$= 1 - \phi\left(\frac{66-61.5}{1}\right) + \phi\left(\frac{54-61.5}{1}\right)$$

$$= 1 - \phi(4.5) + \phi(-7.5)$$
$$\approx 3.4\text{ppm}$$

从上面的例子中,我们可以看到所谓的 6σ 水平,是指短期能力达到 6σ 水平,才能保证长期能力达到 3.4DPMO。这时的短期能力是 0.002DPMO。

因此,作为一种衡量标准,σ 的数量越多,质量就越好,见表 11.3 和表 11.4。这就是 6σ 管理的基本原理。

表 11.3 不同 σ 质量水平下对照表

$T/2$ 包含的 σ 个数	不合格品率(ppm)	
	$M=\mu$	$|M-\mu|=1.5$
1	317400	697700
2	45400	308733
3	2700	66803
4	63	6210
5	0.57	233
6	0.002	3.4

表 11.4 不同 σ 水平的合格率比较

4σ 水平		6σ 水平	
(6210ppm)		(3.4ppm)	
每小时	2 万件邮件送错	每小时	有 7 件邮件送错
每天	15 分钟供水不安全	每 7 个月	有 1 次供水不安全
每周	5000 个不正确的手术	每周	1.7 个不正确的手术
每月	7 小时停电	每 34 年	有 1 小时停电
每年	20 万次错误处方	每年	68 次错误处方

在过程稳定时,若给出了规范区间、过程的均值和标准差,我们可以通过查正态分布表,获得不合格品率。这里给出一张在不同的 σ 质量水平下对照表——每一百万个产品中的不合格品数。设规范区间为(LSL,USL),规范区间的宽度为 $T=\text{USL}-\text{LSL}$,规范的中心为 $M=(\text{USL}+\text{LSL})/2$,过程的均值为 μ,标准差为 σ。

11.2.4 其他术语

1. 关键质量要素(Critical To Quality,CTQ)

关键质量要素指客户对产品或服务的重要要求标准(如交付准时、最小周期及准确率等),一般是可以量化的指标。

2. 关键产品特性(Key Product Characteristics,KPC)

关键产品特性是产品本身的一些重要特征。这些特征在偏差范围内发生波动,就会对产品的质量、性能或制造带来显著的影响。如上节例题中零件的轴径,即使轴径大小出现轻微偏差,也可能会成为次品。

3. Pareto 图

在第 4.1.1 节时间管理原则中已经讲述了 Pareto 原理，在此将说明什么是 Pareto 图。造成缺陷的原因可能很多，可以改进的也很多，但是知道从哪里入手做好并不容易，而 Pareto 图可以帮助分类并筛选出最重要的因素。如图 11.9 所示，Pareto 图按照各种因素所占比重的大小顺序排列，使人们很容易发现起决定作用的重要因素。

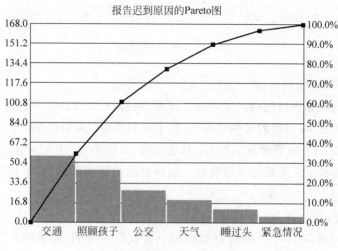

图 11.9 Pareto 图示例

11.3 6σ 管理

6σ 管理是一项以客户为中心，以数据为基础，以追求完美为目标的管理方法。其核心思想是通过统计学进行数据分析，问题测量，原因分析，然后优化改进和控制效果，使企业在运作能力方面达到最佳效果。对 6σ 管理的推进也有一套科学有序的方法。

1. 6σ 管理的实施条件

实施 6σ 管理，可以用数据来反映企业质量管理水平。任何一个企业只要看它是几个 σ 值就可以了解它的市场竞争能力和实力。只有把 6σ 作为企业经营管理的中心环节，使其成为一种规范化的工作体系，才能有效地实施 6σ 管理，真正履行以客户为中心和以数据为依据的基本原则。

6σ 管理不仅给客户提供满意的产品，而且在产品的质量保证能力上下功夫。因此，6σ 管理开始时需要一定的预算投入。根据摩托罗拉和通用电气的经验，一般需投入每年总营业额的 0.1%～0.2%。

2. 6σ 管理的组织形式

6σ 管理的一大特点是要创建一流的基础设施，确保企业具备必要的资源，尤其是必需的人力资源。一般 6σ 管理的成员组成结构和组成人员如图 11.10 所示。

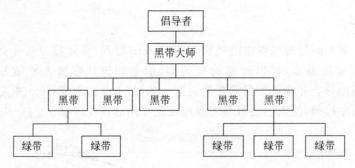

图 11.10 6σ 组织结构

(1) 倡导者(Champion)

一般由企业高级管理层组成。通常由总经理、副总经理组成,大多数为兼职。还会有一到两位副总全职负责 6σ 管理的组织和推行,其主要职责为:调动和提供企业内部和外部的各项资源;确认和支持 6σ 管理全面推行;检查进展,并决定"做什么";了解 6σ 管理工具和技术的应用;管理和领导黑带大师和黑带。倡导者的支持和激励是 6σ 管理成功的最重要的驱动因素。

(2) 黑带大师(Master Black Belt)

与倡导者一起协调 6σ 项目的选择和培训。该职位为全职 6σ 管理人员。其主要职责是:理顺人员;组织和协调项目实施;执行和实施由倡导者提出的"做什么"的工作;在 6σ 管理中,决定"如何做";培训黑带和为其提供技术支持;推动黑带领导的多个项目。

(3) 黑带(Black Belt)

是企业全面推行 6σ 管理的中坚力量。该职位也为全职 6σ 管理人员,负责具体执行和推广 6σ 管理;同时肩负培训绿带的任务;为绿带和员工提供 6σ 管理工具和技术的培训,提供一对一的支持。

(4) 绿带(Green Belt)

是企业内部推行 6σ 管理众多底线收益项目的负责人,该职位为兼职。他们侧重于 6σ 在每天工作中的应用。他们通常为企业各基层部门的骨干或负责人。实施过程中可根据实际情况决定 6σ 与其工作的比例。

3. 6σ 的改进模型——DMAIC

6σ 自诞生以来,经过 20 多年的发展,现在已经演变为一套行之有效的解决问题和提高企业绩效的系统的方法论。其具体实施模型包括 DMAIC、DFSS 以及 DMADV 等。在此,我们主要介绍 DMAIC。DMAIC 代表了 6σ 改进活动的 5 个阶段:

- 定义阶段(Define)。
- 测量阶段(Measure)。
- 分析阶段(Analyze)。
- 改进阶段(Improve)。
- 控制阶段(Control)。

在 6σ 项目选定之后，团队成员一起合作，依照该过程的 5 个阶段，可以有效地实现 6σ 改进。团队的工作从问题的陈述到执行解决方案，中间包括了许多活动。通过 DMAIC 过程的活动方式，团队成员可以有效地发挥作用，完成项目使命。

DMAIC 是一个逻辑严密的迭代过程，它强调以客户（包括外部和内部的）为关注焦点，并将持续改进、客户满意度以及企业经营目标紧密地联系；它强调充分运用定量分析和统计思想，用数据说话（例如用数据描述产品质量或过程能力）；它追求打破旧有习惯，用真正变化的结果和带有创新的解决方案适应持续改进的需要；它强调面向过程，并通过减小过程的"波动"或缺陷实现提高品质、降低成本和缩短周期等目的。

DMAIC 过程活动 5 个阶段的工作内容如下。

（1）定义阶段

确认客户的关键需求，识别需要改进的产品或核心业务流程；决定要进行测量、分析、改进和控制的关键质量要素（CTQ）；将改进项目定义在合理的范围内。

（2）测量阶段

制订数据采集策略和计划；从多种渠道采集数据，以确定缺陷的类型和衡量标准；识别影响过程结果的输入参数，验证测量系统的有效性；对比客户满意度，以确定过程缺陷；通过对现有核心业务过程的测量和评估，制订期望达到的目标及业绩衡量标准。

（3）分析阶段

分析阶段需要对测量阶段采集到的数据进行整理和分析，并确定关键产品特性（KPC）的影响因素；提出并验证关键产品特性与关键质量要素之间的因果关系假设；同时比较当前性能指标与目标性能指标的差距；制订目标性能指标的优先级；识别波动产生的根源。

（4）改进阶段

制订改进方案，改进技术手段或规范，实施优化过程，减小或消除关键输入参数对输出结果的影响，使过程的"波动"或缺陷降至最低。

（5）控制阶段

通过修订文件等方法使成功经验制度化，以巩固取得的改进成果；通过有效的检测方法，维持过程改进的成果并进一步寻求提高改进效果的方法。

6σ 管理非常重视在过程的每个阶段准确选择和正确使用不同的工具和方法。在 DMAIC 模型的各个阶段可能会用到的工具和技术见表 11.5。

表 11.5 DMAIC 过程活动要点及其工具

定义（D）	头脑风暴法
	功能过程图
	SIPOC 图
	PDCA 分析
	因果图
	劣质成本
	平衡计分卡

续表

测量(M)	过程流程图
	因果图
	控制图项目的质量
	Pareto图
	散布图
	测量系统分析(MSA)
	失效模式分析(FMEA)
	识别潜在的关键过程输入变量和输出变量
	过程能力指数
	客户满意度指数
分析(A)	头脑风暴法
	多变量图(Multi-Variable Chart)
	确定关键质量的置信区间
	假设检验
	箱线图(Box Plots)
	直方图
	排列图
	多变量相关分析
	回归分析
	方差分析
改进(I)	质量功能展开(QFD)
	试验设计(DOE)
	正交试验
	响应曲面方法(RSM)
	展开操作(EVOP)
控制(C)	控制图
	统计过程控制(SPC)
	防故障程序
	过程能力指数
	标准操作程序(SOPS)
	过程文件控制

11.4 使用 6σ 改善软件开发过程

6σ除了能够应用在制造业领域，现在也越来越多地应用于服务行业。软件开发属于服务行业已经得到共识。所以，6σ也能够导入到软件开发领域。尽管目前没有专门支持软件开发的6σ工具，但多数情形下，6σ的基本思想、统计方法和辅助工具在软件开发过程中都可使用和采纳。这将使软件开发的成功率大大提高。究其原因，就是由于软件开发和6σ管理有两个共同的理念——以客户为中心和减少偏差。如表11.6和图11.11所示，软件项目开发的每个阶段都能够和6σ的DMAIC改进模型的某些阶段相对应。在软件开发过程中，可以使用DMAIC的方法和工具，以改善软件质量和软件项目管理水平。

表 11.6　软件项目开发各阶段与 6σ 的 DMAIC 的映射关系

软件项目开发各阶段	6σ 阶段（DMAIC）	软件项目开发各阶段	6σ 阶段（DMAIC）
项目启动	定义、度量、分析	构造	改进
系统分析	定义、度量、分析	测试和质量保证	改进
系统设计	分析	交付和维护	改进和控制

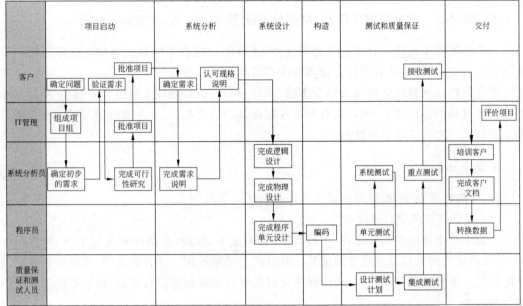

图 11.11　软件项目开发的功能过程图

并且，6σ 严格坚持以客户为中心及基于事实做决策的概念可以提高软件开发的有效性：

- 把客户包括在整个过程中。可以发现，经客户纳入软件项目开发的整个过程中是 RUP 的基本要求，是敏捷软件开发的基本要求，也是 6σ 的基本要求。由此我们可以得出一个结论：现代软件开发方法需要客户的全程参与。
- 在项目初期确定项目的可管理范围。
- 确保对项目的约定，即使关键的参与者离开了公司项目也不受影响。

11.4.1　项目启动和问题定义阶段

典型的项目启动阶段由 5 个步骤组成，它们是：确定问题定义和问题边界，项目可行性分析，了解初步需求，需求分析以及需求评审。在该阶段中使用 DMAIC 定义阶段的所有步骤都有助于增加系统开发的成功率。

使用 6σ 管理指导软件项目开发时，产品经理在同意一个项目前，他要完成以下准备工作。

1. 保证在客户部门中有一个项目主办人

传统系统开发项目有项目经理，不需要主办人。在 6σ 项目中，主办人的支持是开发取得成功所必需的。此外,重要的是所有项目都要具有来自客户而不是IT部门的主办人。如果项目真正为客户所关心,则这些项目的推动力必定是来自客户部门。

确保主办人会让其部门的关键成员参与项目组的工作。虽然传统的软件开发过程要求客户定期审查和认可文档,但是缺乏客户的连续参与。让客户作为项目组的活跃成员,进行真正的协作,减少了沟通隔阂,增加了成功的可能性。此外,项目组有客户参与表明主办人对项目担有责任。

2. 与主办人一起对项目应用 SMART 标准(见第 11.5.1 节),审查项目的目标

这个步骤除了能给项目组提供透明度外,还有助于建立对项目的期待。这种期待不仅是项目可以交付什么,还有项目生命周期中必需的沟通和协作的程度。

传统的软件项目团队仅由系统分析员、软件开发人员和测试人员组成。而 6σ 项目由希望改进其过程的部门设立,项目组有来自各职能部门的成员,是一个"特混舰队"。至于来自哪些职能部门有赖于项目的性质。

3. 确定初步需求

在 6σ 软件开发中,获得用户需求的任务包括以下几个。

(1) 建立初步的项目纲要

项目纲要应该提供问题陈述、项目目标、有关成本、效益、里程碑和交付工件、项目组成员、关键的成功因素以及风险等的细节。其目的是清楚地定义项目的范围,帮助达到共同的预期目标。项目纲要是动态的,在出现变化时应该对项目纲要进行更新,使它总能反映项目的当前状态。

(2) 确定用户

如果客户是一个项目聚焦的中心点,那么确定所有客户并保证在开发系统时考虑他们的需求是非常重要的。除了需要项目的部门外,客户可能还包括:数据中心的员工,他们需要运行新系统;内部审计,他们要验证结果;产品支持部门的员工,他们要帮助系统的用户。在召开集体会议时,最好能够邀请上述部门的代表。

(3) 确定关键输出

需要了解当前过程的详细步骤,然后集体讨论过程的关键输出数据项。

(4) 定义高层需求

只有在前面的任务完成后,项目组才准备进行传统软件开发的第 3 步。采用的方式是非正式会谈和正式会议两种。

4. 确认需求,尤其是确认需求的优先次序

在需求定义的会谈之后,项目组成员要保证理解客户的需求。一般通过发布会谈记录并要求客户签署认可表格来完成。在会上,让客户区分需求的优先次序,并量化当前满足它们的程度。这个步骤对于保证项目组将精力集中在适当的内容上很重要。

11.4.2 系统分析

虽然利用 6σ 也不能保证一定交付客户满意的系统,但使用 6σ 及工具可帮助改进需求

的完整性和准确性,从而增加建成客户真正想要的系统的可能性。为建立尽可能完善的需求规格说明,建议执行下列步骤。

1. 了解当前的业务流程

在建立需求前,最基本的是要充分地了解当前的过程,并使用详细的流程图描述当前的流程。如果项目涉及众多的部门,则还要使用功能流程图。

6σ公司知道让客户参与项目组的重要性和价值。建立流程图是客户要参与的一个特别重要的任务。虽然客户部门经理或资历较高的员工可能已经建立了顶层流程图,但在详细流程图的建立和确认中应该包括客户机构的所有层次的人员。

详细的流程图不仅是需求定义的一个关键输入,而且还是政策和过程的修订以及建立培训程序的一个关键输入。与所有输入一样,它的正确性很重要。一旦建立了这个流程图,项目组就应该安排与客户开会。这个会议的目的是审查这个图并确认它,证实项目组所理解的内容正是客户所告诉他们的东西。

2. 确定需求

流程图确认后,项目组就应该利用6σ的技术来定义和度量它。在这一步中,"缺陷"应该包括过程中的延迟、等待状态以及产生的错误结果。一旦确定了缺陷,要进行根本原因的分析。

3. 区分需求的优先次序

传统软件开发过程遇到的陷阱之一是建立过多的需求,并试图把所有这些需求都纳入新系统。但是在敏捷软件开发和Rational统一过程中,强调迭代式的软件开发。项目组优先开发优先级别较高的软件构件。6σ软件开发也同样需要区分需求的优先次序,优先解决最棘手的需求。

4. 确定可能的过程改进

6σ项目认为要求客户区分需求的优先次序很重要,因为它要确定对客户满意度影响最大的改进。6σ可以很好地支持现代软件开发过程。

5. 确定对最高优先级需求具有最大影响的改进

一旦需求已经确定并区分出优先次序,项目组应该召开一个集体讨论式的会议以确定需求的可能解决方案。

6. 建立一个详细的未来流程图

在已经决定实现哪些过程改进后,项目组要假想新的系统运行后将采用什么样的流程,并绘制一个详细的"未来"流程图。

7. 估计建议过程改进的影响和风险

在建立了详细的未来流程图后和编写需求规格说明前,6σ项目组应该对所建议的系统和过程改进的影响和风险进行预测,制订风险计划。

8. 完成需求规格说明

如果项目组完成了前面的步骤,则编写需求规格说明就是水到渠成的事情了。根据未来的流程图、需求及其优先次序,制订完整的需求规格说明。在整个项目开发期间,它不是一成不变的,会随着各种度量结果和用户对系统的理解逐步精确,但是系统的高层需求应该是保持稳定的。

11.4.3 系统设计

为了保证较完整地满足客户的需求,6σ管理要求在系统设计阶段,客户要积极参与。例如在用户界面设计时,可以充分听取客户的意见,包括他们的使用习惯等。因为他们对客户有潜在的影响,所以将他们包含在这个设计过程的每一步中很重要。

11.4.4 构造

编码阶段的目标不仅限于产生可执行代码,还应该产生满足前几阶段定义的客户需求的无缺陷的代码。尽管这是所有项目的一个不言自明的目标,但明确将它提出有助于使项目组保持高度关注。

用6σ术语来说,构造是改进阶段的组成部分,是实现解决方案和改进过程的步骤,其中一个重要的工作就是缺陷预防。代码预排是用来确定和纠正错误的。6σ项目团队知道他们必须做的不仅是纠正错误,还必须设法预防错误。因此,他们的注意力远远超出当前的项目。他们希望改进整个系统开发过程。

关键的一步是度量缺陷。当发现错误,或者确定可以改进的内容后,应该将它们记载下来。对于开发人员来说,在发现产品缺陷时,一般的反应是作出改动并继续项目。如果发生这种情况而不记录问题和度量缺陷,IT工业也会形成自己的一个"隐性工厂"。因为虽然改正缺陷达到了纠正个别错误的目的,但它掩盖了大量潜在的错误,对于预防这些错误重复发生没有任何帮助。

6σ项目团队的目标不仅是简单保证当前系统无缺陷,而且还要改进所有后继项目的构造阶段。为了完成这个目标,除了记录和纠正缺陷外,项目组还要度量它们,并且对缺陷的原因以及产生缺陷的生命周期阶段进行分析,分析导致缺陷产生的软件开发过程。

11.4.5 测试和质量保证

测试是本阶段的一个重要环节,它对应6σ管理的DMAIC模型的改进阶段。6σ的目标是在过程中尽可能早地排除缺陷,并且在其他类似的过程中防止它们出现。与DMAIC的各个方面一样,测试要求以客户为中心并基于事实和数据进行。

测试阶段的目标是:

- 论证开发人员已经理解并满足了客户的需求,也就是系统满足了客户的功能需求。
- 证明实际的人员可以实际使用该系统,也就是系统满足了客户的可用性、可靠性和性能需求。

在传统的软件开发过程中,只在系统测试和验收测试阶段涉及客户。由于认识到尽早和尽可能经常地让客户参与项目活动很有价值,因此6σ系统开发项目将在所有阶段都包括客户。虽然在早期步骤中客户的参与可能没有开发人员或质量保证人员那样广泛,但客户可以提供重要的看法,这些看法可能有助于确定对于其他测试人员来说不是那么明显的可用性方面的问题。

11.4.6 交付和维护

软件项目在这个阶段最后完成,软件产品被交付给最终用户。交付和维护涉及的主要步骤有:
- 客户培训。
- 交付软件产品和说明文档。
- 生产数据转换和导入。
- 项目评价。
- 系统维护。

前3个步骤为DMAIC改进阶段的组成部分,后2个步骤为DMAIC控制阶段的组成部分。

1. 客户培训

客户培训是产品交付和维护的基本组成部分。培训与客户紧密相关,6σ团队知道恰当地进行培训非常重要。处理客户培训的有效方法是将其视为一个子项目,并利用项目各阶段使用过的6σ工具,例如使用调查表了解客户对培训过程的反馈意见,以改进培训效果。

2. 交付软件产品和用户文档

理想情况下,所有文档要在验收测试前完成,以便在验收测试过程中使用和验证。而实际情况是,文档常常是最后一步完成,逼近最后期限才完成文档会导致工作有所缺憾。6σ团队会加快文档的交付进度。

3. 生产数据转换和导入

虽然在前面的阶段中设计、编写和测试了进行数据转换所需的程序,但只是到了交付阶段才实际使用这些程序。因为使用实际数据,所以数据转换可能会发现错误。要对这些错误进行分析和跟踪,并记录常见错误和纠正措施。这样做的目的不仅是改进本项目,而且还是对整个系统开发过程的改进。

4. 项目评价

这一步的目的是确定系统在多大程度上满足客户的需求。客户满意度一般通过调查获知。在6σ软件开发中,获取客户项目评价工作是收集和分析项目相关数据的继续。

将6σ管理导入到软件开发过程,将会增加软件开发成功(也就是更加符合客户的需求)的可能性;帮助客户改进当前流程;甚至还能改进整个系统开发过程。

11.5 案例：如何实施 DMAIC 过程

6σ 管理以流程为重，无论是设计产品或提升客户满意度，6σ 都把流程当作是通往成功的道路。流程是将输入 X 转化为输出 Y 的一系列活动。6σ 管理就是通过检验 Y，优化对 X 的控制，从而达到改进 Y 以提高客户满意度的目的。如图 11.12 所示，外部观察到的现象是 Y，它是一种输出结果，是非独立的，受到输入 X 的影响，表现为一些症状和缺陷。通过对 Y 追本溯源，找到影响 Y 的各种原因 $X_1 \cdots X_n$。各种原因之间的关系可以简化为相互独立的，是问题的根源。所以，如果能够找到有效控制 X 的措施，那么就能够最终改善 Y。这就是 DMAIC 模型的理论依据。

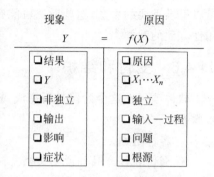

图 11.12　通过检验 Y，寻找并控制 X，达到改进 Y 的目的

6σ 管理以实施 6σ 项目为主要形式，当认识到某个关键流程出现问题时，可以启动 6σ 项目。在一个组织中，6σ 项目的数量要适当，宁缺毋滥；项目的边界要得当，目标要收敛，不能好高骛远。

类似于全面质量管理以及其他持续改进的活动，DMAIC 是一个迭代过程。这就是说，在一个过程改进项目完成后，项目组并不满足于现状，还要继续寻找进一步的改进，重复 DMAIC 过程。

下面使用一个案例来说明 DMAIC 过程以及 6σ 工具的使用。

曙光公司是一个为多种行业制造大型和小型配件的公司。曙光的客户有大有小，有的公司拥有上千工人，也有刚创办的一百多工人的小厂。除了销售人员外，曙光所有员工均在总部上班。

公司所有的订单登记几乎都是销售部门通过电话完成的。接线员三班倒，时间是周一至周五，也就是对外提供 24×5 的服务。尽管曙光的订单登记过程遵守行业标准，但有迹象表明存在某些隐患。目前，客户对交货延迟和交货错误（包括数量和地点）的抱怨不断增加；而竞争者正在以更低的价格和 24×7 的服务吸引曙光的客户。

当有关订单登记过程的一些担忧在某次会议上被提出后，销售部门的副总经理同意组建一个项目组来分析此过程并提出改进措施。他还同意担当项目组的组长。6σ 改进过程开始了。

11.5.1 定义阶段

DMAIC 模型的第一个阶段是定义阶段。本阶段的目标是理解将要解决的问题以及将要改进的过程，以便作出正确的决策。

定义阶段的关键步骤为：

- 定义问题。
- 确定项目边界。
- 确定流程的关键输出。

- 确定并区分客户需求的优先次序。
- 收集初始数据。
- 制作当前过程的流程图。

1. 定义问题

客户满意度是6σ管理的一个重要指标,因此客户反馈是对过程中存在问题的重要提示。从客户处收集来的反馈意见是:

"我们对贵公司作为供应商深感满意。我们需要从你们那儿得到低成本,高可靠性的部件。这一切看来都做得非常好。但你们的交付环节存在问题,经常发货延迟或提前。发货延迟,将导致我们的生产停工待料;而提前发货,会造成我们原料库存积压,成本上升。这对我们的生产造成很大的困扰。而且当我们通过电话下订单时,很多时候铃声响过很多次都没有人应答,以至于我们的采购员不得不电话咨询别的供应商,或是通过他们的在线Web订单系统直接下订单。"

根据客户的反馈意见,如果不能按照客户指定的日期发货,就会存在客户流失的风险。所以准确发货(时间准确、地点准确、产品内容准确)是目前最重要的问题。另外及时接听客户电话也是提高客户满意度的重要条件。

在问题定义阶段要制订一份问题陈述,问题陈述的标准是 SMART。SMART 定义了良好的问题陈述以及良好需求的特征。

(1) 具体化(Specific)

问题必须被量化和具体化。例如,此项目的目标被明确定义为"解决订单交付时间和地点波动问题",而不是"把公司经营得更好"这样含糊不清的定义。

(2) 可度量的(Measurable)

一个好的目标其结果必须是可度量的。例如定义目标为"将订单交付准确度提高20%,包括时间、地点和产品内容3方面",而不能是"大幅提高订单准确度"这样无法度量的目标。

(3) 可达性(Attainable)

目标必须具有现实性。使订单交付准确度达到100%是不可能的,尤其是在一个短的项目实施周期内,但是提高20%就有可能做到。

(4) 相关性(Relevant)

过程改进必须与当前的总体业务目标(尤其是客户需求)紧密相关。

(5) 时限性(Time-bound)

改进必须在指定的时间范围内完成,不能是有始无终的。在理想的情况下,时间范围以月为单位度量。为了使项目具有时限性,可以将目标设定为:"在未来的3个月内,将订单交付准确度提高20%"。

根据以上原则,该项目的目标定义为:"在未来的3个月内,将客户的满意度提高10%,将订单交付准确度提高20%"。

2. 确定项目边界

确定项目边界就是确定在计划时间内可以完成的项目范围。在多数情况下，这要涉及对问题陈述的提炼，将一个较大的项目范围缩小到可操作的规模，使得项目组的精力集中在一到两个目标上。这样，项目的成功就有了更大把握。

项目组确定减少延迟和错发货物是最关键的问题和首要解决的问题，接线员在电话铃声响过两次之内接听电话是另一项要着重解决的问题。项目组认为它们是最重要的主要理由是：它们都是由客户提出的问题。项目组还同意把降低成本（它最终会转化成更低的价格）作为项目项目另外的重要目标。

因此，修订问题陈述为"通过改善订单登记、产品交付等流程，提高客户的满意度 10%，将订单交付准确度提高 20%。"

3. 确定流程的关键输出

前面讲到的 6σ 管理以流程为重，通过有效控制输入 X，最终改善输出 Y。那么在项目的定义阶段，就要确定流程的关键输出 Y。

在本步骤中，项目组的任务是确定订单登记流程的输出。关键输出只有一个：订单。同时项目组还需要同时考虑产品和服务，并考虑可能用来估算订单登记部门性能的每一件事。因此，项目组扩充输出列表，使其包括：产品的属性信息以及有礼貌的订单提示处理。另外，输出不仅应该包括有形实体，还应该包括像处理速度和信息的准确性这样一些无形的东西，在这个项目里就是客户电话的接听响应速度。

4. 确定并区分客户需求的优先次序

接下来，项目组草拟客户需求列表，以确定客户希望什么以及不希望什么，见表 11.7。然后召开客户会议，讨论并审查初始的需求列表，制订一个精确的和完善的需求列表，给出量化指标，见表 11.8。

表 11.7 客户需求列表草稿

客 户 需 求	对客户的重要性	目前的满意度
按时处理订单		
订单的完整性		
产品信息的精确性		
提示性的电话回答		
包装部门需求	对客户的重要性	目前的满意度
根据发货最后期限及时处理订单		
所有特殊的需求文档化		
分 值 说 明		
① 重要性等级 1＝不很重要 4＝中等重要 7＝非常重要 10＝极其重要	② 满意度等级 1＝不太满意 4＝中等满意 7＝非常满意 10＝完全满意	

表 11.8 量化后的客户需求列表

客户需求	对客户的重要性	目前的满意度
在 3 个工作日内交付订货的需求为 95%		
订购的货物交付到正确地址的需求为 95%		
按指定数量和尺寸的配件交付的需求为 99%		
订购的货物一次发货完成为 95%； 剩余货物在随后 7 天内交付的需求为 99%		
产品信息的正确率为 99%		
电话在振铃 3 次内应答的需求为 99%		
通话在两分钟内结束的需求为 98%		
包装部门需求	对客户的重要性	目前的满意度
订单在发货最后时间(下午 4 点)内及时收到的需求为 98%		
将所有特殊需求文档化的需求为 99%		
分 值 说 明		

① 重要性等级
  1＝不很重要
  4＝中等重要
  7＝非常重要
  10＝极其重要
		② 满意度等级
		  1＝不太满意
		  4＝中等满意
		  7＝非常满意
		  10＝完全满意

5. 收集初始数据

项目组根据项目目标和项目范围，制订初始的思考流程图(Thought Process Map, TMAP)。TMAP 列出项目组给自己提出的问题、问题的答案、确定这些答案所使用的方法，以及在得到这些答案过程中预计要使用的 6σ 工具，见表 11.9。

表 11.9 TMAP——订单登记项目

	我们了解项目的哪些事实？
	客户抱怨延迟交货和错发货物的数量增加 CFO 关心订单登记的风险成本 CEO 认为新的竞争者降低价格和实行 24×7 的服务将与我们争夺客户
问题编号	需要回答的问题：
1	项目的范围是什么？
2	迟交了多少次货物？
3	这个数字与 6 个月前相比如何？
4	发错了多少次货物？
5	订单与错误发货的百分比是多少？
6	这个数字与 6 个月前相比如何？
7	客户满意度的当前级别是多少？
8	该级别与 6 个月前相比如何？
9	客户希望 24×7 服务吗？
10	对于增加客户满意度我们能做些什么？

续表

11	我们了解当前的过程吗?
12	为什么延迟发货的百分比在增加?
13	为什么客户满意度在下降?
问题编号	为回答这些问题,将使用的方法
问题1	项目组内部讨论
问题2~3	分析过去7个月的发货记录
问题4~6	分析过去7个月的退货记录
问题7~8	分析过去7个月的客户满意度
问题9~10	客户中心组会议
问题11	建立当前流程图
问题12	将在分析阶段确定
问题13	将在分析阶段确定
问题编号	答案
1	该项目将集中于增加客户的满意度和减少由于延迟交货和错误发货而导致的退货
2	在前6个月中延迟发货占12%(在2570批次发货中占310次)
3	7个月前,延迟发货5.5%
4	因错误发货而退货占3%(185005个配件中有5521个)
5	错误发货次数占6.6%
6	退货百分比稳定在3%;但是货物错发率已经从7个月前的16.7%降至前6个月的6.6%
7	本月的客户满意度为3.2;前6个月平均为3.7
8	7个月前为4.2
9	待定
10	待定
11	待定
12	待定
13	作为度量阶段的一部分,我们打算将精力集中在当前发货上

6. 制作当前过程的流程图

流程图提供了被分析过程的图形化表达,说明了任务的顺序以及关键输入和输出。流程图的制作通常是一个逐步细化的过程。先制作顶层过程图。随着对流程了解的深入,可以制作出更加详细的流程图。项目组通过对销售部门的调研,绘制了订单交付的顶层流程图(图11.13)和细化的流程图(图11.14)。这样,项目组可以更加方便地发现流程中可能存在的缺陷。

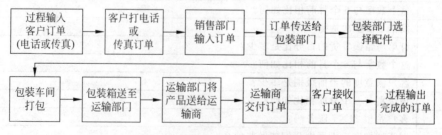

图11.13 订单交付的顶层流程图

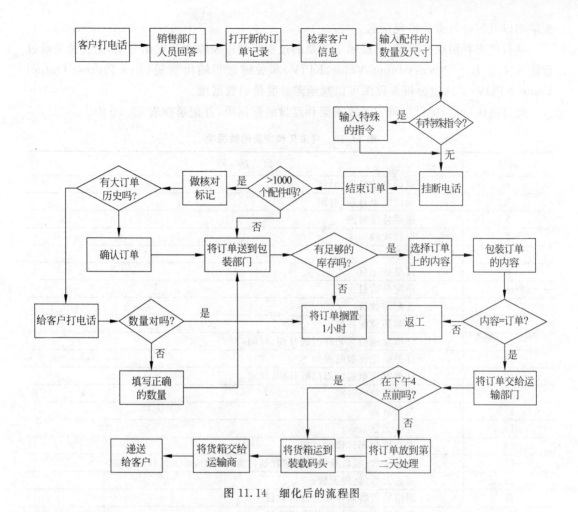

图 11.14　细化后的流程图

11.5.2　度量阶段

DMAIC 模型的第二个阶段是度量阶段。它的目的是确认和量化问题,度量当前流程中的关键步骤;若有必要,修正或澄清问题的陈述,定义所需要的结果。度量是在作出基于事实的决策的道路上的又一个步骤。

项目组应该遵循的步骤:
- 确定要度量什么。
- 实施度量。
- 计算当前过程的 σ 数值。
- 确定过程的能力。
- 给过程领导定基准。

1. 确定要度量什么

本步骤的目标是了解影响订单登记过程的每样事情,然后消除缺陷。项目组不仅希望了解订单登记过程中所涉及的步骤,而且还要了解每个步骤花费多长时间、每个步骤产生多少缺陷以及何处可避免出现延迟。

项目组查看顶层流程图，它展示了主要的过程步骤以及输入和输出变量，尤其是关键过程输入变量(Key Process Input Value, KPIV)和关键过程输出变量(Key Process Output Value, KPOV)。通过分析流程图可以判断需要度量的数据项。

经过集体讨论，项目组确定了要采集和度量的数据项，并记录在表11.10中。

表11.10 需采集和度量的数据项

编号	数 据 项
1	通话开始日期、时间
2	通话结束日期、时间
3	通话持续时间
4	振铃次数
5	客户
6	订单登记员
7	小配件数目
8	大配件数目
9	订购的总配件数
10	订单发送给包装部门的日期、时间
11	订单登记花费的时间
12	订单发送给运输部门的日期、时间
13	包装花费的时间
14	发货日期
15	货运天数
16	客户接收到订货的日期
17	处理天数(通话开始日期到收到订货的日期，非工作日做调整)
18	延迟天数(处理天数－3)
19	因错发货物而导致的退货数目
20	因延迟交付而导致的退货数目
21	其他原因导致的退货数目
22	退货总数
23	退货的比例
24	具有退货的订单数数目
25	客户满意度

2. 实施度量

项目组根据要采集的数据项列表，收集了4天的订单数据，总共收集到75份订单数据。然后比较了实际数据与客户需求数据之间的差距，结果见表11.11。

表11.11 当前过程与客户需求的比较

需 求	当 前 过 程	对客户的重要程度
在订货日期的3个工作日内交付订货百分比为95%	26个订单(34.67%)在3天内交付；平均订单处理时间为3.76天	10
订购的货物交付到正确地址正确率为95%	按正确地址交付	7

续表

需 求	当 前 过 程	对客户的重要程度
按指定数量和尺寸的配件交付率为99%	客户报告订单的49.33%有问题；29.33%的订单因"错发货物"退货	10
订购的货物一次性发货完成率为95%，剩余货物在首次发货后的7天内交付率为99%	样本数据都是完整的订单发货	7
产品信息的正确率为99%	样本数据的产品信息正确率为49.33%	7
电话在振铃3次以内应答百分比为99%	平均振铃次数3.08	4
通话在两分钟内结束的为98%	平均通话时间3.33分钟	4

表11.12给出了数据项的目标值、实际平均值以及标准差数据对比。对于振铃次数，平均值为3.08，次数从1次到6次不等，并且标准差为1.421。从度量结果看，总的通话时间和振铃次数的标准差都比较大，说明整个过程中这两个环节问题比较明显。

表11.12 关键输入项的实际值与目标值差距

测量数据项	目标	实际平均值	标准差	最小值	最大值
振铃次数	<3	3.08	1.421	1	6
总通话时间	2	3.33	3.147	1	18
处理过程的工作日	3	3.76	0.6333	3	5
客户满意度	4.2	3.36	0.7822	1	5

为了调查振铃次数的分布情况，项目组绘制了饼图，如图11.15所示。

该图清楚地显示每一类振铃次数的计数和所占的百分比。从图中可以看出在3次以下的振铃中应答的电话为49个(9+20+20)，占66%(12%+27%+27%)。

在审查振铃次数时间顺序和趋势图(图11.16)时，项目组发现5~6次振铃才得到应答的电话都集中在每天的第3班，也就是夜班时分。项目组会在接下来的分析阶段重点观察和分析夜班时电话接听出现了什么问题。

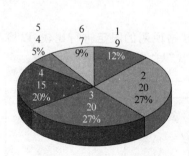

图11.15 振铃次数饼图

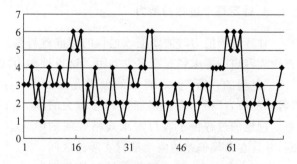

图11.16 振铃次数时间顺序和趋势图

3. 计算当前σ级别

由于σ级别是缺陷的度量，因此项目组需要在项目的初期测定待改进过程的σ值。

对于本项目，项目组明确以下为缺陷：

① 振铃3次以上才应答的电话。

② 持续通话超过两分钟的电话。
③ 超过3天才交付的订单。
④ 发送到错误地址的订单。
⑤ 不完整的订单。
⑥ 数量或尺寸错误的配件订单。

项目组在已经度量的75个订单中累计找出180个缺陷。

每个单元的缺陷(Defects Per Unit,DPU)是一个样本中的总缺陷数除以该样本中的总单元数。对于此项目,DPU为2.4(180缺陷除以75单元)。

在项目组集体讨论会上,列出了已经确定可能发生缺陷的所有内容,并增加了以下内容:
① 订单在销售部门停留超过10分钟。
② 订单在包装部门停留超过15分钟。
③ 库存不足以满足订单。
④ 订单在下午4点以后达到运输部门。

项目组将6个可能的缺陷增加到这4种机会中,最终确定每个订单中有10个缺陷机会。计算当前σ级别的过程见表11.13。

表 11.13 计算当前σ级别

步 骤	操 作	结 果
1	计算处理单元的数量	75
2	计算有缺陷单元的数量	40
3	计算缺陷率	0.533
4	计算每个单元的缺陷机会	10
5	计算每个机会的缺陷数(步骤3÷步骤4)	0.0533
6	计算每百万个机会中的缺陷数(步骤5×1000000)	53300
7	根据正态分布表将DPMO转换为σ级别	3.1

4. 确定每个过程的能力

计算过程能力时需要把该过程的标准差与客户的需求规格说明的限定进行比较,以检查距离客户的要求到底有多少差距。这也被称为"过程的声音"与"客户的声音"的比较。

"过程的声音"告之通常的偏差是多少。"客户的声音"指出客户将能够容忍多大的偏差。理想的过程位于客户需求规格说明的中间,并且在常规偏差的两端都有实际的区间。

"客户的声音"要求订单在销售部门停留1~10分钟。这些是需求规格说明的下限和上限值。"过程的声音"说明一个订单在销售部门停留的平均时间为4.6分钟,区间是2.5分钟和8.5分钟。正如直方图和正态分布曲线(图11.17)所示,该过程较好地落在了客户

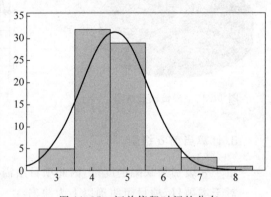

图 11.17 订单停留时间的分布

需求规格说明界限的中心（LSL 和 USL 之间），并且正态分布不接近需求规格说明的边界值。客户应该对该过程满意。

表 11.14 列出了订单在销售部门停留的时间过程能力分析结果。

表 11.14 能力指数的计算结果

过程数据		潜在（要求内的）能力		总的能力	
USL	10	C_p	1.91	P_p	1.75
LSL	1	C_{pU}	2.29	P_{pU}	2.1
均值	4.6	C_{pL}	1.52	P_{pL}	1.4
样例 N	75	C_{pk}	1.52	P_{pk}	1.4
标准差	0.787				

项目组需要确定过程延迟是在哪里发生的，因此项目组要设法确定偏差。项目组审查已经采集的数据项，并计算主要步骤的最小和最大时间，结果见表 11.15。

表 11.15 主要步骤的最小和最大时间

步骤	最小值	最大值
接到并结束通话	1 分钟	18 分钟
销售部门处理订单	2 分钟	9 小时 36 分钟
选取并包装货物	5 分钟	11 小时 5 分钟
运输部门处理订单	当天	第二个工作日
运输	3 天	5 天

类似于每个过程步骤的 σ 级别的计算，单个步骤的时间有助于确定延迟发生的位置，并将用于未来过程改进的分析。

5. 定基准

一旦项目组度量了该过程后，就开始定基准，定基准的方法是：

① 确定执行该过程最好的那些公司，了解目前最好的过程能够达到的过程能力。

② 从竞争对手和本组织内部了解各自的优势和区别。在分析阶段，项目组将审查这些基准的结果并确定如何用它们改进本组织的过程。

根据调查的情况，得到以下数据：

① 目前有 2 个竞争公司已经实现了基于 Web 的订单登记系统，但是他们的电话订购量只减少了 15%。

② 某个公司的电话能在两次振铃内被响应。

③ 电话订购可以在 90 秒内完成。

④ 所有订单都可以在当天发送，即使是部分发货也可如此。

到此为止项目组未进行任何判断，这将留给分析阶段来完成。

11.5.3 分析阶段

DMAIC 模型的第 3 个阶段是分析阶段，此阶段的目标是分析在前一阶段收集到的数据，确定问题的根本原因，并建议解决方案。项目将要遵循的步骤是：

- 确定引起偏差的原因。
- 集体讨论过程改进的思路和方案。
- 确定哪些改进对满足客户需求有最大的影响。
- 开发建议的过程图。
- 评估与被修改的过程相关的风险。

1. 确定引起偏差的原因

尽管从取得的度量中很清楚,在订单登记过程中存在很多的偏差,但是项目组还未确定导致偏差的原因。在对当前过程取得彻底了解之后,项目组才能确定原因。

一般说来,导致偏差的可能有常见原因和特殊原因。常见原因是规律的、可控的,也是项目组要试着消除的那些内容。例如某个员工操作不熟练会导致生产线上某一环节出现质量问题,这样的问题对输出结果的影响是有规律的,只要发现就容易解决。特殊原因是突发的、无规律的、不可控的,要阻止它们可能引起新的偏差,而且代价巨大。例如,突发的停电是无法预料的,对输出结果有影响。但是要解决此问题,需要花费巨大的资金升级电网,建立备用线路,而且可能引起新的偏差。

针对目前振铃次数过多问题,在测量阶段,项目组发现5~6次振铃才得到应答的电话都集中在每天的第3班,也就是夜班时分。因此,项目组重观察了第3班的工作过程。他们发现,由于夜间的电话量较少,第3班的员工要负责将当天传真来的订单输入到计算机系统中。多数情况下,员工将正在输入的一份订单完全录入到计算机之后才接听电话。这就造成了振铃次数的增多。

对于延迟交货,项目组召开会议集体讨论潜在的原因。项目组分析数据以确定哪些原因最为重要。他们计算了发生在样本数据中的每种延迟原因的发生频率,并将频率数据绘制成表格和Pareto图。

根据对数据分析(表11.16),项目组知道不足的库存量和部分发货问题是首要解决问题,然后是发货人的延迟问题。

表 11.16 延迟交货的根本原因分析

功 能	延 迟	主 要 原 因	次 要 原 因	频率
订单登记	订单项>1000件配件的要检验	流程规定	希望减少退货	6
	且一天只检验两次	优先权冲突		4
包装	不足的库存量	公司的"完整发货"策略	系统不能处理部分发货	33
运输部门	货物检查	部门政策	希望减少退货	2
	包裹在16点后才送到运输部门	发货员在16点来提货		5
发货员	公路运输	降低成本		15

2. 集体讨论过程改进的思路和方案

之后,项目组再次集体讨论,使用头脑风暴的方法提出改进建议:

① 培训晚班的员工。如果来了电话,先放下手头的工作接电话,电话完毕后再继续手头的工作。

② 开发基于 Web 的订单登记系统,允许客户自助登记订单,以代替电话和传真登记,可以提供 24×7 的服务并消除电话接听延迟。

③ 将现有的订单登记系统与库存管理连接起来,使客户能够预先认可部分发货。然后开发一个系统以跟踪部分发货。这样可以允许先向客户交付部分货物,等其他货物准备好后再交付给他们。

④ 取消大订单的手工检验,消除检验引起的延迟。因为项目组根据历史统计数据发现,使用手工检验,平均每 3000 笔大订单才能发现一个错误订单,所以手工检验的效能并不高。

⑤ 把多个规格的订单分开,每个规格的配件为一个订单,以减少部分发货的需要。

⑥ 使用空运而不是汽运,以确保所有货物在 3 天以内交付。

接着项目组对实现每个改进所需要的时间和费用做了一个简单的分级(高/中/低)。然后,项目组将建议的过程改进对照确定的客户需求(见表 11.8)进行评估,并建立一个过程改进分级表,见表 11.17。

根据改进分级表,项目组选择了对客户影响比较大,但费用和时间花费比较低的改进来实施。也就是:

① 培训晚班员工。

② 取消大订单的检验。

③ 把多个规格的订单分开,以减少部分发货。

④ 使用航空运输。

表 11.17 过程改进分级表

客户需求	重要性等级	培训晚班员工 效果	培训晚班员工 对客户的影响	开发自助订单登记系统 效果	开发自助订单登记系统 对客户的影响	连接现有系统与库存系统 效果	连接现有系统与库存系统 对客户的影响	取消大订单检验 效果	取消大订单检验 对客户的影响	开发部分发货跟踪系统 效果	开发部分发货跟踪系统 对客户的影响	订单按配件尺寸拆分 效果	订单按配件尺寸拆分 对客户的影响	空运 效果	空运 对客户的影响	总影响
订单在 3 个工作日内交货	10	1	10	4	40	1	10	7	70	7	70	7	70	10	100	**370**
交付正确的地点	7	1	7	10	70	1	7	1	7	1	7	1	7	4	28	**133**
交付正确的货物(数量和规格)	10	1	10	4	40	1	7	70	1	10	1	10	1	10		**160**
一次交付完整的订单货物	7	1	7	4	28	10	70	1	7	7	49	7	49	1	7	**217**
提供正确的产品信息	7	1	7	10	70	1	7	1	7	1	7	1	7	1	7	**112**
电话在 3 次振铃内被接听	4	10	40	10	40	1	4	1	4	1	4	1	4	1	4	**100**
通话在 2 分钟内结束	4	7	28	10	40	1	4	1	4	1	4	1	4	1	4	**88**
实施改进后的满意度			109		328		172		109		151		151		160	

3. 开发建议的流程图

项目组的下一步将要开发一个改进过程的流程图，如图 11.18 和图 11.19 所示。

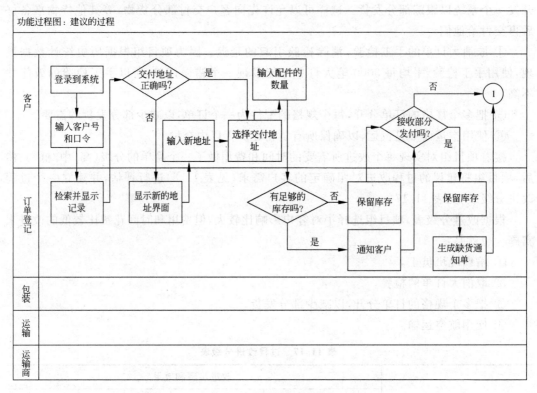

图 11.18　建议的流程图

11.5.4　改进阶段

改进阶段是实现对流程进行改进的阶段。因为在分析阶段已经根据事实和数据作出了决策，现在可以将决策付诸实践了。

改进阶段的步骤包括：
- 建议的改进获得批准。
- 确定最终的实施计划。
- 实现批准的改进。

1. 建议的改进获得批准

项目组设计了一个多阶段分步实施改进方案，将整个改进阶段的工作分成更小的步骤逐级完成。"先摘取挂的最低的苹果"，以实现"快速达到"的改进。其计划步骤如下：

（1）实现工序改进（如晚班的员工要先接电话，再完成手上的订单；还要取消大手工订单检验）。

（2）修改当前计算机系统，将订单按配件尺寸拆分。

（3）协商新的运输商协议，实行航空运输。

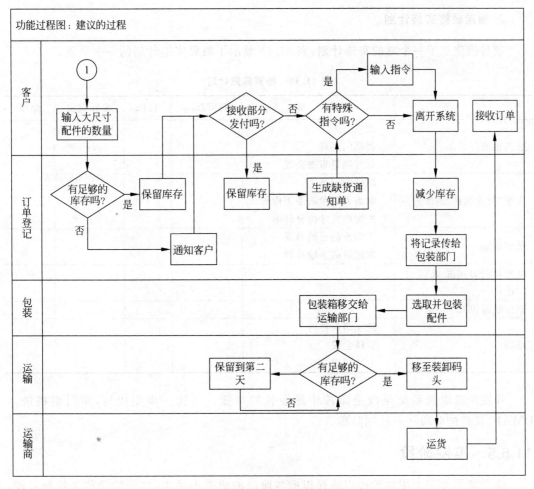

图 11.19 建议的功能过程图

(4) 开发自助式订单登记软件系统。

这些步骤可并行操作,因为相互之间无依赖关系。由于开发新软件系统是一个较为漫长的工作,因此项目组决定再分步实施。建议的各阶段是:

(1) 首先开发一个订单登记的 Web 前端系统。这是一个"外壳"程序,它允许客户输入过去通过电话或传真传递的信息。该系统能实现 24×7 服务,并消除了电话应答的延迟。这个新系统暂不与现有系统连接,但可以输出一个书面订单,再被手工输入到当前订单登记系统中。客户数据将从现有数据库中载入并在晚班时集中进行刷新。

(2) 增加客户更改记录的能力。

(3) 增加一个产品信息数据库,向客户提供查询信息的能力,并确保信息一致。

(4) 把订单登记系统与包装系统连起来,使得信息从一个部门传递到下一个部门时无需重新手工输入数据。

(5) 将订单登记系统与库存记录连起来。向客户提供授权部分发货的能力,并实时更新库存。当该步骤实现后,能确保客户在他们提交订单时清楚地知道将收到多少配件以及何时能交付。

2. 确定最终实施计划

项目组建立了一个总的实施计划,表 11.18 显示了概要实施计划的一个草案。

表 11.18 概要实施计划

任务	步骤	职责部门	目标	实际完成	结果
获得批准	找主办人 找部门经理 召开项目审查会议				
实现"快速达到"的改进	培训晚班员工 取消大订单的手工检验 按配件尺寸拆分订单				
航空运输	协商新的运输协议 实施新的运输计划				
开发新的订单系统(5个阶段)					
修订政策和工序					
培训	建立培训材料 安排会议 主持培训				

开发和实现新系统是改进阶段中最漫长的步骤。当这一步完成后,项目组将进入 DMAIC 最后的阶段——控制阶段。

11.5.5 控制阶段

6σ 管理需要一个附加阶段以确保以前各阶段的成果不丢失,这个阶段称为控制阶段。控制阶段的目标是:使过程改进制度化,以便使这些改进成为工作规范,并使所获得的改进成为长效机制;建立并沟通度量标准以继续增加改进的价值;建立对失控情况进行处理的机制。控制阶段的步骤确定为:

- 建立关键度量标准。
- 建立控制策略。
- 实施控制计划。
- 度量并沟通改进的内容。

1. 建立关键度量标准

尽管项目组在度量阶段已经进行了多个数据项的度量,但他们还未建立度量标准。一个数据项的度量是一个单独的尺寸、容量或数量,而度量标准则是从多个度量中计算出来的一个综合值,需要确定的计算公式,具有明确的逻辑含义。

项目组认为以下度量标准有关联,并且它们提供了外部和内部观点的适当平衡。

- 客户输入一个订单的平均时间。
- 产品的平均交付时间。

- 发货与退货的百分比。
- 平均客户满意度。

前两项关注了外部客户需求,后两个关注的是质量和满意度的内部指标。

2. 建立控制策略

度量标准提供了度量成功的一种方式。项目组需要一个控制策略来保证达标。首先建立一个包含全部改进内容的控制计划。其中一项计划见表11.19。

表 11.19 控制计划

过程:修订订单登记

过程步骤	度量的内容		期待的结果		如何度量			反应计划
	输入	输出	需求说明	性能指数	度量/控制技术	样本尺寸	样本频率	
联机订单登记	键盘输入	订单	USL=2分钟		系统计算占用的时间,如果在10分钟内80%的通过超过USL,则标记	度量所有订单	连续	系统显示警告

根据表11.19,控制计划包含过程的关键输入和输出、需求规格说明等级、度量手段、当前控制以及一个过程未能满足需求说明的反应计划。

3. 通报项目成功

在项目结束时,项目主办部门通常要召开一个会议来认可项目组的成果。这宣告项目实施成功。

尽管在实现新系统后项目组被正式解散,但是项目组成员仍继续按月接收度量标准并承诺每年聚会一次来讨论新系统和过程改进的方法。他们知道,DMAIC是一个迭代过程,第一个项目为今后的改进建立了"舞台"。

11.6 小结

本章将 6σ 引入了软件开发。首先消除了蒙在 6σ 上的"神秘面纱",然后介绍了怎样利用 6σ 工具和概念来改善软件系统的开发过程。并且将 6σ 工具和概念应用到改善软件开发过程,以提高软件产品的质量和用户体验。6σ 不仅可以用来改进软件开发方法,还可以改进软件开发组织自身,从而成为 6σ 软件公司。

附录 A 可行性分析报告

可行性分析报告

A1 引言

A1.1 编写目的

可行性研究的目的是为了对问题进行研究,以最小的代价在最短的时间内确定问题是否可解。经过对此项目进行详细调查研究,初拟系统实现报告,对软件开发中将要面临的问题及其解决方案进行初步设计及合理安排。明确开发风险及其所带来的经济效益。本报告经审核后,交软件经理审查。

A1.2 项目背景

开发软件名称
项目任务提出者
项目开发者
用户
实现软件单位
项目与其他软件

A1.3 定义

[专门术语]
[缩写词]

A1.4 参考资料

A2 可行性研究的前提

A2.1 要求

主要功能
性能要求
输入要求

输出要求
　　　安全与保密要求
　　　完成期限
A2.2　目标
A2.3　条件，假定和限制
　　　建议软件寿命
　　　经费来源
　　　硬件条件
　　　运行环境
　　　数据库
　　　投入运行最迟时间
A2.4　可行性研究方法
A2.5　决定可行性的主要因素
　　成本/效益分析结果，效益大于成本。
　　技术可行，现有技术可完全承担开发任务。
　　操作可行，软件能被原有工作人员快速接受。
A3　技术可行性分析
A3.1　系统简要描述
A3.2　处理流程和数据流程
A4　经济可行性分析
A4.1　支出
　　基础投资
　　　　终端 PC
　　　　网络设备
　　　　辅助配置
　　　　共计
　　其他一次性投资
　　经常性支出
　　　　人工费用
　　　　其他不可知额外支出
　　　　共计
　　支出共计
A4.2　效益
　　一次性收益
　　经常性收益（按银行利率：1％）
　　减少员工
　　工作效率提高收益
　　经常性收益共计

不可定量收益
收益共计

A4.3 收益/投资比

A4.4 投资回收周期

A4.5 敏感性分析

A5 社会因素可行性分析

A5.1 法律因素
所有软件都选用正版
所有技术资料都由提出方保管
合同制订确定违约责任

A5.2 用户使用可行性
- 使用本软件人员要求有一定计算机基础的人员,系统管理员要求有计算机的专业知识,所有人员都要经过本公司培训
- 管理人员也需经一般培训
- 经过培训人员将会熟练使用本软件

A6 其他可供选择的方案

A7 结论意见
由于投资效益比较好,技术、经济、操作都有可行性,可以进行开发。

需求规格说明书

附录 B

需求规格说明书

B1 系统的功能要求

B2 各个子系统的功能需求

B3 机票预定系统的性能需求

为了保证系统能够长期、安全、稳定、可靠、高效地运行，系统应该满足以下的性能需求：

- 系统处理的准确性和及时性
- 系统的开放性和系统的可扩充性
- 系统的易用性和易维护性
- 系统的标准性
- 系统的先进性
- 系统的响应速度

B4 系统的数据需求

系统的数据需求包括如下几点：

- 数据录入和处理的准确性和实时性
- 数据的一致性与完整性
- 数据的共享与独立性

B5 系统的数据字典

名字：＊＊＊＊＊＊＊＊＊＊＊＊

别名：＊＊＊＊＊＊＊＊＊＊＊＊

描述：＊＊＊＊＊＊＊＊＊＊＊＊

定义：＊＊＊＊＊＊＊＊＊＊＊＊

位置：＊＊＊＊＊＊＊＊＊＊＊＊

B6 系统的逻辑模型

B7 机票预定系统的运行要求

下面给出了系统中各个子系统的硬件和软件的配置描述。

子系统的运行要求：

系统软件

数据库管理系统

硬件要求

B8 建立系统的约束

1. 总体设计方案对它的约束
2. 人力、资金、时间的约束
3. 技术发展规律的约束

项目开发计划

附录 C

APPENDIX C

项目开发计划

C1 引言

C1.1 编写目的

本报告的主要作用是确定各个项目模块的开发情况和主要的负责人,供各项目模块的负责人阅读,做到及时协调,按步有序进行项目的开发,减少开发中的不必要损失。

具体步骤:拟订开发计划书,分配项目工作,安排项目进度。

计划对象:**开发小组。

C1.2 项目背景

C1.3 定义

C1.4 参考资料

C2 项目概述

C2.1 工作内容

C2.2 条件与限制

完成项目应具备的条件

开发单位已具有的条件

尚须创造的条件

C2.3 产品

程序

程序名称

使用语言

存储形式

文档

C2.4 运行环境

　　　　运行硬件环境
　　　　运行软件环境
C3　实施计划
C3.1　任务分解

分析阶段	调研小组
设计阶段	设计小组
写代码及单元测试阶段	开发小组
总测试及修改阶段	测试小组
维护阶段	维护小组
……	……

C3.2　进度
C3.3　预算

分析阶段	
设计阶段	
写代码及单元测试阶段	
总测试及修改阶段	
……	……

C3.4　关键问题
C4　人员组织及分工
　　　　调研小组
　　　　设计小组
　　　　开发小组
　　　　测试小组
　　　　维护小组
　　　　……
C5　交付期限
C6　专题计划要点

概要设计说明书

附录 D

概要设计说明书

D1 引言

D1.1 编写目的

D1.2 项目背景

D1.3 定义

　专门术语

　缩写

D1.4 参考资料

　以下列出在概要设计过程中所使用到的有关资料：

　系统项目计划任务书

　系统项目开发计划

　系统需求规格说明书

　……

D2 任务概述

D2.1 目标

D2.2 运行环境

D2.3 需求概述

D2.4 条件与限制

D3 总体设计

D3.1 处理流程

　程序流程

D3.2 总体结构和模块外部设计

　客户机部分

　程序部分

D3.3　功能分配
D4　接口设计
D4.1　外部接口
D4.2　内部接口
D5　数据结构设计
D5.1　数据库数据结构设计
D5.2　物理数据结构设计
　　物理数据结构设计主要是设计数据在模块中的表示形式。数据在模块中都是以结构的方式表示。
　　＊＊信息
　　＊＊信息
D5.3　数据结构与程序的关系
D6　运行设计
D6.1　运行模块的组合
D6.2　运行控制
D6.3　运行时间
D7　出错处理设计
D7.1　出错输出信息
D7.2　出错处理对策
D8　安全保密设计
D9　维护设计

附录 E 详细设计说明书

详细设计说明书

E1 引言

E1.1 编写目的

E1.2 项目背景

E1.3 文中特殊的定义和缩写

    定义

    缩写

E1.4 参考资料

    以下列出在概要设计过程中所使用到的有关资料：

    系统项目计划任务书

    系统项目开发计划

    需求规格说明书

    概要设计说明书

E2 总体设计

E2.1 需求概要

E2.2 软件结构

E3 程序描述

E3.1 ＊＊模块

    ＊＊过程

    ＊＊过程

E3.2 ＊＊模块

    ＊＊过程

    ＊＊过程

E3.3 ＊＊模块

APPENDIX F

附录 F 用户操作手册

用户操作手册

F1 引言

F1.1 编写目的

F1.2 项目背景

F1.3 定义

F1.4 参考资料

　　系统项目计划任务书
　　系统项目开发计划
　　需求规格说明书
　　概要设计说明书
　　详细设计说明书

F2 软件概述

F2.1 目标

F2.2 功能

F2.3 性能

　　数据精确度：
　　　　输入数据：
　　　　　　**输入：
　　　　　　　　***********　　String
　　　　　　　　***********　　Char
　　　　　　**输入：
　　　　　　　　***********　　String
　　　　　　　　***********　　Char
　　　　输出数据：

　　　　　**信息：
　　　　　　　　***********　　　　String
　　　　　　　　***********　　　　Char
　　　　　**信息：
　　　　　　　　***********　　　　String
　　　　　　　　***********　　　　Char
　　　　时间特性：
　　　　　　　　***********

F3　运行环境
F3.1　硬件
　　服务器端
　　客户机端
F3.2　支持软件
　　系统软件
　　　　服务器端
　　　　客户机端
　　数据库管理系统

F4　使用说明
F4.1　安装和初始化
F4.2　输入
　　数据背景：数据的来源参见需求分析说明书和概要设计说明书。
　　数据格式：
　　　　**输入：
　　　　　　　　***********　　　　String
　　　　　　　　***********　　　　Char
　　　　**输入：
　　　　　　　　***********　　　　String
　　　　　　　　***********　　　　String

F4.3　输出
　　数据背景：数据的来源参见需求分析说明书和概要设计说明书。
　　　　数据格式
　　　　**输入：
　　　　　　　　***********　　　　String
　　　　　　　　***********　　　　Char
　　　　**输入：
　　　　　　　　***********　　　　String
　　　　　　　　***********　　　　String

F4.4 求助查询

在任何时候,按 F1 键,即可获得详细的联机帮助。

F5 程序文件和数据文件一览表

客户机端：　***.exe　　*** 主文件
　　　　　　***.dat　　*** 数据记录文件
服务器端：　***.exe　　*** 主文件
　　　　　　***.txt　　说明文件
　　　　　　***.dat　　*** 数据记录文件

测试计划

附录 G

测试计划

G1 引言
G1.1 编写目的
G1.2 项目背景
G1.3 定义
G1.4 参考资料
系统项目计划任务书
系统项目开发计划
需求规格说明书
概要设计说明书
详细设计说明书
用户操作手册

G2 任务概述
G2.1 目标
测试是"为了发现程序中的错误而执行程序的过程",测试的目的就是在软件投入生产性运行之前,尽可能多地发现软件中的错误。

G2.2 运行环境
服务器端子系统的运行要求:
    系统软件
    数据库管理系统
    硬件要求
客户端子系统的运行要求:
    系统软件
    数据库管理系统

    硬件要求

G2.3 需求概述

G2.4 条件与限制

G3 计划

G3.1 测试方案

G3.2 测试项目

  **模块测试

  **模块测试

G3.3 测试准备

  在测试前,与各模块的主要负责人共同协商讨论,以概要设计说明书、详细设计说明书作为总的提纲,选择合适的输入输出数据,并一一列举说明。

G3.4 测试机构及人员

G4 测试项目说明

G4.1 测试项目名称及测试内容

  在测试过程中,首先需要对各子单元过程进行测试。在各子单元过程测试完毕后,再对各模块(包括各子单元过程之间的接口)进行测试,处理好各模块之间的接口,最后对系统进行测试和维护。

  **模块测试

  **模块测试

  **模块结构测试

  服务器模块(包括数据库)测试

  各模块之间的接口测试

  系统测试

G4.2 测试用列

  输入

    **过程:

    **过程:

  输出

    **过程:

    **过程:

G4.3 步骤及操作

G4.4 允许偏差

G4.5 进度

G4.6 条件

G4.7 测试资料

G5 评价

G6 准则

测试分析报告

附录 H

测试分析报告

H1 引言

H1.1 编写目的

测试分析报告是在测试分析的基础上,对测试的结果以及测试的数据等加以记录和分析总结。它也是测试过程中的一个重要环节,同时,它也是对软件性能的一个总的分析和认可及对不足之处的说明。因此,测试分析报告对于今后对软件的功能的加强,不足之处的弥补等都起着十分重要的提纲作用。另外,它还有利于今后软件开发者阅读原程序,根据测试提供的数据和结果,分析原代码,掌握各函数的功能和局限性。从而缩短软件开发者的再开发时间和所耗费的精力、资金。

H1.2 项目背景

H1.3 定义

H1.4 参考资料

系统项目计划任务书
系统项目开发计划
需求规格说明书
概要设计说明书
详细设计说明书
用户操作手册
测试计划

H2 测试计划执行情况

H2.1 测试项目

**模块测试
**模块测试

H2.2　测试机构和人员
H2.3　测试结果
H3　软件需求测试结论
H4　评价
H4.1　软件能力
　　经测试证实该软件在各方面的综合能力都可以。
H4.2　缺陷和限制
H4.3　建议
H4.4　测试结论

程序维护手册

I1 引言

I1.1 编写目的

软件维护是软件生命周期的最后一个阶段,它处于系统投入生产性运行以后的时期中,因此不属于系统开发过程。

软件维护需要的工作量非常大,虽然在不同应用领域维护成本差别很大,但是,平均说来,大型软件的维护成本高达开发成本的 4 倍左右。目前国外许多软件开发组织把 60% 以上的人力用于维护已有的软件,而且随着软件数量增多和使用寿命延长,这个百分比还在持续上升。

软件维护就是在软件已经交付使用之后,为了改正错误或者满足新的需要而修改软件的过程。它有如下几种性质的维护:

- 改正性维护

因为软件测试不可能暴露出一个大型软件系统中所有潜藏的错误,所以在使用期间,用户必然会发现程序错误,并且把他们遇到的问题报告给维护人员。我们把诊断和改正错误的过程称为改正性维护。

- 适应性维护

计算机科学技术领域的各方面都在迅速进步,需要经常地修改版本。为了和变化了的环境适当地配合而进行的修改软件的活动称为适应性维护。

- 完善性维护

在软件编写完成之后,投入实践,在使用软件的过程中,用户往往提出增加新功能或修改已有的功能的建议,这就需要进行完善性维护。

- 预防性维护

为了改进未来的可维护性或可靠性,或为了给未来的改进奠定更好的基础而修改软件时,就需要进行预防性维护。维护的过程本质上是修改和压缩了的软件定义和开发过程,而且事实上远在提出一项维护要求之前,与软件维护有关的工作就已经开始了。

鉴于以上各点,编写维护软件的文档十分重要。它给软件维护人员提供了一份完整、清晰的说明文档,便于其快速、有效地进行维护工作。

I1.2 开发单位

I1.3 定义和缩写

1. 数据流图

数据流图描绘系统的逻辑模型,图中没有任何具体的物理元素,只是描绘信息在系统中流动和处理的情况,它表示了数据和处理过程的关系。数据流图有4种基本符号:

- 正方形(或立方体)表示数据的源点或终点。
- 圆角矩形(或圆形)代表变换数据的处理。
  处理不一定是一个程序。一个处理框可以代表一系列程序,单个程序或者程序的一个模块;它甚至可以代表一种人工处理过程。
- 开口矩形(或两条平行横线)代表数据存储。
  数据存储可以表示一个文件,文件的一部分,数据库的元素或记录的一部分等。
  数据存储是处于静止状态的数据。
- 箭头代表数据流,即特定数据的流动方向。数据流是处于运动中的数据。

还有几种附加符号:

- 星号表示数据流之间是"与"关系。
- 加号表示"或"关系。
- 异或符号表示只能从中选一个。

2. 数据字典

数据字典(Data Dictionary,DD)是对系统中各类数据描述的集合,是各类数据属性清单,是进行详细的数据收集和数据分析所获得的主要结果。它通常包括以下5个部分:

- 数据项,是数据的最小的单位。
- 数据结构,是若干数据项有意义的集合。
- 数据流,可以是数据项,也可以是数据结构,表示某一处理过程的输入或输出。
- 数据存储,处理过程中存取的数据。常常是手工凭证,手工文档和计算机文件。
- 处理过程。

它们的描述内容如下:

数据项描述={数据项名,数据项含义说明,别名,类型,长度,取值范围,与其他数据项的逻辑关系}

取值范围,与其他数据项的逻辑关系定义了数据的完整性约束条件,是设计数据检验功能的依据。

数据结构描述={数据结构名,含义说明,组成:{数据结构或数据项}}

数据流＝{数据流名,说明,流出过程,流入过程,组成:{数据结构或数据项}}

流出过程,说明该数据流由什么过程来。

流入过程,说明该数据流到什么过程去。

数据存储＝{数据存储名,说明,输入数据流,输出数据流,组成:{数据结构或数据项},数据量,存取方式}

数据量,说明每次存取多少数据,每天(或每小时,或每周)存取几次的信息。

存取方法,指的是批处理,还是联机处理;是检索还是更新;是顺序检索还是随机检索;尽可能详细收集并加以说明。

处理过程＝{处理过程名,说明,输入:{数据流},输出:{数据流},处理:{简要说明}}

简要说明主要说明该处理过程的功能,即"做什么"(不是怎么做);处理频度要求,如每小时(或每分钟)处理多少事务,多少数据量;响应时间要求等。这些处理要求是后面物理设计的输入及性能评价的标准。

3. 主键

数据库表中的关键域。值互不相同。

4. 外部主键

数据库表中与其他表的主键相关联的域。

5. 系统

若没有特别指出,皆指本机票预定系统。

6. SQL

Structured Query Language(结构化查询语言),一种用于访问查询数据库的语言。

7. SQL Server

系统服务器所使用的数据库管理系统(DBMS)。

8. ATM

Asynchronous Transfer Mode(异步传输模式)。

9. ROLLBACK

数据库的错误恢复机制。

I1.4 参考资料

系统项目计划任务书

系统项目开发计划

需求规格说明书

概要设计说明书

详细设计说明书

用户操作手册

测试计划

测试分析报告

I2 系统说明

I2.1 系统用途

输入

输出

功能

I2.2 安全保密

I2.3 总体说明

I2.4 程序说明

＊＊过程

＊＊过程

I2.5 操作环境

设备

支持软件

数据库

标识符

数据库的存储媒体

I3 维护过程

I3.1 规则

1. 设计原则
   - 密切结合结构(数据)设计和行为(处理)设计
   - 有机结合硬件、软件、技术和管理的界面
   - 在具体程序实现过程中,对记录、字段的引用参照＊＊
   - 在设计过程中参照＊＊程序设计方法
2. 设计程序变更的准则
   - 检查可供选择的设计方案,寻找一种与程序的原始设计原理相容的变更设计
   - 努力使设计简化
   - 能满足可变性要求的设计
   - 不降低程序质量
   - 用可测试的并具备测试方法的术语描述设计
   - 考虑处理时间、存储量和操作过程方面的变化
   - 考虑变更对用户服务的干扰以及实施变更的代价与时间
3. 修改程序代码的准则
   - 必须要先熟悉整个程序的控制流程
   - 不要进行不必要的修改
   - 不影响原始程序的风格和相容性
   - 记录所进行过的修改
   - 审查软件质量是否符合标准
   - 更新程序文档以反映修改并保留修改前的程序代码版本
4. 重新验证程序的准则
   - 首先测试程序故障,然后测试程序的未改动部分,最后测试程序的修改部分
   - 不允许进行修改的维护程序员成为唯一的重新验证程序的人

- 鼓励终端用户参与到重新测试进程中来
- 在重新验证进程中,记录出错的次数与类型,并把结果同所提供的测试功能进行比较,以便估量出程序是否退化

I3.2 验证过程

每当软件被修改后,都要校验其正确性。维护员应该有选择地进行重新测试工作,不仅要证实新的逻辑的正确性,而且要校验程序的未修改部分是否无损害,并且整个程序运行正确。若发现错误,则要马上进行修正。

I3.3 出错及纠正方法

I3.4 专门维护过程

I4 程序清单及流程图

详见概要设计和详细设计文档。

附录 J 项目总结报告

APPENDIX J

项目总结报告

J1 时间

J2 花费
　　设备支出
　　人员支出

J3 人员
　　系统分析员
　　程序员
　　系统测试员

J4 遇到的困难

ISO 9001:2000 标准的内容　附录 K

前言

国际标准化组织(ISO)是由各国标准化团体(ISO 成员团体)组成的世界性的联合会。制定国际标准工作通常由 ISO 的技术委员会完成。各成员团体若对某技术委员会确定的项目感兴趣,均有权参加该委员会的工作。与 ISO 保持联系的各国际组织(官方的或非官方的)也可参加有关工作。ISO 与国际电工委员会(IEC)在电工技术标准化方面保持密切合作的关系。

国际标准是根据 ISO/IEC 导则第三部分的规则起草的。

由技术委员会通过的国际标准草案提交各成员团体投票表决,需取得了至少 3/4 参加表决的成员团体的同意,国际标准草案才能作为国际标准正式发布。

本标准中的某些内容有可能涉及一些专利权问题,这一点应引起注意,ISO 不负责识别任何这样的专利权问题。

国际标准 ISO 9001 是由 ISO/TC176/SC2 质量管理和质量保证技术委员会质量体系分技术委员会制定的。

由于 ISO 9001 已做了技术性修改,ISO 9001 第三版取代第二版(ISO 9001:1994)。ISO 9002:1994 和 ISO 9003:1994 的内容已反映在本标准中,故本标准发布时,这两项标准将作废。原已使用 ISO 9002:1994 和 ISO 9003:1994 的组织只需按第 1.2 条的规定裁剪某些要求,仍可以使用本标准。

本标准的名称发生了变化,不再有"质量保证"一词。这反映了本标准规定的质量管理体系要求包括了产品质量保证和客户满意。

引言

总则

采用质量管理体系应该是组织的一项战略性决策。组织的质量管理体系的设计和实施受各种需求、具体的目标、所提供的产品、所采用的过程以及组织的规模和结构的影响。本标准无意统一质量管理体系的结构或文件。

本标准所规定的质量管理体系要求是对产品要求的补充。"注"是理解和澄清有关要求的指南。

本标准能用于内部和外部(包括认证机构)评价组织满足客户、法律法规和组织自身要求的能力。

过程方法

本标准鼓励在制定、实施质量管理体系以及改进其有效性时采用过程方法,通过满足客户要求,增强客户满意。

为使组织有效运行,必须识别和管理众多相互关联的活动。通过利用资源和管理,将输入转化为输出的一项活动,可以视为一个过程。通常,一个过程的输出可直接形成下一过程的输入。

组织内过程系统的应用,连同这些过程的识别和相互作用及其管理,可称之为"过程方法"。

过程方法的优点是对过程系统中单个过程之间的联系以及过程的组合和相互作用进行连续的控制。

过程方法在质量管理体系中应用时强调以下方面的重要性:
  a) 理解和满足要求;
  b) 需要从增值的角度考虑过程;
  c) 获得过程业绩和有效性的结果;
  d) 基于客观的测量,持续改进过程。

客户满意的监视需评价客户对组织是否满足其要求的感知的相关信息。该模式虽覆盖了本标准的所有要求,但却未详细地反映各过程。

注:此外,称之为"PDCA"的方法可适用于所有过程。PDCA 模式可简述如下:
  P—策划:根据客户的要求和组织的方针,建立提供结果所必要的目标和过程;
  D—做:实施过程;
  C—检查:根据方针、目标和产品要求,对过程和产品进行监视和测量,并报告结果;
  A—行动:采取措施,以持续改进过程业绩。

与其他管理体系的相容性

本标准不包括针对其他管理体系的特定要求,例如环境管理、职业健康与安全管理、财务管理或风险管理有关的特定要求。然而本标准使组织能够将自身的质量管理体系与相关的管理体系要求结合或一体化。组织为了建立符合本标准要求的质量管理体系,可能会改变现行的管理体系。

1 范围

1.1 总则

本标准为同时有下列需求的组织规定了质量管理体系要求:
  a) 需要证实其有能力稳定地提供满足客户和适用的法律法规要求的产品;

b) 通过体系的有效应用,包括持续改进体系的过程以及保证符合客户与适用的法律法规要求,旨在增强客户满意。

注:在本标准中,术语"产品"仅适用于提供的预期产品,不适用于非预期的副产品。

1.2 应用

本标准规定的所有要求是通用的,意在适用于各种类型、不同规模和提供不同产品的组织。

当本标准的任何要求由于组织及其产品的特点而不适用时,可以考虑进行删减。

除非删减仅限于第7章中的那些不影响组织提供满足客户和适用法律法规要求的产品的能力或责任的要求,否则不能声称符合本标准。

2 引用标准

通过在本标准中的引用,下列标准包含了构成本标准规定的内容。对版本明确的引用标准,该标准的增补或修订不适用。但是,鼓励使用本标准的各方探讨使用下列标准最新版本的可能性。

ISO 9000-2000 质量管理体系—基础和术语

3 术语和定义

本标准采用 ISO 9000-2000 给出的术语和定义。

本标准描述供应链所使用的以下术语经过了更改,以反映当前的使用情况:

供方 组织 客户

本标准的术语"组织用以取代 ISO 9001-1994"所使用的术语"供方",术语"供方"用以取代术语"分承包方"。

本标准中所出现的术语"产品",也可指"服务"。

4 质量管理体系

4.1 总要求

组织应按本标准的要求建立质量管理体系,形成文件,加以实施和保持,并持续改进。

组织应:

a) 识别质量管理体系所需的过程及其在组织中的应用;

b) 确定这些过程的顺序和相互作用;

c) 确定为确保这些过程的有效运作和控制所需的准则和方法;

d) 确保可以获得必要的资源和信息,以支持这些过程的运作和监视;

e) 测量、监视和分析这些过程;

f) 实施必要的措施,以实现对这些过程所策划的结果和对这些过程的持续改进。

组织应按本标准的要求管理这些过程。

注:上述质量管理体系所需的过程应当包括与管理活动、资源提供、产品实现和测量有关的过程。

针对组织所外包的任何影响产品符合性的过程,组织应确保对其实施控制。对此类外包过程的控制应在质量管理体系中加以识别。

4.2 文件要求

4.2.1 总则

质量管理体系文件应包括:

a) 形成文件的质量方针和质量目标声明;
b) 质量手册;
c) 本标准所要求的形成文件的程序;
d) 组织为确保其过程有效策划、运作和控制所需的文件;
e) 本标准所要求的质量记录。

注:

1. 本标准出现"形成文件的程序"之处,即要求建立该程序,形成文件,并加以实施和保持。
2. 不同组织的质量管理体系文件的详略程度取决于:

a) 组织的规模和活动的类型;
b) 过程及其相互作用的复杂程度;
c) 人员的能力。

3. 文件可采用任何形式或类型的媒体。

(4.2.1d 中"所需的文件"指客户或其他相关方在合同中规定的要求;所采用的产品技术标准的要求;相关的法律、法规要求;组织内部和决定。)

4.2.2 质量手册

组织应编制和保持质量手册,质量手册包括:

a) 质量管理体系的范围,包括任何删减的细节和合理性;
b) 为质量管理体系编制的形成文件的程序或对其引用;
c) 质量管理体系过程的相互作用的表述。

4.2.3 文件控制

质量管理体系所要求的文件应予以控制。质量记录是一种特殊类型的文件,应依据条款 4.2.4 的要求进行控制。

应编制形成文件的程序,以规定以下方面所需的控制:

a) 文件发布前得到批准,以确保文件是充分的;
b) 必要时对文件进行评审、更新并再次批准;
c) 确保文件的更改和现行修订状态得到识别;
d) 确保在使用处可获得有关版本的适用文件;
e) 确保文件保持清晰、易于识别;
f) 确保外来文件得到识别,并控制其分发;
g) 防止作废文件的非预期使用,若因任何原因而保留作废文件时,对这些文件进行适当的标识。

4.2.4 质量记录的控制

应制订并保持质量记录,以提供质量管理体系符合要求和有效运行的证据。质量记录应保持清晰、易于识别和检索。应编制形成文件的程序,以规定质量记录的标识、储存、保护、检索、保存期限和处置所需的控制。

5 管理职责

5.1 管理承诺

最高管理者应通过以下活动,对建立、实施质量管理体系并持续改进其有效性所做出的承诺提供证据:

a) 向组织传达满足客户和法律法规要求的重要性;
b) 制订质量方针;
c) 确保质量目标的制订;
d) 进行管理评审;
e) 确保资源的获得。

5.2 以客户为中心

最高管理者应以增强客户满意为目标,确保客户的要求得到确定并予以满足(见7.2.1和8.2.1)。

5.3 质量方针

最高管理者应确保质量方针:

a) 与组织的宗旨相适应;
b) 包括对满足要求和持续改进质量管理体系有效性的承诺;
c) 提供制订和评审质量目标的框架;
d) 在组织内得到沟通和理解;
e) 在持续适宜性方面得到评审。

5.4 策划

5.4.1 质量目标

最高管理者应确保在组织的相关职能和层次上建立质量目标,质量目标包括满足产品要求所需的内容(见7.1a),质量目标应是可测量的,并与质量方针保持一致。

5.4.2 质量管理体系策划

最高管理者应确保:

a) 对质量管理体系进行策划,以满足质量目标以及条款4.1的要求。
b) 在对质量管理体系的更改进行策划和实施时,保持质量管理体系的完整性。

5.5 职责、权限和沟通

5.5.1 职责和权限

最高管理者应确保组织内的职责、权限及其相互关系得到规定和沟通。

5.5.2 管理者代表

最高管理者应指定一名管理人员,无论该成员在其他方面的职责如何,应具有以下方面的职责和权限:

a) 确保质量管理体系所需的过程得到建立、实施和保持;
b) 向最高管理者报告质量管理体系的业绩和任何改进的需求;
c) 确保在整个组织内提高对客户要求的意识。

注:管理者代表的职责可包括与质量管理体系有关事宜的外部联络。

5.5.3 内部沟通

最高管理者应确保在组织内建立适当的沟通过程,并确保对质量管理体系的有效性进行沟通。

5.6 管理评审

5.6.1 总则

最高管理者应按计划的时间间隔评审质量管理体系,以确保其持续的适宜性、充分性和有效性。评审应包括评价质量管理体系改进的机会和变更的需要,包括质量方针和质量目标。

应保持管理评审的记录(见 4.2.4)。

5.6.2 评审输入

管理评审的输入应包括以下方面的信息:

a) 审核结果;
b) 客户反馈;
c) 过程的业绩和产品的符合性;
d) 预防和纠正措施的状况;
e) 以往管理评审的跟踪措施;
f) 可能影响质量管理体系的策划的变更;
g) 改进的建议。

5.6.3 评审输出

管理评审的输出应包括与以下方面有关的任何决定和措施:

a) 质量管理体系及其过程有效性的改进;
b) 与客户要求有关的产品的改进;
c) 资源需求。

6 资源管理

6.1 资源的提供

组织应确定并提供所需的资源,以

a) 实施、保持质量管理体系并持续改进其有效性;
b) 通过满足客户要求,增强客户满意。

6.2 人力资源

6.2.1 总则

基于适当的教育、培训、技能和经历,从事影响产品质量共组的人员应是胜任的。

6.2.2 能力、意识和培训

组织应:

a) 确定从事影响产品质量工作的人员所必要的能力;
b) 提供培训或采取其他措施以满足这些要求;
c) 评价所采取措施的有效性;
d) 确保员工意识到所从事活动的相关性和重要性,以及如何为实现质量目标作出贡献;

e) 保持教育、培训、技能和经历的适当记录(见 4.2.4)。

6.3 基础设施

组织应确定、提供并维护为实现产品的符合性所需的基础设施。基础设施包括:

a) 建筑物、公共场所和相关的设施;
b) 过程设备,包括硬件和软件;
c) 支持性服务,如运输或通信。

6.4 工作环境

组织应确定和管理为实现产品符合性所需的工作环境。

7 产品实现

7.1 产品实现的策划

组织应策划和开发产品实现所需的过程。产品实现的策划应与质量管理体系其他过程的要求相一致。

在对产品进行策划时,组织应在适当时确定以下方面的内容:

a) 产品的质量目标和要求;
b) 针对产品确定过程、文件和资源的需求;
c) 产品所要求的验证、确认、监视、检验和试验活动,以及产品接受准则;
d) 为实现过程及其产品满足要求提供证据所需的记录。

策划的输出形式应适于组织的运作方式。

注

1. 对应用于特定产品、项目或合同的质量管理体系的过程(包括产品实现过程)和资源作出规定的文件可称之为质量计划。
2. 组织也可将条款 7.3 的要求应用于产品实现过程的开发。

7.2 与客户有关的过程

7.2.1 与产品有关的要求的确定

组织应确定:

a) 客户规定的要求,包括对交付及交付后活动的要求;
b) 客户虽然没有规定,但规定的用途或已知的预期用途所必须的要求;
c) 与产品有关的法律法规要求;
d) 组织确定的任何附加要求。

7.2.2 与产品有关的要求的评审

组织应评审与产品有关的要求。评审应在组织向客户作出提供产品的承诺之前(如:提交标书、接受合同或订单及接受合同或订单的更改),并应确保:

a) 产品要求得到规定;
b) 与以前表述不一致的合同或订单的要求已予解决;
c) 组织有能力满足规定的要求。

评审结果及评审所引发的措施的记录应予保持。

若客户提供的要求没有形成文件,组织在接受客户要求前应对客户要求进行确认。

若产品要求发生变更,组织应确保相关文件得到修改,并确保相关人员知道已变更的要求。

注：在某些情况中,如网上销售,对每一个订单进行正式的评审可能是不实际的。而实际的评审对象可以是有关的产品信息,如产品目录、产品广告内容等。

7.2.3 客户沟通

组织应对以下有关方面确定并实施与客户沟通的有效安排：

a) 产品信息；

b) 问讯、合同或订单的处理,包括对其的修改；

c) 客户反馈,包括客户投诉。

7.3 设计和开发

7.3.1 设计和开发策划

组织应对产品的设计和开发进行策划可控制。

在进行设计和开发策划时,组织应确定：

a) 设计和开发阶段；

b) 适合每个设计和开发阶段的评审、验证和确认活动；

c) 设计和开发的职责和权限。

组织应对参与设计和开发的不同小组之间的接口实施管理,以确保有效的沟通,并明确职责分工。

策划的输出应随设计和开发的进展,在适当时予以更新。

7.3.2 设计和开发输入

应确定与产品要求有关的输入,并保持记录(见 4.2.4)。这些输入应包括：

a) 功能和性能要求；

b) 适用的法律法规要求；

c) 适用时,以前类似设计提供的信息；

d) 设计和开发所必需的其他要求。

对这些输入的充分性应进行评审。要求应完整、清楚,并且不能自相矛盾。

7.3.3 设计和开发输出

设计和开发的输出应以能够针对设计和开发的输入进行验证的方式提出,并应在放行前得到批准。

设计和开发输出应：

a) 满足设计和开发输入的要求；

b) 为采购、生产和服务提供适当的信息；

c) 包含或引用产品接收准则；

d) 规定对产品的安全和正常使用所必需的产品特性。

7.3.4 设计可开发评审

在适宜的阶段,应对设计和开发进行系统的评审,以便：

a) 评价设计和开发的结果满足要求的能力；

b) 识别任何问题并提出必要的措施。

评审的参加者应包括与所评审的设计和开发阶段有关的职能的代表。评审结果及任何必要措施的记录应予保持(见4.2.4)。

7.3.5 设计和开发验证

为确保设计和开发输出以满足输入的要求,应对设计和开发进行验证。验证结果及任何必要措施的记录应予保持(见4.2.4)。

7.3.6 设计和开发确认

为确保产品能够满足规定的或已知预期使用或应用的要求,应按所策划的安排(见7.3.2)对设计和开发进行确认。只要可行,确认应在产品交付或实施之前完成。确认结果及任何必要措施的记录应予保持(见4.2.4)。

7.3.7 设计开发和更改的控制

应识别设计和开发的更改,并保持记录。在适当时,应对设计和开发的更改进行评审、验证和确认,并在实施前得到批准。设计和开发更改的评审应包括评价更改对已交付产品及其组成部分的影响。

更改评审结果及任何必要措施的记录应予以保持(见4.2.4)。

7.4 采购

7.4.1 采购过程

组织应确保采购的产品符合规定的采购要求。对供方及采购的产品控制的类型和程度应取决于采购的产品对随后的产品实现或最终产品的影响。

组织应根据供方按组织的要求提供产品的能力评价和选择供方。应制订选择、评价和重新评价的标准。评价结果及评价所引发的任何必要措施的记录应予保持(见4.2.4)。

7.4.2 采购信息

采购信息应表述拟采购的产品,包括:
a) 产品、程序、过程和设备批准的要求;
b) 人员资格的要求;
c) 质量管理体系的要求。

在与供方沟通前,组织应确保规定的采购要求是充分的。

7.4.3 采购产品的验证

组织应建立并实施检验或其他必要的活动,以确保采购的产品满足规定的采购要求。

当组织或其客户拟在供方的现场实施验证时,组织应在采购信息中对拟验证的安排和产品放行的方法作出规定。

7.5 生产和服务提供

7.5.1 生产和服务提供的控制

组织应策划并在受控条件下进行生产和服务提供。使用时,受控条件应包括:
a) 获得表述产品特性的信息;
b) 获得作业指导书;
c) 使用适宜的设备;
d) 获得和使用监视和测量装置;

e）实施监视和测量；

f）旅行、交付和交付后活动的实施。

7.5.2 生产和服务提供过程的确认

当生产和服务提供过程的输出不能由后续的监视或测量加以验证时，组织应对任何这样的过程实施确认。这包括仅在产品使用或服务已交付之后缺陷才变得明显的过程。

确认应证实这些过程实现所策划的结果的能力。

组织应规定确认这些过程的安排，试用时包括：

a）为过程的评审和批准所规定的准则；

b）设备的认可和人员资格的鉴定；

c）使用特定的方法和程序；

d）记录的要求（见4.2.4）；

e）再确认。

7.5.3 标识和可追溯性

适当时，组织应在产品实现的全过程中使用适宜的方法识别产品。

组织应针对监视和测量要求识别产品的状态。

在有可追溯性要求的场合，组织应控制并记录产品的唯一性标识（见4.2.4）。

注：在某些行业，技术状态管理是保持标识和可追溯性的一种方法。

7.5.4 客户财产

组织应爱护在组织控制下或组织使用的客户财产。组织应识别、验证、保护和维护供其使用或构成产品一部分的客户财产。当客户财产发生丢失、毁坏或发现不适用的情况时，应报客户，并保持记录（见4.2.4）。

注：客户财产可包括知识产权。

7.5.5 产品防护

在内部处理和交付到预定的地点期间，组织应针对产品的符合性提供防护，这种防护应包括标识、搬运、包装、储存和保护。防护也应适用于产品的组成部分。

7.6 监视和测量装置的控制

组织应确定需实施的监视和测量，以及为产品符合确定的要求（见7.2.1）提供证据所需的监视和测量装置。

组织应建立过程，以确保监视和测量活动可行并以与监视和测量的要求相一致的方式实施。

当有必要确保有效结果时，测量设备应：

a）对照能溯源到国际或国家基准的测量基准，按照规定的时间间隔或在使用前进行校准或验证。当不存在上述基准时，应记录校准或验证的依据；

b）必要时进行调整或再调整；

c）得到识别，以确定其校准状态；

d）防止可能使测量结果失效的调整；

e）在搬运、维护和储存期间防止损坏或失效。

此外,当发现设备不符合要求时,组织应对以往测量结果的有效性进行评价和记录。组织应对该设备和任何受影响的产品采取适当的措施。校准和验证结果的记录应予以保持(见 4.2.4)。

当用于规定要求的监视和测量时,计算机软件满足预期用途的能力应予以确认。确认应在初次使用前进行,并在必要时予以重新确认。

注:作为指南,参见 GB/T19022.1 和 BG/T19022.2。

8 测量、分析和改进

8.1 总则

组织应策划并实施所需的监视、测量、分析和改进过程,以便:

a) 证实产品的符合性;
b) 确保质量管理体系的符合性;
c) 持续改进质量管理体系的有效性。

这应包括对适用方法及应用程度的确定,包括统计技术。

8.2 监视和测量

8.2.1 客户满意

作为对质量管理体系业绩的一种测量,组织应监视客户对组织是否满足其要求的感知的有关信息。获取和利用这种信息的方法应予以确定。

8.2.2 内部审核

组织应按计划的时间间隔进行内部审核,以确定质量管理体系是否:

a) 符合策划的安排(见 7.1)、本标准的要求以及组织所确定的质量管理体系的要求;
b) 得到有效实施与保持。

考虑拟审核的过程和区域的状况与重要性以及以往审核的结果,组织应对方案进行策划。应规定审核的准则、范围、频次和方法。审核员的选择和审核的实施应确保审核过程的客观性和公正性。审核员不应审核自己的工作。

策划和实施审核以及报告结果和保持记录(见 4.2.4)的职责和要求应在形成文件的程序中作出规定。

负责受审区域的管理者应确保及时采取措施,以消除已发现的不合格及其产生的原因。跟踪活动应包括对所采取措施的验证和验证结果的报告(见 8.5.2)。

注:作为指南,参见 GB/T19021.1、GB/T19021.3。

8.2.3 过程的监视和测量

组织应采用适宜的方法对质量管理体系过程进行监视,并在试用时进行测量。这些方法应证实过程实现所策划的结果的能力。当未能达到所策划的结果时,应在适当时采取纠正措施,以确保产品的符合性。

8.2.4 产品的监视和测量

组织应对产品的特性进行监视和测量,以验证产品要求得到满足。这种监视和测量应依据策划的安排(见 7.1),在产品实现过程的适当阶段进行。应保持符合接收准则的证据。记录应指明有权放行产品的人员(见 4.2.4)。

除非得到有关授权人员的批准,试用时得到客户的批准,否则在所有策划的安排(见7.1)均已圆满完成之前,不得放行产品和交付服务。

8.3 不合格品控制

组织应确保不符合产品要求的产品得到识别和控制,以防止非预期的使用或交付。不合格控制以及不合格品处置的有关职责和权限应在形成文件的程序中作出规定。

组织应采取下列一种或几种方法处置不合格品:

a) 采取措施,消除发现的不合格;

b) 经有关授权人员批准,试用时经客户批准,让步使用、放行或接受不合格品;

c) 采取纠正措施,防止其原预期的使用或应用。

应对纠正后的产品再次进行验证,以证实符合要求。

当在交付或开始使用后发现产品不合格时,组织应采取与不合格的影响或潜在影响的程度相适应的措施。

8.4 改进

8.4.1 持续改进

组织应通过使用质量方针、质量目标、审核结果、数据分析、纠正和预防措施以及管理评审,持续改进质量管理体系的有效性。

8.4.2 纠正措施

组织应采取措施,以消除不合格的原因,防止再发生。纠正措施应与所遇到不合格的影响程度相适应。

应编制形成文件的程序,以规定以下方面的需求:

a) 评审不合格(包括客户投诉);

b) 确定不合格的原因;

c) 评价确保不合格不再发生的措施的需求;

d) 确定和实施所需的措施;

e) 记录所采取措施的结果(见4.2.4);

f) 评审所采取的纠正措施。

8.4.3 预防措施

组织应确定措施,以消除潜在不合格的原因,防止其发生。预防措施应与潜在问题的影响程度相适应。

应编制形成文件的程序,以规定以下方面的要求:

a) 确定潜在不合格及其原因;

b) 评价防止不合格发生的措施的需求;

c) 确定并实施所需的措施;

d) 记录所采取措施的结果(见4.2.4);

e) 评审所采取的预防措施。

参 考 文 献

[1] 巴里·W.贝姆.软件工程经济学[M].赵越,等译.北京:中国铁道出版社,1990.
[2] 弗雷德里克·布鲁克斯.人月神话[M].汪颖译.北京:清华大学出版社,2002.
[3] Watts SHumphrey.软件过程管理(Managing the Software Process)[M].高书敬,顾铁成,胡寅译.北京:清华大学出版社,2003.
[4] Elaine M Hall.风险管理——软件系统开发方法[M].王海鹏,周靖译.北京:清华大学出版社,2002.
[5] 王立福,张世琨,朱冰.软件工程——技术、方法与环境[M].北京:北京大学出版社,1997.
[6] 王立文,等.现代项目管理基础[M].北京:北京航空航天大学出版社,1997.
[7] 潘大钧.管理概论教程[M].北京:经济管理出版社,1999.
[8] 罗伯特·格拉斯著.软件开发的滑铁卢[M].陈河南,等译.北京:电子工业出版社,2002.
[9] 刘积仁,等.软件开发项目管理[M].北京:人民邮电出版社,2002.
[10] A Guide to the Project Management Body of Knowledge (PMBOK Guide). Project Management Institute. Newtown Square, Pennsylvania USA. 2000 Edition.
[11] Ian Sommerville.软件工程[M].程成,陈霞,等译.北京:机械工业出版社,2003.
[12] Dean Leffingwell,Don Widrig.软件需求管理统一方法[M].蒋慧,林东译.北京:机械工业出版社,2002.
[13] Karl E Wiegers.软件需求[M].陆丽娜,王忠民,王志敏,等译.北京:机械工业出版社,2000.
[14] 卢梅,李明树.软件需求工程——方法及工具评述[J].计算机研究与发展,1999,36(1):1289~1300.
[15] 张家重,徐家福.需求工程研究新进展[J].计算机研究与发展,1998,35(1):1~5.
[16] Shandilya R T.软件项目管理[M].王克仁,陈允明,陈养正译.北京:科学出版社,2002.
[17] Dolado J J. A Validation of the Component-Based Method for Software Size Estimation[J]. IEEE Transactions on software engineering,2000,26(10):1006~1021.
[18] Jeffery D R, Low G C, Barnes M. A comparison of function point counting techniques[J]. IEEE Transactions on software engineering,1993,19(5):529~532.
[19] Pengelly A. Performance of efforts estimating techniques in current development environments[J]. Software Engineering Journal,1995,(9):162~170.
[20] Shepperd M, Schofield C. Estimating Software Project Effort Using Analogies[J]. IEEE Transactions on software engineering,1997,23(12):736~743.
[21] Myrtveit I, Stensrud E. A Controlled Experiment to Assess the Benefits of Estimating with Analogy and Regression Models[J]. IEEE Transactions on software engineering,1999,25(4):510~525.
[22] 周杰,杜磊.COCOMO Ⅱ——软件项目管理中的成本估算方法[J].计算机应用研究,2000,(11):56~58.
[23] Chatzoglou P D, Macaulay L A. A review of existing models for project planning and estimation and the need for a new approach[J]. International Journal of Project Management,1996,14(3):173~183.
[24] Pillai K, Sukumaran Nair V S. A Model for Software Development Effort and Cost Estimation[J]. IEEE Transactions on software engineering,1997,23(8):485~497.
[25] Chulani S, Boehm B, Steece B. Bayesian Analysis of Empirical Software Engineering Cost Models[J]. IEEE Transactions on software engineering,1999,25(4):573~583.
[26] Strike K, El Emam K, Madhavji N. Software Cost Estimation with Incomplete Data[J]. IEEE Transactions on software engineering,2001,27(10):890~908.

[27] Bernard Londeix. 软件开发费用测算[M]. 吴裕宪译. 北京：清华大学出版社, 1991.
[28] 郑人杰. 软件工程[M]. 北京：清华大学出版社, 1999.
[29] Steven R. Rakitin. 软件验证与确认的最佳管理方法. 于秀山, 包晓露, 焦跃, 等译. 北京：电子工业出版社, 2002.
[30] 曾红卫. 软件配置管理模型[J]. 计算机工程与应用, 1996, (6)：25~28.
[31] 梁成才, 金红, 马闰娟. CMM 二级 KPA 软件配置管理的设计及实施方案[J]. 计算机工程, 2003, 29(1)：259~261.
[32] 张路, 谢冰, 梅宏, 邵维忠, 杨芙清. 基于构件的软件配置管理技术研究[J]. 电子学报, 2001, 29(2)：266~268.
[33] 李欣, 张路, 谢冰, 杨芙清. 基于构件的软件版本管理系统[J]. 电子学报, 2000, 28(11)：119~121.
[34] 杨芙清, 梅宏, 李克勤. 软件复用与软件构件技术[J]. 电子学报, 1999, 27(2)：68~75.
[35] 薛春光, 吴绍东. 软件复用技术及其展望[J]. 天津理工学院学报, 2002, 18(1)：68~71.
[36] 林锐. 软件工程思想. http://www.xfocus.net/articles/200301/478.html.
[37] Ron Patton. 软件测试[M]. 周予滨, 姚静, 等译. 北京：机械工业出版社, 2003.
[38] 杨一平, 等. 软件能力成熟度模型 CMM 方法及其应用[M]. 北京：人民邮电出版社, 2001.
[39] 卢有杰, 卢家仪. 项目风险管理[M]. 北京：清华大学出版社, 1998.
[40] 吴建伟, 祝宝一, 祝天敏. ISO 9000：2000 认证通用教程[M]. 北京：机械工业出版社, 2002.
[41] Watts S. Humphrey. 个体软件过程. 英文版[M]. 人民邮电出版社, 2002.
[42] Brown N. The Program Manager's Guide to Software Acquisition Best Practices. Arlington, VA：Software Program Managers Network, 1995.
[43] 孟德斌, 罗晓沛, 等. 计算机软件开发工具的集成与应用研究[J]. 计算机工程, 2002, 28(4)：276~278.
[44] 约翰·霍伦拜克. 人力资源管理：赢得竞争优势[M]. 北京：中国人民大学出版社, 2001.
[45] 张一弛. 人力资源管理教程[M]. 北京：北京大学出版社, 1999.
[46] 周梁. 软件产业及其知识产权保护的经济学[D]. 硕士学位论文, 西南交通大学, 2003.1.
[47] 中国软件产业分析报告. http://www.jssti.net/jssti/forum/1-07.html, 2001.
[48] 李玲玲. 中国软件产业发展战略研究[D]. 硕士学位论文, 郑州大学, 2002.
[49] 高劲松. 基于构件的软件复用技术研究[D]. 华中师范大学硕士论文, 2001.
[50] 谢冰, 杨芙清. 青鸟工程及其 CASE 工具[J]. 计算机工程, 2000, 26(11)：76~77.
[51] 韩万江, 姜立新. 软件项目管理案例教程[M]. 北京：机械工业出版社, 2005.
[52] Kendall Scott. 统一过程精解[M]. 付宇光, 朱剑平译. 北京：清华大学出版社, 2005.
[53] Alistair Cockburn. 敏捷软件开发[M]. 俞涓译. 北京：人民邮电出版社, 2003.
[54] Philip Metzger, John Boddie. 软件项目管理——过程控制与人员管理[M]. 陈勇强, 费琳, 等译. 北京：电子工业出版社, 2002.
[55] 斯蒂夫·迈克康奈尔. 快速软件开发——有效控制与完成进度计划[M]. 席相霖, 等译. 北京：电子工业出版社, 2002.
[56] Joel Henry. 软件项目管理——通向成功的现实指南[M]. 刘宇驰, 李伟, 等译. 北京：中国电力出版社, 2004.
[57] Robert T Futrell, Donald F Shafer, Linda I Shafer. 高质量软件项目管理[M]. 袁科萍, 樊庆红, 陈河南, 等译. 北京：清华大学出版社, 2006.
[58] 阿迪德吉·B. 巴迪鲁, P. 施铭·巴拉特. 项目管理原理[M]. 王瑜译. 北京：清华大学出版社, 2003.
[59] Pankaj Jalote. CMM 实践应用——Infosys 公司的软件项目执行过程[M]. 胡春哲, 张洁, 等译. 北京：电子工业出版社, 2002.
[60] 罗伯特·格拉斯. 软件开发的滑铁卢——重大失控项目的经验与教训[M]. 陈河南, 等译. 北京：电子工业出版社, 2002.

[61] Ken Auer,Roy Miller. 应用极限编程——积极求胜[M]. 唐东铭译. 北京：人民邮电出版社,2003.
[62] Per Kroll,Bruce Macisaac. 敏捷与秩序——RUP最佳实践[M]. 朱剑平,等译. 北京：清华大学出版社,2006.
[63] 黄锡伟. CMMI解析与实践[M]. 北京：人民邮电出版社,2004.
[64] Dennis M Ahern,Aaron Clouse,Richard Turner. CMMI精粹——集成化过程改进实用导论[M]. 陈波译. 北京：清华大学出版社,2005.
[65] Christine B. Tayntor. 六西格玛软件开发[M]. 钟鸣,王君译. 北京：机械工业出版社,2003.
[66] 雷剑文,陈振冲,李明树. CMM软件过程的管理与改进[M]. 北京：清华大学出版社,2002.
[67] 金敏,周翔. 高级软件开发过程——Rational统一过程、敏捷过程与微软过程[M]. 北京：清华大学出版社,2005.
[68] Philippe Kruchten. RUP导论[M]. 麻志毅,申成磊,杨智译. 北京：机械工业出版社,2004.
[69] Mark J Christensen,Richard H Thayer. 软件工程最佳实践项目经理指南[M]. 王立福,赵文,胡文蕙译. 北京：电子工业出版社,2004.
[70] 黄锡伟. CMMI解析与实践[M]. 北京：人民邮电出版社,2004.
[71] Jim Arlow,Ila Neustadt. UML 2.0和统一过程[M]. 方贵宾,胡辉良译. 北京：机械工业出版社,2006.
[72] 国刚,周峰,孙更新. UML与Rational Rose 2003软件工程统一建模原理与实践教程[M]. 北京：电子工业出版社,2007.
[73] 陈宏刚,等. 软件开发过程与案例[M]. 北京：清华大学出版社,2003.
[74] Christine B Tayntor. 六西格玛软件开发[M]. 钟鸣,王君译. 北京：机械工业出版社,2003.
[75] James R Persse. CMM实施指南[M]. 王世锦,蔡愉祖译. 北京：机械工业出版社,2003.
[76] 马林. 六西格玛管理[M]. 北京：中国人民大学出版社,2004.
[77] 金尊和. 软件工程实践导论——有关方法、设计、实现、管理之三十六计[M]. 北京：清华大学出版社,2005.
[78] Roger S Pressman. 软件工程——实践者的研究方法[M]. 郑人杰,马素霞,白晓颖,等译. 北京：机械工业出版社,2008.
[79] Stewart Baird. 极限编程基础、案例与实施[M]. 袁国忠译. 北京：人民邮电出版社,2003.
[80] Laurie Williams,Robert Kessler. 结对编程技术[M]. 杨涛,杨晓云,等译. 北京：机械工业出版社,2004.
[81] Alistair Cockburn. 敏捷软件开发[M]. 俞涓译. 北京：人民邮电出版社,2003.
[82] Scott W Ambler,Larry L Constantine. 统一过程最佳实践移交和产品化阶段[M]. 兰雨晴,雷雷,高静,等译. 北京：机械工业出版社,2006.
[83] Scott W Ambler,Larry L Constantine. 统一过程最佳实践——构造阶段[M]. 兰雨晴,高静,等译. 北京：机械工业出版社,2005.
[84] Dean Leffingwell,Don Widrig. 软件需求管理——用例方法[M]. 蒋慧译. 北京：中国电力出版社,2004.
[85] Scott W Ambler. 统一过程最佳实践——细化阶段[M]. 兰雨晴,高静,等译. 北京：机械工业出版社,2005.
[86] Scott W Ambler,Larry L Constantine. 统一过程最佳实践——初始阶段[M]. 兰雨晴,高静,等译. 北京：机械工业出版社,2005.
[87] Scott W Ambler. 敏捷建模——极限编程和统一过程的有效实践[M]. 张嘉路,等译. 北京：机械工业出版社,2003.
[88] Ivar Jacobson,Grady Booch,James Rumbaugh. 统一软件开发过程[M]. 周伯生,冯学民,樊东平译. 北京：机械工业出版社,2002.

读者意见反馈

亲爱的读者：

感谢您一直以来对清华版计算机教材的支持和爱护。为了今后为您提供更优秀的教材，请您抽出宝贵的时间来填写下面的意见反馈表，以便我们更好地对本教材做进一步改进。同时如果您在使用本教材的过程中遇到了什么问题，或者有什么好的建议，也请您来信告诉我们。

地址：北京市海淀区双清路学研大厦 A 座 602 室 计算机与信息分社营销室　收
邮编：100084　　　　　　　　　　　电子邮箱：jsjjc@tup.tsinghua.edu.cn
电话：010-62770175-4608/4409　　邮购电话：010-62786544

教材名称：软件项目管理（第 2 版）
ISBN 978-7-302-20948-5

个人资料
姓名：_____　　年龄：_____所在院校/专业：_____
文化程度：_____　通信地址：_____
联系电话：_____　电子信箱：_____

您使用本书是作为：□指定教材　□选用教材　□辅导教材　□自学教材
您对本书封面设计的满意度：
□很满意　□满意　□一般　□不满意　改进建议_____
您对本书印刷质量的满意度：
□很满意　□满意　□一般　□不满意　改进建议_____
您对本书的总体满意度：
从语言质量角度看　　□很满意　□满意　□一般　□不满意
从科技含量角度看　　□很满意　□满意　□一般　□不满意
本书最令您满意的是：
□指导明确　□内容充实　□讲解详尽　□实例丰富
您认为本书在哪些地方应进行修改？（可附页）
_____
_____
您希望本书在哪些方面进行改进？（可附页）
_____
_____

电子教案支持

敬爱的教师：

为了配合本课程的教学需要，本教材配有配套的电子教案（素材），有需求的教师可以与我们联系，我们将向使用本教材进行教学的教师免费赠送电子教案（素材），希望有助于教学活动的开展。相关信息请拨打电话 010-62776969 或发送电子邮件至 jsjjc@tup.tsinghua.edu.cn 咨询，也可以到清华大学出版社主页（http://www.tup.com.cn 或 http://www.tup.tsinghua.edu.cn）上查询。

图书资源支持

感谢您一直以来对清华版图书的支持和爱护。为了配合本书的使用,本书提供配套的资源,有需求的读者请扫描下方的"书圈"微信公众号二维码,在图书专区下载,也可以拨打电话或发送电子邮件咨询。

如果您在使用本书的过程中遇到了什么问题,或者有相关图书出版计划,也请您发邮件告诉我们,以便我们更好地为您服务。

我们的联系方式:

地　　址: 北京市海淀区双清路学研大厦 A 座 701

邮　　编: 100084

电　　话: 010-83470236　010-83470237

资源下载: http://www.tup.com.cn

客服邮箱: 2301891038@qq.com

QQ: 2301891038(请写明您的单位和姓名)

用微信扫一扫右边的二维码,即可关注清华大学出版社公众号"书圈"。

书圈

扫一扫,获取最新目录

课程直播